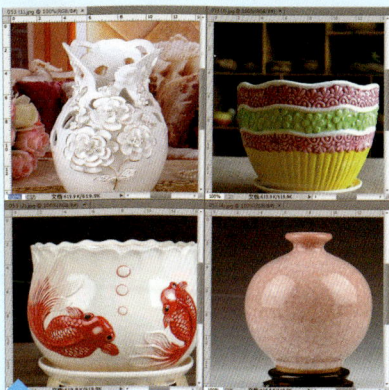

053
调整商品图像窗口排列

视频位置：视频\第4章\053 调整商品图像
窗口排列.mp4

059
调整商品图像的尺寸

视频位置：视频\第4章\059 调整商品图像
的尺寸.mp4

060
调整商品画布的尺寸

视频位置：视频\第4章\060 调整商品画布
的尺寸.mp4

特价包邮

062
移动商品图像的位置

视频位置：视频\第5章\062 移动商品图像
的位置.mp4

064
精确裁剪商品图像

视频位置：视频\第5章\064 精确裁剪商品
图像.mp4

065
运用"旋转"命令调整商品角度

视频位置：视频\第5章\065 运用"旋转"
命令调整商品角度.mp4

070
**运用仿制图章工具去除商品背景
杂物**

视频位置：视频\第5章\070 运用仿制图章
工具去除商品背景杂物.mp4

072
运用污点修复画笔工具修复商品

视频位置：视频\第5章\072 运用污点修复
画笔工具修复商品.mp4

089
通过单一选取抠取商品图像

视频位置：视频\第6章\089 通过单一选取
抠取商品图像.mp4

091

通过减选选区抠取商品图像

视频位置：视频\第6章\ 091 通过减选选区
抠取商品图像.mp4

093

通过背景图层抠取商品图像

视频位置：视频\第6章\ 093 通过背景图层
抠取商品图像.mp4

100

通过连续功能抠取商品图像

视频位置：视频\第6章\100 通过连续功能
抠取商品图像.mp4

103

通过矩形选框抠取商品图像

视频位置：视频\第6章\103 通过矩形选框
抠取商品图像.mp4

105

通过套索工具抠取商品图像

视频位置：视频\第6章\105 通过套索工具
抠取商品图像.mp4

124

运用转换选取调整路径抠取商品图像

视频位置：视频\第7章\124 运用转换选取
调整路径抠取商品图像.mp4

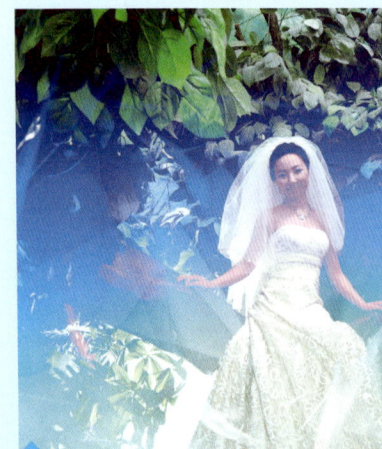

125

通过"变亮"模式抠取商品图像

视频位置：视频\第7章\125 通过"变亮"
模式抠取商品图像.mp4

126

运用外部动作抠取商品图像

视频位置：视频\第7章\126 运用外部动作
抠取商品图像.mp4

128

通过"滤色"模式抠取商品图像

视频位置：视频\第7章\128 通过"滤色"
模式抠取商品图像.mp4

130

通过"颜色加深"模式抠取商品图像

视频位置：视频\第7章\130 通过"颜色加深"模式抠取商品图像.mp4

131

通过矢量蒙版抠取商品图像

视频位置：视频\第7章\131 通过矢量蒙版抠取商品图像.mp4

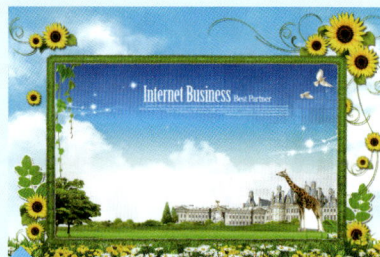

132

通过图层蒙版抠取商品图像

视频位置：视频\第7章\132 通过图层蒙版抠取商品图像.mp4

135

通过路径和蒙版抠取商品图像

视频位置：视频\第7章\135 通过路径和蒙版抠取商品图像.mp4

137

通过合并通道抠取商品图像

视频位置：视频\第7章\137 通过合并通道抠取商品.mp4

139

通过利用通道差异性抠取商品图像

视频位置：视频\第7章\139 通过利用通道差异性抠取商品图像.mp4

140

通过钢笔工具配合通道抠取商品图像

视频位置：视频\第7章\140 通过钢笔工具配合通道抠取商品图像.mp4

141

通过"计算"命令抠取商品图像

视频位置：视频\第7章\141 通过"计算"命令抠取商品图像.mp4

142

通过"调整边缘"命令抠取商品图像

视频位置：视频\第7章\142 通过"调整边缘"命令抠取商品图像.mp4

146
运用"填充"命令填充商品颜色

视频位置：视频\第8章\146 运用"填充"命令填充商品颜色.mp4

147
运用快捷菜单填充商品图像颜色

视频位置：视频\第8章\147 运用快捷菜单填充商品图像颜色.mp4

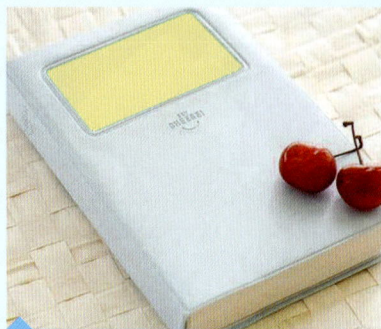

148
运用油漆桶工具填充商品图像颜色

视频位置：视频\第8章\148 运用油漆桶工具填充商品图像颜色.mp4

149
运用渐变工具填充商品图像渐变颜色

视频位置：视频\第8章\149 运用渐变工具填充商品图像渐变颜色.mp4

153
运用亮度/对比度调整商品图像色彩

视频位置：视频\第8章\153 运用亮度/对比度调整商品图像色彩.mp4

154
运用色阶调整商品图像亮度范围

视频位置：视频\第8章\154 运用色阶调整商品图像亮度范围.mp4

158
运用色相/饱和度调整商品图像色调

视频位置：视频\第8章\158 运用色相/饱和度调整商品图像色调.mp4

155
运用曲线调整商品图像色调

视频位置：视频\第8章\155 运用曲线调整商品图像色调.mp4

159

运用色彩平衡调整商品图像偏色

视频位置：视频\第8章\159 运用色彩平衡调整商品图像偏色.mp4

160

运用匹配颜色匹配商品图像色调

视频位置：视频\第8章\160 运用匹配颜色匹配商品图像色调.mp4

161

运用"替换颜色"命令替换商品图像颜色

视频位置：视频\第8章\161 运用"替换颜色"命令替换商品图像颜色.mp4

162

运用阴影/高光调整商品图像明暗

视频位置：视频\第8章\162 运用阴影/高光调整商品图像明暗.mp4

164

运用通道混合器调整图像色调

视频位置：视频\第8章\164 运用通道混合器调整图像色调.mp4

165

运用可选颜色改变商品图像颜色

视频位置：视频\第8章\165 运用可选颜色改变商品图像颜色.mp4

163

运用照片滤镜过滤商品图像色调

视频位置：视频\第8章\163 运用照片滤镜过滤商品图像色调.mp4

168

通过"变化"命令制作彩色调商品图像

视频位置：视频\第8章\168 通过"变化"命令制作彩色调商品图像.mp4

169

运用"HDR色调"命令调整商品图像色调

视频位置：视频\第8章\169 运用"HDR色调"命令调整商品图像色调.mp4

172
制作商品文字描述段落输入
视频位置：视频\第9章\172 制作商品文字
描述段落输入.mp4

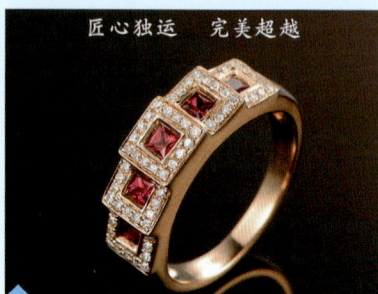

173
设置商品文字属性
视频位置：视频\第9章\173 设置商品文字
属性.mp4

175
制作商品文字横排文字蒙版特效
视频位置：视频\第9章\175 制作商品文字
横排文字蒙版特效.mp4

178
制作商品文字沿路径排列特效
视频位置：视频\第9章\178 制作商品文字
沿路径排列特效.mp4

179
调整商品文字路径形状
视频位置：视频\第9章\179 调整商品文字
路径形状.mp4

180
调整商品文字位置排列
视频位置：视频\第9章\180 调整商品
文字位置排列.mp4

181
制作商品凸起文字特效
视频位置：视频\第9章\181 制作商品凸起文字特效.mp4

189
制作商品鱼形文字特效
视频位置：视频\第9章\189 制作商品
鱼形文字特效.mp4

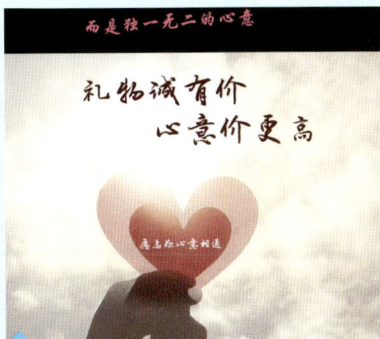

190
制作商品增加文字特效

视频位置：视频\第9章\190 制作商品增加
文字特效.mp4

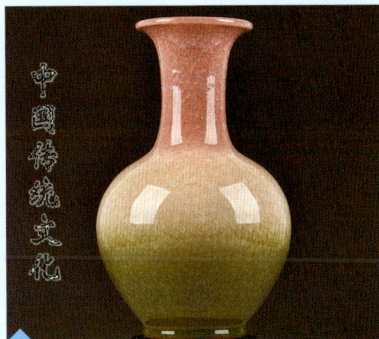

192
制作商品文字路径特效

视频位置：视频\第9章\192 制作商品文字
路径特效.mp4

196
制作商品文字颜色特效

视频位置：视频\第9章\196 制作商品文字
颜色特效.mp4

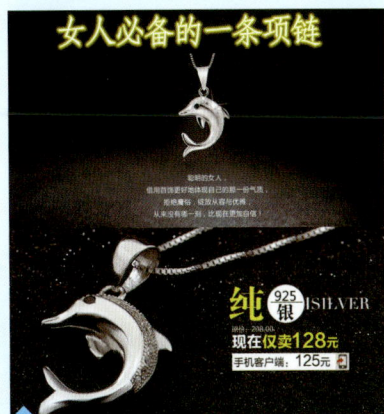

198
制作商品文字发光特效

视频位置：视频\第9章\198 制作商品文字
发光特效.mp4

201
制作直排商品图像文字特效

视频位置：视频\第10章\201 制作直排商品图像文字特效.mp4

202
制作商品图像冷绿特效

视频位置：视频\第10章\202 制作商品图像冷绿特效.mp4

203
制作商品图像暖黄特效

视频位置：视频\第10章\203 制作商品图像暖黄特效.mp4

204

制作商品图像怀旧特效

视频位置：视频\第10章\204 制作商品图像怀旧特效.mp4

206

制作商品图像暗角特效

视频位置：视频\第10章\206 制作商品图像暗角特效.mp4

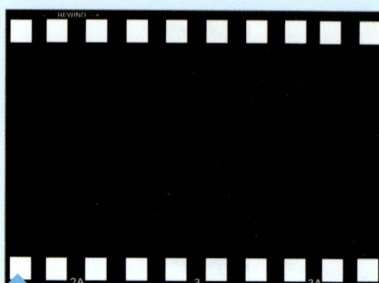

207

制作商品图像胶片特效

视频位置：视频\第10章\207 制作商品图像胶片特效.mp4

208

制作商品图像梦幻特效

视频位置：视频\第10章\208 制作商品图像梦幻特效.mp4

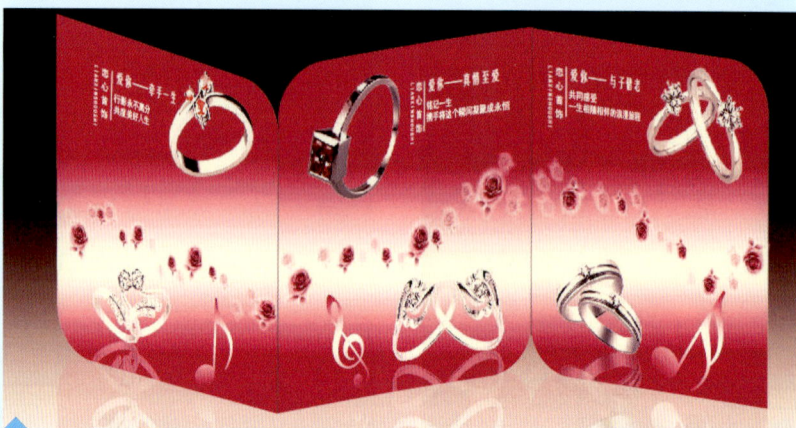

209

制作商品图像LOMO特效

视频位置：视频\第10章\209 制作商品图像LOMO特效.mp4

210

制作商品图像非主流特效

视频位置：视频\第10章\210 制作商品图像非主流特效.mp4

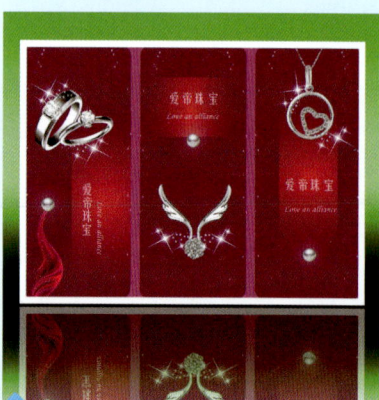

217

制作商品单张照片的立体空间展示

视频第10章\217 制作商品单张照片的立体空间展示.mp4

220
制作单张照片的九宫格展示
——调整画布

视频位置：视频\第10章\220 制作单张照
片的九宫格展示——调整画布.mp4

224
制作3×3照片立体展示特效
——添加效果

视频位置：视频\第10章\224 制作3×3照
片立体展示特效——添加效果.mp4

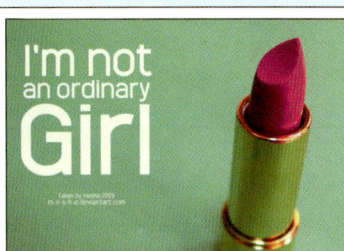

225
拍立得商品照片特效

视频位置：视频\第10章\225 拍立得商品
照片特效.mp4

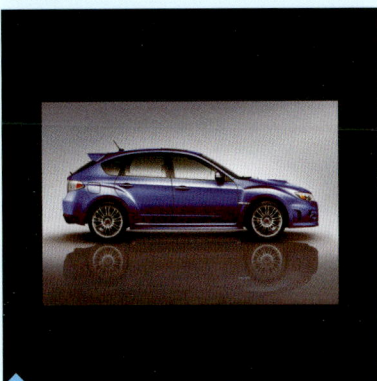

226
幻灯片商品照片展示特效

视频位置：视频\第10章\226 幻灯片商品
照片展示特效.mp4

227
透视边框展示特效

视频位置：视频\第10章\227 透视边框展
示特效.mp4

235~238
淘宝服装

视频位置：视频\第11章\235~238 淘宝
服装

228~ 234
淘宝店庆

视频位置：视频\第11章\228~234 淘宝店庆

240~243
淘宝手包

视频位置：视频\第11章\240~243淘宝手包

244~247
淘宝玩具

视频位置：视频\第11章\244~247 淘宝玩具

254~258
淘宝彩妆

视频位置：视频\第11章\254~258 淘宝彩妆

269
男装旺铺店招

视频位置：视频\第12章\269 男装旺铺店招.mp4

271
男鞋旺铺店招

视频位置：视频\第12章\271 男鞋旺铺店招.mp4

272
珠宝旺铺店招

视频位置：视频\第12章\272 珠宝旺铺店招.mp4

273
家具旺铺店招

视频位置：视频\第12章\273 家具旺铺店招.mp4

274
眼镜旺铺店招

视频位置：视频\第12章\274 眼镜旺铺店招.mp4

276
箱包旺铺店招
视频位置：视频\第12章\276 箱包旺铺店招.mp4

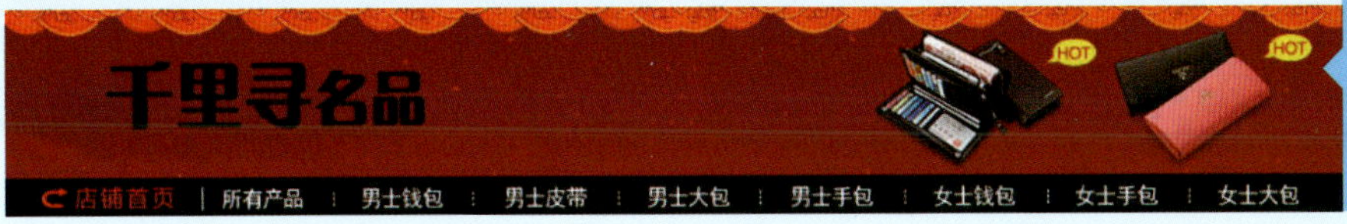

277
手包旺铺店招
视频位置：视频\第12章\277 手包旺铺店招.mp4

278
食品旺铺店招
视频位置：视频\第12章\278 食品旺铺店招.mp4

279
手表旺铺店招
视频位置：视频\第12章\279 手表旺铺店招.mp4

280
饰品旺铺店招
视频位置：视频\第12章\280 饰品旺铺店招.mp4

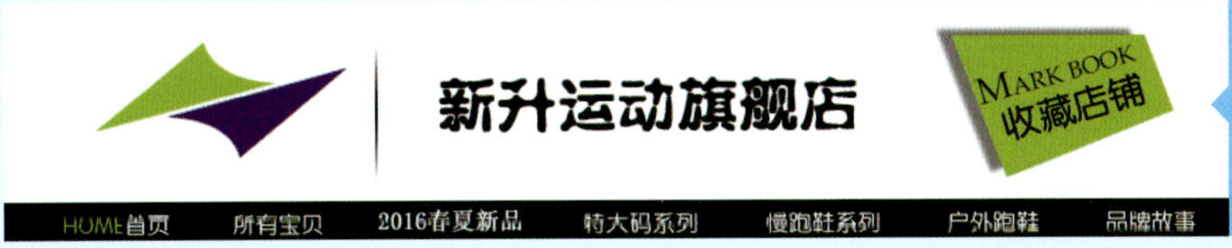

281
运动品牌旺铺店招
视频位置：视频\第12章\281 运动品牌旺铺店招.mp4

282
数码产品旺铺店招
视频位置：视频\第12章\282 数码产品旺铺店招.mp4

283
户外用品旺铺店招
视频位置：视频\第12章\283 户外用品旺铺店招.mp4

296~298

女鞋类店铺导航

视频位置：视频\第13章\296~298 女鞋类店铺导航

302~304

眼镜类店铺导航

视频位置：视频\第13章\302~304 眼镜类店铺导航

308~310

母婴用品类店铺导航

视频位置：视频\第13章\308~310 母婴用品类店铺导航

311~313

箱包类店铺导航

视频位置：视频\第13章\311~313 箱包类店铺导航

314~316

家纺类店铺导航

视频位置：视频\第13章\314~316 家纺类店铺导航

317~319

家电类店铺导航

视频位置：视频\第13章\317~319 家电类店铺导航

320~322

手机类店铺导航

视频位置：视频\第13章\320~322 手机类店铺导航

323~325

护肤用品类店铺导航

视频位置：视频\第13章\323~325 护肤用品类店铺导航

337~339

女装网店首页

视频位置：视频\第14章\337~339 女装网店首页

340~342

男装网店首页

视频位置：视频\第14章\340~342 男装网店首页

346~348

女包网店首页

视频位置：视频\第14章\346~348 女包网店首页

349~351

美妆网店首页

视频位置：视频\第14章\349~351 美妆网店首页

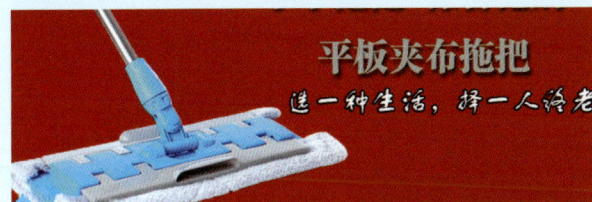

355~357

家居网店首页

视频位置：视频\第14章\355~357 家居网店首页

361~363

饰品网店首页

视频位置：视频\第14章\361~363 饰品网店首页

364~366

母婴用品网店首页

视频位置：视频\第14章\364~366 母婴网店首页

赠送

371~373
优化电脑网店主图

视频位置：视频\第15章\371~373 优化电脑网店主图

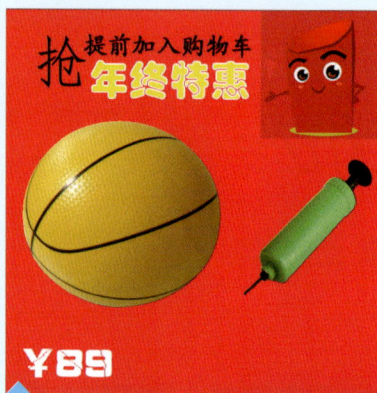

抢 提前加入购物车
年终特惠

¥89

377~379
优化篮球网店主图

视频位置：视频\第15章\377~379 优化篮球网店主图

包邮
买一送十

子母箱系列

380~382
优化箱包网店主图

视频位置：视频\第15章\380~382 优化箱包网店主图

全国包邮 169

进口安全涂层技术复底不粘煎锅28CM

赠

383~385
优化厨具网店主图

视频位置：视频\第15章\383~385 优化厨具网店主图

海外代购 专柜品质

配专柜发票\银联小票
送专柜礼品盒/礼品袋/卡包

手机下单更优惠

100%里外真皮 全国包邮

386~388
优化手包网店主图

视频位置：视频\第15章\386~388 优化手包网店主图

特价

392~394
优化鞋靴网店主图

视频位置：视频\第15章\392~394 优化鞋靴网店主图

颜色展示

酒红色
果绿色
香芋紫
深蓝色

401~403
女包网店详情页

视频位置：视频\第16章\401~403 女包网店详情页

让豪车堵车都成往事 轻松
低碳 绿色环保出行新概念

人体工学，符合行驶习惯

404~406
电动车网店详情页

视频位置：视频\第16章\404~406 电动车网店详情页

颜色展示

深紫色
大红色
粉红色
黑色

407~409
女鞋网店详情页

视频位置：视频\第16章\407~409 女鞋网店详情页

颜色展示

经典烟花红色 ▶
经典芥末绿 ▶
经典湖蓝色 ▶
经典玫瑰红 ▶

413~415
旅行箱网店详情页
视频位置：视频\第16章\413~415 旅行箱网店详情页

> 产品详情 Details
更环保隐隐的材质，更时尚甲田的发行！

蝶双舞

【品名】：蝶双舞发夹
【风格】：华丽、线感、时尚、优雅
【适合】：时尚后排
【材质】：人造水晶、塑胶板材
【颜色】：深蓝、深紫、青红、浅香蕉、水粉
【尺寸】：发夹直径6cm 高约4.5cm
弹簧夹长6cm

经典欧式时尚发夹，适合任意发型及服装搭配。

416~418
饰品网店详情页
视频位置：视频\第16章\416~418 饰品网店详情页

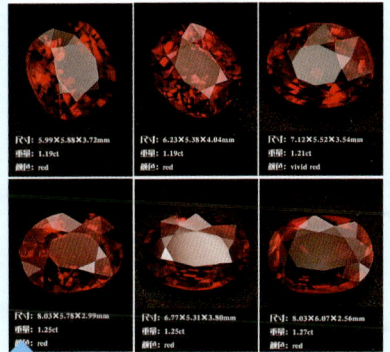

产品展示

419~421
珠宝网店详情页
视频位置：视频\第16章\419~421 珠宝网店详情页

开业大促！
只做牛皮 全国质保
送精品四件套
新品 ¥1480

427~429
新店开业促销设计
视频位置：视频\第17章\427~429 新店开业促销设计

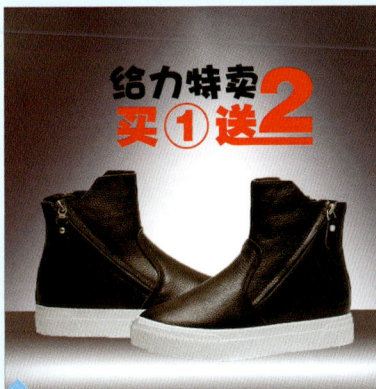

给力特卖 买①送2

430~432
"买就送"促销设计
视频位置：视频\第17章\430~432 "买就送"促销设计

年中大促
特价疯抢
独立制冷
中门软冷冻
206升
抢购价 1499
全国包邮 乡镇均可到达

436~438
年中促销设计
视频位置：视频\第17章\436~438 年中促销设计

新品上市
NEW
5折起
包邮

439~441
新品上市促销设计
视频位置：视频\第17章\439~441 新品上市促销设计

秒杀 疯狂1折
SECONDS KILL

433~435
"秒杀"促销设计
视频位置：视频\第17章\433~435 "秒杀"促销设计

天使美衣
TIAN SHI MEI YI
双皇冠周年店庆
全场5折起
部分包邮进行中

442~444
店庆促销设计
视频位置：视频\第17章\442~444 店庆促销设计

元旦狂想曲
钜惠全城 Happy New Year
1折包邮 仅限1天
无礼物 不元旦

445~447
元旦促销设计
视频位置：视频\第17章\445~447元旦促销设计

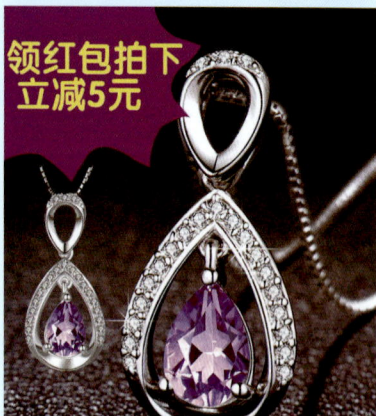

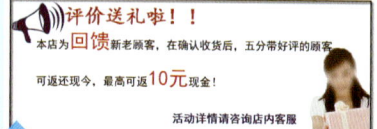

Photoshop

淘宝网店设计与装修 华天印象 编著

完全实例教程（全彩超值版）

人民邮电出版社

北京

图书在版编目（CIP）数据

Photoshop淘宝网店设计与装修完全实例教程 ：全彩超值版 / 华天印象编著. -- 北京 ：人民邮电出版社，2018.4（2019.8重印）
ISBN 978-7-115-47744-6

Ⅰ. ①P⋯ Ⅱ. ①华⋯ Ⅲ. ①图象处理软件－教材 Ⅳ. ①TP391.413

中国版本图书馆CIP数据核字(2018)第011184号

内 容 提 要

　　本书是一本讲解如何使用 Photoshop 软件进行网店装修设计的实例操作型自学教程，可以帮助广大网店卖家，特别是中小型网店卖家更好地管理、经营自己的网店，让更多的网店卖家掌握店铺装修与设计的方法，实现商品销售利益的最大化。

　　本书共 19 章，针对淘宝网店装修前期的准备工作、淘宝广告图片设计及利用 Photoshop 进行淘宝网店装修等内容进行了详细讲解。读者在学习后可以融会贯通、举一反三，制作出更多精彩的网店装修效果。同时可以极大地帮助网店卖家经营网店，使经营活动变得轻松、高效。

　　本书附赠学习资源，包括书中实例的素材文件、效果文件和实例的操作演示视频，读者可以结合视频进行学习，提高学习效率。

　　本书结构清晰，语言简洁，适合想要经营网店的读者，以及网店美工、图像处理人员、平面广告设计人员和网络广告设计人员等学习使用，同时也可以作为各类计算机培训中心、大中专院校等相关专业的辅导教材。

◆ 编　　著　华天印象
　　责任编辑　张丹阳
　　责任印制　陈　犇

◆ 人民邮电出版社出版发行　　北京市丰台区成寿寺路 11 号
　　邮编　100164　电子邮件　315@ptpress.com.cn
　　网址　http://www.ptpress.com.cn
　　北京盛通印刷股份有限公司印刷

◆ 开本：787×1092　1/16　　彩插：8
　　印张：25　　　　　　　　2018 年 4 月第 1 版
　　字数：769 千字　　　　　2019 年 8 月北京第 3 次印刷

定价：99.00 元
读者服务热线：(010)81055410　印装质量热线：(010)81055316
反盗版热线：(010)81055315
广告经营许可证：京东工商广登字 20170147 号

PREFACE 前言

本书简介

本书是一本集软件教程与网店装修设计于一体的书，既可以用于软件教学，也可以作为网店装修设计的实用参考书。本书结合笔者多年的网店装修设计的实战经验，从实用的角度出发，通过Photoshop软件与网店装修设计相结合的实例操作演示，可以帮助读者学会设计与制作一个属于自己独特风格的网店。

本书特色

特色1：深入浅出，简单易学。 针对网店，卖家或美工人员，本书涵盖了网店装修各个方面的内容，如布局、配色和抠图等，深入浅出，简单易学，让读者一看就懂！

特色2：内容翔实，结构完整。 在全面掌握网店装修技巧的同时，针对装修中的8大核心区域，对装修技巧和设计进行讲解，使学习者逐步完成店铺装修，并囊括了8种不同类型商品的首页装修案例，从多角度讲解网店装修的设计技能！

特色3：举一反三，经验传授。 书中每个案例均配有相应的素材、效果源文件，同时学习者可以对案例设计中的整体图进行轻松更改，使读者不仅能轻松掌握具体的操作方法，还可以做到举一反三，融会贯通。

特色4：全程图解，视频教学。 本书全程图解剖析，版式美观大方、新鲜时尚，利用图示标注对重点知识进行图示说明，同时对书中的技能实例全部录制了带语音讲解的高清教学视频，让读者能够轻松学习，提升对学习和网店装修的兴趣。

本书内容

本书共分为3篇：包括基础入门篇、核心技能篇和实战应用篇。具体内容如下。

基础入门篇： 第1～5章为基础入门篇，主要向读者介绍了Photoshop淘宝网店装修入门、淘宝网店装修前期准备工作、网店旺铺营销设计搭配、Photoshop软件基本操作、简单处理淘宝商品图像等内容。

核心技能篇： 第6～11章为核心技能篇，主要向读者介绍了简单美化商品图像、快速美化淘宝图像、让淘宝产品色彩更亮丽、淘宝网店装修编排设计、淘宝广告图片设计、制作淘宝商品图像等内容。

实战应用篇： 第12～19章为实战应用篇，主要向读者介绍了打造出过目不忘的招牌、帮助顾客精确定位、打造深入人心的设计、不同类别的展示图设计、不拘一格的宝贝描述设计、吸引顾客的活动设计、设计消费者购买的依据、设计帮助顾客解答的区域等装修设计实例。

本书附赠学习资源，包括书中实例的素材文件，效果文件和实例的操作演示视频，读者扫描"资源下载"二维码，即可获得下载方法。

资源下载

读者售后

本书由华天印象编著，由于书中信息量大、编著时间有限，书中难免存在疏漏与不妥之处，欢迎广大读者来信咨询和指正，联系邮箱：itsir@qq.com。

编　者

CONTENTS
目 录

PART 01 基础入门篇

01 新手：Photoshop淘宝网店装修入门

02 拍摄：淘宝网店装修前期准备工作

03 视觉：网店旺铺营销设计搭配

04 入门：Photoshop软件基本操作

05 进阶：简单处理淘宝商品图像

PART 02 核心技能篇

06 普通抠图：简单美化商品图像

07 复杂抠图：快速美化淘宝图像

08 调色：让淘宝产品色彩更亮丽

09 文字：淘宝网店装修编排设计

10 特效：淘宝广告图片设计

11 合成：制作淘宝商品图像

PART 03 实战应用篇

12 店招：打造出过目不忘的招牌

13 导航：帮助顾客精确定位

14 首页：打造深入人心的设计

15 主图：不同类别的展示图设计

16 详情页：不拘一格的宝贝描述设计

17 促销：吸引顾客的活动设计

18 评价：设计消费者购买的依据

19 客服：设计帮助顾客解答的区域

PART 01

基础入门篇

01

新手：Photoshop
淘宝网店装修入门

Photoshop 淘宝网店的应用领域在逐步扩张，应用形式也越来越广泛，并深入到生活中的各个细节。因此，了解淘宝网店装修不仅要从 Photoshop 基本知识入手，还应该深入地去挖掘淘宝网店的市场应用及发展，这样才能在同类淘宝网店中体现出自己店铺的特色。本章将对网店装修的基本理论内容进行讲解，为后面的学习奠定基础。

001 什么是网店装修

网店、微店装修是店铺运营中的重要一环，店铺设计会直接影响顾客对于店铺的最初印象，首页、详情页面等设计得美观丰富，顾客才会有兴趣继续了解产品，被详情的描述打动了，才会产生购买欲望并下单。网店装修实际上就是通过整体的设计，将网店中各个区域的图像进行美化，利用链接的方式对网页中的信息进行扩展，如下图所示。

店招导航

店铺活动主题

欢迎模块

客服区

其他展示区

店铺装修的初步规划

由上图可以了解到，在网店中，网站对店铺中的默认模块位置进行了一个初步的规划，店家需要对每一个模块进行精致的设计和美化，让单一的页面呈现出丰富全面的视觉效果。网店是通过单一的网页组合起来的，并且每个商品都有其单独的详情页面，这些页面都是需要美化与修饰的，并且需要有大量的图片和文字信息，通过这些信息让顾客来了解商品并促成交易。

网店与微店的装修就是对店铺中商品的图片、文字等内容进行艺术化的设计与编排，使其体现出优秀的视觉效果。

如果网店不做装修的话，照样也可以销售商品，因为现在很多网商平台的店铺都是有自己默认的、简单的装修样式，这些模块照样可以销售商品，但是有的人会有这样的疑问：既然可以买东西，又何必费尽力气去装修店铺呢？

网络购物有它的特殊性。在实体店中，消费者可以用自己的感官去感受商品的特点和店铺的档次，比如通过用眼睛看、用嘴品尝、用手触摸和用耳聆听等方式来实现对商品的了解认识，但是在互联网上购物的话，买家只能看到卖家所发布出来的图片和文字，通过这些图片和文字来感受到产品的特色性质。让自己的店铺在众多店铺中显得尤为突出可以吸引买家的注意，因此合理且美观的店铺装修就会显得很重要。

002 装修网店的意义

店铺装修一直是一个热门话题，在店铺装修的意义、目标和内容上一直存在着众多的观点，然而不论是一个实体店面，还是一个网店或微店，它们作为一个进行交易的场所，其装修的核心是促进交易的进行。

003 店铺信息的获取

网店的装修设计可以起到一个品牌识别的作用。对于实体店来说，好的形象设计能使外在形象得以保持长期的发展，为商店塑造更加完美的形象，加深消费者对企业的印象。同样，建立一个网店或微店也需要设定自己店铺的名称、独具特色的Logo和区别于其他店铺的色彩和装修风格。右图为网店首页的装修图片，在其中可以提取出很多重要信息，如店铺的名称、店铺的Logo、店铺配色风格和店铺销售的商品等。

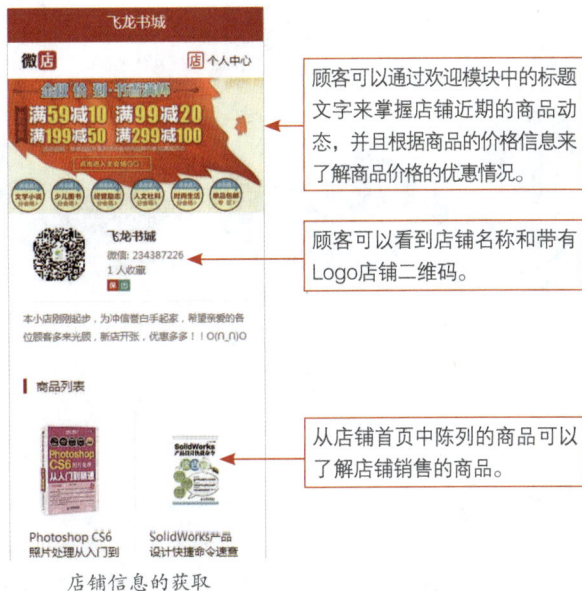

顾客可以通过欢迎模块中的标题文字来掌握店铺近期的商品动态，并且根据商品的价格信息来了解商品价格的优惠情况。

顾客可以看到店铺名称和带有Logo店铺二维码。

从店铺首页中陈列的商品可以了解店铺销售的商品。

店铺信息的获取

> **TIPS**
> 网店和微店中的Logo及整体的店铺风格，一方面作为一个网络品牌容易让消费者熟知，从而产生心理上的认同，另一方面，也可以作为一个企业的CI识别系统，让店铺区别于其他竞争对手。

004 更多商品信息的直观掌握

在淘宝网店装修的页面中，在主页中所能够获取的信息是有限的，由于网店营销的特点，网商都会对单个商品的展现设计单独的平台，即商品详情页面。

商品详情页面的装修成功与否，直接影响到商品的销售和转化率，顾客往往是因为直观的、权威的信息而产生购买的欲望，所以必要的、有效的、丰富的商品信息的组合和编排，能够加深顾客对于商品的了解。下图所示分别为两组不同的网店装修效果，一组是以平铺直叙的方式呈现商品的信息，而另一组则通过图片和简要的文字说明来表达，通过对比可以发现后者更能打动消费者。

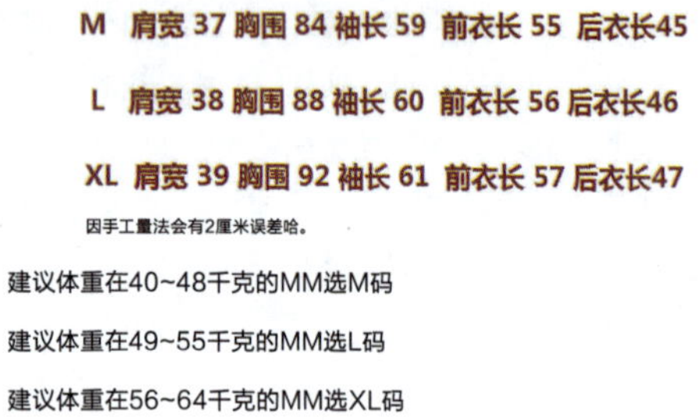

M 肩宽 37 胸围 84 袖长 59 前衣长 55 后衣长45

L 肩宽 38 胸围 88 袖长 60 前衣长 56 后衣长46

XL 肩宽 39 胸围 92 袖长 61 前衣长 57 后衣长47

因手工量法会有2厘米误差哈。

建议体重在40~48千克的MM选M码

建议体重在49~55千克的MM选L码

建议体重在56~64千克的MM选XL码

平铺直叙的描述

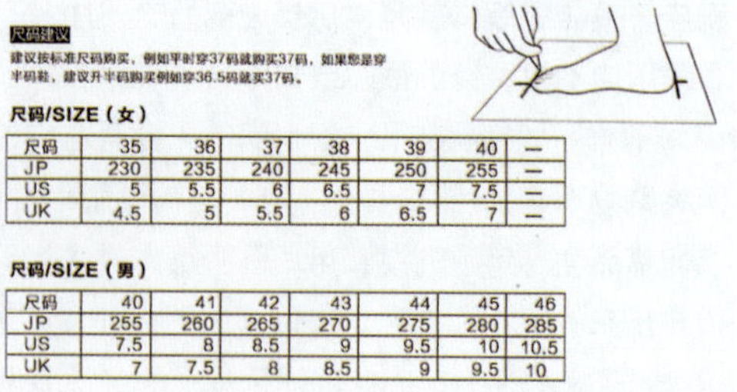

尺码建议
建议按标准尺码购买，例如平时穿37码就购买37码，如果您穿半码鞋，建议开半码购买例如36.5码就选37码。

尺码/SIZE（女）

尺码	35	36	37	38	39	40	—
JP	230	235	240	245	250	255	—
US	5	5.5	6	6.5	7	7.5	—
UK	4.5	5	5.5	6	6.5	7	—

尺码/SIZE（男）

尺码	40	41	42	43	44	45	46
JP	255	260	265	270	275	280	285
US	7.5	8	8.5	9	9.5	10	10.5
UK	7	7.5	8	8.5	9	9.5	10

经过设计的尺码显示

对商品的详情页面进行装修，可以让顾客更加直观地掌握商品信息，促使顾客购买该商品。如下图所示，可以从设计的商品详情页面中了解到产品的材质、透气性等信息。

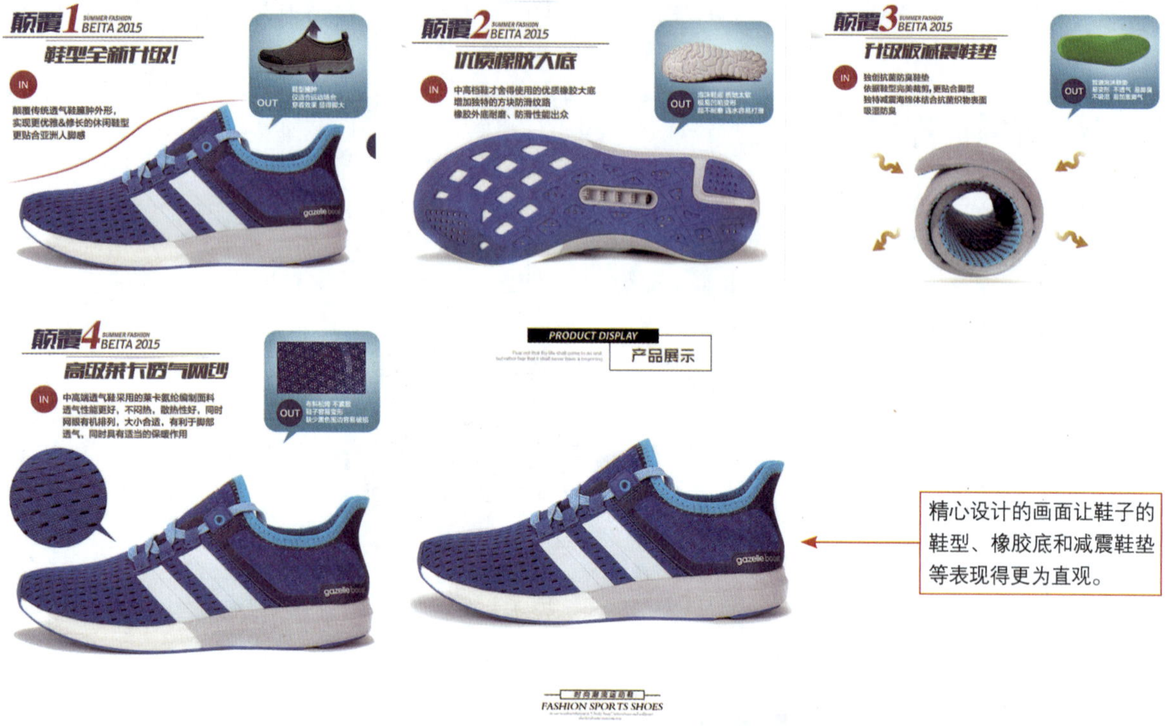

精心设计的画面让鞋子的鞋型、橡胶底和减震鞋垫等表现得更为直观。

商品详情页面

对于通过电脑和手机购物的消费者来说，他们所花费在购物上的时间是需要计入其购物成本当中的，因而卖家需要像实体店一样来增加一个虚拟网店空间的利用率和与用户的有效接触，要达到这两个目的，需要在两方面下功夫。第一，在提升网店和微店空间的使用率上下功夫，让单一的网店和微店能够容纳更多的产品信息，通过装修设计来缩短顾客理解所获得的信息的时间。第二，在产品之间的关联和产品分类的优化上下功夫，从而给予消费者最大的选购空间。

005 店铺装修与转化率的关系

网店和微店的转化率，就是所有到达店铺并产生购买行为的人数和所有到达店铺的人数的比率。网店、微店的转化率提升了，其店铺的生意也会更上一层楼。影响网店、微店转化率的因素主要如下图所示。

在右图中，店铺装修、活动搭配和商品展示都是可以通过设计装修图片来实现的，由此可见网店装修能够直接对网店的转化率产生影响。

很多店铺的店主还停留在无限制地去想办法增加顾客流量的阶段，虽然顾客流量是重要的，但是没有相应的成交量，那一切都没有意义。假如把店铺比作一个人，产品是核心，相当于人的心脏。买家来店铺，页面访问深度这个路径，就好比遍布人体的血管。人的骨骼相当于店铺的框架，人好看不好看，才属于店铺装修。要将各个环节都梳理好，将店铺装修提升为视觉营销，才以提升店铺的销售量。在进行装修和推广的过程中，卖家还需要注意下图中的问题，其中"活动页面"中的信息可以通过店铺装修来完成，由此可见店铺装修与店铺转化率之间的紧密关系。

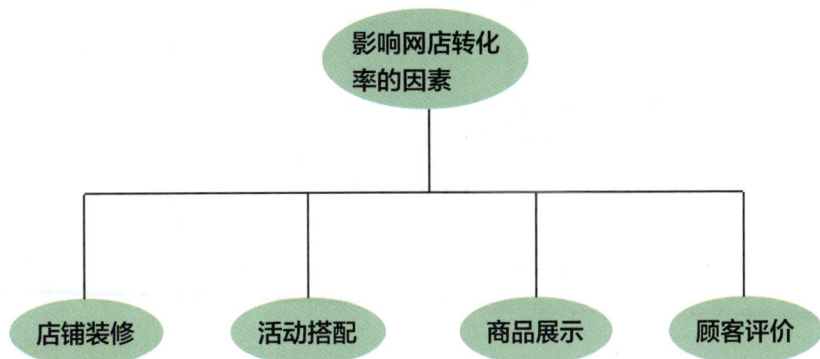

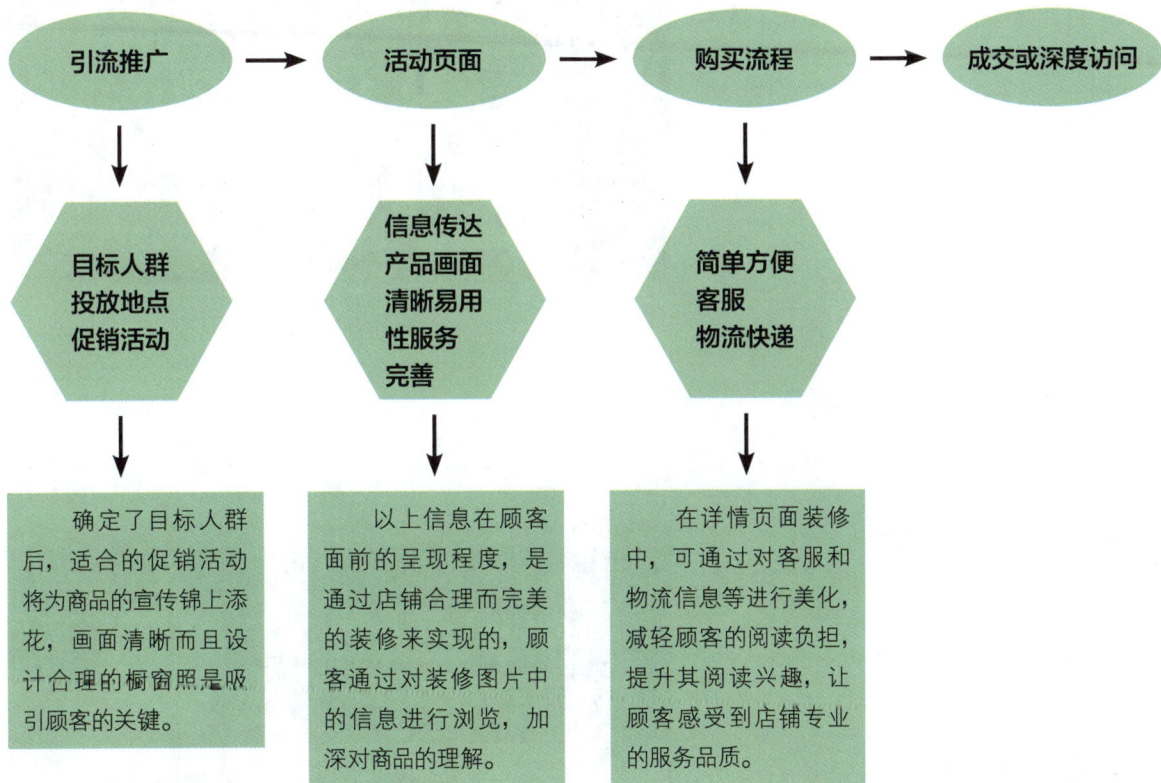

由此可见，网店、微店的首页装修不可轻视，这直接影响到店铺的跳出率，从而影响到店铺的交易量，因此卖家有必要从各方面考虑店铺的装修。好的装修不但能够提升店铺的档次，还可以让顾客感受到在此店铺购物能够有良好的保障。

006 常见电商平台及其配色

常见的电商平台包括淘宝网、京东商城和当当网等，这些平台都入驻了很多的个体商家，通过观察可以看到这些电商的网页装修各有特点，但是都是以红色调为主，下面将进行简单介绍。

1. 淘宝网与天猫商城

阿里巴巴是电商平台中最大的，也是市场占有量最大的，它旗下包含了淘宝网、天猫商城等，但是从它们的网页可以看到淘宝网的主色调为橘红色（如右图所示），天猫的主色调为大红色。它们通过细微的差异来体现不同的特点，接下来将对它们各自的配色和装修进行分析。

淘宝网

以橘红色调为主的淘宝网色彩鲜艳醒目，给人一种积极乐观的感觉，富有很强的视觉冲击力。在淘宝网的商家店铺中，大部分区域的线框和按钮的色彩均为橘红色，能够使人感觉温暖、幸福和甜蜜，从而拉近买卖双方的距离，如右图所示。

天猫商城

以大红色调为主的天猫商城给人视觉上强烈的震撼，通过与黑色搭配，能够体现出一定的品质感，与天猫商品的商家性质一致。此外，这样的配色能够给观者一定程度上的振奋之感。

2. 唯品会

唯品会是一家"专门做特卖的网站"，每天上新品，以低至1折的低折扣及充满乐趣的限时抢购模式，为消费者提供一站式优质购物体验。唯品会创立之初，即推崇精致优雅的生活理念，倡导时尚唯美的生活格调，主张有品位的生活态度，致力于提升中国乃至全球消费者的时尚品位。唯品会销售的商品均为注册品牌商品，并且针对的客户主要是女性消费者，因此在色彩上更倾向于女性喜爱的玫红色，其网站首页如右图所示。

唯品会

以玫红色为主的唯品会网页配色的效果，可以突出其典雅和明快的感受，能够制造出热门而活泼的效果，更容易被女性顾客接受。唯品会中使用的玫红色，又称为玫瑰红，而玫瑰是美丽和浪漫的化身，与唯品会推崇精致典雅的生活理念、倡导时尚唯美的思想格调一致，这样能够有效地表现出该电商的特点。

3. 京东商城

京东（JD.com）是中国最大的自营式电商企业，2015 年第一季度在中国自营式 B2C 电商市场的占有率为 56.3%。目前，京东集团旗下设有京东商城、京东金融、拍拍网、京东智能、O2O 及海外事业部。

京东的 Logo 是一只名为 Joy 的金属狗，是京东官方的吉祥物。京东商城官方对金属狗吉祥物的诠释是对主人忠诚，拥有正直的品行和快速的奔跑速度，其网站首页如下图所示。

手机京东Logo

网页京东Logo

京东的 Logo 主要以金属色的狗与大红色为主，表现出热情和朝气蓬勃的情感，与网页中的配色高度一致，如右图所示。

京东商城

京东的主色调为大红色，与天猫商城的配色类似，都是通过暖色调来表现热情、胜利和欣欣向荣的视觉氛围，能够为顾客营造出愉悦的购物氛围。

4. 当当网

当当网是综合性的网上购物中心，致力于为消费者提供更多选择、更低价格、更为便捷的一站式购物体验，包括服装、鞋包、图书、家居、孕婴童等众多品类，支持全网比价、货到付款和上门退换货。

当当网的网页配色与他电商相同，都是与 Logo 的配色一致，主要使用了绿色与橘红色，这两种色彩互补，并且纯度较高，给人以强烈的视觉冲击力，有活泼、愉悦的视觉感受，具体配色和界面如右图所示。

当当网

TIPS

从1999年11月正式开通至今，当当网已从早期的网上卖书拓展到销售各品类百货，包括图书音像、美妆、家居、母婴、服装和3C数码等几十个大类，有数百万种商品。物流方面，当当网在全国600个城市实现"11.1全天达"，在1200多个区县实现了次日达，货到付款方面覆盖全国2700个区县。

尤其在图书品类，当当网占据了线上市场份额的50%以上，同时图书领先市场占有率43.5%。当当网的图书订单转化率高达

25%，远远高于同行业平均的7%，这意味着每4个人浏览当当网，就会产生一个订单。能做到图书零售第一，当当网的杀手锏有许多，比如全品种上架、退货率最低、给出版社回款最快，也正是依靠这些优势，出版社给当当网的进货折扣也最低，当当网也因此有价格竞争优势。

十几年间，当当网专注图书电商取得雄踞首位的成绩，形成了一种卓尔不凡的能力与特质。而这些要素会提炼成模型，逐步复制到服装、孕婴童和家居家纺等细分市场，其价值将不可限量。

007　如何确定装修风格

无论是实体店还是网店，装修的好坏是重要问题，对能否吸引顾客的眼球、能否突出产品的特色，都是至关重要的。网店装修风格的确定涉及整体运营的思想，所以在确定装修风格之前，需要认真考虑一下自己所销售的产品和本店实际情况，以确定需要突出的重点是哪一点。

如果产品的对象是年轻人，那就要在装修上突出青春活力的特点；如果是主打高档路线，在装修上就要给人一种高贵华丽的感觉。而对于店面的风格设定，就需要每个店家认真地去思考。

008　选择网店整体色调

色调即店面的总体体现，是网店装修大致的色彩效果，能够给人一种一目了然的感觉。不同颜色的网店装修画面都带有不同的色彩倾向，那就是色调。色调的表现在于给人一种整体的感觉，或突出青春活力，或突出专业销售，或突出童真活泼等，如下图所示。

某网店首页展示

如何选择和确定网店装修的色调呢？我们可以从店铺中销量最好的产品的色彩入手，或者根据店铺装修确定的关键词入手，比如确定网店装修的风格为女装时尚，那么我们就可以选择粉红色、白色等一些明度和纯度较低的色彩来对装修的图片进行配色。红色常用来作为网店首页的背景色，也就是整个画面的色调倾向，它是根据首页陈列的商品色彩进行提炼而得到的。

通过前面的描述，可以知道色调的表现方式主要体现在颜色的选择上面。因为不同的色调肯定有着不同的情感含义，所以对于自己的店面应该如何选择颜色才能真正体现出自己产品的特点和营销的特色，这个问题是需要店家或者设计师考虑的，店家或者设计师可以根据店铺的营销风格，去搭配自己认为应该选择的店面整体色调。

009　设计详情页面橱窗照

通常当我们进入一个店铺，都是因为对单个商品感兴趣，而单个商品在众多搜索出来的商品中都是以主图展示的，也就是用橱窗照的形式进行展示的。

商品主图是用来展现产品最真实的一面的，并不是用来罗列店铺的所有活动的。但是，有些店家为了将店铺中的信息最大化地传递出去，将橱窗照的作用理解错误，在橱窗照除了商品图像以外的空隙里添加了"最后一天""马上涨价"等众多的信息，主次不分，给买家一种凌乱的感觉，不能够体现出网店的专业性。这样在店面首页上呈现出来的效果是不统一的，会直接影响到店铺的整体美观并间接地影响了顾客在店面的停留时间。详情页面橱窗照如下图所示。

给身体放个假

做一个有"格"调的梦

¥199.00

卡通全棉活性三件套纯棉学生宿舍儿童床品绣花四件套公主正品包邮

送礼品 活性印染 斜纹面料 全棉绣花工艺

天猫 购物券 天猫实物商品通用 积分刮券

价格 ¥796.00

促销价 ¥199.00 开张特惠

运费 江苏南通 至长沙 快递：0.00

月销量534 累计评价285 送天猫积分99

颜色分类

适用床尺寸 1.0m（3.3英尺）床 1.2m（4英尺）床 1.5m（5英尺）床 1.8m（6英尺）床

数量 1 件 库存447件

分享 ★收藏商品（939人气） 举报

立即购买 加入购物车

详情页面橱窗照

在橱窗照的背景上可以使用明亮的、色调和谐的图片，将抠取的商品与背景合并在同一个画面中，再添加上简单的文字和价格，通过色彩上的搭配体现出淡雅的感觉，表现出一定的品质感，让顾客能够一眼看到商品的外形和相关的信息。

在橱窗照上只需要突出自己的产品或者是营销的一个点就行了，不要加太多凌乱的信息，顾客买东西是冲着产品去的，而不是冲着"仅此一天""本店大甩卖"这些附属的信息去逛店铺的，当然，要设置限时购买等促销内容，可以在商品详情页面中设计，尽量不要在体现商品形象的橱窗照中添加此类信息。

010 网店中各个模块的合理布局

在网店装修的过程中，各个模块的布局也是影响装修风格的一个重要因素，各个模块的搭配要统一、简洁。

在为自己的店面做出装修风格设定后，模块之间的相互搭配和组合也是需要认真设计的，没有顺序的模块叠加，只会给广大买家一个很凌乱的感觉，出现这样的情况将会流失很多的顾客。各个模块的布局如右图所示。

各个模块的合理布局

在该区域中使用了阶梯式的方式来对商品进行逐层显示，通过由大到小、由上至下的方式来丰富商品的内容，让页面的布局更加灵活，具有一定的韵律感，并通过风格一致的标题栏对每组商品分类，用鲜艳的文字来展示商品的信息，清晰地表现出商品的形象。

简洁大方的店面可以让广大买家在店铺浏览的时间延长。而对于如何搭配才是最好的，可以参考那些很成功的、较大店家的装修布局以借鉴一些经验。从网店的总体上来讲，模块的整合要简洁明了，突出重点，形成一种视觉冲击，这也就是常常所说的视觉营销。

011 热销商品页面设计理念

皇冠级卖家在网上交易中发挥着巨大的力量，从他们的商品主页中，可以找到许多持久运营的秘籍，如下图所示。

商品主页

012 页面设计需要生动有趣

在网店的页面设计中，与短页面相比，长页面虽然可以显示很多的商品，但同时也会给顾客一种厌倦的感觉。

为了让顾客在购物的过程中保持一种新鲜感，我们可以从结构上展示商品与搭配商品的各种照片，与顾客不断地进行互动。再在自己店铺中使用顾客所喜欢的语言描述和顾客想看的图片，这样可以使顾客愉快地下拉滚动条。如右图所示。

网店页面设计

013 自然引导顾客购买搭配商品

在购物的时候，大家可能都有这样的经历：购买了一件商品还想要找到和这件商品搭配的附属品，比如买件衣服还想买条搭配的裤子，然后就逐个地去搜索，既浪费时间还一定不能省钱。

现在，购买搭配组合商品，能够帮助买家一次性解决问题，省事、省时、省钱，也就是所谓的"三省"。

014 通过图片了解商品实际大小

在淘宝网上，我们经常看到很多服装类卖家用真人模特拍摄的方式，它能够更好地展示商品的线条和样式，甚至是商品的质感，而且还可以使买家通过图片了解商品的实际大小。在挑选模特的时候要注意模特气质是否适合衣服类型，不能随便找个模特就完成所有上架宝贝的拍摄工作，这样会影响到部分服装的整体效果，如右图所示。

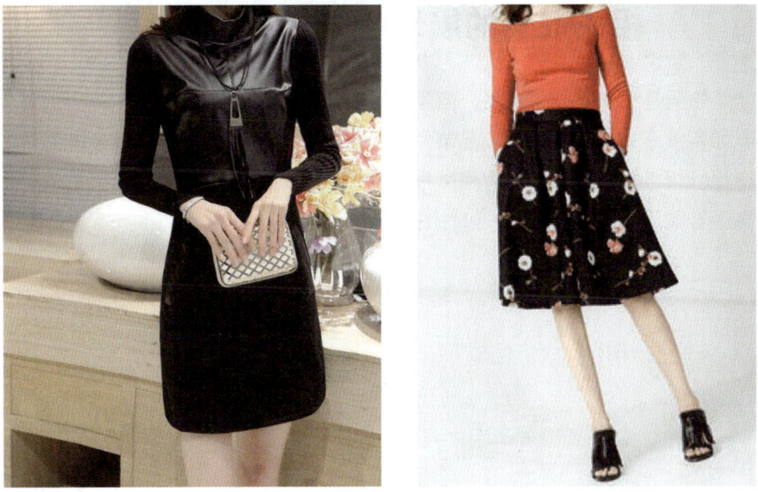

真人模特拍摄

015 详细准确介绍商品信息

在网店中做买卖，最主要的是如何把自己的商品信息准确地传递给顾客。图片所传递的只是商品的样式和颜色的信息，对于性能、材料和售后服务，买家一概不知，所以这些需要通过相应的文字描述来告诉买家。

在网络购物，商品描述是影响买家是否购买的一个重要因素，很多卖家也会在商品描述上花费大量的心思，但也有些卖家经过一段时间就会发现花费大量的心思也没什么效果，用户的转化率还是不高，原因是什么呢？主要原因还是商品描述不够详细。吗，卖家在介绍商品时，各方面的参数都要详细准确，为顾客提供商品的详细信息，以方便顾客更准确地确定自己的需求，上图所示为详细准确的商品信息介绍。

产品参数 /INFORMATION/

产品名称	2015秋冬新款女包 信封小包 单肩包
价格	469
材质	聚氨酯合成革/内里：织物
规格	长：20cm 宽：6cm 高：13cm 重量：300g 肩带垂直高度：56cm 肩带长度：111cm
结构	一个拉链暗层、内置小镜子、4个卡位
容量	不可放入A4纸 不可放入IPAD
颜色	玫瑰金 / 黑色 / 白色
款式	肩包

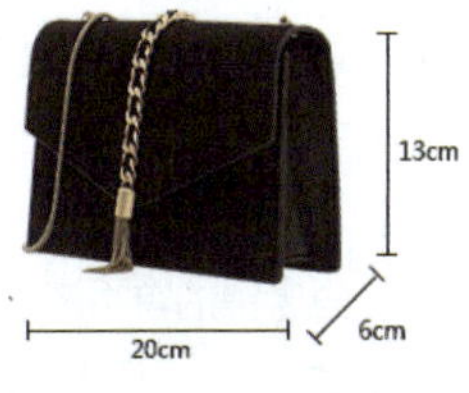

注：因手工测量，误差在1~2cm之间均属正常

详细准确介绍商品信息

016 分享购买者的经验

淘宝网会员在使用支付宝服务成功完成每一笔交易后，双方均有权为对方交易的情况作一个评价，这个评价也称为信用评价。促成成交的重要因素是有个良好的信用评价和口碑。已经购买过的顾客的评论对正在犹豫是否购买的顾客起到决定性作用。因为一般商家所提供的商品信息的宣传性太强，而顾客留下的评论却比较真实，如右边图所示。

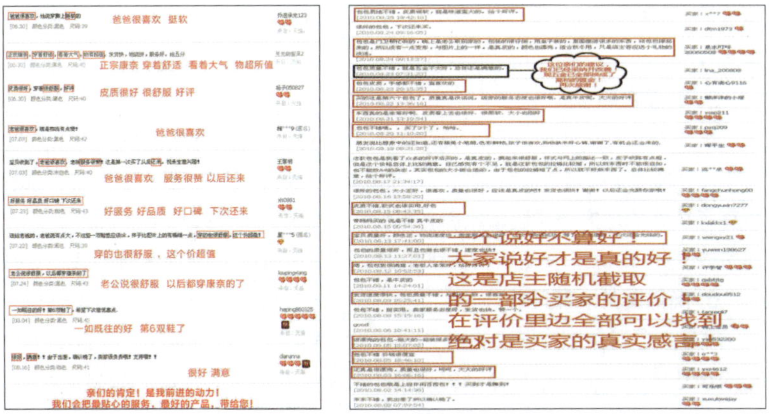

不同类商品的评价

017 相关证书的展示

如果是销售功能性商品，商家就可以展示能够证明自己技术实力的资料，或者如实展示顾客所关心的商品制作过程，这些都是提高商家可信度的方法。如果电视、报纸等新闻媒体曾有相关报道，那么收集这些资料展示给顾客看，也是提高顾客购买倾向的好方法。如右图所示。

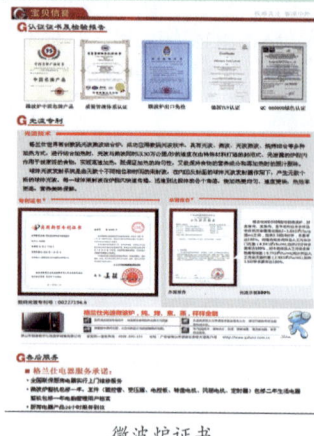

微波炉证书

018 网店装修中的六大误区

在网上可以看到很多卖家的店铺装修得很漂亮，有些卖家甚至找专业人士装修店铺。在面对各种各样的店铺装修中稍微一不小心就会进入装修的误区，下面介绍网店装修过程中常常见到的六大误区。

1. 店铺名称

有的淘宝店铺名称过于简洁，有的掌柜相信简单就是一种美，店名设计就两三个字，殊不知淘宝网给店铺掌柜 30 个字的编辑限度是很重要的，例如笔者的店铺是做手机营业厅的，刚开始的名字是"通信在我家"，可是买家在搜索店铺关键词的时候，搜索"手机"或"手机卡"都是找不到的。相信很多人会利用搜索店铺这个方法来对宝贝进行搜索，因此大家对于店铺名称一定要充分利用这 30 个字。

2. 图片展示

有些店铺的首页装修中，店招、公告以及栏目分类等，全部都是使用图片，而且这些图片都很大。虽然图片会代表店铺的整体，但是却会使得买家的浏览速度很慢，导致买家在查看店铺的栏目时分辨很久都找不到，或者是重要的公告也没看到，这样就会让买家失去等待的耐心，从而造成顾客的流失。

3. 背景音乐

背景音乐基本上都是 MP3 格式的，容量一般都在几 MB，有些加载起来速度还是很慢的；有的背景音乐是在浏览宝贝的时候重复播放的，这一点相信很多顾客都会感到厌烦。为了贴近大众并提高网页打开速度，建议不要添加背景音乐，如果一定要添加，建议在醒目的地方提醒买家按【Esc】键就能取消播放。

4. 店铺风格

有些卖家把店铺的色彩搭配得鲜艳亮丽，将界面做成五彩缤纷的效果。色彩搭配及产品突出性方面体现在淘宝网给店铺掌柜提供了几种不同店铺的颜色风格，无论商家选择的是哪一种产品风格，图片的基本色调与公告的字体颜色最好与之对应，这样装修出来的店铺整体效果和谐统一。另外，签名档是一个很好的广告，应合理利用，重点突出自己的产品特点，统一自己的店铺风格。

5. 页面布局

店铺装修的页面布局设计切忌繁杂，不要把店铺设计成门户类网站。虽然把店铺做成大网站看上去显得比较有气势，表面上看着店铺很有实力，但却影响了买家的使用，不合理或者复杂的布局设计会让人眼花缭乱。所以，不是所有可装修的地方都要装修或者必须装修，局部区域不装修反而效果更好。总而言之，要让买家进入店铺首页或者商品详情页面以后，就能顺利找到自己想要的商品信息，从而快捷地获取商品的详情。

6. 商品图片水印尺寸

商家为了避免图片侵权的情况出现，通常都会在商品图片上添加自己店铺的水印，但是如果不能准确地把握水印的尺寸大小，就会削弱商品的表现，出现喧宾夺主的情况。如果图片水印是长条水印或者其他的形状，可以在 Photoshop 中修改。

PART 01

基础入门篇

02

拍摄：淘宝网店
装修前期准备工作

在视觉营销时代，通过唯美、专业的图片向顾客们展示自己的宝贝，是一件非常重要的工作。

本章主要介绍如何选择合适的摄影器材掌握拍摄宝贝的角度和细节、熟记五大拍摄小技巧以及进行后期修片的原则和方法等内容，为后面学习淘宝网店装修技术奠定良好的基础。

019 选择合适的摄影器材

随着数码产品技术的不断进步，现在的部分卡片机和手机也能拍摄出令人满意的照片，微单也在和单反相机抢风头。当然，店家最好根据实际情况和需求来选择最适合自己的摄影器材，以达到节省开支、物尽其用的效果。

1. 拍摄设备

拍摄照片的设备包括卡片机、单反相机、手机和微单等，下面进行简单介绍。

● **卡片机**

卡片式数码相机方便随身携带，而在正式场合把它们放进西服口袋里也不会坠得外衣变形，在其他场合把相机放在衣服口袋或者挂在脖子上也是可以接受的。

虽然它们功能并不强大，但是有最基本的曝光补偿功能，同时也有其他数码相机的标准配置，再加上区域测光或者点测光模式，这些功能还是能够完成一些基本摄影作品的拍摄的。至少用户对画面的曝光有基本控制，再配合色彩、清晰度和对比度等选项，很多漂亮的照片也可以来自小设备。

如果用于拍摄商品，相机的防抖功能必须要有，另外一定要考究相机的弱光及强光环境下的成像质量和降噪功能。其次是相机的对焦速度，这会让你在拍摄宝贝细节的时候很省事。如右图左所示。

● **单反相机**

单反，就是指单镜头反光，这是当今最流行的取景系统，大多数35mm照相机都采用这种取景器。在这种系统中，反光镜和棱镜的独到

卡片机

单反相机

设计使得摄影者可以从取景器中直接观察到通过镜头的影像。因此，可以准确地看见胶片即将"曝光"的相同影像。

单反相机的一个很大的特点就是可以更换不同规格的镜头，这是单反相机天生的优点，是普通相机不能比拟的。选择单反相机的理由不仅是因为单反相机的像素高于普通数码相机，更因为单反相机的可控性强，能够按照自己的需求来拍摄满意的图片。无论从对焦速度、相机的反应速度上，单反相机都更具优势。单反相机能更换镜头，以适应不同的拍摄环境和拍摄对象。如上图右所示。

● **手机**

并不是任何手机都能用于宝贝的拍摄，首先手机镜头分辨率需要 500 万以上的像素，其次需要有防抖功能，最后要考虑是否具有光学变焦、相对可控的闪光灯以及图片色彩还原能力。当满足了以上条件时，那么只需要一款功能不亚于当今卡片机的拍照手机，就可以来拍摄宝贝。如右图左所示。

● **微单**

微单是一个新词，微单被赋予了两个意思：微，微型小巧；单，单反相机的画质。微单既是索尼的注册

手机

微单

商标，有时也用于指一种可更换镜头数码相机。索尼将"微单"相机定位于一种介于数码单反相机和卡片机之间的跨界产品，其结构上最主要的特点是没有反光镜和棱镜。如上图右所示。

2. 灯光设备

在商品摄影中主要使用外拍灯和影室闪光灯。相对于便携式闪光灯或影室闪光灯来说，相机自带的内光灯可控性较差。

● **外拍灯**

在拍摄过程中，外拍灯多用于室外模特的补光或者作为主光源使用，功率相对较高，而且携带方便。如右图左所示。

● **影室闪光灯**

影室闪光灯用于室内商品拍摄或者模特拍摄，能方便地控制闪光强度，一般都是成对使用或者3个灯一起使用，在拍摄时通常要加柔光箱，如右图右所示。

外拍灯　　　　　　　　　影室闪光灯

● **内置闪光灯**

内置闪光灯的功率相对较小，可操控的余地也比较小，用户需要谨慎使用。如右图左所示。

● **便携式闪光灯**

便携式闪光灯很便宜，与内置闪光灯相比，操作上方便用户操控，使用起来也更灵活。如右图右所示。

内置闪光灯　　　　　　　便携式闪光灯

3. 辅助设备

辅助设备包括三脚架、静物棚以及柔光罩等，下面向读者进行简单介绍。

● **三脚架**

在拍摄宝贝细节图片时需要使用三脚架，它是一个必备物品，如右图左所示。

● **静物棚**

利用静物棚拍摄小物件效果很好，而且成品价格也不高。如右图中所示。

● **柔光罩**

柔光罩用于搭配室内闪光灯使用。如右图右所示。

 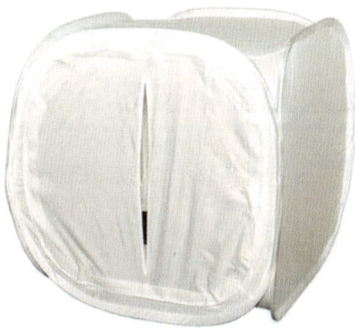 

三脚架　　　　　　静物棚　　　　　　柔光罩

● **反光板**

反光板给被拍摄体进行补光，可以用不同大小的反光板。如右图左所示。

● **测光表**

测光表用于多光源环境下确定光比。如右图中所示。

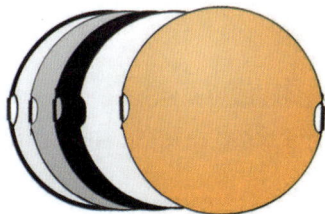  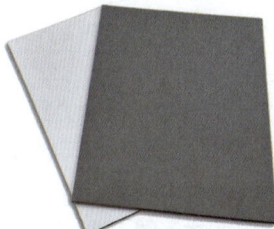

反光板　　　　　　测光表　　　　　　灰卡

● **灰卡**

灰卡用于测光表的准确测光，也可以作为调整白平衡的参考。如右图右所示。

020　掌握拍摄宝贝的角度和细节

　　拍摄宝贝的基本原则：多角度，可以再现宝贝的真实形态；重细节，能体现出宝贝的做工和品质。下面以一组女士凉鞋为例，如果只有单张图的话，顾客很难了解鞋子的做工、样式。在后面配上三张图，鞋子的全貌就可以从多个角度得以展现，鞋子的材质、款式细节和设计感也表现了出来，宝贝也更加吸引人。

从侧面拍摄鞋子，鞋子整体的设计感呈现在眼前。

从前侧拍摄鞋子，鞋子的质感得到进一步的体现。

从后面拍摄鞋子，鞋底的颜色和鞋跟的高度一目了然。

　　在拍摄小商品的时候，可以加入一些点缀的小物件充当背景，可以使画面更生动形象，但是不要在颜色、形状以及大小上和主体相冲突，如下图所示。

选择颜色和鞋子比较接近的小物件作为点缀，画面和谐、干净。

鞋子下面的本子、旁边的柜子和后面的物件对于这款黑白色相间的鞋子来说太过于显眼，而且鞋子周围的物件太多，完全破坏了画面，不但没有增加生趣，反而使观者更加找不到重点。

021　熟记五大拍摄小技巧

　　在拍摄照片的过程中，用户掌握一定的拍摄技巧，有助于拍摄出漂亮、专业的照片。下面主要介绍拍摄照片时的一些小技巧。

1. 用 RAW 格式拍摄照片

　　RAW 格式即图片的原始数据，它包含了数码图片应有的所有数据，可调整的空间很大。类似于白平衡、曝光补偿等都能在后期方便地调整，因此建议以 RAW 格式或 RAW ＋ JPEG 的格式拍摄图片。

2. 完善内置闪光灯

　　内置闪光灯几乎不可控制，拍小商品的时候经常会让画面一片死白，在这种情况下可以在闪光灯上放数层纱布或其他半透明的物体来减弱闪光，增加漫反射作用。注意纱布或纸张必须是白色。在有光源的情况下，如果被摄体反差过大，也可以用内置闪光灯来补光。

3. 窗户光

　　窗户光像一个柔光箱，而自然光就是主光源。利用窗户光拍出来的图片，其颜色一般都比较自然，这是利用自然光的缘故。需要注意窗户光方向单一，因此容易产生投影，拍摄的时候需要加反光板或者色温接近的闪光灯，在另一侧对被摄体进行补光。

4. 大光圈

　　大光圈的作用是让图片主次分明，突出重点，而不是为了通过较浅的景深来使画面美观。

5. 不可过于夸张

拍摄模特的时候以大方自然的姿势为佳，表情放松、微笑、凝视均可，主要目的是利用模特来表现宝贝的特征，不要引导模特有动作夸张的姿势，也要尽量避免有表现个人情绪的表情。

022 了解后期修片原则

将照片拍摄完成后，用户还需要掌握一定的后期修片原则，这样能更好地提高顾客对产品的信任度。下面主要向读者介绍后期修片的原则。

1. 还原宝贝色彩

商品图片的后期处理与其他类型的图片相比差别很大，真实是最重要的原则。所以在使用图像处理软件时要避免过分修片，以免图片与宝贝的实物色彩偏差太大而引起顾客的不认同。

另外，如果拍摄照片时光线不足，会导致画面曝光不足，此时就需要使用后期处理软件对宝贝色彩进行调整，以还原宝贝的真实色彩，如下图所示。

画面明显曝光不足，图片中服装的颜色和背景都过于暗淡。

画面相对比较自然，稍微偏色但可被接受。

2. 简化背景，突出重点

即使背景再漂亮，它的作用也只是为了衬托宝贝。对于太过华丽、颜色跟主体不协调的背景，可以在后期处理时将其替换。下面以两个不同的范例向读者分别介绍背景与画面的整体协调效果。

背景场景过于奢华，家具的线条形状不一，整张图片显得很乱而没有表现出主题，后期可以将背景大幅度虚化。

白色背景简洁而完美，与主体服装画面很协调，使被摄体凸显出来，模特动作也不夸张，就像一幅商品图。

3. 锐化有度

在后期修片中锐化很常用，但是切记不要过分锐化，以免降低了图片的画质。用低像素的手机或者相机拍出来的图片在后期处理时要注意这个问题，锐化的时候要适度。

4. 保证图片原尺寸

为了将图片套入页面格式而去改变图片的尺寸，将会导致图片失真，影响商品的真实度。作为"门面"内容之一的图片，一定要保证看起来自然大方，如下图所示。

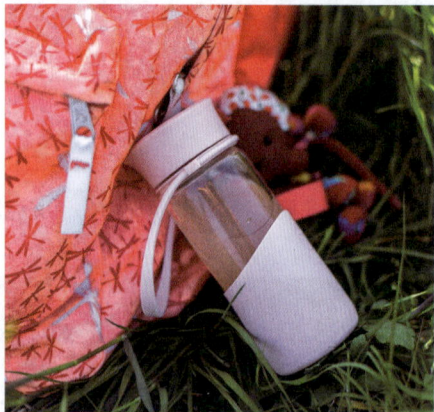

原图：真实自然，宝贝比较真实地表现出来。　　变形后：图片失真，影响商品真实度。

PART 01

基础入门篇

03

视觉：网店旺铺
营销设计搭配

色彩是淘宝网店装修中的重要构成元素，在无形之中能体现店铺广告的主题内涵。色彩应用在淘宝网店中具有很强的识别性，能够突出版面的视觉度，同时决定了广告氛围的意向特征，影响着主题内涵的传达。本章主要介绍网店视觉营销设计的基础知识包括色彩和色系的应用、字体风格的介绍以及网店版式设计等内容。

023 色彩的基础知识

色彩是来自光的产物，人们在生活中所看到的色彩并不是物体的固有色彩，而是它们对光的反射而产生的色彩。根据现代科学划分的色彩分类，主要分为有彩色系和无彩色系。

1. 有彩色系

有彩色系指的是带有某一种标准色倾向的色，光谱中的全部色都属于有彩色，基本的色相包括红、橙、黄、绿、蓝和紫，如右图所示。在这些基本色相的基础上，不同色相比例的混合可产生成千上万种有彩色。

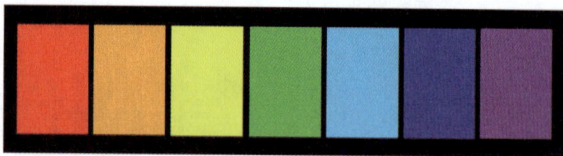

有彩色系

有彩色中的任何颜色中都具有三大要素，即色相、明度和纯度，因此在图像的制作过程中，根据有彩色的特性，通过调整其色相、明度以及纯度间的对比关系，或通过几个色彩间面积调和，可搭配出色彩斑斓、变化无穷的网店装修画面效果。

2. 无彩色系

无彩色系是指黑色、白色以及各种明度的灰色，无彩色之间只具备明度的变化。以这 3 种色调为主构成的画面也是别具一番风味的，在进行网店装修的配色中，为了追求某种意境或者氛围，有时也会使用无彩色来进行搭配。无彩色没有色相的种类，只能以明度的差异来区分，无彩色没有冷暖的色彩倾向，因此也被称为中性色，如右图所示。

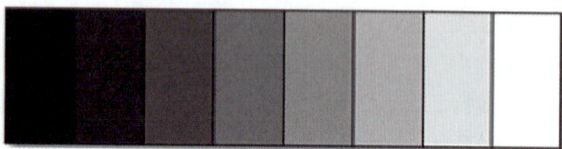

黑　　　　　　　　　灰　　　　　　　　　白

无彩色中的黑色是所有色彩中最黑暗的色彩，通常能够给人沉重的印象，而白色是无彩色中最容易受到环境影响的一个颜色，如果设计的画面中白色的成分越多，画面效果就越单纯。而灰色则处于白色和黑色之间，它具有平凡、沉默的特征，很多时候在店铺装修中作为调节画面色彩的一种颜色，可以给顾客带来安全感和亲切感。

024 色彩的三大要素

消费者所看到的网店装修的颜色中，虽然各种画面千差万别，各不相同，但是任何画面的色彩都具备三大基本要素的特征，色彩也可以根据这三大要素进行体系化的归类。

1. 色相

苹果是红色的，柠檬是黄色的，天空是蓝色的……当考虑不同色彩的时候，时常用色相来表示，如下图所示。因此，用色相这一术语将色彩区分为红色、黄色或蓝色等类别。

色相条

色相渐变条

色相是色彩的最大特征，所谓色相是指能够比较确切地表示某种颜色色别的名称，也是各种颜色直接的区别，同样也是不同波长的色光被感觉的结果。

色相是由色彩的波长决定的，以红、橙、黄、绿、青、蓝和紫代表不同特性的色彩相貌，构成了色彩体系中的最基本色相，色相一般由纯色表示，上图所示分别为色相的纯色块表现形式和色相间的渐变过渡形式。

虽然红色和黄色是完全不同的两种色相，但可以混合它们来得到橙色。混合黄色和绿色可以得到黄绿色或青豆色，而混合绿色和蓝色则产生蓝绿色。因此，色相是互相关联的，我们把这些色相排列成圈，这个圈就是"色环"，如下图所示。

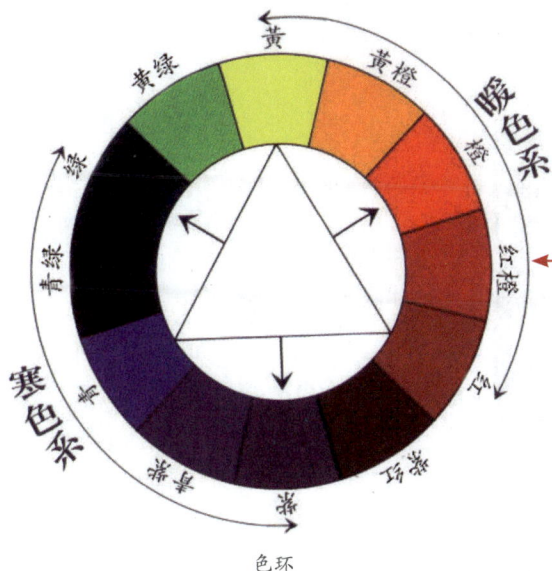

色环

色环其实就是在彩色光谱中所见的长条形的色彩序列，只是将首尾连接在一起，使红色连接到另一端的紫色，色环包括12种不同的颜色。

暖色：暖色由红色调构成，如红色、橙色和黄色。这种色调给人以温暖、舒适、有活力的感觉。这些颜色产生的视觉效果使其更贴近观众，并在页面上更显突出。

冷色（也称寒色）：冷色来自于蓝色调，如蓝色、青色和绿色。这些颜色使配色方案显得稳定和清爽。它们看起来还有远离观众的效果，所以适于作为页面背景。

2. 明度

有些颜色显得明亮，而有些却显得灰暗，这就是亮度是色彩分类的一个重要属性的原因。例如，柠檬的黄色就比葡萄柚的黄色显得更明亮一些。如果将柠檬的黄色与一杯红酒的红色相比呢？显然，柠檬的黄色更明亮。可见，明度可以用于对比色相不同的色彩，如下图所示。

明度高 明度低

明度是眼睛对光源和物体表面的明暗程度的感觉，主要是由光线强弱决定的一种视觉经验。简单地说，明度可以简单理解为颜色的亮度，不同的颜色具有不同的明度，任何色彩都存在明暗变化，其中黄色明度最高，紫色明度最低，绿、红、蓝和橙的明度相近，为中间明度。另外在同一色相的明度中还存在深浅的变化，如绿色中由浅到深有粉绿、淡绿和翠绿等明度变化。

3. 纯度

纯度通常是指色彩的鲜艳程度，也称为色彩的饱和度、彩度和含灰度等，它是灰暗与鲜艳的对照，即同一种色相是相对鲜艳或灰暗的，纯度取决于该色中含色成分和消色成分的比例，其中灰色含量较少，饱和度值越大，图像的颜色越鲜艳，如下图所示。

纯度

如上图所示，用色相相同的两种颜色做比较，很难用明度来解释这两种颜色的不同之处，而纯度这一概念则可以很好地解释为什么我们看到的颜色如此不同。

有彩色的各种颜色都具有彩度值，无彩色的彩度值为0，彩度由于色相的不同而不同，而且即使是相同的色相，因为明度的不同，彩度也会随之变化的。

纯度是说明色质的名称，也称为饱和度或彩度、鲜度。色彩的纯度强弱是指色相感觉明确或含糊、鲜艳或混浊的程度，如下图所示。高纯度色相加白或黑，可以提高或减弱其明度，但都会降低它们的纯度。如加入中性灰色，也会降低色相纯度。

纯度用来表现色彩的鲜艳和深浅，色彩的纯度变化可以产生丰富的强弱不同的色相，而且使色彩产生韵味与美感。

纯度是深色、浅色等色彩鲜艳度的判断标准。纯度最高的色彩就是原色，随着纯度的降低，就会变化为暗淡的、没有色相的色彩。纯度降到最低就会失去色相，变为无彩色。

　　同一色相的色彩，不掺杂白色或者黑色，则被称为纯色。在纯色中加入不同明度的无彩色，会出现不同的纯度，如下图所示。

纯度低　　　　　　　纯度高　　　　　　　　纯度低

以红色为例，向纯红色中加入一点白色，纯度下降而明度上升，变为淡红色。继续加入白色的量，颜色会越来越淡，纯度下降，而明度持续上升。加入黑色或灰色，则相应的纯度和明度同时下降。

025　色调的倾向

　　色调是色彩运用中的主旋律，是构成网店装修画面的整体色彩倾向，同时也可以理解为"色彩的基调"。画面中的色调既是指单一的色彩效果，也是色彩与色彩之间相互关系中所体现的总体特征，是色彩组合多样、统一中呈现出的色彩倾向，如下图所示。

紫色调

青色调

黄色调

　　在网店装修的过程中，往往会使用多种颜色来表现形式多样的画面效果，但总体都会持有一种倾向，是偏黄或偏绿，是偏冷或偏暖等，这种颜色上的倾向就是画面给人的总体印象。

1. 色调色相的倾向

　　色相是决定色调最基本的因素，也是对于色调起着重要的作用，色调的变化主要取决于画面中设计元素本身色相的变化，如某个网店呈现为红色调、黄色调或紫色调等，指的就是画面设计元素的固有色相，就是这些占据画面主导地位的颜色决定了画面的色调倾向，如右图所示。

珠宝店铺

在这个网店装修画面中使用了大面积的红色调，充分体现了红色调充满民族气息的色彩印象，营造出热情、朝气蓬勃的感觉，而小面积黄色的添加，使得画面简洁。

2. 色调明度的倾向

当确定了构成画面的基本色调后，色彩明度的变化也会对画面造成极大的影响，画面明亮或者暗淡，其实就是明度的变化赋予画面的不同明暗倾向，因此在对一个网店装修的画面进行构思设计时，采用不同明度的色彩能够创造出丰富的色调变化。

包包店铺装修画面中使用大面积的低明度色彩时，浓重的色彩会给人深沉的感觉，并表现出具有深远寓意的画面效果；低明度的色调使得画面呈现出一派神秘的格调，褐色色调中的包包给顾客留下品质高端的印象，如右图所示。

包包店铺

饰品店铺装修画面中使用明度值较高的色彩进行配色时，高明度色彩之间的明暗反差会变小，添加高明度的蓝色，可以让画面呈现出清淡之感，如下图所示。

饰品店铺

3. 色调纯度的倾向

在色彩的三大基本属性中，纯度同样是决定色调的重要因素，不同纯度的色彩所赋予的画面感觉也不同，通常所指的画面鲜艳或昏暗均为色彩的纯度所决定的。在网店装修中，一般会根据商品具体的色彩来确认色调纯度的倾向。不过，就色彩的纯度倾向而言，高纯度色调和低纯度色调都能赋予画面极大的反差，给顾客带来不同的视觉印象，如右图所示。

数码店铺

当画面以高纯度的色彩组合表现主题时，鲜艳的色调可以表达出积极、强烈而冲动的氛围。右图所示的饰品商品图像使用了纯度较高的色彩，使商品更加凸显，增强了视觉冲击力。

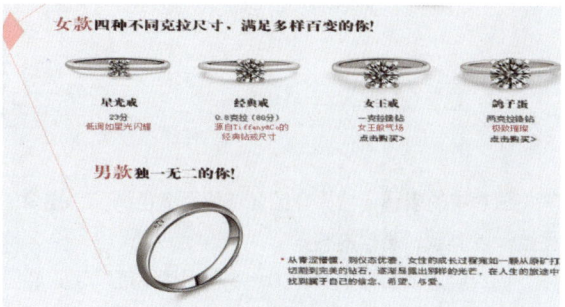

饰品店铺

当画面以低纯度的色彩表现主题时，显示出复古与怀旧的感觉，为原本的画面添加了一种协调与惬意的感觉。

026　暖色系色彩

　　如果在设计的网店装修中融入大量的红色、橙色为主的色调时，此画面会呈现出温暖、舒适的感觉，此类色调被称为暖色调。

　　暖色调通常被认为是可以使观者提高血压及心率、刺激神经系统的色彩，也可以赋予画面活泼之感，使人情绪高涨，如下图所示。

首页

　　图片中的店铺首页区域使用暖色调作为主要的配色，鲜艳的配色给人强烈的视觉震撼感，营造出一种喜庆、活跃的氛围，使人产生出悦动的心理反应。

　　对于追求温暖感的网店而言，暖色系常常使人联想到火热的夏季、鲜红的植物和热闹的氛围等，当想要表现出温暖的感觉时，选用暖色系即可营造出强烈的火热氛围，给人热情、温暖的感觉。

027　冷色系色彩

　　蓝色、绿色和紫色都属于冷色系，它相对于暖色系具有压抑情绪亢奋的作用，令人感觉到冰凉、沉静等意象。在冷色系中，蓝色最具有清凉、冷静的作用，其他的明度、纯度较低的冷色系也都具有使人感觉消极、镇静的作用，如右图所示。

手表店铺详情页

　　图片中的店铺详情页介绍区域使用冷色调作为主要的配色，具有明度变化的颜色使画面显得寂静而洁净，整个画面给人以雅致、高档的感觉。

　　在淘宝店铺装修的过程中，冷色系除了可以让人感觉到一种冷清的感觉，还能让人感觉到如水一般寒冷，能够更形象地诠释出冷色配色所传达的意象，如下图所示。

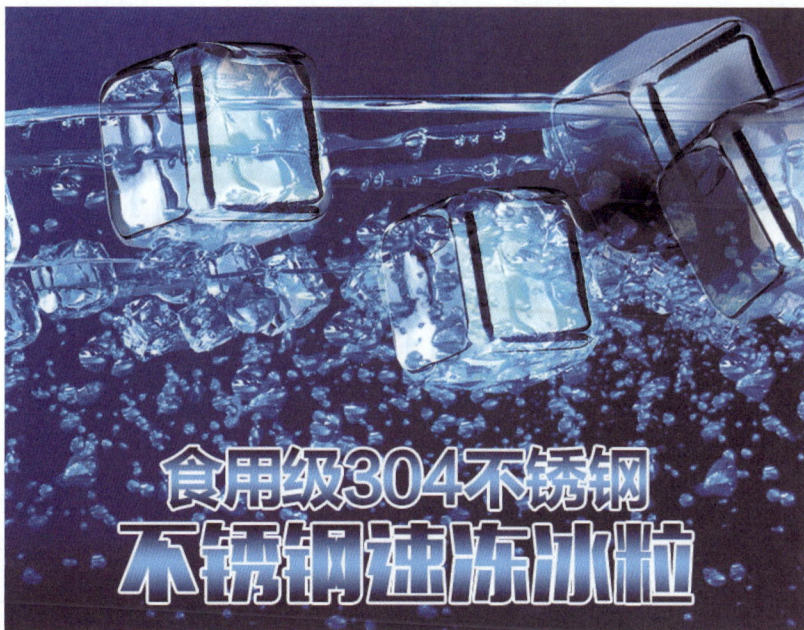

冰块

图片中以蓝色调为主的配色给画面带来凉意，同时符合冰块造型的色彩。

028　对比配色的应用

　　在现实生活中，到处都充满着各种不同的色彩。人们在接触这些色彩的时候，常常都会以为色彩是独立的：天空是蓝色的、植物是绿色的而花朵是红色的。其实，色彩就像是音符一样，唯有一个个的音符才能共同谱出美妙的乐章。色彩亦是，实际上没有一个色彩是独立存在的，也没有哪一种颜色本身是好看的颜色或是不好看的颜色；而相反的，只有当色彩成为一组颜色组成中的其中一个的时候，才会说这个颜色在这里是协调或是不协调，适合或不适合。

　　前面介绍过色彩是由色相、明度以及纯度这 3 种属性所组成，而其中的色相是人们在最早认识色彩的时候所理解到的属性，也就是所谓色彩的名称，例如红色、黄色、蓝色等。右图所示为由最常见的 12 色相环。

12种色相环

　　所谓色相的对比，往往是由于差别产生的，色彩的对比起始也就是色相之间的矛盾关系。各种色彩在色相上产生细微的差别，能够对画面产生一定的影响，色相的对比度使画面充满生机，并且具有丰富的层次感，如右图所示。

数码店铺首页

上图中的网店首页，使用不同的单色背景来对画面进行分割，使其色相之间产生较大的变化，即色相对比配色，这样会让顾客感觉画面色彩非常丰富，具有感官刺激性，能够很容易吸引顾客的注意。

029 调和配色的应用

"调"是调整、调理、调停、调配、安顿、安排、搭配和组合等意思；"和"可理解为和一、和顺、和谐、和平、融洽、相安、适宜、有秩序、有规矩、有条理、恰当、没有尖锐的冲突、相互依存、相得益彰等解释。配色就是为了制造美的

色彩组合，而和谐是色彩美的首要前提，它使色调让人感觉到愉悦，同时还能满足人们视觉上的需求以及心理上的平衡。总的来说，色彩的对比是绝对的，而调和是相对的，调和是实现色彩美的重要手段。

1. 色相一致

色相一致的调和配色，通过改变色彩的明度和纯度来达到配色的效果，这类配色方式保持了色相上的一致性。色相一致的调和配色，可以是相同色彩调和配色、类似色相调和配色，它们配色的目的都是让画面的色彩和谐而协调，产生层析或者视觉冲击力，如右图所示。

家居店铺色相一致

画面中的文字、背景等都使用玫瑰红进行搭配，通过明度的变化使画面配色丰富起来，表现出柔和的特性。

2. 明度一致

明度是人们分辨物体色最敏锐的色彩反应，它的变化可以表现事物的立体感和远近感。如希腊的雕刻艺术就是通过光影的作用产生了许多黑白灰的相互关系，形成了成就感；中国的国画也经常使用无彩色的明度搭配。有彩色的物体也会受到光影的影响而产生明暗效果，如紫色和黄色就有着明显的明度差。

明度可以分为高明度、中明度和低明度三类，这样明度就有了高明度配高明度、高明度配中明度、高明度配低明度、中明度配中明度、中明度配低明度以及低明度配低明度这 6 种搭配方式。其中，高明度配高明度、中明度配中明度、低明度配低明度，属于相同明度配色，如右图所示。

服装店铺明度一致

画面中的文字、背景和模特图片的配色均为高明度调和配色，带给人以清爽的印象，表现出优雅的氛围，很符合画面中女装的特点。

3. 纯度一致

色彩纯度的强弱代表着色彩的鲜艳程度，在一组色彩中当纯度的水平相对一致时，色彩的搭配也就很容易地达到调和的效果，随着纯度高低的不同，色彩的搭配也会有不一样的视觉感受，如右图所示。

包包店铺纯度一致

画面中相同纯度的色彩搭配在一起带来一种亮丽的感觉，使人感受到生机、活力，与活动的氛围一致。

低纯度色彩的色感比较弱，这种色彩间的搭配容易带给人平淡的感觉，中等纯度色彩之间进行的搭配，没有高纯度色彩那样耀眼，但是会给人带来稳重大方的感受，基本用于表现高雅的画面效果，高纯度的几种色彩调和需要在色相和明度上进行变化，给人以鲜艳夺目的感觉。

服装店铺纯度一致

上图为某服装网店的首页设计，标题文字所使用的颜色是画面色彩最好的点缀，柔和的画面让人产生内心踏实的感觉。

知识链接

PCCS（Practical Color Coordinate System）色彩体系提出了色调这个观点，色调经过命名分类后，分布于不同的区域，更加方便配色使用，凡色调配色，要领有三，即同一色调配色、类似色调配色和对比色调配色。

● **同一色调配色：**同一色调配色是将相同色调的不同颜色搭配在一起形成的一种配色关系。同一色调的颜色，色彩的纯度和明度具有共同性，明度按照色相略有变化。不同色调会产生不同的色彩印象，将纯色调全部放在一起，会产生生活泼感；而婴儿服饰和玩具都以淡色调为主。在对比色相和中差色相的配色中，一般采用同一色调的配色手法，更容易进行色彩调和。

● **类似色调配色：**即以色调配图中相邻或接近的两个或两个以上色调搭配在一起的配色。类似色调的特征在于色调和色调之间微小的差异，较统一色调有变化，不易产生呆滞感。

● **对比色调配色：**对比色调配色是指相隔较远的两个或两个以上的色调搭配在一起的配色。对比色调配色在配色选择时，会因纵向或横向对比而有明度及彩度上的差异，比如浅色调和深色调配色，即为深与浅的明暗对比。

4. 无彩色

无彩色与无彩色搭配可以传达出一种经典的、永恒的美感，无彩色的色彩个性不是很明显，所以与任何色彩搭配都能取得调和的色彩效果。在网店装修的过程中，有的时候为了达到某种特殊的效果，会通过无彩色来对设计的画面进行创作，如右图所示。

服装店铺无彩色

商品图像和主题文字使用有彩色，画面背景和辅助文字的颜色使用无彩色，这样的配色让商品的细节和主题文字更加突出。

030 常见的字体风格

当登录一个店铺首页的时候，也许顾客会留意到属于这个店铺的特定的字体设计，从而直接影响顾客对这个店铺最直观的感受，会有精致、优雅、科幻、古典或者是粗糙难看等不同感受。

字体风格形式多变，如何利用文字进行有效的设计与运用，是把握字体最为关键的问题。当对文字的风格与表现手法有了详尽的了解后，便能有助于我们进行字体设计。在网店装修中，常见的字体风格有线型、手写型、书法型和规整型等，不同的字体可以表现出不同的风格。

1. 线型文字

线型的字体是指文字笔画的每个部分的宽窄都相当，表现出一种简洁、明快的感觉，在网店装修设计中较为常用，常用的线型字体有"方正大黑简体""黑体"等，如右图所示。

家居店铺线型文字

图中的线型字体与纤细的线条来与画面中的矩形相配，呈现出文字精致、简洁的视觉效果，两者风格一致，很容易给人留下清爽的印象。

2. 规整型文字

外形标准、整齐的字体能够准确、直观地传递出商品或者店铺的信息，同时也可以给人一种规整的感觉。在淘宝网店的版面构成中，利用规整字体间的排列间隔并结合不同长短的文字就可以很好地表现出画面的节奏感，给人大气、端正的印象，如右图所示。

家居店铺规整型文字

在商品的详情页面中，使用工整的文字对细节进行说明，可以让画面信息传递更准确、及时，同时也让画面显得饱满。

3. 手写型字体

手写体型字体是指使用硬笔或者软笔纯手工写出的文字，手写体文字代表了中国汉字文化的精髓。这种手写体文字大小不一、形态各异，手写体的形式因人而异，带有较为强烈的个人风格。

在网店中使用手写体，可以表现出一种不可模仿的随意和不受局限的自由性，有时为了迎合画面整个的设计风格，适当地使用手写型字体，可以让店铺的风格表现得更加淋漓尽致。随意的手写体可以表现出画面原汁原味的自然风情，如右图所示。

家居店铺手写型字体

4. 书法字体

书法字体，就是书法风格的分类。传统来讲共有行书字体、草书字体、隶书字体、燕书字体、篆书字体和楷书字体这5种书法字体，也就是5个大类。在每一大类中又细分若干小的门类，如篆书又分大篆、小篆，楷书又有魏碑、唐楷之分，草书又有章草、今草和狂草之分。如右图所示。

店铺公告书法字体

上图中的画面内容是为"双十一"期间设计的店铺公告，为了"双十一"购物节，在创作中使用了书法字体进行表现，颇有美感。

书法字体是中国独有的一种传统艺术，字体外形自由、流畅，且富有变化，笔画间会显示出洒脱和力道，带有一种传神的精神境界。在网店装修的过程中，为了迎合活动的主题，或者是配合商品的风格，很多时候使用书法字体可以让画面中文字的外形设计感增强，表现出独特的韵味。

031 文字的编排准则

为了让网店的画面布局变得更有调理，同时提高整体内容的表述力，从而让顾客进行有效的阅读以及接受其主题信息，在装修中还需要考虑整体编排的规整型，并适当加入带有装饰性的设计元素，用来提升画面美感，让文字编排更加具有设计感。

要做到这些要求，必须深入了解网店的文字编排规则，即文字描述必须符合版面主题的要求、段落排列的易读性以及整齐布局的审美性。

1. 准确性

在网店装修设计中，文字编排不但要达到主题内容的要求，其整体排列风格还必须要符合设计对象的形象，才能保证版面文字能够准确无误地传达出信息，如右图所示。

家具店铺详情页面

在商品详情页面中，可以使用简洁的宣传语来对商品的功能特点进行介绍，让宣传语与图片产生关联性，同时利用文字的准确描述来提高顾客对商品的认识和理解。

2. 易读性

在网店的文字编排设计中，易读性是指通过特定的排列方式使文字带给顾客更好的阅读体验，让顾客阅读起来更加流畅。在实际的网店装修过程中，可以通过宽松的文字间隔、设置大号字体、多种不同字体进行对比阅读等方式，让段落文字之间产生一定的差异，使得文字信息主次清晰，增强文字的易读性，让顾客更快地抓住店铺或商品的重点信息，如右图所示。

家具店铺详情页面

在这个商品详情页面设计中，设计者将版面中的部分文字设定为大号字体，并配以适当的间距，同时使用修饰元素对文字的信息进行分割，使其阅读性得到提高，同时让顾客便于掌握重要信息。

3. 审美性

对网店来说，页面的美感是所有设计工作中必不可缺的重要因素。整齐布局的审美性就是指通过事物的美感来吸引顾客，使其对画面中的信息和商品产生兴趣。在字体编排方面，设计者可以对字体本身添加一些带有艺术性的设计元素，以从结构上增添它的美感，如右图所示。

网店店招设计

在上图的网店店招设计中，利用色彩之间的设计和位置的巧妙安排，通过添加一些清新的元素，并将其与单一的文字组合在一起，增强其趣味，同时也提升了整体文字的艺术性。

032　文字分割方式

在网店的装修设计中，运用合理的文字分割方式，可以对图文要进行合理的规划，并使它们之间的关系得到有效协调，从而把握商品或者模特图片与文字的搭配效果。根据切割走向的不同，可以将文字的编排手法划分为水平和垂直分割两种方式。

1. 水平分割

水平分割主要包括上文下图和上图下文两种类型，下面进行简单介绍。

● 上文下图

在文字的编排中，通过水平切割将画面划分成上下两个部分，同时将文字与图片分别排列在视图的上部和下部，从而构成上文下图的排列方式，可以使视觉形象变得更为沉稳，给人带来一种上升感，以增强版面整体的表现力，如下图所示。设计者利用上文下图的编排方式，以加强标题文字和商品介绍在视觉上的表现力，并使顾客能够自然地从上到下进行阅读，提交文字的重要性。

● 上图下文

将画面进行水平分割，分别将图片与文字置于画面的上端与下端，从而构成上图下文的编排方式，可以从形式上增强它们之间的关联性，同时借助特殊的排列位置，还能增强文字整体给人带来的安稳、可靠的感受，从而增强顾客对版面信息信赖度，如下图所示。

某品牌女式凉鞋店铺首页装修设计的部分截图　　　　　　　　　饰品店铺

> **TIPS**
> 在使用上图下文的编排方式时，如果编排的目的在于突出文字的视觉效果，可以选择一些没有个性效果的图片要素放在文字的下方，使其充当补充文字信息的角色。

女式凉鞋店铺中的各组商品俱使用上图下文的方式进行编排，以突出图片信息在视觉上的表达，同时为文字与图片选用轴对称来进行对齐，使商品图片与文字之间的空间关联得到加强。

2. 垂直分割

垂直分割主要包括左图右文和左文右图两种类型，下面进行简单介绍。

● 左图右文

通过垂直切割将版面分列成左右两个部分，把商品或者模特图片与文字分别排列在版面的左边与右边，从而形成左图右文的排列形式。使版面产生由左至右的视觉流程，符合人们的阅读习惯，在结构上可以给顾客带来顺遂、流畅的感觉，如右图所示。

商品详情页面

上图为商品详情页面设计，将图文以左图右文形式排列在画面中，依次形成由左至右的阅读顺序，该排列方式不仅迎合了顾客的阅读习惯，同时也增强了商品和文字在版面上的共存性。

● **左文右图**

该分割方式与左图右文相反，而是将文字放在画面的左侧，把商品或者模特的图片放在右侧，左文右图的分割方式可以借助图片的吸引力，使画面产生由右至左的视觉效果，与人们的阅读习惯恰好相反，可以在视觉上给顾客带来一种新奇的感觉，这也是网店装修的首页海报中常用的一种方式，如右图所示。

某品牌的女鞋店铺详情页面

设计者以左文右图的排列方式打破人们常规的阅读习惯，从而在视觉上形成奇特的布局样式，给顾客带来了深刻的印象。

033 网店版式设计的形式原则

在一个完整的网店布局中，通常包括店招、促销栏（公告、推荐）、产品分类导航、签名、产品描述、计数器、挂件、欢迎欢送图片、商家在线时间和联系方式等元素，这些元素的布局没有固定的章法可循，主要靠设计师的灵活运用与搭配。

只有在大量的设计实践中熟练运用，才能真正理解版式布局设计的形式原则，并善于运用，从而创作出优秀的网店装修作品。

1. 对称与均衡

对称又称"均齐"，是在统一中求变化；平衡则侧重在变化中求统一。对称与均衡是统一的，都是让顾客在浏览店铺信息的过程中产生心理上的稳定感。

对称的图形具有单纯、简洁的美感以及静态的安定感，对称给人以稳定、沉静、端庄、大方的感觉，产生秩序、理性、高贵、静穆之美。对称的形态在视觉上有安定、自然、均匀、协调、整齐、典雅、庄重、完美的朴素美感，符合人们通常的视觉习惯。均衡的形态设计让人产生视觉与心理上的完美、宁静、和谐之感。静态平衡的格局大致是由对称与均衡的形式构成。均衡结构是一种自由稳定的结构形式，一个画面的均衡是指画面的上与下、左与右取得面积、色彩、重量等量上的大体平衡。

> **知识链接**
> 对称与均衡是一切设计艺术最为普遍的表现形式之一。对称构成的造型要素具有稳定感、庄重感和整齐的美感，对称属于规则式的均衡的范畴；均衡也称平衡，它不受中轴线和中心点的限制，没有对称的结构，但有对称的重心，主要是指自然式均衡。在设计中，均衡不等于均等，而是根据景观要素的材质、色彩、大小、数量等来判断视觉上的平衡，这种平衡给视觉带来的是和谐。对称与均衡是把无序的、复杂的形态构成具有秩序性的、视觉均衡的形式美。

在画面上，对称与均衡产生的视觉效果是不同的，前者端庄静穆，有统一感、格律感，但如果过分均等就易显呆板；后者生动活泼，有运动感，但有时会因变化过强而易失衡。因此，在设计中要注意把对称、均衡两种形式有机地结合起来灵活运用，如下图所示。

珠宝详情页面

　　该商品的详情页面中使用左右对称的形式进行设计，但不是绝对的对称，画面中的布局在基本元素的安排上赋予固定的变化，对称均衡更灵活、更生动，这是设计中较为常用的表现手段，具有现代感的特征，也让画面中的商品细节与文字搭配更自然和谐。

　　常用的版式布局的对齐方式有左对齐、右对齐、居中对齐和组合对齐，具体特点如下。

● 左对齐

　　左对齐的排列方式有松有紧，有虚有实，具有节奏感，如右图所示。

服装详情页面

上图为网店详情页面设计图，文字与设计元素都使用左对齐的方式，让版面整体具有很强的节奏感。

● 右对齐

右对齐的排列方式与左对齐刚好相反，具有很强的视觉性，适合表现一些特殊的画面效果，如下图所示。

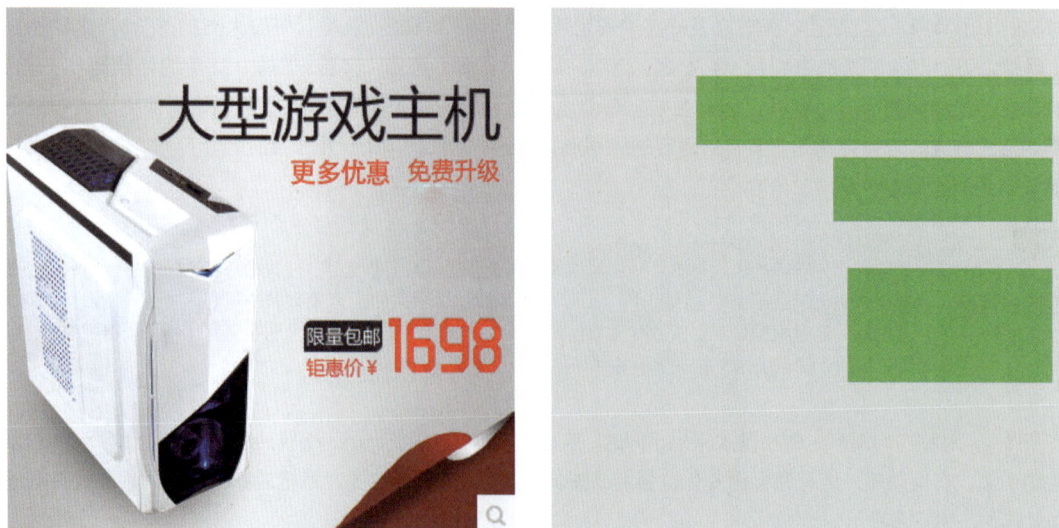

主机主图装修设计

上图所示的店铺主图装修设计效果，所采用的文字与设计元素都使用右对齐的方式，整个画面的视觉中心向右偏移，让人们的阅读习惯产生新鲜感，显得新颖有趣，可以提高顾客的兴趣。

● **居中对齐**

居中对齐是指让设计元素以中心轴线对齐的方式，可以让顾客视线更加集中、突出，具有庄重、优雅的感觉，如右图所示。文字与设计元素都使用居中对齐的方式，给人带来视觉上的平衡感。

2. 节奏与韵律

节奏与韵律是物质运动的一种周期性表现形式，是有规律的重复，是有组织的变化现象，是在艺术造型中求得整体统一和变化，从而形成艺术感染力的一种表现形式。韵律是通过节奏的变化来产生的，对于版面来说，只有在组织上符合某种规律并具有一定的节奏感，才能形成某种韵律。

在网店的装修设计中，合理运用节奏与韵律，就能将复杂的信息以轻松、优雅的形式表现出来。

右图是商品展示装修设计图，图片的色彩和布局统一，以相同形式的构图，体现出画面的韵律感，而每个画面中的商品形态和内容又各不相同，这样又表现出节奏的变化，节奏的重复使组成节奏的各个元素都能够得到体现，让商品信息的展示显得更加轻松。

网店促销方案装修设计图

商品展示装修设计图

知识链接

网店装修设计的整体思路如下。

（1）店铺装修目标：做一个客户喜欢、值得信赖的店铺。

（2）指导思想：从客户的角度来装修店铺。

（3）实现方法：从店铺中布局、色调、产品图片、产品描述、公司介绍等任何一个细节体现专业化、人性化。

3. 对比与调和

从文字内容分析，对比与调和是一对充满矛盾的综合体，它们在实质上是相辅相成的统一体。在网店的装修设计中，画面中的各种设计元素都存在着相互对比的关系，但为了找到视觉和心理上的平衡，设计师往往会在不断地对比中寻求能够相互协调的因素，让画面同时具备变化和和谐的审美情趣。

● **对比**

对比是差异性的强调。对比的因素存在于相同或相异的性质之间，也就是把相对的两要素互相比较之下，产生大小、明暗、黑白、强弱、粗细、疏密、高低、远近、动静和轻重等对比。对比的最基本要素是显示主从关系和统一变化的效果，如右图所示。

商品详情页的装修设计图

画面中的瓷具与左侧的文字在明度上相似，但是在面积和疏密关系上存在明显的差异，因此整个画面既有色彩和面积上的对比，又显得和谐、统一。

● **调和**

调和是指适合、舒适、安定、统一，是近似性的强调，使两者或两者以上的要素相互具有共性。对比与调和是相辅相成的，在网店的版面构成中，一般整体版面宜采用调和，局部版面宜采用对比，如下图所示。

网店的版面构成

画面中下面采用两张较小的图片排列整齐，且大小一致，与上方较大的图片在色彩与外形上采用了同样的表现形式，整体画面既对立又和谐地组合在一起。

4. 虚实与留白

虚实与留白是网店的版面设计中重要的视觉传达手段，主要用于为版面增添灵气和制造空间感。两者都是采用对比与衬托的方式将版面中的主体部分烘托而出，使版面结构主次更加清晰，同时也能使版面更具层次感，如下图所示。

商品的描述页面

在商品的描述页面中，将商品细节以曲线的方式排列在画面的左下方，右上方则利用背景图片进行修饰，在画面中表现出明显的轻重感，让顾客的注意力被左下方的信息所吸引，给人留下深刻的印象。

在设计画面中，任何形体都具有一定的实体空间，而在形体之外或形体背后呈现的细弱或朦胧的文字、图形和色彩就是虚的空间。实体空间与虚的空间之间没有绝对的分界，画面中每一个形体在占据一定的实体空间后，常常会需要利用一定的虚的空间来获得视觉上的动态与扩张感。版面虚实相生，主体得以强调，画面更具连贯性。

中国传统美学上有"计白守黑"这一说法。就是指编排的内容是"黑"，也就是实体，斤斤计较的却是虚实的"白"，也可为细弱的文字，图形或色彩，这要根据内容而定。留白则是版面未放置任何图文空间，它是"虚"的特殊表现手法。其形式、大小和比例决定着版面的质量。留白给人以轻松的感觉，最大的作用是引人注意。在排版设计中，巧妙地留白，讲究空白之美，是为了更好地衬托主题，集中视线和造成版面的空间层次。

> **TIPS**
>
> 留白即指版面中未配置任何图文的空间。在版面中巧妙地留出空白区域，使留白空间更好地将主体衬托，可以将读者视线集中在画面主题之上。留白的手法在版式设计中运用广泛，可使版面更富空间感，给人丰富的想象空间，设计者利用大面积的白色背景将画面中心的产品形象突出，画面干净、简洁，给人留下深刻的印象，如右图所示。
>
> 在大面积的空白区域里，实体手链清晰地展现在画面之中，同时利用画面较虚弱的人手作为虚的背景，很好地将主体突出。虚实空间形成良好的互动，画面富有写意感。

可根据您的需求随意地搭配色彩和数量
完美不止一面的体现……

商品详情页面空白与虚实

034　网店的图片布局处理

在网店的装修设计中，图片是除了文字外的另一个重要的传递信息途径，也是网店销售和微营销中最需要重点设计的一个设计元素。店铺中的商品图片不但是其装修画面中的一个重要组成部分，而且它比文字的表现力更直接、更快捷、更形象、更有效，可以让商品的信息传递更简洁。

1. 缩放图片，组合布局

对于同一种商品照片的布局设计来说，如果进行不同比例的缩放，也会获得不同的视觉效果，从而突显出不同的重点，如右图所示。

手套商品

将图片进行缩放，展示出商品的细节，让顾客对商品的材质了解更清晰，真实地还原商品的质感，更容易获得顾客的认可。

在处理图片的过程中，通过实拍照片展示商品的整体效果，凸显出商品的外形特点，让顾客对商品的注意更加集中。

需要注意的是，网店装修设计与普通的网页设计不同，它重点需要展示的是商品本身，因此在某些设计的过程中，适当对商品以外的图像进行遮盖，可以让商品的特点得以突显，获得顾客更多的关注，如下图所示。

原图　　　　　　　　　　　　　　　　　效果

画面中心的商品造型在粉色留白背景中显得轮廓清晰而醒目,利用光影的强弱对比,使得主体商品突出又富有立体感。

2. 裁剪抠图，提炼精华

在网店装修设计中，大部分的商品图片都是由摄影师拍摄的照片，它们在表现形式上大都是固定不变的，或者是内容上只有一部分符合装修需要，此时就需要裁剪图片或者进行抠图处理，使它们符合版面设计的需求，如下图所示。

原图　　　　　　　　　　　　　　　　　效果

将手表从繁杂的背景中抠取出来，以直观、直接的方式呈现出来，让顾客能够一目了然，对商品的展示具有非常积极的作用，也让商品的外形、特点更加醒目，避免过多的信息影响顾客的阅读体验。

基础入门篇

04

入门：Photoshop 软件基本操作

在网店装修过程中，店家们常常使用 Photoshop 软件处理网店中的各类商品图像，该软件是目前世界上最优秀的图片处理软件之一，具有非常强大的商品图像处理与修饰功能。

本章主要向读者介绍 Photoshop 软件的基础知识，内容完全从入门起步，新手可以在没有任何基础的情况下初步掌握 Photoshop 软件，为后面的商品图片美化工作奠定良好的基础。

035 安装 Photoshop CC 软件

Photoshop CC 的安装时间较长，在安装的过程中需要耐心等待。如果计算机中已经有其他版本的 Photoshop CC，则不需要卸载其他的版本，但需要将正在运行的相关软件关闭。

STEP 1 打开 Photoshop CC 的安装软件文件夹，双击 Setup.exe 图标，安装软件开始初始化。初始化之后，会显示一个"欢迎"界面，选择"试用"选项❶，执行上述操作后，进入"需要登录"界面，单击"登录"按钮❷，执行上述操作后，进入相应界面，单击相关按钮。

STEP 2 执行上述操作后，进入"Adobe 软件许可协议"界面，单击"接受"按钮❸，执行上述操作后，进入"选项"界面，在"位置"下方的文本框中设置相应的安装位置，然后单击"安装"按钮❹。

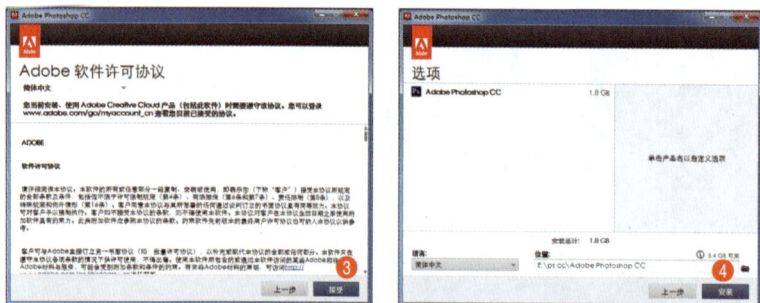

STEP 3 执行上述操作后，系统会自动安装软件，进入"安装"界面，显示安装进度❺，如果用户需要取消，单击左下角的"取消"按钮即可。

STEP 4 在弹出的相应窗口中提示此次安装完成，然后单击右下角的"关闭"按钮❻，即可完成 Photoshop CC 的安装操作。

知识链接

Photoshop是目前最流行的图像处理软件之一，它经过多年的发展完善，已经成为功能相当强大、应用极其广泛的应用软件，被誉为"神奇的魔术师"。

Photoshop是美国Adobe公司开发的优秀图形图像处理软件，它的理论基础是色彩学，通过对图像中各像素的数字描述，实现了对数字图像的精确调控。Photoshop可以支持多种图像格式和色彩模式，能同时进行多图层处理，它无所不能的选择工具、图层工具和滤镜工具能使用户得到各种手工处理或其他软件无法得到的美妙图像效果。不但如此，Photoshop还具有开放式结构，能兼容大量的图像输入设备，如扫描仪和数码相机等。

036 卸载 Photoshop CC 软件

Photoshop CC 的卸载方法比较简单，在这里用户需要借助 Windows 的卸载程序进行操作，或者运用杀毒软件中的卸载功能来进行卸载。如果用户想要彻底移除 Photoshop 相关文件，就需要找到 Photoshop 的安装路径，删掉这个文件夹即可。

STEP 1 在 Windows 操作系统中打开"控制面板"窗口，单击"程序和功能"图标，在弹出的窗口中选择 Adobe Photoshop CC 选项，然后单击"卸载"按钮，❶在弹出的"卸载选项"窗口中选中需要卸载的软件，然后单击右下角的"卸载"按钮❷。

STEP 2 执行操作后，系统开始卸载 Photoshop 软件，并进入"卸载"窗口，显示软件卸载进度❸。

STEP 3 稍等片刻，弹出相应窗口，单击右下角的"关闭"按钮❹，即可完成软件卸载。

037 启动 Photoshop CC 软件

由于 Photoshop CC 程序需要较大的运行内存，所以 Photoshop CC 的启动时间较长，在启动的过程中需要耐心等待。

拖曳鼠标至桌面上的 Photoshop CC 快捷方式图标上双击鼠标左键，即可启动 Photoshop CC 程序❶。程序启动后，即可进入 Photoshop CC 工作界面❷。

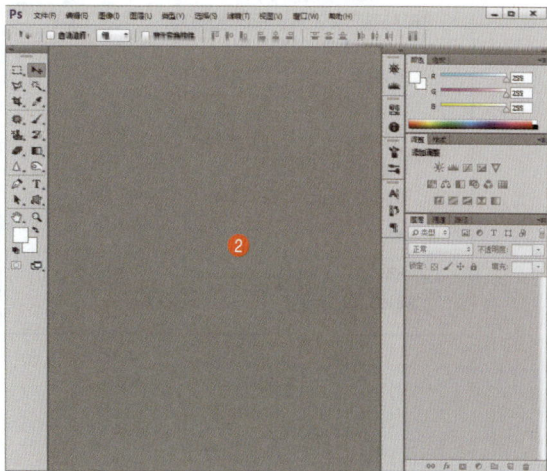

038 退出 Photoshop CC 软件

在处理图像完成后，或者在使用完 Photoshop CC 软件后，就需要关闭 Photoshop CC 程序以保证计算机运行速度。

单击 Photoshop CC 窗口右上角的"关闭"按钮❶，如果在工作界面中进行了部分操作，之前也未保存，在退出该软件时，将弹出信息提示对话框，单击"是"按钮，将保存文件；单击"否"按钮❷，将不保存文件，单击"取消"按钮，将不退出 Photoshop CC 程序。

039 新建商品图像文件

在 Photoshop 软件中，用户若想要绘制或编辑商品图片，首先需要新建一个空白文件，然后才可以继续进行商品的美化工作。

在菜单栏中单击"文件"|"新建"命令，在弹出的"新建"对话框中，设置"名称"为"新商品图像文件"，"预设"为"默认 Photoshop 大小"❶，执行上述操作后，单击"确定"按钮，即可新建一幅空白的商品图像文件❷。

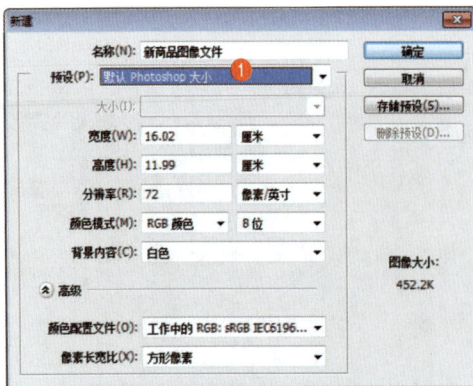

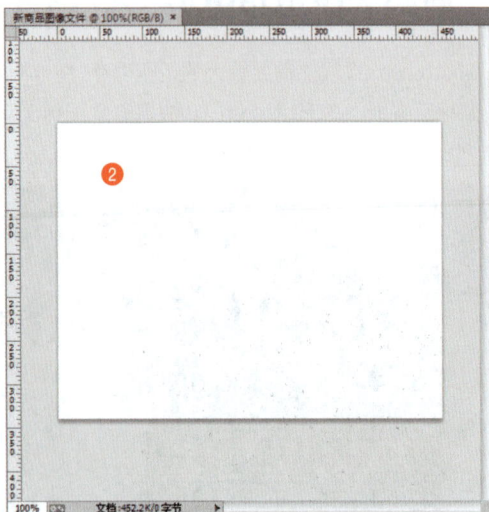

在"新建"对话框中，各主要选项含义如下。

● 名称：设置文件的名称，也可以使用默认的文件名。创建文件后，文件名会自动显示在文档窗口的标题栏中。

● 预设：可以选择不同的文档类别，如Web、A3、A4打印纸、胶片和视频常用的尺寸预设。

● 宽度/高度：用来设置文档的宽度和高度置文件的名称，在各自的右侧下拉列表框中选择单位，如像素、英寸、毫米、厘米等。

● 分辨率：设置文件的分辨率。在右侧的下拉列表框中可以选择分辨率的单位，如"像素/英寸""像素/厘米"。

● 颜色模式：用来设置文件的颜色模式，如"位图""灰度""RGB颜色""CMYK颜色"等。

● 背景内容：设置文件背景内容，如"白色""背景色""透明"。

● 高级：单击"高级"按钮，可以显示出对话框中隐藏的内容，如"颜色配置文件"和"像素长宽比"等。

● 存储预设：单击此按钮，打开"新建文档预设"对话框，可以输入预设名称并选择相应的选项。

● 删除预设：当选择自定义的预设文件以后，单击此按钮，可以将其删除。

● 图像大小：读取使用当前设置的文件大小。

040 打开与置入所拍摄的商品图像

在 Photoshop 软件中经常需要打开一个或多个商品文件进行编辑和修改，它可以打开多种文件格式，也可以同时打开多个商品文件。正在编辑商品文件时，可通过"置入"命令将指定的商品图像文件置于当前正在编辑的商品文件中。

STEP 1 在菜单栏中单击"文件"|"打开"命令❶，在弹出的"打开"对话框中，选择需要打开的图像文件❷，单击"打开"按钮，即可打开选择的图像文件❸。

打开与置入功能是有区别的，虽然都是导入素材。当用户打开多个商品图像时，是以多个商品编辑窗口显示；而置入则是以一个编辑窗口分不同的图层显示。

STEP 2 在菜单栏中单击"文件"|"置入"命令❹，在弹出的"置入"对话框中，选择需要置入的图像文件❺，单击"置入"按钮，即可置入选择的图像文件❻。

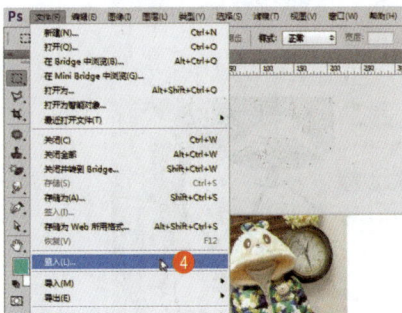

STEP 3 将鼠标指针移动到置入图像上，按住鼠标左键将图像拖曳到合适位置❼，将鼠标指针移动至置入文件控制点上，在按住【Shift】键的同时按住鼠标左键并进行拖动，等比例缩放图片至合适大小，按【Enter】键确认，得到最终效果❽。

TIPS

除了运用上述方法可以打开商品图像以外，还有以下两种方法。

● 快捷键：按【Ctrl+O】组合键，也可以弹出"打开"对话框。

● 选择需要打开的商品文件，按住鼠标左键不放将商品文件拖曳至Photoshop工作界面，放开鼠标即可打开该商品文件。

另外，如果用户需要打开一组连续的文件，可以在"打开"对话框中选择第一个文件后，在按住【Shift】键的同时再选择最后一个要打开的文件，即可选择一组连续的文件。如果用户要打开一组不连续的文件，可以在选择第一个图像文件后，在按住【Ctrl】键的同时，选择其他的图像文件，然后再单击"打开"按钮。

在Photoshop中，运用"置入"命令，可以在图像中放置EPS、AI、PDP和PDF格式的图像文件，该命令主要用于将一个矢量图像文件转换为位图图像文件。放置一个图像文件后，系统将创建一个新的图层。

需要用户注意的是，CMYK模式的图片文件只能置入与其模式相同的图片。

041 保存商品图像文件

在 Photoshop 软件中，用户经常需要保存商品文件，Photoshop 可保存多种文件格式。下面详细介绍如何保存商品图像文件。

STEP 1 在菜单栏中单击"文件" | "打开"命令，打开一幅素材图像❶，在菜单栏中单击"文件" | "存储为"命令❷。

除了运用上述方法可以弹出"另存为"对话框外，还有以下两种方法。

● **快捷键1：**按【Ctrl+S】组合键。

● **快捷键2：**按【Ctrl+Shift+S】组合键。

只有在当前编辑的商品文件没有保存过的情况下，才会弹出信息提示框。若文件保存过则不会弹出信息提示框，而是直接保存。

STEP 2 执行上述操作后，弹出"另存为"对话框，设置保存路径、文件名称和保存格式❸，单击"保存"按钮后会弹出信息提示框，单击"确定"按钮❹，即可保存商品文件。

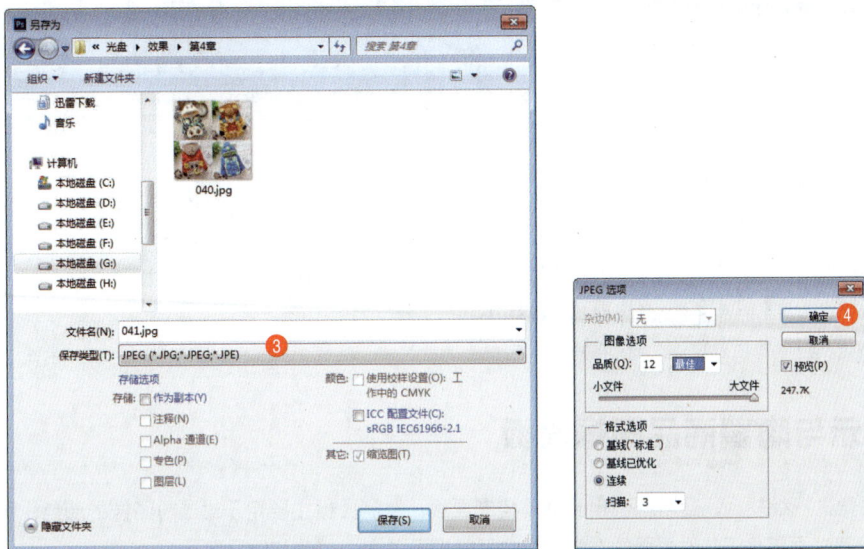

知识链接

在"另存为"对话框中，各主要选项含义如下。

● **保存在：**用户保存图层文件的位置。

● **文件名：**用户可以输入文件名，并根据不同的需要选择文件的保存格式。

● **作为副本：**选中该复选框，可以另存一个副本，并且与源文件保存的位置一致。

● **注释：**用户自由选择是否存储注释。

● **Alpha通道/图层/专色：**用来选择是否存储Alpha通道、图层和专色。

● **使用校样设置：**当文件的保存格式为EPS或PDF的时候，才可选中该复选框，用于保存打印用的校样设置。

● **ICC配置文件：**用于保存嵌入文档中的ICC配置文件。

● **缩览图：**创建图像缩览图，方便以后在"打开"对话框中的底部显示预览图。

042 关闭商品图像文件

在运用 Photoshop 软件的过程中，当新建或打开许多商品文件时，就需要选择需要关闭的商品图像文件，然后再进行下一步的工作。

在菜单栏中单击"文件"|"关闭"命令❶，执行操作后，即可关闭当前正在编辑的商品图像文件❷。

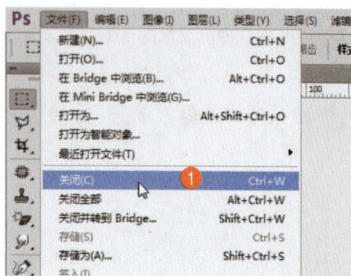

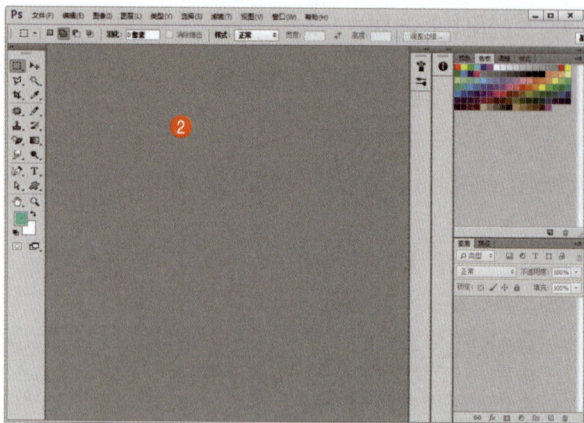

除了运用上述方法关闭图像文件外，还有以下4种常用的方法。

● **快捷键1**：按【Ctrl＋W】组合键，关闭当前文件。

● **快捷键2**：按【Alt＋Ctrl＋W】组合键，关闭所有文件。

● **快捷键3**：按【Ctrl＋Q】组合键，关闭当前文件并退出Photoshop。

● **按钮**：单击图像文件标题栏上的"关闭"按钮。

043 显示与隐藏商品图像面板

在对商品图像进行编辑时，通常都会用到浮动控制面板，控制面板主要用于对当前图像的颜色、图层、通道及相关的操作进行设置。面板位于工作界面的右侧，用户可以进行分离、移动和组合等操作。

知识链接
默认情况下，浮动面板分为6种："图层""通道""路径""创建""颜色"和"属性"。用户可根据需要将它们进行任意分离、移动和组合。

例如，将"颜色"浮动面板脱离原来的组合面板窗口，使其成为独立的面板，可在"颜色"标签上按住鼠标左键并将其拖曳至其他位置即可；若要使面板复位，只需要将其拖回原来的面板控制窗口内即可。按【Tab】键可以隐藏工具箱和所有的浮动面板；按【Shift＋Tab】组合键可以隐藏所有浮动面板，并保留工具箱的显示。

在菜单栏单击"窗口"命令，在该菜单中选择需要使用的面板名称❶。执行上述操作后，在菜单中的面板名称前会出现勾选记号，面板就会显示在 Photoshop 工作界面右侧❷，只需要再次单击"窗口"菜单中带标记的命令，即可隐藏面板。

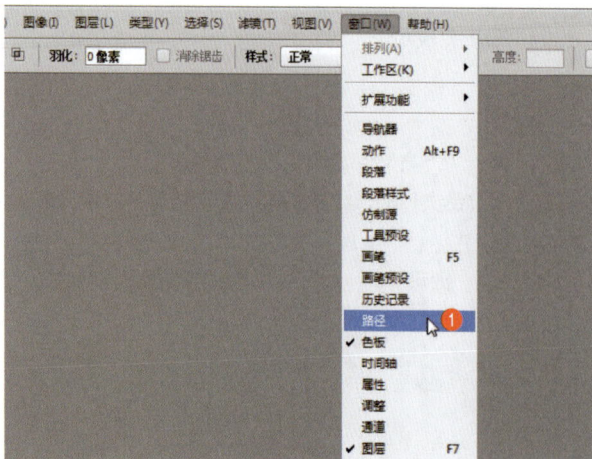

044 运用图层复制 / 删除商品图像

复制图层可以将当前图层的商品图像完全复制于其他图层上，在美化商品过程中可以节省大量的操作时间。

STEP 1 在菜单栏中单击"文件"|"打开"命令，打开一幅素材图像①，展开"图层"面板，选择"背景"图层②。单击鼠标右键，在弹出的快捷菜单中，选择"复制图层"选项③。

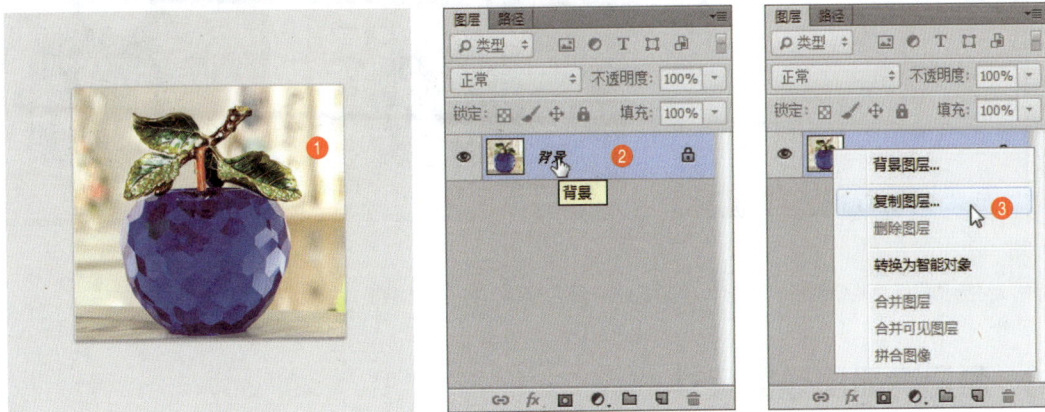

STEP 2 执行上述操作后，弹出"复制图层"对话框，单击"确定"按钮即可复制商品图像④，选择"背景拷贝"图层，单击鼠标右键，在弹出的快捷菜单中选择"删除图层"选项⑤，执行上述操作后，弹出"删除图层"对话框，单击"是"按钮，即可删除商品图像⑥。

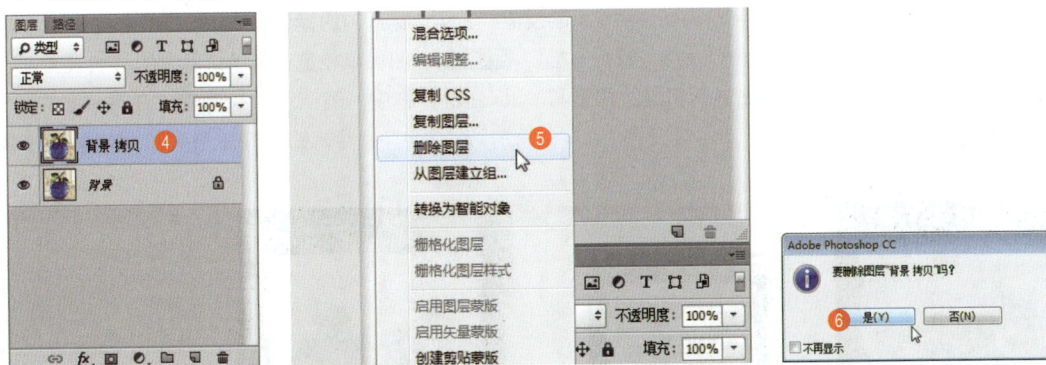

045 显示商品图像的标尺

在 Photoshop 软件中，标尺显示了当前鼠标指针所在位置的坐标，应用标尺可以精确选取商品图像的范围和更准确地对齐商品图像。下面详细介绍显示商品图像尺寸的操作方法。

STEP 1 在菜单栏中单击"文件"|"打开"命令，打开一幅素材图像①，在菜单栏中单击"视图"|"标尺"命令②，执行上述操作后，即可显示标尺③。

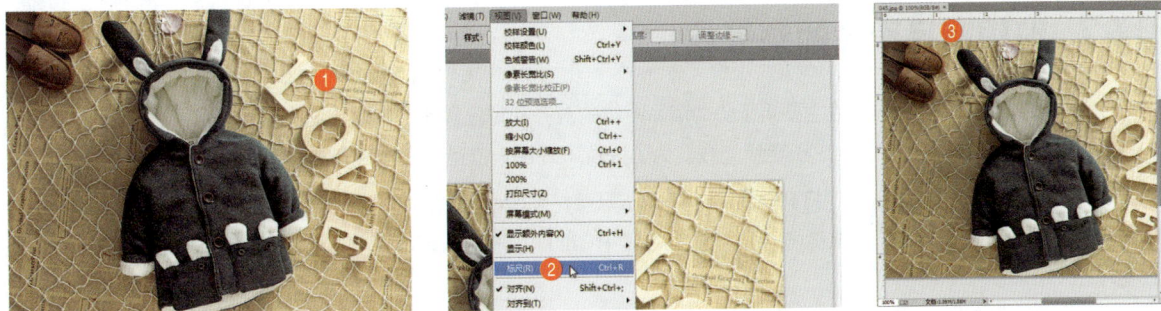

STEP 2 将鼠标指针移至水平标尺与垂直标尺的相交处❹，在按住鼠标左键的同时并拖曳至商品图像编辑窗口中的合适位置，释放鼠标左键，即可更改标尺原点❺，在菜单栏中单击"视图"|"标尺"命令，即可取消标尺❻。

TIPS

除了运用上述方法可以隐藏标尺外，用户可以按【Ctrl＋R】组合键，在图像编辑窗口中隐藏或显示标尺。

046 测量商品图像的尺寸

Photoshop 中的标尺工具是用来测量商品图像任意两点之间的距离与角度，应用标尺可以确定商品图像窗口中图像的大小和位置，还可以用来校正倾斜的商品图像。显示标尺后不论放大或缩小，标尺的测量数据始终以商品图像尺寸为准。

如果显示标尺，则标尺会出现在当前商品文件窗口的顶部和左侧，标尺内的标记可显示出指针移动时的位置。

STEP 1 在菜单栏中单击"文件"|"打开"命令，打开一幅素材图像❶，选取工具箱中的标尺工具，将鼠标指针移动至图像编辑窗口中，此时鼠标指针呈 形状❷。

STEP 2 在图像编辑窗口中确认测量的起始位置，按住鼠标左键并拖曳，确认测试长度❸，在菜单栏中单击"窗口"|"信息"命令，即可打开"信息"面板，查看测量的信息❹。

知识链接

在Photoshop中，在按住【Shift】键的同时，按住鼠标左键并拖曳，可以沿水平、垂直或45°的方向进行测量。将鼠标指针移至测量的支点上，按住鼠标左键并拖曳，即可改变测量的长度和方向。

047 编辑商品图像的参考线

在 Photoshop 软件中，参考线主要用于协助商品图像的对齐和定位操作，它是浮动在整个商品图像上却不被打印的直线，用户可以随意移动、删除或锁定参考线。为了精确知道某一位置后进行对齐操作，这时可绘制出一些参考线。

STEP 1 在菜单栏中单击"文件"|"打开"命令，打开一幅素材图像❶，在菜单栏中单击"视图"|"新建参考线"命令❷，执行上述操作后，弹出"新建参考线"对话框，选中"垂直"单选按钮，在"位置"右侧的文本框中设置数值为10❸。

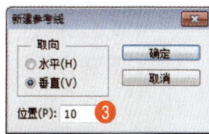

STEP 2 单击"确定"按钮即可新建垂直参考线④，在菜单栏中单击"视图"|"新建参考线"命令，弹出"新建参考线"对话框，选中"水平"单选按钮，在"位置"右侧的文本框中设置数值为 10 ⑤，单击"确定"按钮，即可新建水平参考线⑥。

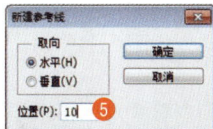

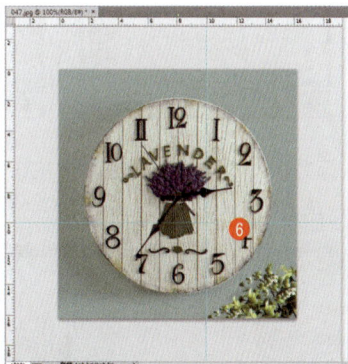

048 添加商品的注释

在 Photoshop 软件中，使用注释工具可以在商品图像的任何区域添加文字注释，标记制作说明或其他有用信息。当用户完成一部分的商品图像处理后，需要接着处理另一部分时，就需要在商品图像上添加部分注释，内容既是用户所需要的处理效果，当处理图像的人打开商品图像时即可看到添加的注释，知道应该如何处理商品图像。

STEP 1 在菜单栏中单击"文件"|"打开"命令，打开一幅素材图像①，选取工具箱中的注释工具，移动鼠标指针至图像编辑窗口中，单击鼠标左键，弹出"注释"面板，在"注释"面板文本框中输入说明文字"抱枕"②，执行上述操作后，即可创建注释③。

STEP 2 将鼠标指针移动至图像编辑窗口中的合适位置，单击鼠标左键，弹出"注释"面板，在"注释"面板文本框中输入说明文字"花瓶" ④，将鼠标指针移动至"注释"面板左下方的"选择上一注释"按钮上，单击鼠标左键，即可切换注释 ⑤，在工具属性栏中，单击"注释颜色"色块，在弹出的"拾色器（注释颜色）"对话框中，设置 RGB 参数值分别为 59、161、86 ⑥。

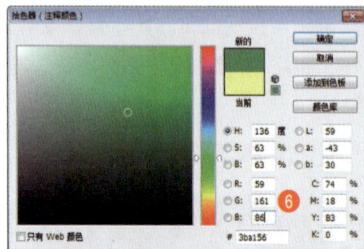

STEP 3 执行上述操作后，单击"确定"按钮，即可更改注释颜色 ⑦，单击工具属性栏上的"清除全部"按钮，弹出信息提示框，单击"确定"按钮，即可清除注释 ⑧。

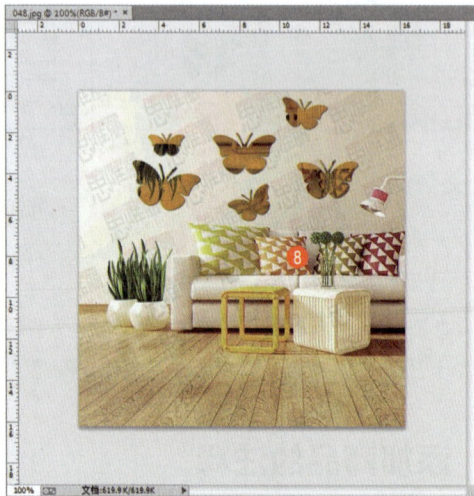

知识链接
注释工具是用来协同制作图像的，是为了更好地记录详细的商品图片信息。

049 撤销操作

在处理商品图像时，Photoshop 会自动将已执行的操作记录在"历史记录"面板中。在处理商品图片出错的时候，在没有关闭商品文件的前提下，用户可以使用该面板撤销前面所进行的任何操作。

STEP 1 在菜单栏中单击"文件"|"打开"命令，打开一幅素材图像❶，选取工具箱中的矩形选框工具，移动鼠标指针至图像编辑窗口合适位置，按住鼠标左键不放并拖曳鼠标创建矩形选框❷，按【Ctrl＋J】组合键键复制图层，选择"图层"面板中的"背景"图层，单击鼠标右键，在弹出的快捷菜单中选择"删除图层"选项❸。

知识链接
在Photoshop的"历史记录"面板中，如果单击前一个步骤使商品图像还原时，那么该步骤以下的操作就会全部变暗；如果此时继续进行其他操作，则该步骤后面的记录将会被新的操作所代替。

STEP 2 执行上述操作后，弹出"删除图层"对话框❹，单击"是"按钮，即可删除背景图层❺，展开"历史记录"面板，选择"打开"选项❻。

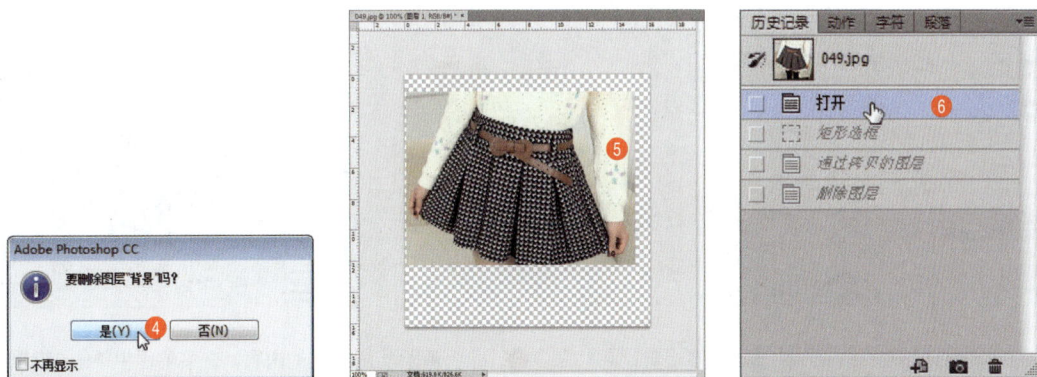

STEP 3 执行上述操作后，即可将图像恢复至打开时的状态❼，选择"矩形选框"选项，即可还原到操作步骤时的效果❽。

050 恢复和清理商品图像

在 Photoshop 软件中处理商品图像时，软件会自动保存大量的中间数据，在这期间如果不定期处理，就会影响计算机的速度，使其变慢。用户定期对磁盘进行清理，能加快系统的处理速度，同时也有助于在处理商品图像时的效率。

STEP 1 在菜单栏中单击"文件"|"打开"命令，打开一幅素材图像①，在菜单栏中单击"图像"|"图像旋转"|"水平翻转画布"命令②，执行上述操作后，即可翻转图像③。

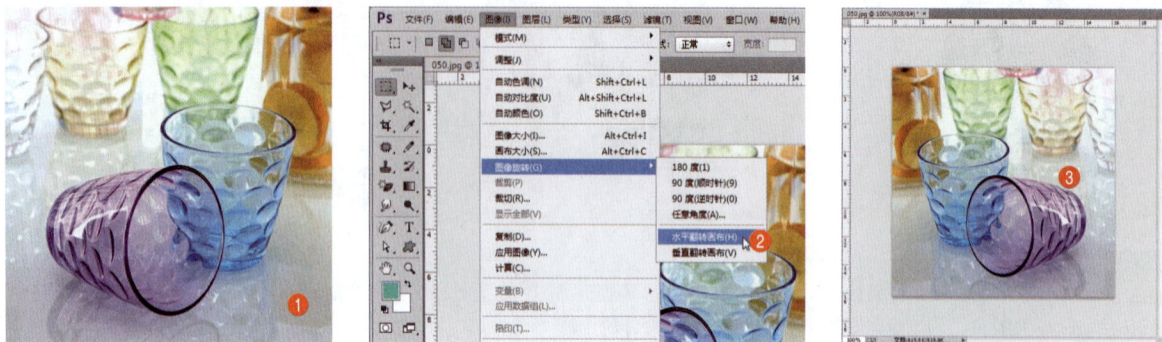

STEP 2 在菜单栏中单击"文件"|"恢复"命令④，执行上述操作后，即可恢复图像⑤，在菜单栏中单击"编辑"|"清理"|"剪贴板"命令⑥，即可清除剪贴板的内容。

STEP 3 在菜单栏中单击"编辑"|"清理"|"历史记录"命令⑦，即可清除历史记录的内容，在菜单栏中单击"编辑"|"清理"|"全部"命令⑧，即可清除全部的内容。

知识链接

"清理"下拉菜单中的"历史记录"和"全部"命令不仅会清理当前文档的历史记录，它还会作用于其他在Photoshop中打开的文件。

051 设置系统运行优化

在 Photoshop 中，用户可以根据需要优化操作界面，这样不仅可以美化图像编辑窗口，还可以在执行设计操作时更加得心应手。

STEP 1 在菜单栏中单击"文件"|"打开"命令，打开一幅素材图像❶，在菜单栏中单击"编辑"|"首选项"|"界面"命令❷，执行上述操作后，弹出"首选项"对话框❸。

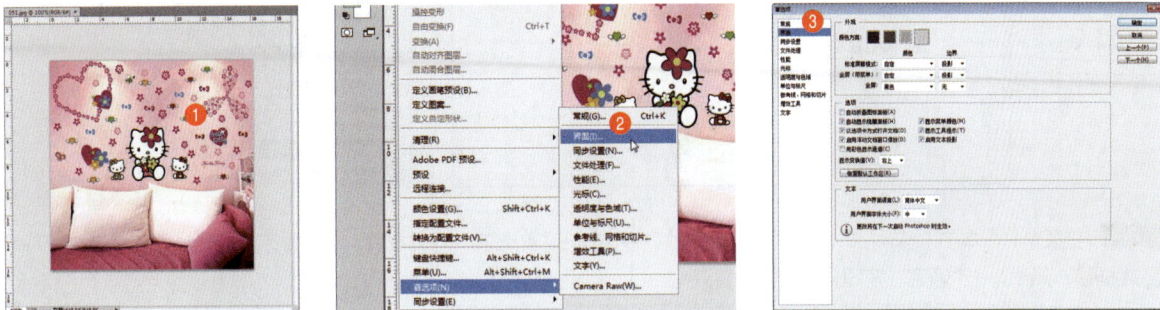

STEP 2 单击"标准屏幕模式"右侧的下拉按钮，在弹出的列表框中选择"选择自定义颜色"选项❹，弹出"拾色器（自定画布颜色）"对话框，设置 RGB 参数值为 210、250、255❺，单击"确定"按钮，返回"首选项"对话框，然后单击"确定"按钮，标准屏幕模式即可呈自定颜色显示❻。

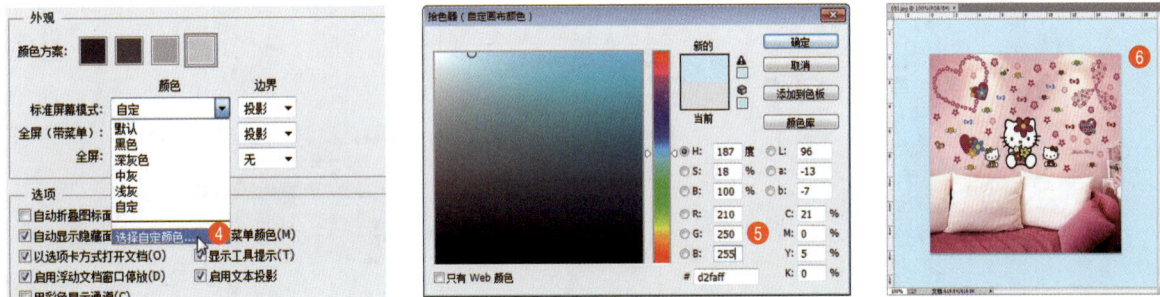

TIPS

除了运用上述方法可以转换标准屏幕模式颜色外，还可以在编辑窗口的灰色区域内单击鼠标右键，在弹出的快捷菜单中用户可以根据需要选择"灰色""黑色""自定"以及"自定颜色"选项。

在"文件存储选项"选项区中的"图像预览"列表框中，还有"总不询问"和"总是询问"两个选项，用户可以根据自身的需要进行相关的设置。

暂存盘的作用是当Photoshop处理较大的图像文件，并且在内存存储已满的情况下，将暂存盘的磁盘空间作为缓存来存放数据。用户可以在"暂存盘"选项区中，设置系统磁盘空闲最大的分区作为第一暂存盘。需要注意的是，用户最好不要把系统盘作为第一暂存盘，以防止频繁地读写硬盘数据而影响操作系统的运行速度。

STEP 3 单击菜单栏中的"编辑"|"首选项"|"文件处理"命令，弹出"首选项"对话框❼，单击"图像预览"右侧的下拉按钮，在弹出的列表框中选择"存储时询问"选项❽，单击"确定"按钮，即可优化文件处理。

知识链接

在使用Photoshop软件处理商品文件的过程中，用户可以根据需要对Photoshop的操作环境进行相应的优化设置，这样有助于提高工作效率。用户经常对文件处理选项进行相应优化设置，不仅不会占用计算机内存，而且还能加快浏览商品图像的速度，更加方便操作。在使用Photoshop软件处理商品文件时，设置优化暂存盘可以让系统有足够的空间存放数据，防止空间不足而丢失商品文件数据。

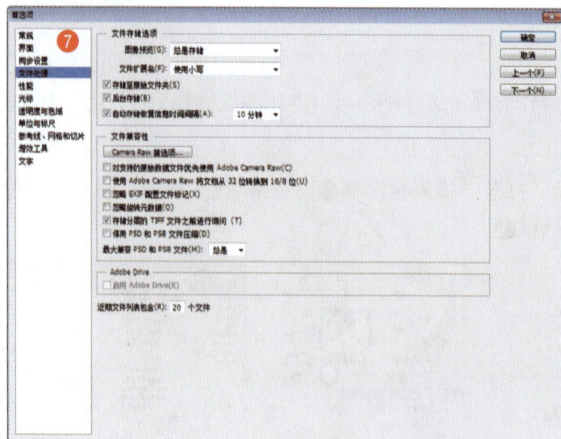

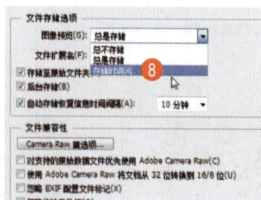

STEP 4　在菜单栏中单击"编辑"|"首选项"|"性能"命令，弹出"首选项"对话框⑨，在"暂存盘"选项区中，选择"D:\"复选框⑩，然后单击"确定"按钮，即可优化暂存盘。

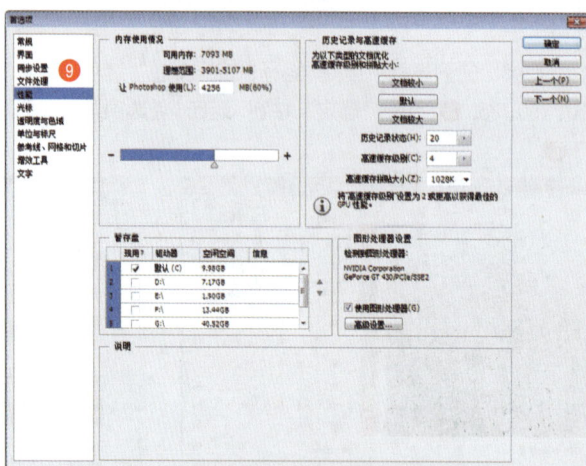

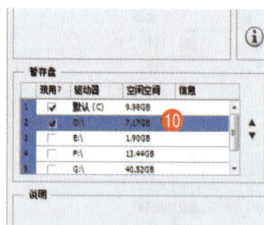

052　最大化/最小化显示产品图像

　　在 Photoshop 中，用户可以同时打开多个商品图像文件，其中当前图像编辑窗口将会显示在最前面。用户可以根据工作需要移动窗口位置、调整窗口大小、改变窗口排列方式或在各窗口之间切换，让工作环境变得更加简洁。单击标题栏上的"最大化"按钮或"最小化"按钮，即可将商品图像的窗口以最大化或最小化显示。

　　在菜单栏中单击"文件"|"打开"命令，打开一幅素材图像①，将鼠标指针移动至图像窗口的标题栏上，在按住鼠标左键的同时向下拖曳②。将鼠标指针移动至图像编辑窗口标题栏上的"最大化"按钮上，单击鼠标左键，即可最大化窗口③，将鼠标指针移动至图像编辑窗口标题栏上的"最小化"按钮上，单击鼠标左键，即可最小化窗口。

053 调整商品图像窗口排列

在 Photoshop 软件中，当打开多个商品图像文件时，每次只能显示一个商品图像编辑窗口内的图像。若用户需要对多个窗口中的内容进行比较，则可将各窗口以水平平铺、浮动、层叠和选项卡等方式进行排列。

STEP 1 在菜单栏中单击"文件"|"打开"命令，打开 4 幅素材图像❶，在菜单栏中单击"窗口"|"排列"|"平铺"命令❷，执行上述操作后，即可平铺窗口中的图像❸。

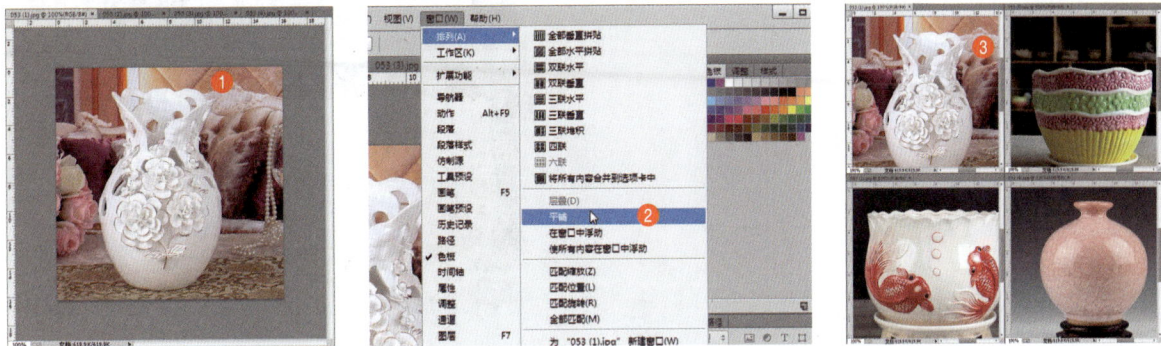

STEP 2 在菜单栏中单击"窗口"|"排列"|"在窗口中浮动"命令❹，执行上述操作后，即可使当前编辑窗口浮动排列❺，在菜单栏中单击"窗口"|"排列"|"使所有内容在窗口中浮动"命令，即可使所有内容在窗口中浮动❻。

STEP 3 在菜单栏中单击"窗口"|"排列"|"将所有内容合并到选项卡中"命令❼，执行上述操作后，即可以选项卡的方式排列图像窗口❽，在菜单栏中单击"窗口"|"排列"|"平铺"命令，调整"053（1）"素材图像的缩放比例为 100%❾。

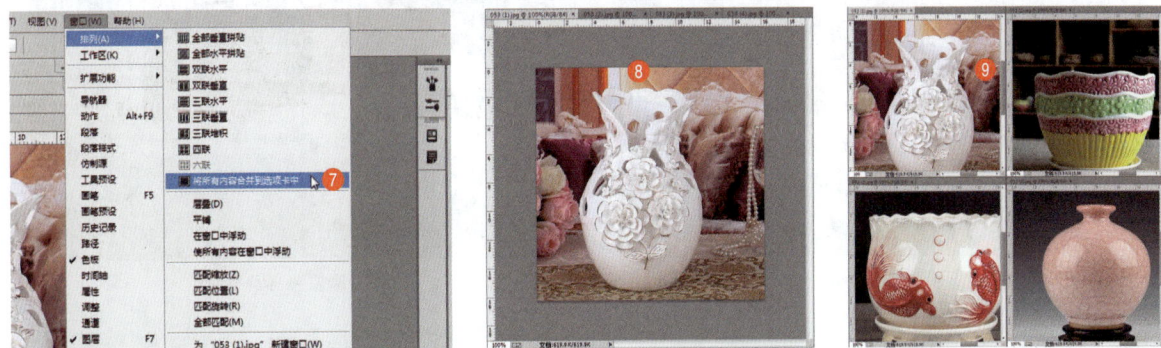

知识链接

当用户需要对窗口进行适当的布置时，可以将鼠标指针移至图像窗口的标题栏上，在按住鼠标左键的同时进行拖曳，即可将图像窗口拖动到屏幕任意位置。

STEP 4 在菜单栏中单击"窗口"|"排列"|"匹配位置"命令，即可以"匹配位置"方式排列图片⑩。

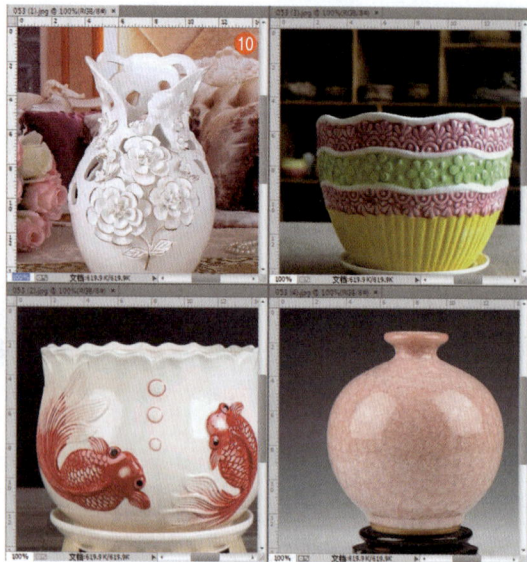

054 切换商品图像编辑窗口

当用户在利用 Photoshop 处理商品图像过程中，如果在界面的图像编辑窗口中同时打开多幅商品图像，则可以根据需要在各窗口之间进行切换，让工作界面变得更加方便、快捷，从而提高工作效率。

在菜单栏中单击"文件"|"打开"命令，打开两幅素材图像，将所有图像设置在窗口中浮动❶，将鼠标指针移动至"054（2）"素材图像的编辑窗口上，单击鼠标左键，即可将素材图像置为当前编辑窗口❷。

将所有图像在窗口中浮动

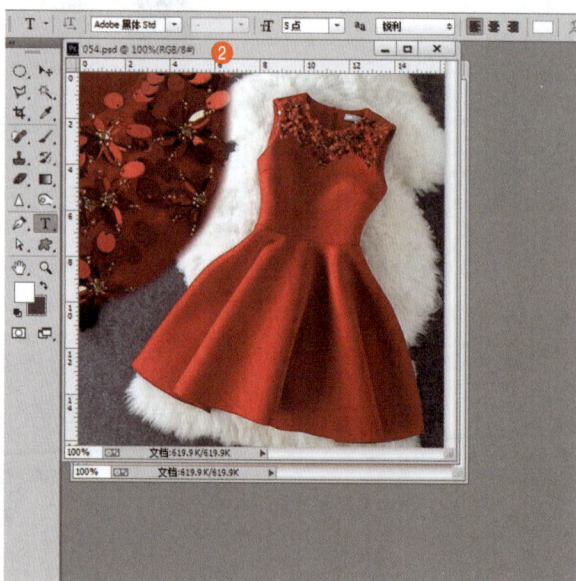

将图像置为当前窗口

TIPS

除了运用本实例的方法可以切换图像编辑窗口外，还有以下3种方法。

● 快捷键1：按【Ctrl + Tab】组合键。

● 快捷键2：按【Ctrl + F6】组合键。

● 快捷菜单：单击"窗口"菜单，在弹出的菜单列表中的最下方，Photoshop会列出当前打开的所有素材图像的名称，单击任意一个图像名称，即可将其切换为当前图像窗口。

055 放大和缩小商品图像

　　有时用户在编辑商品图像过程中需要查看图像精细部分，此时可以灵活运用缩放工具，随时对商品图像进行放大或缩小。

`STEP 1` 在菜单栏中单击"文件"|"打开"命令，打开一幅素材图像❶，选取工具箱中的缩放工具，在工具属性栏中单击"放大"按钮，将鼠标指针移至图像编辑窗口中，此时鼠标指针呈带加号的放大镜形状，在图像编辑窗口中单击鼠标左键，即可将图像放大❷。

`STEP 2` 在工具属性栏中单击"缩小"按钮，将鼠标指针移至图像编辑窗口中❸，单击鼠标左键，即可缩小图像❹。

> **TIPS**
>
> 除了运用上述方法可以放大显示图像外，还有以下3种方法。
>
> ● **命令**：单击"视图"|"放大"命令。
> ● **快捷键1**：按【Ctrl + +】组合键，可以逐级放大图像。
> ● **快捷键2**：按【Ctrl + Space】组合键，当鼠标指针呈带加号的放大镜形状时，单击鼠标左键，即可放大图像。
>
> 每单击一次鼠标左键，图像就会缩小为原来的1/2。例如，图像以200%的比例显示在屏幕上，选取缩放工具后，在图像中单击鼠标左键，则图像将缩小至原图像的100%。

056 运用抓手工具移动商品图像

　　用户在编辑商品图像时，当商品图像尺寸较大，或者由于放大窗口显示比例而不能显示全部商品图像时，可以使用抓手工具移动画面，以查看和编辑商品图像的不同区域。

`STEP 1` 在菜单栏中单击"文件"|"打开"命令，打开一幅素材图像❶，选取工具箱中的缩放工具，在工具属性栏中单

击"放大"按钮，将鼠标指针移动至图像编辑窗口中，此时鼠标指针呈带加号的放大镜形状，在图像编辑窗口中单击鼠标左键，即可将图像放大❷。

STEP 2 选取工具栏中的抓手工具，将鼠标指针移动至图像编辑窗口❸，单击鼠标左键并拖曳鼠标，即可移动图像❹。

TIPS

除了使用菜单栏中的"文件"|"打开"命令选取抓手工具以外，还可使用快捷键【H】。

使用绝大多数工具时，按住【Space】键不放都可切换为抓手工具，放开【Space】键后还原为之前正在使用的工具。

057 按适合屏幕显示商品图像

当商品图像被放大到一定程度，需要恢复全图时，用户可在工具属性栏中单击"适合屏幕"按钮，即可按适合屏幕大小显示商品图像。

在菜单栏中单击"文件"|"打开"命令，打开一幅素材图像，选取工具箱中的缩放工具，将素材图像放大❶，在工具属性栏中，单击"适合屏幕"按钮，执行上述操作后，即以适合屏幕的大小显示图像❷。

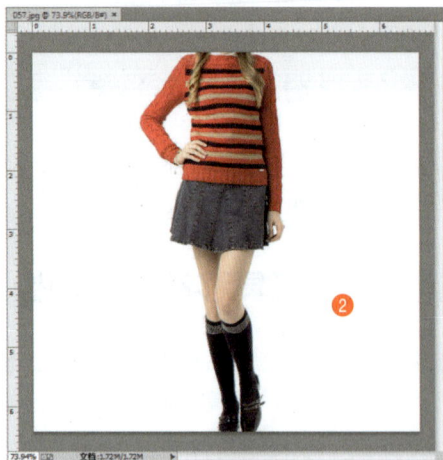

058 按区域显示商品图像

在 Photoshop 软件中，如果用户只需要查看商品图像的某个区域时，就可以运用缩放工具，进行局部放大区域图像，或者运用导航器面板进行查看。

STEP 1 在菜单栏中单击"文件"|"打开"命令，打开一幅素材图像❶，在工具箱中选取缩放工具，将鼠标指针移动到需要放大的图像区域，按住鼠标左键的同时并拖曳❷，至合适位置后释放鼠标左键，即可以放大显示框选的区域❸。

STEP 2 在菜单栏中单击"窗口"|"导航器"命令❹，执行上述操作后，弹出"导航器"面板❺，将鼠标指针移至红色方框内，按住鼠标左键并拖曳❻，即可按区域查看局部放大图片。

在"导航器"面板中，各选项含义如下。

● 代理预览区域：将鼠标指针移到此处，单击鼠标左键可以移动画面。

● 缩放文本框：用于显示窗口的显示比例，用户可以根据需要设置缩放比例。

● 缩放滑块：拖动该滑块可以放大和缩小窗口。

● "缩小"按钮：单击"缩小"按钮，可以缩小窗口的显示比例。

● "放大"按钮：单击"放大"按钮，可以放大窗口的显示比例。

059 调整商品图像的尺寸

在 Photoshop 软件中，商品图像尺寸越大，所占的空间也越大。更改商品图像的尺寸，会直接影响商品图像的显示效果。

STEP 1 在菜单栏中单击"文件"|"打开"命令，打开一幅素材图像❶，在菜单栏中单击"图像"|"图像大小"命令❷。

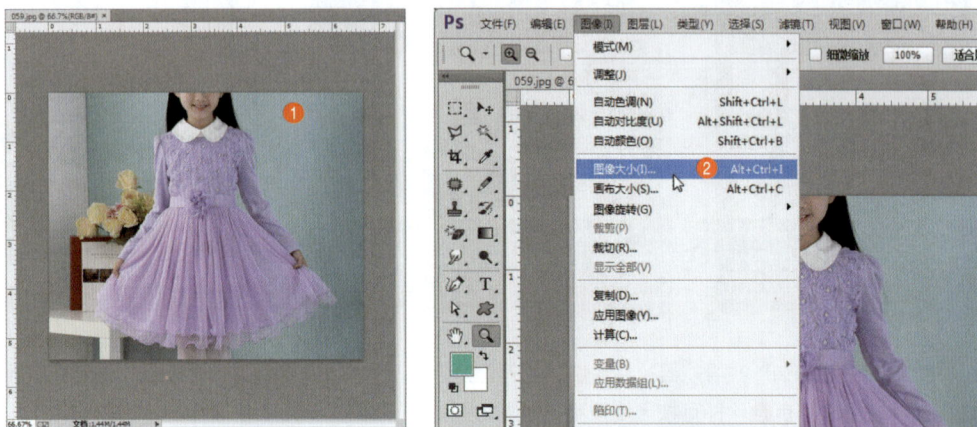

STEP 2 在弹出的"图像大小"对话框中，设置"宽度"为 12 厘米❸，单击"确定"按钮，即可完成调整图像尺寸的操作❹。

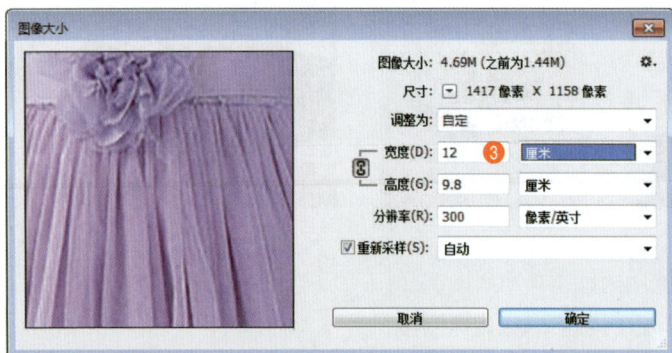

060 调整商品画布的尺寸

在 Photoshop 软件中，画布指的是实际打印的工作区域，图像画面尺寸的大小是指当前商品图像周围工作空间的大小，改变画布大小会直接影响商品图像最终的输出效果。

STEP 1 在菜单栏中单击"文件"|"打开"命令，打开一幅素材图像❶，在菜单栏中单击"图像"|"画布大小"命令❷。

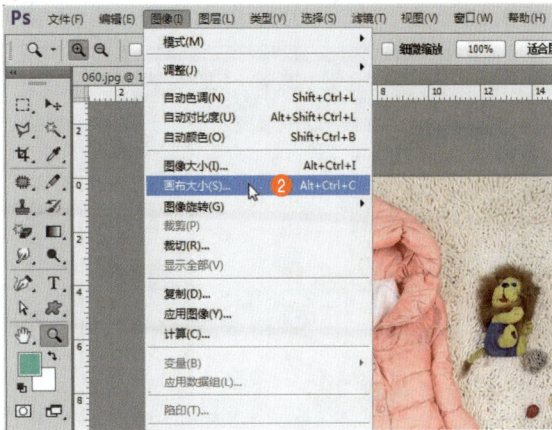

STEP 2 弹出"画布大小"对话框，在"新建大小"选项区设置"宽度"为 14 厘米、"画布扩展颜色"为"前景" ③，执行上述操作后，单击"确定"按钮，即可完成"画布大小"的调整 ④。

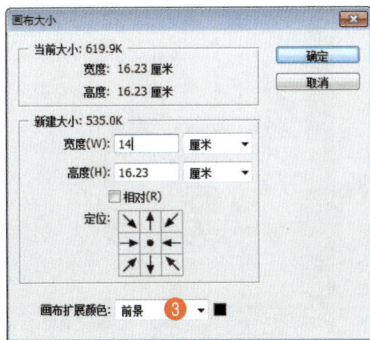

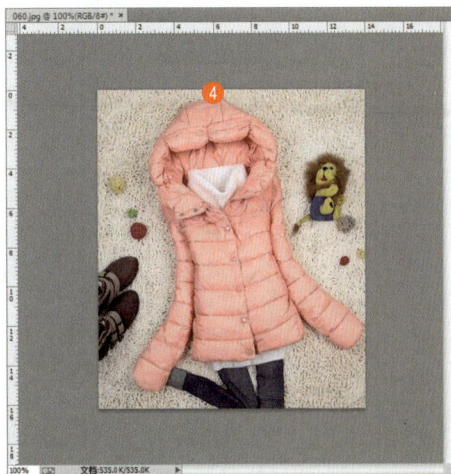

知识链接

在"画布大小"对话框中，各选项含义如下。

● 当前大小：显示的是当前画布的大小。

● 新建大小：用于设置画布的大小。

● 相对：选中该复选框后，在"宽度"和"高度"选项后面将出现"锁链"图标，表示改变其中某一选项设置时，另一选项会按比例同时发生变化。

● 定位：用来修改图像像素的大小。在Photoshop中是"重新取样"。当减少像素数量时就会从图像中删除一些信息；当增加像素的数量或增加像素取样时，则会添加新的像素。在"图像大小"对话框最下面的下拉列表中可以选择一种插值方法来确定添加或删除像素的方式，如"两次立方""邻近""两次线性"等。

● 画布扩展颜色：在"画布扩展颜色"下拉列表中可以选择填充新画布的颜色。

061 调整商品图像的分辨率

在 Photoshop 中，商品图像的品质取决于分辨率的大小，分辨率指的是单位长度上像素的数目，通常用"像素／英寸"或"像素／厘米"表示。图像的分辨率是指位图图像在每英寸上所包含的像素数量，单位是 dpi（dots per inch）。分辨率越高，商品文件就越大，商品图像也就越清晰，处理速度就会相应变慢；反之，分辨率越低，商品文件就越小，商品图像就越模糊，处理速度就会相应变快。

STEP 1 在菜单栏中单击"文件"|"打开"命令，打开一幅素材图像❶，在菜单栏中单击"图像"|"图像大小"命令❷。

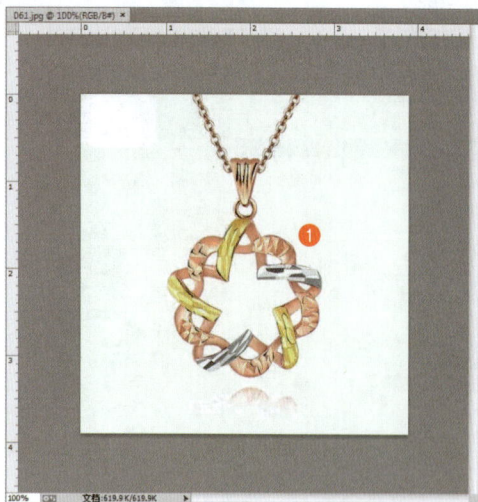

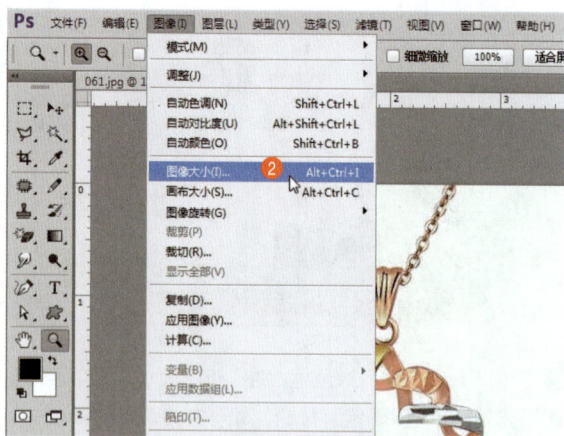

STEP 2 弹出"图像大小"对话框，设置"分辨率"为 350 像素 / 英寸❸，单击"确定"按钮，即可调整图像分辨率❹。

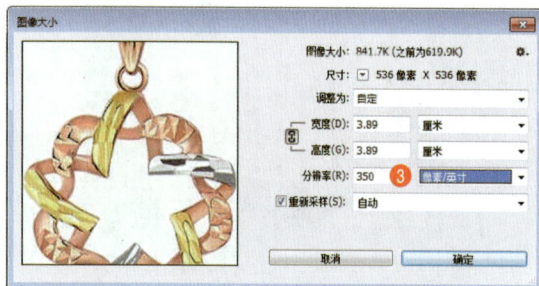

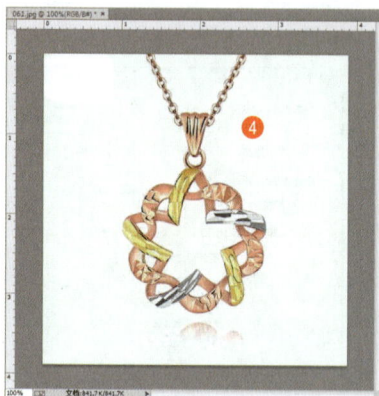

PART 01

基础入门篇

05

进阶：简单处理
淘宝商品图像

Photoshop 软件拥有强大的图片处理功能，使用工具箱中的工具可以
简单快速地处理及修补各类商品图像文件。

本章主要向读者介绍网店中各类商品的简单处理技巧，希望读者熟练
掌握本章讲解的内容，在学习以后可以举一反三，制作出更多不同类
型的漂亮商品图像，使操作更加得心应手。

062 移动商品图像的位置

　　在网店装修中，处理商品图片时经常需要将一个图片素材移动到另一个商品图像中，这就需要用到移动工具。在 Photoshop 软件中，移动工具是最常用的工具之一，不管是移动图层、选区内的商品图像以及整个图像编辑窗口中的商品图像，还是将其他图像编辑窗口中的商品图像拖入当前商品图像编辑窗口，都要用到移动工具。

STEP 1 按【Ctrl + O】组合键，打开两幅素材图像❶，在菜单栏中单击"窗口"|"排列"|"平铺"命令❷，执行上述操作后，即可平铺显示素材图像❸。

STEP 2 在工具箱中选取移动工具，将鼠标指针移至"062(2)"图像上❹，按住鼠标左键并拖曳至"062(1)"图像编辑窗口中❺，执行上述操作后，将素材图像移动到合适位置❻。

TIPS
将某个商品图像拖入另一个文档时，按住【Shift】键，可以使拖入的图像位于当前文档的中心。如果这两个文档的大小相同，则拖入的图像就会与当前文档的边界对齐。

063 手动裁剪商品图像

　　在网店卖家处理商品图片时，由于拍摄时构图不合理，经常需要调整商品在画面中的布局，使商品主体更加突出，此时可以通过裁剪工具来实现。在 Photoshop 软件中，裁剪工具可以对商品图像进行裁剪，重新定义画布的大小。

TIPS
除了上述方法以外，还可以利用菜单栏的"裁剪"命令来实现商品图像的裁剪操作。在变换控制框中，可以对裁剪区域进行适当调整，将鼠标指针移动至控制框四周的8个控制点上，当指针呈双向箭头←→形状时，按住鼠标左键的同时并拖曳，即可放大或缩小裁剪区域；将鼠标指针移动至控制框外，当指针呈旋转↵形状时，可对裁剪区域进行旋转。

STEP 1 按【Ctrl + O】组合键，打开一幅素材图像❶，选取工具箱中的裁剪工具❷，此时图像边缘会显示一个裁剪控制框❸。

STEP 2 移动鼠标指针至图像边缘，当鼠标指针呈 形状时拖曳鼠标，即可调整裁剪区域大小❹，将鼠标指针移动至裁剪控制框内，按住鼠标左键的同时并拖曳鼠标，确认剪裁区域❺，按【Enter】键确认，即可完成图像的裁剪操作❻。

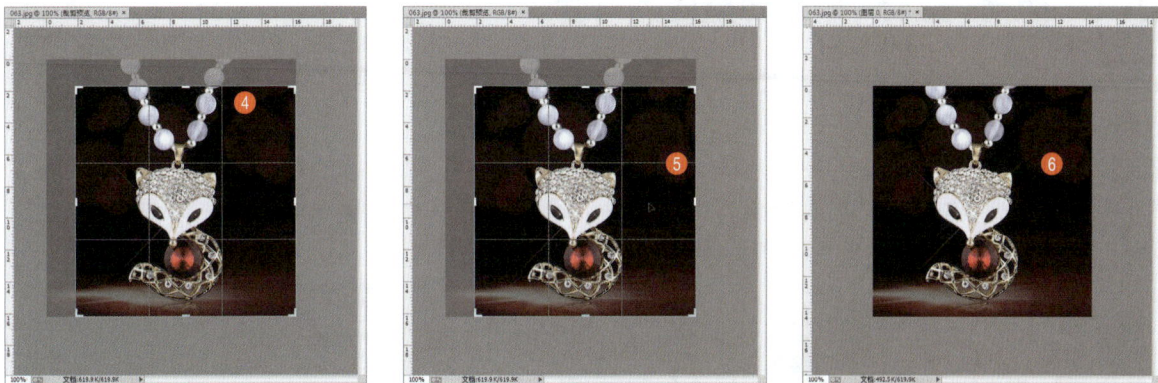

064 精确裁剪商品图像

　　网店卖家在上传商品图片时，必须要规范商品图片尺寸，这就需要经过精确裁剪来实现。在 Photoshop 软件中，精确裁剪图像可用于制作等分拼图，在裁剪工具属性栏上设置固定的"宽度""高度"和"分辨率"等参数，即可裁剪同样大小的商品图像。

STEP 1 按【Ctrl + O】组合键，打开一幅素材图像❶，选取工具箱中的裁剪工具，即可调出裁剪控制框❷，此时会在工具属性栏中显示相关选项❸。

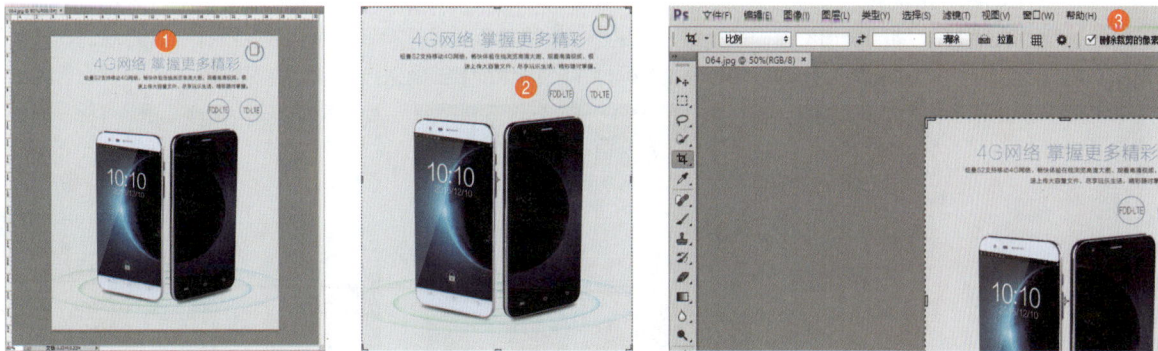

STEP 2　在工具属性栏中设置剪裁比例为 15：11 ❹，执行上述操作后，按【Enter】键确认，即可精确裁剪图像 ❺。

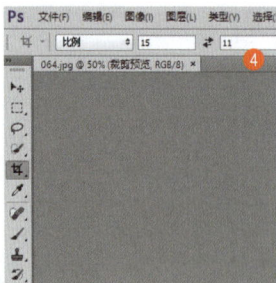

知识链接

在裁剪工具属性栏中，各主要选项含义如下。

● 比例：用来输入图像裁剪比例，裁剪后图像的尺寸由输入的数值决定，与裁剪区域的大小没有关系。

● 视图：设置裁剪工具视图选项。

● 删除裁切像素：确定裁剪框以外的透明度像素数据是保留还是删除。

065　运用"旋转"命令调整商品角度

在拍摄商品时，经常会因为拍摄角度问题导致商品产生倾斜，网店卖家可以通过旋转图像来调整商品角度，将倾斜的商品图像纠正。

STEP 1　按【Ctrl + O】组合键，打开一幅素材图像 ❶，按【Ctrl + J】组合键复制"背景"图层，即可得到"图层 1"图层，展开"图层"面板，然后单击"背景"图层的"指示图层可见性"图标，即可隐藏"背景"图层 ❷。在"图层"面板中选择"图层 1"图层，在菜单栏中单击"编辑"|"变换"|"旋转"命令 ❸。

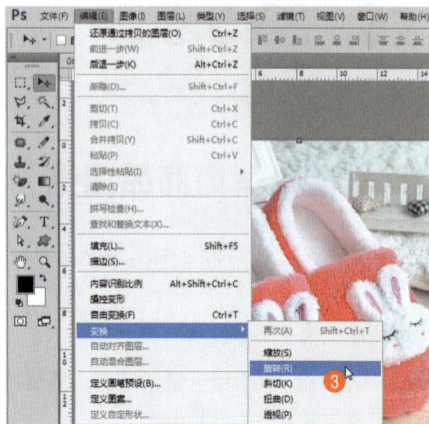

STEP 2　执行上述操作后，即可调出变换控制框 ❹，将鼠标指针移动至变换控制框外侧，鼠标指针呈 形状时，按住鼠标左键并拖曳 ❺，将图像旋转至合适角度时释放鼠标，并按【Enter】键确认，即可旋转图像 ❻。

066 翻转商品图像的位置

在 Photoshop 软件中，当用户打开的商品图像出现了颠倒、倾斜时，就可以对商品图像进行翻转操作。

STEP.1 按【Ctrl + O】组合键，打开一幅素材图像❶，按【Ctrl + J】组合键复制图层，在菜单栏中单击 "编辑" | "变换" | "水平翻转" 命令❷。

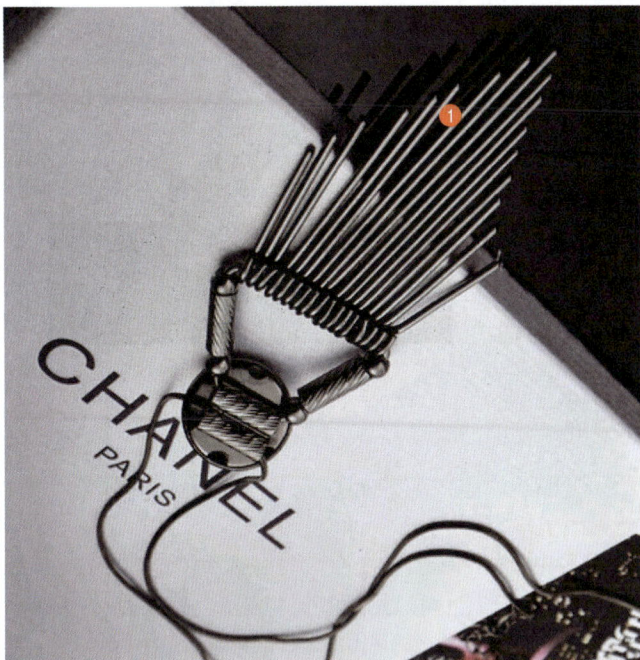

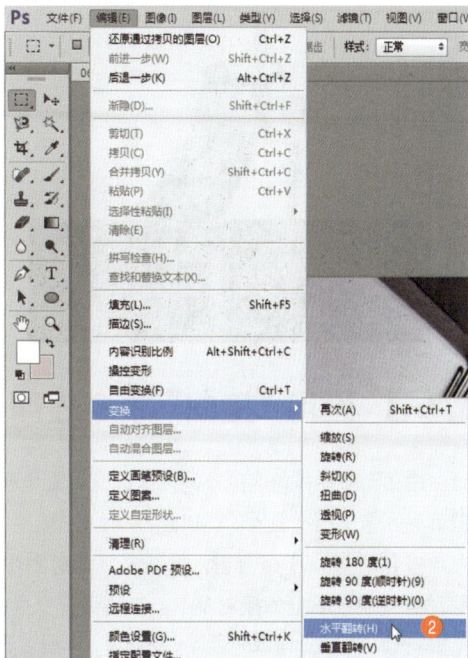

STEP.2 执行上述操作后，即可水平翻转图像❸，在菜单栏中单击 "编辑" | "变换" | "垂直翻转" 命令，即可垂直翻转图像❹。

067 运用斜切命令制作商品投影效果

在处理商品图像时，有时商品画面过于单调，显得商品效果不真实，用户可以通过 Photoshop 软件中的 "斜切" 命令斜切图像，制作出逼真的倒影效果。

　　按【Ctrl＋O】组合键，打开两幅素材图像❶，切换至"倒影"图像编辑窗口，在工具箱中选取移动工具 ，将"067（1）"素材图像移动至"067（2）"图像编辑窗口中，展开"图层"面板，选择"图层1"图层❷，选取工具箱中的移动工具，移动图像至合适位置，在菜单栏中单击"编辑"|"变换"|"斜切"命令，即可调出变换控制框。将鼠标指针移动至变换控制框的控制柄上，当鼠标指针呈白色三角 形状时，按住鼠标左键并向上拖动至合适位置，按【Enter】键确认，完成"斜切"命令操作，将图像移动至合适位置，预览商品效果❸。

068 运用"扭曲"命令还原商品图像

　　由于商品拍摄角度的不同，有时商品图像会显示出变形的效果。在 Photoshop 软件中，用户可以根据需要对某一些商品图像进行扭曲操作，以还原商品图像。

　　按【Ctrl＋O】组合键，打开一幅素材图像❶，在菜单栏中单击"编辑"|"变换"|"扭曲"命令❷，将鼠标指针移动至变换控制框的控制柄上，当鼠标指针呈白色三角 形状时，按住鼠标左键的同时拖曳至合适位置后释放鼠标左键，在"图层"面板中选择"图层1"图层，将素材图像移动至合适位置，即可得到最终效果❸。

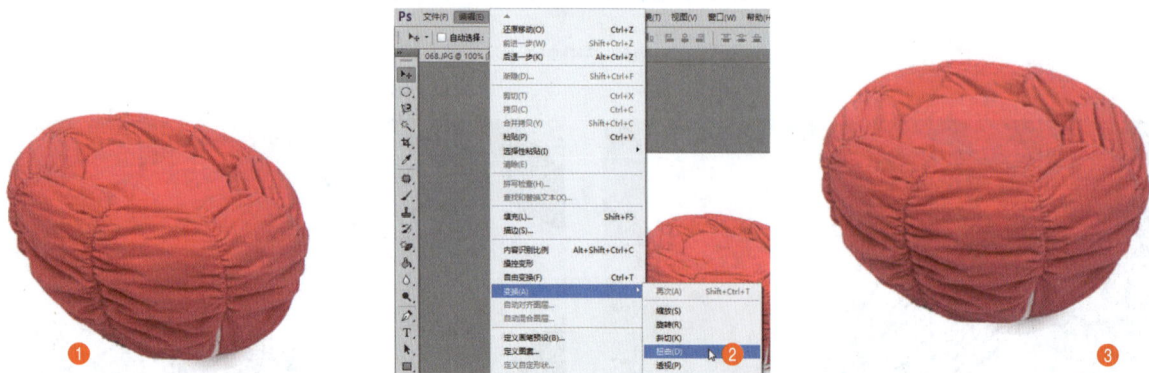

知识链接
　　与斜切不同的是，执行扭曲操作时，控制点可以随意拖动，不受调整边框方向的限制，若在拖曳鼠标的同时按住【Alt】键，则可以制作出对称扭曲效果，而斜切则会受到调整边框的限制。

069 透视商品图像效果

　　网店卖家在处理商品图片时，如果需要将平面图变换为透视效果，就可以运用透视功能进行调节。

　　按【Ctrl＋O】组合键，打开一幅素材图像❶，在菜单栏中单击"编辑"|"变换"|"透视"命令❷，将鼠标指针移动至变换控制框右上方的控制柄上，当鼠标指针呈白色三角 形状时，按住鼠标左键并拖曳，执行上述操作后，再一次对图像进行微调，按【Enter】键确认操作，即可透视图像❸。

070 运用仿制图章工具去除商品背景杂物

　　网店卖家进行商品图片后期处理时，经常会发现背景图像太过复杂，无法突出商品主体，这时可以使用仿制图章工具去除背景杂物。在 Photoshop 软件中使用仿制图章工具可以将商品图像中的指定区域按原样复制到同一幅商品图像或其他商品图像中。

STEP 1 按【Ctrl + O】组合键，打开一幅素材图像❶，选取工具箱中的仿制图章工具❷。

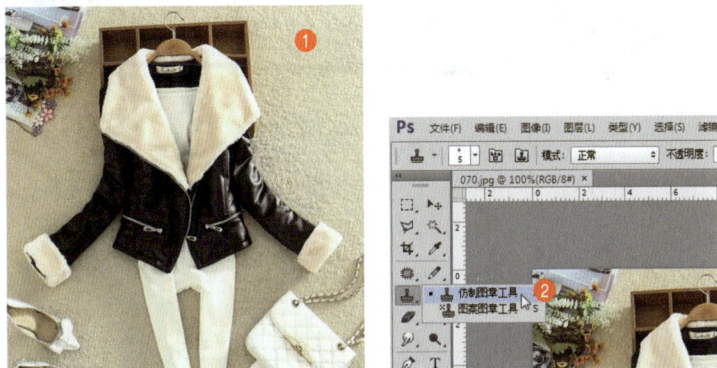

知识链接

在仿制图章工具属性栏中，各选项含义如下。

● 不透明度：用于设置应用仿制图章工具时的不透明度。

● 流量：用于设置扩散速度。

● 对齐：选中该复选框后，可以在使用仿制图章工具时应用对齐功能，对图像进行规则复制。

● 样本：在此下拉列表中，可以选择定义源图像时所取的图层范围，其中包括了"当前图层""当前和下方图层"及"所有图层"3个选项。

STEP 2 选取仿制图章工具后，会在工具属性栏中显示相关选项❸，将鼠标指针移动至图像窗口中的适当位置，按住【Alt】键的同时单击鼠标左键，进行取样❹，释放【Alt】键，将鼠标指针移动至图像编辑窗口中的合适位置，按住鼠标左键并拖曳，即可对样本对象进行复制，以覆盖杂物❺。

071 运用图案图章工具去除商品背景杂物

网店卖家经常需要为商品图片批量添加网店标识或添加店铺标识以及水印等，这时可以使用图案图章工具将需要添加的图案内容定义好再将其复制到商品图像中，它能在目标商品图像上连续绘制出选定区域的图像，批量处理可以提高工作效率。

按【Ctrl＋O】组合键，打开两幅素材图像❶，切换至需要编辑的图像窗口，在菜单栏中单击"编辑"|"定义图案"命令，弹出"图案名称"对话框，单击"确定"按钮，切换至"沙发"图像编辑窗口，选取工具箱中的图案图章工具，在工具属性栏中设置"图案"为"别致体验"❷，执行上述操作后，在图像编辑窗口合适位置按住鼠标左键并拖曳，即可复制图像❸。

TIPS

使用仿制图案图章工具时，先自定义一个图案，用矩形选框工具选定图案中的一个范围之后，单击"编辑"|"定义图案"命令，这时该命令呈灰色，即处于隐藏状态，这种情况下定义图案实现不了。这可能是在操作时设置了"羽化"值，这时可以选取矩形选框工具，在工具属性栏中不要设置"羽化"即可。

知识链接

在图案图章工具属性栏中，各选项含义如下。

● **不透明度：**用于设置应用图案图章工具时的不透明度。

● **流量：**用于设置扩散速度。

● **对齐：**选中该复选框后，可以保持图案与原始起点的连续性，即使多次单击鼠标也不例外；取消选中该复选框后，则每次单击鼠标都重新应用图案。

● **印象派效果：**选中该复选框，则对绘画选取的图像产生模糊、朦胧化的印象派效果。

072 运用污点修复画笔工具修复商品

网店卖家在处理商品图片时，经常会发现拍摄的商品图片上有污点或瑕疵，这时可使用污点修复画笔工具修复商品图片。

STEP 1 在菜单栏中单击"文件"|"打开"命令，打开一幅素材图像❶，选取工具箱中的污点修复画笔工具❷，此时在工具属性栏中会显示相关选项❸。

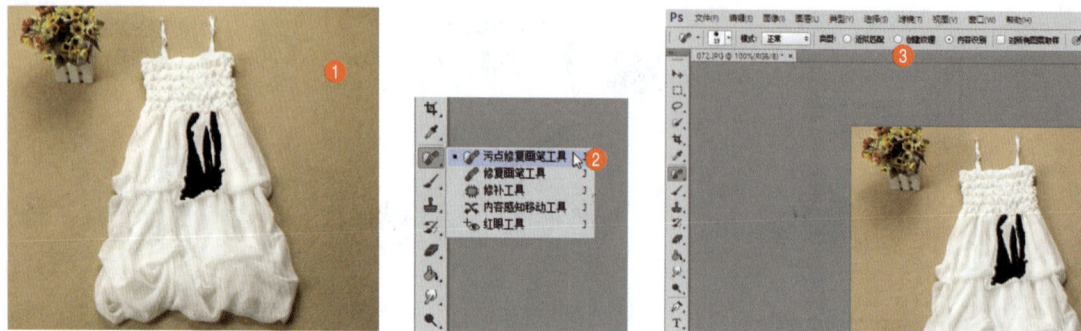

在Photoshop软件中，污点修复画笔工具不需要指定采样点，只需要在商品图像中有杂色或污渍的地方单击鼠标左键，即可修复商品图像。Photoshop能够自动分析鼠标单击处及其周围商品图像的不透明度、颜色与质感，并进行采样与修复操作。

STEP 2 移动鼠标指针至图像编辑窗口中的合适位置，按住鼠标左键并拖曳，进行涂抹，所涂抹过的区域呈黑色显示 ④，释放鼠标左键，即可使用污点修复画笔工具修复图像 ⑤。

知识链接

在污点修复画笔工具属性栏中，各选项含义如下。

● **模式：** 用来设置修复图像时使用的混合模式。

● **类型：** 用来设置修复方法。"近似匹配"的作用为将所涂抹的区域以周围的像素进行覆盖；"创建纹理"的作用为以其他的纹理进行覆盖；"内容识别"是由软件自动分析周围图像的特点，将图像进行拼接组合后填充在该区域并进行融合，从而达到快速无缝的拼接效果。

● **对所有图层取样：** 选中该复选框，可以从所有的可见图层中提取数据。

073　运用修补工具修补商品图像

　　网店卖家在处理商品图像时，经常遇到商品图像上被添加了文字或水印，这时可通过修补工具进行修补，修补工具可以用其他区域或图案中的像素来修复选区内的商品图像。

STEP 1 在菜单栏中单击"文件"|"打开"命令，打开一幅素材图像 ①，选取工具箱中的修补工具 ②，此时在工具属性栏中会显示相关选项 ③。

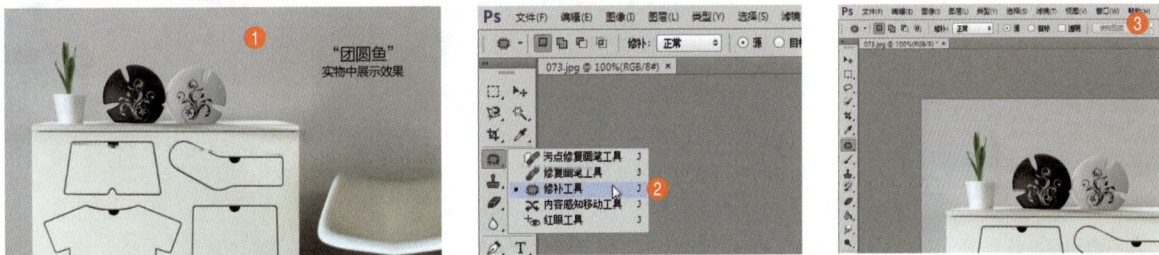

STEP 2 移动鼠标指针至图像编辑窗口中，在需要修补的位置按住鼠标左键并拖曳，创建一个选区 ④，移动鼠标指针至选区内，单击鼠标左键并将选区拖曳至图像颜色相近的位置 ⑤。

STEP 3 释放鼠标左键，即可完成修补操作⑥，按【Ctrl＋D】组合键取消选区⑦。

知识链接

在修补工具属性栏中，各选项含义如下。

● **运算按钮：** 是针对应用创建选区的工具进行的操作，可以对选区进行添加等操作。

● **修补：** 用来设置修补方式。选中"源"单选按钮，将选区拖曳至要修补的区域以后，释放鼠标左键就会用当前选区中的图像修补原来选中的内容；选中"目标"单选按钮，则会将选中的图像复制到目标区域。

● **透明：** 该复选框用于设置所修复图像的透明度。

● **使用图案：** 选中该复选框后，可以应用图案对所选区域进行修复。

074 运用橡皮擦工具清除商品信息

网店卖家发布的商品图片经常会根据活动更换而变更商品信息，这时使用橡皮擦工具可以擦除商品图片上的商品信息。

STEP 1 在菜单栏中单击"文件"|"打开"命令，打开一幅素材图像❶，选取工具箱中的橡皮擦工具❷，此时会在工具属性栏中显示相关选项❸。

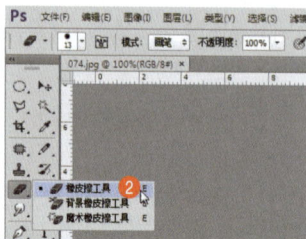

知识链接

在橡皮擦工具属性栏中，各选项含义如下。

● **模式：** 可以选择橡皮擦的种类。选择"画笔"选项，可以创建柔边擦除效果；选择"铅笔"选项，可以创建硬边擦除效果；选择"块"选项，擦除的效果为块状。

● **不透明度：** 设置工具的擦除强度，100%的不透明度可以完全擦除像素，较低的不透明度将擦除部分像素。

● **流量：** 用来控制工具的涂抹速度。

● **抹到历史记录：** 选中该复选框后，橡皮擦工具就具有了历史记录画笔的功能。

STEP 2 单击背景色色块，弹出"拾色器（背景色）"对话框，设置 RGB 参数值为相应参数❹，单击"确定"按钮，移动鼠标指针至图像编辑窗口中需要擦除的图像位置，单击鼠标左键，即可擦除图像区域，被擦除的区域以背景色填充❺。

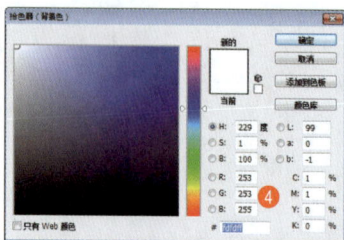

075 运用填充命令更改商品背景颜色

在处理商品图片时，若需更换商品图片背景颜色，可使用填充命令来快速实现。填充指的是在被编辑的商品图像中可以对整体或局部使用单色、多色或复杂的图案进行覆盖，Photoshop 中的"填充"命令功能非常强大。

STEP 1 在菜单栏中单击"文件"|"打开"命令，打开一幅素材图像❶，在工具箱中选取魔棒工具，在商品图像编辑窗口中单击鼠标左键以创建选区❷，单击背景色色块，弹出"拾色器（背景色）"对话框，设置 RGB 参数值均为 201❸。

STEP 2 单击"确定"按钮，在菜单栏中单击"编辑"|"填充"命令，弹出"填充"对话框，设置"使用"为"背景色"❹，单击"确定"按钮，即可运用"填充"命令填充颜色❺，按【Ctrl＋D】组合键取消选区❻。

在"填充"对话框中，各选项含义如下。

● **使用：** 在该列表框中可以选择9种不同的填充类型，其中包括前景色、背景色、自定义颜色、黑色、白色、灰色、图案、内容识别和历史记录。

● **自定图案：** 在"使用"列表框中选择"图案"选项后，该下拉列表将被激活，单击其图案缩览图，在弹出的"自定图案"面板中可以选择一个用于填充的图案。

● **模式/不透明度：** 该选项的参数与画笔工具属性栏中的参数意义相同。

● **保留透明区域：** 如果当前填充的图层中含有透明区域，选择该选项后，则只填充含有像素的区域。

076 运用油漆桶工具改变商品颜色

处理商品图片时，若需改变某些区域的颜色，可使用油漆桶工具。油漆桶工具可以快速、便捷地为图像填充颜色，填充的颜色以前景色为准。

STEP 1 在菜单栏中单击"文件"|"打开"命令，打开一幅素材图像❶，在工具箱中选取魔棒工具，在工具属性栏中单击"添加到选区"按钮，在图像编辑窗口中需要改变颜色的区域单击鼠标左键以创建选区❷，单击工具箱下方的"设置前景色"色块❸。

STEP 2 弹出"拾色器（前景色）"对话框，设置 RGB 参数值分别为 9、111、219 ❹，单击"确定"按钮，即可更改前景色，选取工具箱中的油漆桶工具，在选区中单击鼠标左键，即可填充颜色 ❺，按【Ctrl＋D】组合键取消选区，预览图像效果 ❻。

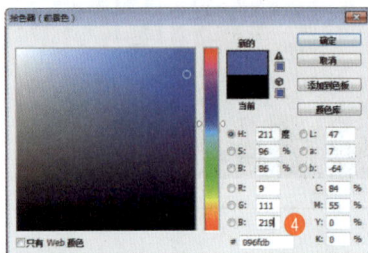

知识链接

油漆桶工具与"填充"命令非常相似，主要用于在图像或选区中填充颜色或图案，但油漆桶工具在填充前会对单击鼠标位置的颜色进行取样，从而常用于填充颜色相同或相似的图像区域。

077 运用吸管工具吸取并改变商品颜色

网店卖家在处理商品图像时，经常需要从商品图像中获取颜色来改变商品颜色，此时就需要用到吸管工具。

STEP 1 在菜单栏中单击"文件"|"打开"命令，打开一幅素材图像 ❶，在工具箱中选取吸管工具，将鼠标指针移动至红色丝带上，单击鼠标左键，即可吸取颜色 ❷。

STEP 2 在工具箱中选取魔棒工具，在工具属性栏中单击"添加到选区"按钮，在图像编辑窗口中需要改变颜色的区域单击鼠标左键以创建选区 ❸，按【Ctrl＋Delete】组合键，填充背景色，按【Ctrl＋D】组合键，取消选区 ❹。

TIPS
除了运用上述方法可以选取吸管工具外，按【I】快捷键也可以切换至吸管工具。

078 运用减淡工具加亮商品图像

如果觉得商品的画面质感太暗，没有达到最佳效果，这时使用加深工具可以将图像中较暗的区域调亮，使商品立体感更强。

STEP 1 在菜单栏中单击"文件"|"打开"命令，打开一幅素材图像❶，在工具箱中选取减淡工具❷。

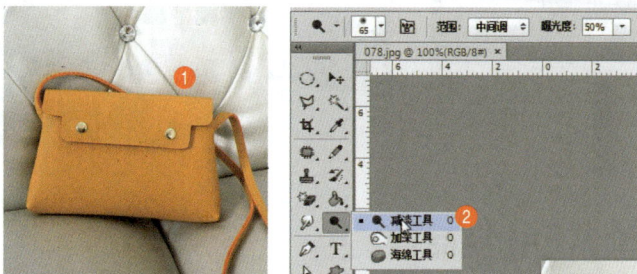

STEP 2 选取减淡工具后，在工具属性栏中会显示相关选项❸，在其中设置"曝光度"为80%❹，单击鼠标左键并在图像编辑窗口中进行涂抹，即可加亮商品图像❺。

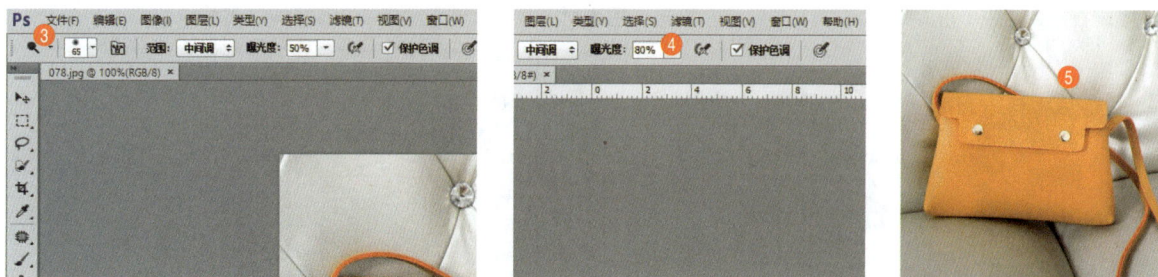

079 运用加深工具调暗商品图像

在拍摄商品时，经常由于光线太强的原因导致商品图片太亮，商品的质感和效果无法达到最佳，这时使用加深工具可以将图像中被操作的区域变暗，使商品立体感更强。

STEP 1 在菜单栏中单击"文件"|"打开"命令，打开一幅素材图像❶，在工具箱中选取加深工具❷。

STEP 2 在工具属性栏中，设置"曝光度"为 100%❸，单击鼠标左键并在图像编辑窗口中进行涂抹，即可调暗商品图像❹。

080 运用模糊工具虚化商品背景

在处理商品图片时，经常会发现商品图片的主体不明确，这时可通过模糊工具对商品图像进行适当的修饰，虚化商品背景，使商品图像主体更加突出、清晰，从而使画面富有层次感。

STEP 1 在菜单栏中单击"文件"|"打开"命令，打开一幅素材图像❶，在工具箱中选取模糊工具❷。

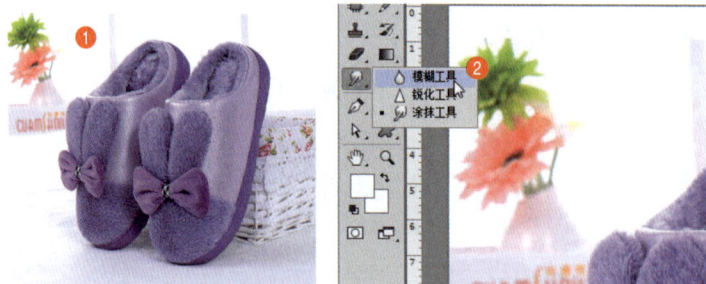

STEP 2 选取模糊工具后，在工具属性栏中会显示相关选项❸，在其中设置"强度"为 100%、"大小"为 70 像素❹，将鼠标指针移动至商品图像上，单击鼠标左键并在图像背景上进行涂抹，即可模糊图像背景❺。

知识链接

在模糊工具属性栏中，各选项含义如下。

● **强度**：用来设置工具的强度。

● **对所有图层取样**：如果文档中包含多个图层，可以选中该复选框，表示使用所有可见图层中的数据进行处理；取消选中该复选框，则只处理当前图层中的数据。

081 运用锐化工具清晰显示商品

　　在处理商品图片时，经常会发现由于拍摄效果不佳而导致商品图片模糊不清，这时可使用锐化工具调整商品图像的清晰度。锐化工具与模糊工具的作用刚好相反，它用于锐化图像的部分像素，使得被编辑的图像更加清晰。

　　在菜单栏中单击"文件" |"打开" 命令,打开一幅素材图像①,在工具箱中选取锐化工具,设置"强度" 为 100%、"大小" 为 70 像素②,将鼠标指针移动至素材图像上, 单击鼠标左键并在图像上进行涂抹, 即可调整商品图像的清晰度③。

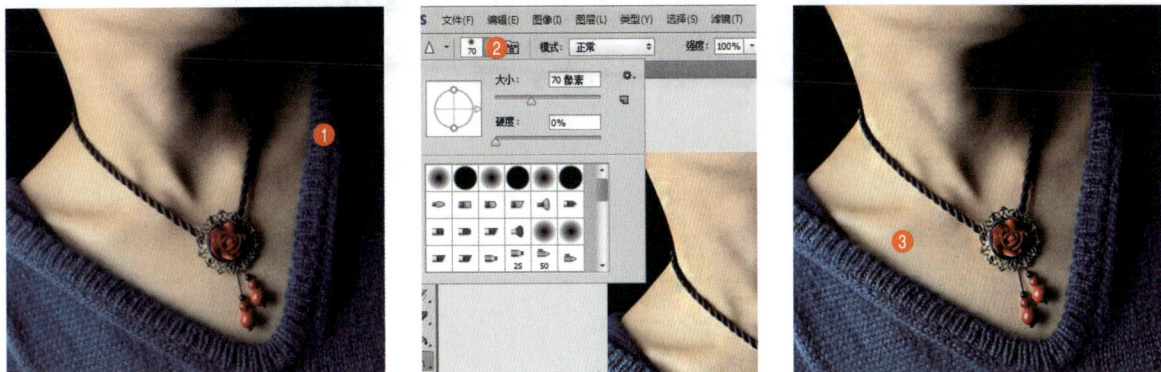

锐化工具可以增加相邻像素的对比度，将较软的边缘明显化，使图像聚焦。此工具不适合过度使用，否则会导致图像严重失真。

PART 02

核心技能篇

06

普通抠图：简单
美化商品图像

由于拍摄取景的问题，常常会使拍摄出来的照片内容复杂，致使商品显示不明显，如果不抠图就直接将拍摄的照片传到互联网上，会降低产品的表现力，此时就需要抠取出主要产品部分以单独使用。在Photoshop 中可以通过多种方式对照片中的商品进行抠取，本章主要向读者讲解 Photoshop 普通抠图技巧，希望读者熟练掌握本章内容。

082 使用"全部"命令抠取商品图像

网店卖家在处理图像时，若商品图像比较复杂，需要对整幅图像或指定图层中的图像进行调整，则可以通过"全部"命令快速抠取商品，为网店卖家节省时间。

STEP 1 按【Ctrl + O】组合键，打开两幅素材图像①，切换至"082（2）"图像编辑窗口，在菜单栏中单击"选择"|"全部"命令②，执行上述操作后，即可全选图像③。

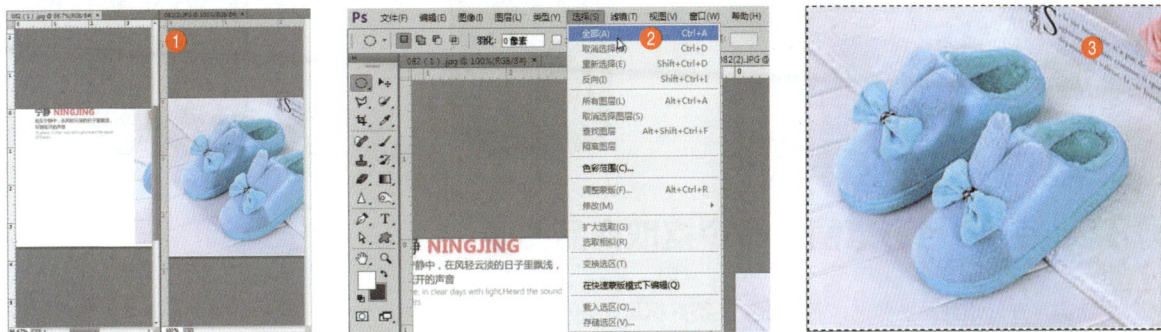

STEP 2 按【Ctrl + J】组合键，得到"图层1"图层④，选取工具箱中的移动工具，在图像上单击鼠标左键并拖曳至"082（1）"图像编辑窗口中⑤，执行上述操作后，移动图像至合适位置⑥。

TIPS
"全部"命令相对应的快捷键为【Ctrl + A】组合键，使用该命令后，在图像周边会产生一圈闪烁的边界线，即称为"选区"。由于这种闪动的边界看上去就像是一排排移动的蚂蚁，因此选区又被人们形象地称为"蚂蚁线选区"。此时，选区边界内部的图像被选择，选区外部的图像受到保护。在Photoshop中，即便没有创建选区也代表着一种选择，那就是选择了整个图像，用户在进行编辑操作时也将应用于整个图像。

083 使用"反向"命令抠取商品图像

在处理单一背景的商品素材图像时，用户可以先选取背景，然后通过"反向"命令来抠取商品图像，这样可以更快捷地抠取商品，为网店卖家节省时间。

STEP 1 在菜单栏中，单击"文件"|"打开"命令，打开一幅素材图像①，选取工具箱中的魔棒工具，在工具属性栏中设置"容差"为10②，在白色背景位置单击鼠标左键，创建选区③。

STEP 2 在菜单栏中单击"选择"|"反向"命令❹，执行上述操作后即可反选选区❺，按【Ctrl＋J】组合键，得到"图层 1"图层，单击"背景"图层的"指示图层可见性"图标，即可隐藏"背景"图层得到效果❻。

084 使用"色彩范围"命令抠取商品图像

网店卖家在处理商品图像时，若商品复杂不好抠取，则可通过"色彩范围"命令利用图像中的颜色变化关系来抠取商品图像。

STEP 1 在菜单栏中单击"文件"|"打开"命令，打开一幅素材图像❶，在菜单栏中单击"选择"|"色彩范围"命令❷，执行上述操作后，即可弹出"色彩范围"对话框，设置"颜色容差"为200，选中"选择范围"单选按钮❸。

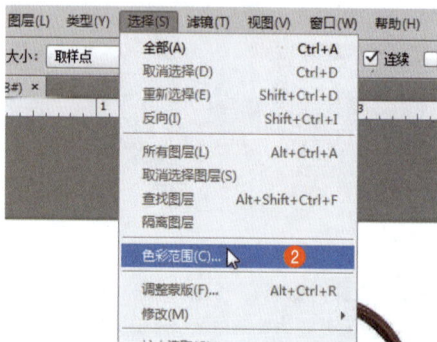

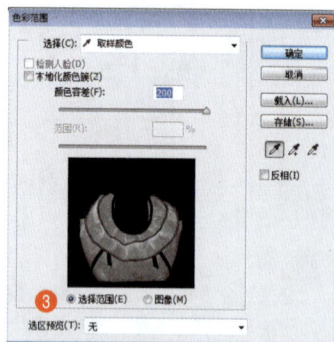

STEP 2 将鼠标指针移至商品图像空白处并单击鼠标左键，返回"色彩范围"对话框，单击"确定"按钮，即可选中空白区域❹，在菜单栏中单击"选择"|"反向"命令❺，即可反向选择商品图像❻。

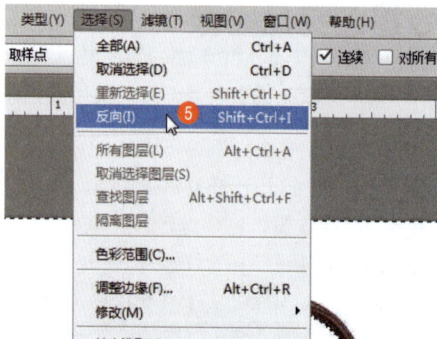

知识链接

应用"色彩范围"命令指定颜色范围时，通过"选区预览"选项可以设置预览方式，包括"灰色""黑色杂边""白色杂边"和"快速蒙版"4种预览方式。

STEP 3 按【Ctrl＋J】组合键，得到"图层 1"图层，单击"背景"图层的"指示图层可见性"图标 👁 **7**，执行上述操作后，即可隐藏"背景"图层得到效果 **8**。

知识链接

在"色彩范围"对话框中，各选项含义如下。

● **选择**：用来设置选区的创建方式。选择"取样颜色"选项时，可将鼠标指针放在文档窗口中的图像上，或在"色彩范围"对话中预览图像上单击，对颜色进行取样。🖊 为添加颜色取样，🖊 为减去颜色取样。

● **本地化颜色簇**：当选中该复选框后，拖动"范围"滑块可以控制要包含在蒙版中的颜色与取样的最大和最小距离。

● **颜色容差**：是用来控制颜色的选择范围，该值越高，包含的颜色就越广。

选区预览图：选区预览图包含了两个选项，选中"选择范围"单选按钮时，预览区的图像中，呈白色的代表被选择的区域；选中"图像"单选按钮时，预览区会出现彩色的图像。

● **选区预览**：设置文档的选区的预览方式。用户选择"无"选项，表示不在窗口中显示选区；用户选择"灰度"选项，可以按照选区在灰度通道中的外观来显示选区；选择"灰色杂边"选项，可在未选择的区域上覆盖一层黑色；选择"白色杂边"选项，可在未选择的区域上覆盖一层白色；选择"快速蒙版"选项，可以显示选区在快速蒙版状态下的效果，此时未选择的区域会覆盖一层红色。

● **载入/存储**：用户单击"存储"按钮，可将当前的设置保存为选区预设；单击"载入"按钮，可以载入存储的选区预设文件。

● **反相**：选中该复选框，可以反转选区。

085 使用"扩大选取"命令抠取商品图像

网店卖家在抠取商品图像时，可以先选取商品中的部分区域，然后通过"扩大选取"命令扩大商品的选取区域，来抠取商品图像。

STEP 1 按【Ctrl＋O】组合键，打开一幅素材图像 **1**，选取工具箱中的魔棒工具，在饼干图像上单击鼠标右键 **2**，在菜单栏中连续 3 次单击"选择"|"扩大选取"命令 **3**。

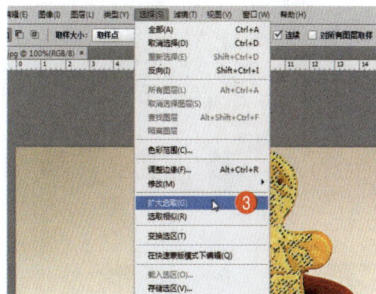

STEP 2 执行上述操作后，即可扩大选区 ④，按【Ctrl＋J】组合键，得到"图层 1"图层，单击"背景"图层的"指示图层可见性"图标 👁 ⑤，即可隐藏"背景"图层得到效果 ⑥。

使用"扩大选取"命令可以将原选区扩大，所扩大的范围是与原选区相邻且颜色相近的区域，扩大的范围由魔棒工具属性栏中的容差值决定。

086 使用"选取相似"命令抠取商品图像

在处理背景复杂、商品颜色相似的商品图像时，网店卖家可以先选取部分区域，通过"选取相似"命令扩大选取商品图像周围相似的颜色像素区域，以达到抠取商品图像的目的。

STEP 1 按【Ctrl＋O】组合键，打开一幅素材图像 ①，选取工具箱中的魔棒工具，在工具属性栏中设置"容差"为80，在"086"图像上单击鼠标左键 ②，在菜单栏中连续 3 次单击"选择"|"选取相似"命令 ③。

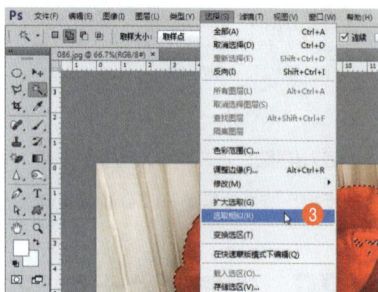

STEP 2 执行上述操作后，即可选取相似颜色区域 ④，按【Ctrl＋J】组合键，得到"图层 1"图层，单击"背景"图层的"指示图层可见性"图标 👁 ⑤，即可隐藏"背景"图层 ⑥。

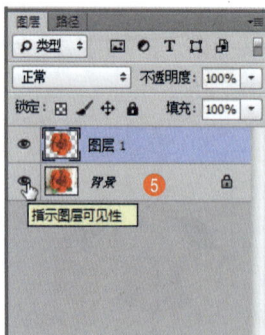

知识链接
按【Alt＋S＋R】组合键，也可以创建相似选区。
"选取相似"命令是将图像中所有的与选区内像素颜色相近的像素都扩充到选区中，不适合用于复杂像素的图像进行抠图操作。

087　使用快速选择工具抠取商品图像

　　快速选择工具是用来选择颜色的工具，在拖曳鼠标指针的过程中，它能够快速选择多个颜色相似的区域，该操作相当于按住【Shift】键或【Alt】键的同时使用魔棒工具在图像中各个位置不断单击鼠标左键的效果。

STEP 1　按【Ctrl + O】组合键，打开一幅素材图像❶，选取工具箱中的快速选择工具 🖌️，在工具属性栏中单击"画笔选取器"按钮，在弹出的列表框中，设置"大小"为 20 像素❷。

STEP 2　将鼠标指针移至图像中的适当位置，单击鼠标左键并拖曳以创建选区❸，按【Ctrl + J】组合键，复制选区内的图像，建立一个新图层❹，并隐藏"背景"图层，即可抠取商品得到效果❺。

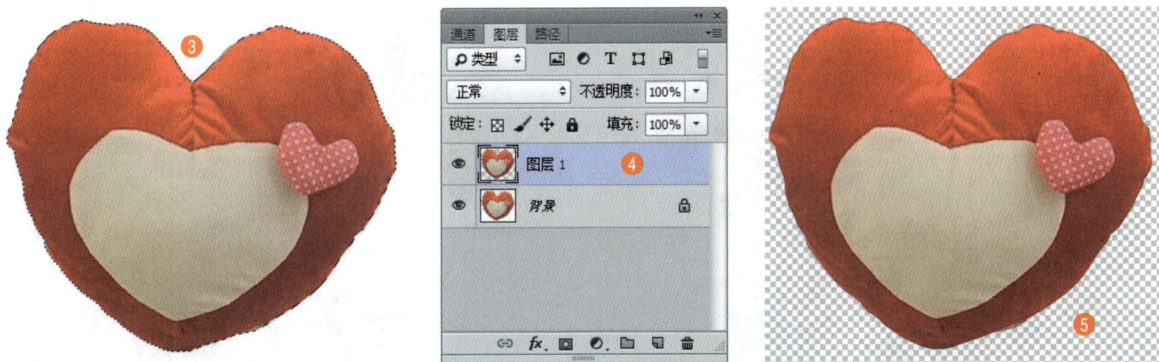

TIPS
运用快速选择工具选择图像的过程中，如果有多选或少选的现象，可以单击工具属性栏中的"添加到选区"或"从选区减去"按钮，在相应区域适当单击鼠标左键，以进行适当调整。

088　使用对所有图层取样抠取商品图像

　　在快速选择工具属性栏中，有一个"对所有图层取样"选项，选中该复选框，可以用来设置选取的图层范围，网店卖家可以通过该功能对商品图像进行抠图操作。

STEP 1　按【Ctrl + O】组合键，打开一幅素材图像❶，选择"图层 1"图层，选取工具箱中的快速选择工具 🖌️ ❷，在工具属性栏中设置合适的画笔大小，并选中"对所有图层取样"复选框，在图像编辑窗口中，单击鼠标左键并拖曳，选中"图层 1"中的图像❸。

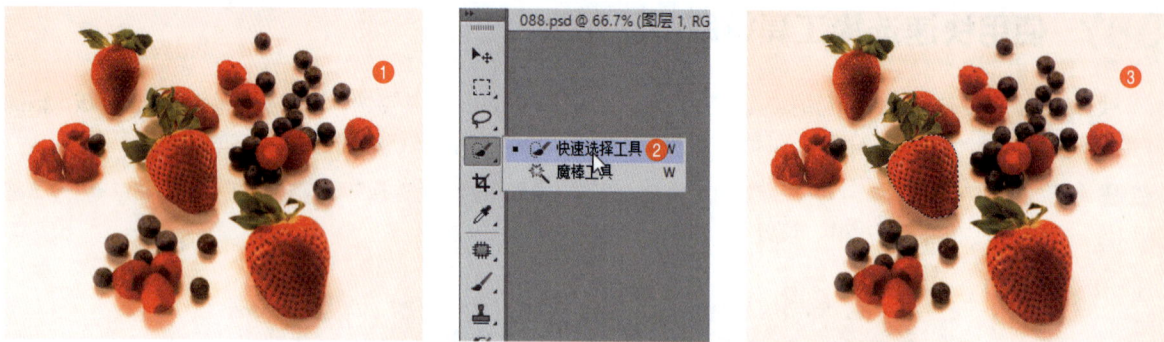

选中"对所有图层取样"复选框后，拖动鼠标进行快速选择时，不仅对"图层1"图层中的图像进行了取样，而且"背景"图层中的图像也被选中。如果取消选中"对所有图层取样"复选框，在进行对"图层1"图层进行取样时，将不能同时选中"背景"图层中的图像。

此外，在使用魔棒工具时，也可以在工具属性栏中选中"对所有图层取样"复选框，以选取不同图层中的图像。注意在进行设置时，可以设置相应的"容差"值，以更精确地选取商品图像范围。

STEP 2　继续在图像中拖曳鼠标，选取"背景"图层中的其他图像，对所有图层进行取样❹，按【Ctrl＋J】组合键，复制选区内的图像，建立"图层2"图层，并隐藏"背景"图层，抠取商品❺。

089　通过单一选取抠取商品图像

网店卖家使用魔棒工具 在图像中选取图像区域时，每次只能选择一个区域，再次进行单击选取时，则前面选择的区域将自动取消选择，下面介绍通过单一的选取区域抠取商品的操作方法。

STEP 1　按【Ctrl＋O】组合键，打开一幅素材图像❶，选取工具箱中的魔棒工具❷，移动鼠标指针至图像编辑窗口中，在白色区域上单击鼠标左键，即可选中白色区域❸。

STEP 2 单击"选择"|"反向"命令，反选选区❹，按【Ctrl＋J】组合键，复制选区内的图像，建立"图层 1"图层，并隐藏"背景"图层，抠取商品❺。

090 通过添加选区抠取商品图像

　　网店卖家使用魔棒工具时，在工具属性栏中单击"添加到选区"按钮，可以在原有选区的基础上添加新选区，将新建的选区与原来的选区合并成为新的选区。下面将介绍通过添加选区抠取商品的操作方法。

STEP 1 按【Ctrl＋O】组合键，打开一幅素材图像❶，选取工具箱中的魔棒工具，在工具属性栏中选中"连续"复选框，在图像编辑窗口单击红色背景区域❷。

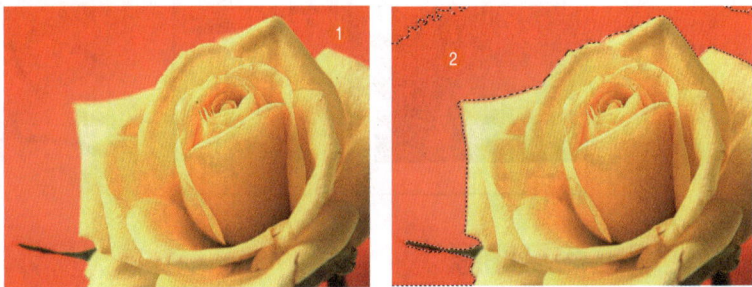

> **TIPS**
> 在"新选区"状态下，在按住【Shift】键的同时单击相应区域，可快速切换到"添加到选区"状态。

STEP 2 在工具属性栏中单击"添加到选区"按钮，多次单击红色背景区域，使背景全部被选中❸，单击"选择"|"反向"命令，反选选区❹，按【Ctrl＋J】组合键，复制选区内的图像，建立"图层 1"图层，并隐藏"背景"图层，抠取商品❺。

091 通过减选选区抠取商品图像

　　网店卖家使用魔棒工具抠图时，在工具属性栏中单击"从选区减去"按钮，可以从原有选区中减去不需要的部分，从而得到新的选区。

STEP 1 按【Ctrl＋O】组合键，打开一幅素材图像❶，选取工具箱中的魔棒工具，在工具属性栏中取消选中"连续"复选框，在图像编辑窗口中单击白色区域❷。

STEP 2 在工具属性栏中，单击"从选区减去"按钮，并选中"连续"复选框，在图像中的适当位置减选选区❸，设置前景色为黄色（RGB 参数分别为 255、255、0）❹，按【Alt＋Delete】组合键，填充选区，按【Ctrl＋D】组合键，取消选区❺。

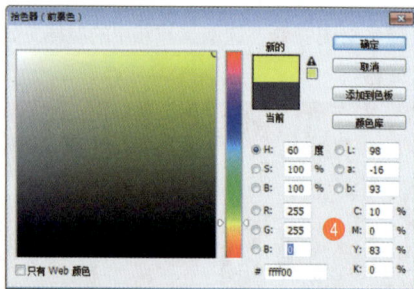

092 通过交叉选取抠商品图像

交叉选取是在使用选区或套索工具在图形中创建选区，如果新创建的选区与原来的选区有相交部分，结果会将相交的部分作为新的选区。

STEP 1 按【Ctrl＋O】组合键，打开一幅素材图像❶，选取工具箱中的矩形选框工具，在图像编辑窗口中的合适位置，绘制一个矩形选区❷。

STEP 2 选取工具箱中的魔棒工具，在工具属性栏中单击"与选区交叉"按钮❸，在中间蓝色区域单击鼠标左键❹，按【Ctrl＋J】组合键，复制选区内的图像，建立"图层 1"图层，并隐藏"背景"图层，抠取商品❺。

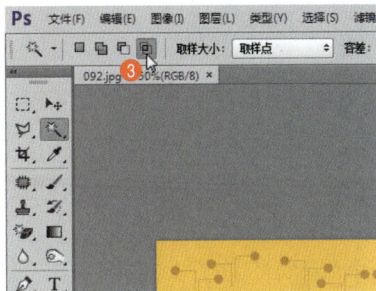

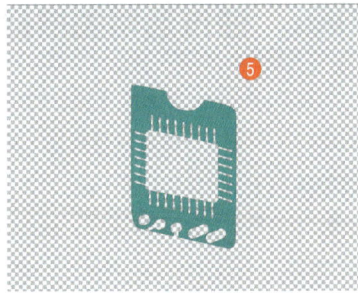

093 通过背景图层抠取商品图像

网店卖家在"背景"图层中使用橡皮擦工具 🖊 擦除商品图像时，被擦除的部分将显示为背景色。

STEP 1 新建一个图像，设置宽高分别为 25.47 厘米、19.54 厘米，设置背景色为淡紫色（RGB 参数分别为 229、195、255），并填充❶，按【Ctrl + O】组合键，打开一幅 PSD 素材图像❷，选取工具箱中的移动工具，并把"093"中的"图层 1"图层移至新建图像上，选取工具箱中的橡皮擦工具 🖊 ，在工具属性栏中设置橡皮擦的大小，将鼠标指针移至图像编辑窗口中，单击鼠标左键，擦除背景区域❸。

STEP 2 继续在其他背景区域拖曳鼠标，擦除背景，直到需要擦除的部分全部成为淡紫色❹，隐藏"背景"图层，即可显示抠取的商品❺。

知识链接

在橡皮擦工具属性栏中，各选项含义如下。

● **模式：** 可以选择橡皮擦的种类。选择"画笔"选项，可以创建柔边擦除效果；选择"铅笔"选项，可以创建硬边擦除效果；选择"块"选项，擦除的效果为块状。

● **不透明度：** 设置工具的擦除强度，100% 的不透明度可以完全擦除像素，较低的不透明度将擦除部分像素。

● **流量：** 用来控制工具的涂抹速度。

● **抹到历史记录：** 选中该复选框后，橡皮擦工具就具有了历史记录画笔的功能。

094 通过透明图层抠取商品图像

在 Photoshop 中，网店卖家使用橡皮擦工具 在透明图层中擦除图像时，将直接擦除到透明，但是如果将图层的透明度锁定，将会直接擦除到背景色。

STEP 1 按【Ctrl + O】组合键，打开一幅素材图像❶，选取工具箱中的橡皮擦工具 ，在工具属性栏中设置画笔为"硬边圆"，"大小"为 60 像素❷，在图像编辑窗口中擦除图像❸。

STEP 2 在"历史记录"面板中单击"打开"步骤，恢复到打开状态，在"图层"面板中，单击"锁定透明像素"按钮，将"图层 1"图层的透明像素锁定❹，再次使用橡皮擦工具 在相应的区域拖曳鼠标以进行擦除，则擦除的位置将显示为背景色❺。

095 通过取样背景色板抠取商品图像

网店卖家在处理商品素材图像时，擦除前先设置好的背景色，即设置取样颜色，单击"取样：背景色板"按钮 ，可以擦除与背景色相同或相近的颜色。

STEP 1 按【Ctrl + O】组合键，打开一幅素材图像❶，选择工具箱中的吸管工具 ❷，在图像灰色背景上单击鼠标左键，吸取前景色，并单击"切换前景色和背景色"按钮❸。

STEP 2 选取工具箱中的背景橡皮擦工具 ，在工具属性栏中设置"大小"为 100 像素，并单击"取样：背景色板"按钮 ，在图像适当位置擦除背景区域❹，继续在其他背景区域拖动鼠标，抠取商品❺。

在背景橡皮擦工具属性栏中，各选项含义如下。

● **限制**：定义擦除时的限制模式。选择"不连续"，可擦除出现在鼠标指针下任何位置的样本颜色；选择"连续"，只擦除包含样本颜色并且互相连接的区域；选择"查找边缘"，可擦除包含样本颜色的连接区域，同时更好地保留形状边缘的锐化程度。

● **容差**：用来设置颜色的容差范围。低容差仅限于擦除与样本颜色非常相似的区域，高容差可擦除范围更广的颜色。

● **保护前景色**：选中该选项以后，可防止擦除与前景色匹配的区域。

096 通过取样一次抠取商品图像

网店卖家在抠取商品图像时，通过"取样：一次"按钮进行颜色取样，然后使用背景橡皮擦在图像上擦除与取样颜色相同或相近的颜色，以达到抠取商品的效果。

STEP 1 按【Ctrl + O】组合键，打开一幅素材图像❶，选取工具箱中的背景橡皮擦工具 🖌️，在工具属性栏中设置"大小"为 100 像素、"容差"为 40%，单击"取样：一次"按钮 🖌️❷。

STEP 2 将鼠标指针移至需要擦除的背景图像上❸，按住鼠标左键并在整个图像中的背景区域拖曳，擦除图像❹，即可抠取商品得到效果❺。

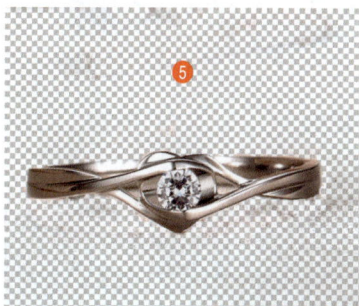

097 通过连续取样抠取商品图像

网店卖家在抠取商品图像时，可以通过"取样：连续"按钮进行颜色取样，然后使用背景橡皮擦在图像上擦除与取样颜色相同或相近的颜色，以达到抠取商品的效果。

STEP 1 按【Ctrl＋O】组合键，打开一幅素材图像❶，选取工具箱中的背景橡皮擦工具，在工具属性栏中，设置"大小"为 100 像素、"容差"为 20%，单击"取样：连续"按钮❷。

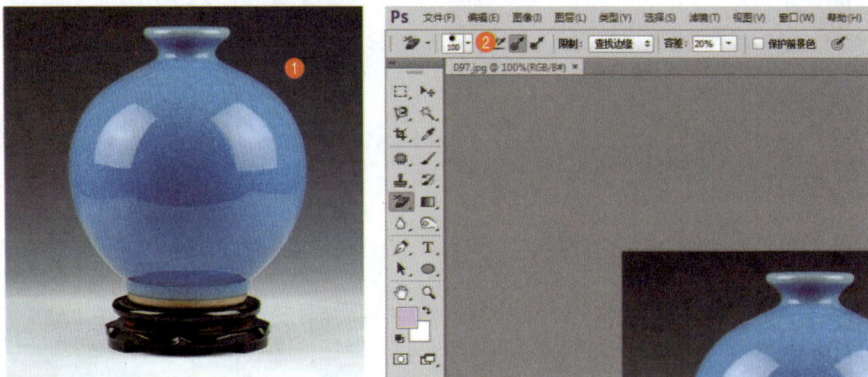

STEP 2 移动鼠标指针至图像编辑窗口中❸，在图像适当位置取样并拖曳鼠标，擦除背景区域❹，继续拖曳鼠标，在相应位置连续取样，即可擦除背景区域❺。

098 通过"查找边缘"选项抠取商品图像

在背景橡皮擦工具属性栏中，"限制"下拉列表框中包含"查找边缘""不连续"和"连续"几个选项，可以用来控制擦除的限制模式。也就是说在拖曳鼠标时，不仅可以擦除连续的像素，还可以擦除工具范围内的所有相似的像素。在其中选择"查找边缘"选项以后，可擦除包含取样颜色的连续取样，但同时还能更好地保留形状边缘的锐化程度。

TIPS
"查找边缘"与"连续"选项的作用有些相似，但是选择"连续"限制模式会破坏到物体的边缘，而选择"查找边缘"限制模式却能很好地区分边缘，不会破坏到物体边缘。

STEP 1 按【Ctrl＋O】组合键，打开一幅素材图像❶，选取工具箱中的背景橡皮擦工具，在工具属性栏中设置"取样"为"连续"，"限制"为"查找边缘"，"容差"为 50%❷，将鼠标指针移至图像编辑窗口中，在背景位置按住鼠标左键并拖曳鼠标，擦除背景❸。

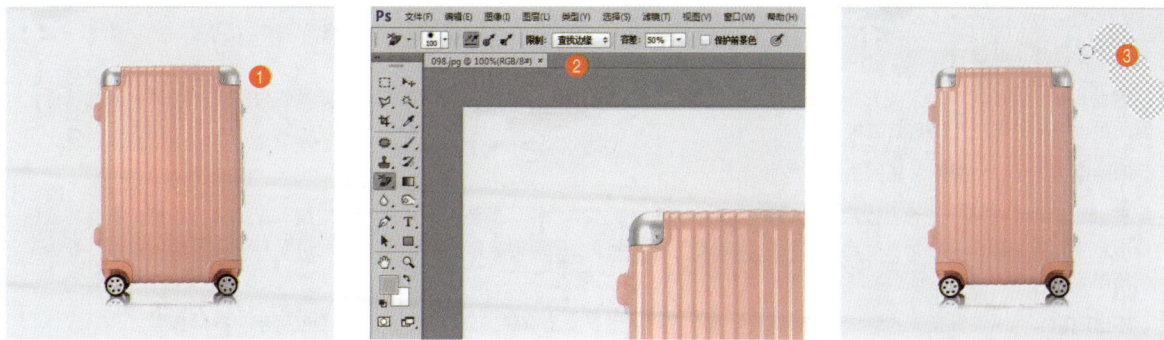

STEP 2 继续拖曳鼠标，擦除白色背景④，背景擦除完成以后，局部放大商品边缘，即可看到商品边缘基本保存完整⑤。

099 通过单一功能抠取商品图像

　　网店卖家在处理商品素材图像时，可以使用魔术橡皮擦工具 ![icon] 的单一擦除功能擦除相邻区域的相同像素或相似像素的商品图像，这个方法可以用于背景较简单的抠图。

　　按【Ctrl + O】组合键，打开一幅素材图像①，选取工具箱中的魔术橡皮擦工具 ![icon]②，在淡粉色背景区域单击鼠标左键，即可擦除背景③。

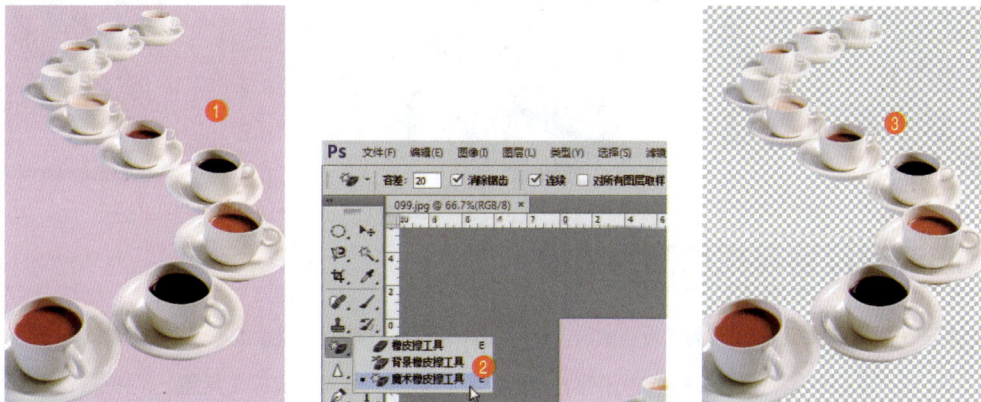

TIPS
魔术橡皮擦工具的工具属性栏中默认为选中"连续"复选框，即表示在进行擦除的过程，仅擦除与单击处相邻的相同像素或相似像素，通常多用与背景单一且相互连接的简单图像。

在背景橡皮擦工具属性栏中，各选项含义如下。

● **容差:** 该工具的"容差"与背景橡皮擦工具"容差"的作用相同。"容差"值越高，对像素的相似性程度的要求就越低，因此可以擦除的颜色范围也就越大。

● **消除锯齿:** 可以使擦除区域的边缘变得平滑。

● **连续:** 选中"连续"复选框以后，只擦除与鼠标单击像素连接的相似颜色，取消选中"连续"复选框，可擦除所有与鼠标单击像素相似的颜色，包括没有连接的颜色，当文档中包含多个图层时，选中该选项，可利用所有可见图层中的组合数据来采集擦除色样；取消选中该选项时，只擦除当前图层中相似的像素。

● **不透明度:** 用来设置工具的涂抹强度。100%的不透明度可以完全擦除像素，较低的不透明度可部分抹除像素。

100 通过连续功能抠取商品图像

网店卖家在处理商品素材图像时，可以使用魔术橡皮擦工具 进行擦除图像，取消选中工具属性栏中的"连续"复选框，即可擦除图像中的所有相似像素。

STEP 1 按【Ctrl + O】组合键，打开一幅素材图像❶，选取工具箱中的魔术橡皮擦工具 ，保持工具属性栏的默认设置，在淡粉色背景区域单击鼠标左键，即可擦除背景❷。

STEP 2 在"历史记录"面板中单击"打开"步骤，恢复到打开状态，在工具属性栏中取消选中"连续"复选框❸，再次在淡粉色区域单击鼠标左键❹，即可擦除所有相似像素的背景，抠取商品❺。

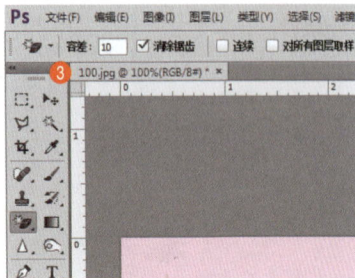

101 通过设置容差抠取商品图像

网店卖家在使用魔术橡皮擦工具 进行抠图时，将容差数值设置得越大，擦除的颜色范围就越广。

STEP 1 按【Ctrl + O】组合键，打开一幅素材图像❶，选取工具箱中的魔术橡皮擦工具 ，保持默认设置，在红色区域单击鼠标左键，擦除背景❷。

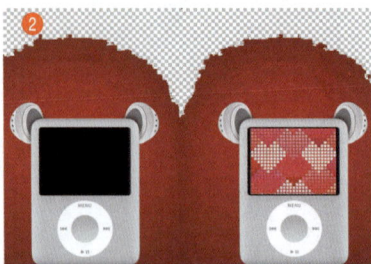

STEP 2 在"历史记录"面板中单击"打开"步骤，恢复到打开状态，在工具属性栏中设置"容差"为50 ❸，再次在红色区域单击鼠标左键 ❹，即可擦除全部的红色背景，抠取商品 ❺。

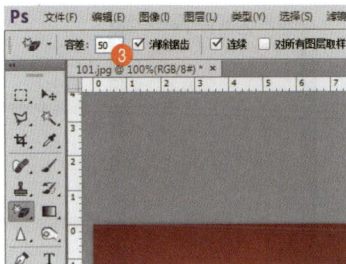

TIPS

在"容差"数值框中输入相应的数值，可以定义擦除的颜色范围，低容差会擦除颜色值范围内与鼠标单击像素非常相似的像素，而高容差会擦除范围更广的像素。

102 通过透明效果抠取商品图像

网店卖家在处理商品素材图像时，使用魔术橡皮擦工具 🖱 不但可以擦除图像，还可以通过工具属性栏的"不透明度"选项来设置图像的透明度属性。

STEP 1 按【Ctrl + O】组合键，打开一幅素材图像 ❶，选择"图层1"图层 ❷，选取工具箱中的魔术橡皮擦工具 🖱，保持默认设置，单击白色区域，擦除背景 ❸。

STEP 2 在工具属性栏中设置"容差"为60、"不透明度"为60%，在两个镜片图像上单击鼠标左键，擦除透明效果 ❹，继续在两个镜片图像上擦除透明效果，抠取商品 ❺。

103 通过矩形选框抠取商品图像

网店卖家可以使用矩形选框工具创建形状规则的选区，它是区域选择工具中最基本、最常用的工具。下面将介绍通过矩形选框抠取商品的操作方法。

TIPS

对于创建矩形选框有关的技巧，下面进行简单介绍。

- 按【M】键，可快速选取矩形选框工具。
- 按【Shift】键，可创建正方形选区。
- 按【Alt】键，可创建以起点为中心的矩形选区。
- 按【Alt + Shift】组合键，可创建以起点为中心的正方形。

STEP 1 按【Ctrl＋O】组合键，打开一幅素材图像❶，选取工具箱中的矩形选框工具，在图像适当位置拖曳鼠标以创建一个矩形选区❷。

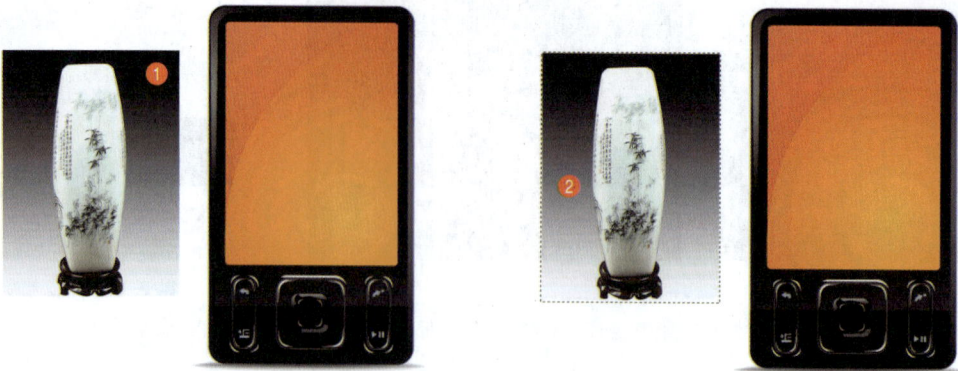

STEP 2 选取工具箱中的移动工具，拖曳选区内的图像❸至右侧手机图像的合适位置❹，按【Ctrl＋D】组合键，取消选区，抠取商品❺。

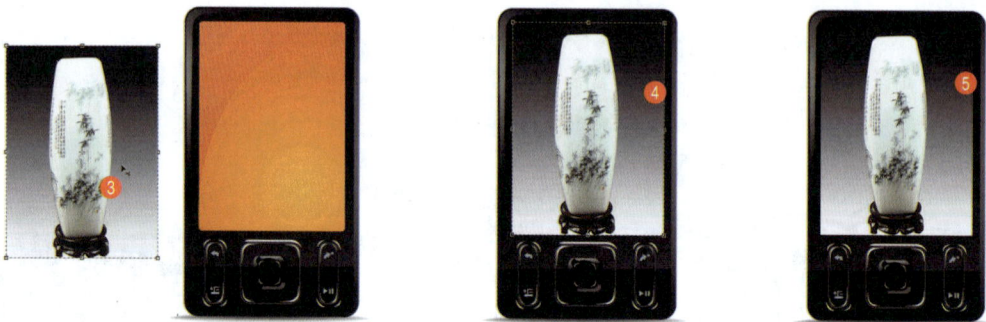

TIPS

在矩形选框工具属性栏中，各选项含义如下。

● **羽化**：用户用来设置选区的羽化范围。

● **样式**：用户用来设置创建选区的方法。选择"正常"选项，可以通过拖曳鼠标创建任意大小的选区；选择"固定比例"选项，可在右侧设置"宽度"和"高度"；选择"固定比例"选项，可在右侧设置"宽度"和"高度"的数值。单击 ⇄ 按钮，可以切换"宽度"和"高度"值。

● **调整边缘**：用来对选区进行平滑、羽化等处理。

104 通过椭圆选框抠取商品图像

椭圆选框工具主要用于创建椭圆选区或正圆选区，以及选取椭圆或正圆的物体。

STEP 1 按【Ctrl＋O】组合键，打开一幅素材图像❶，选取工具箱中的椭圆选框工具，在图像适当位置拖曳鼠标创建一个椭圆选区❷。

知识链接

按住【Alt＋Shift】组合键，可以从当前单击的点出发，创建正圆选区。

STEP 2 移动鼠标指针至椭圆选区内，适当拖曳选区至合适位置③，按【Ctrl + J】组合键，复制选区内的图像，建立"图层 1"图层④，并隐藏"背景"图层，抠取商品⑤。

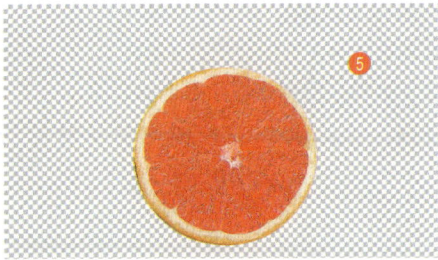

105 通过套索工具抠取商品图像

网店卖家使用套索工具可以在商品图像编辑窗口中创建任意形状的选区，下面介绍通过套索工具抠取商品的操作方法。

STEP 1 按【Ctrl + O】组合键，打开一幅素材图像①，选取工具箱中的套索工具，拖曳鼠标沿商品周边创建一个不规则选区②。

STEP 2 单击"选择"|"修改"|"羽化"命令③，在弹出的"羽化选区"对话框中，设置"羽化半径"为20像素④，单击"确定"按钮，按【Ctrl + J】组合键，复制选区内的图像，建立"图层 1"图层，并隐藏"背景"图层，抠取商品⑤。

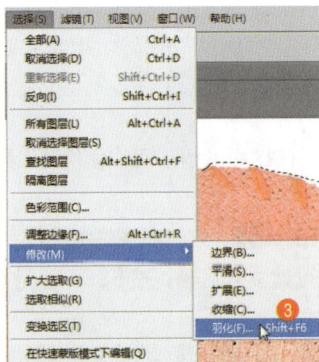

TIPS
套索工具是通过鼠标指针的运行轨迹来绘制选区的，具有很强的随意性，因此无法制作出精确的选区。如果对需要选取的对象的边界没有严格要求，则使用套索工具可以快速选择对象，再对选区进行适当的羽化，可以使对象的边缘自然，没有刻意的雕琢感。

106 通过多边形套索工具抠取商品图像

多边形套索工具可以创建由直线构成的选区，适合选择边缘为直线的商品图像。下面通过多边形套索工具抠取商品的方法。

STEP 1 按【Ctrl＋O】组合键，打开一幅素材图像①，选取多边形套索工具 ，在盒子的角点处单击鼠标左键指定起点，并在转角处单击鼠标左键，指定第2点②。

STEP 2 用与前面同样的方法，依次单击其他点，在起始点单击鼠标左键，创建选区③，按【Ctrl＋J】组合键，复制选区内的图像，建立"图层1"图层④，并隐藏"背景"图层，抠取商品⑤。

TIPS

运用多边形套索工具创建选区时，按住【Shift】键的同时单击鼠标左键，可以沿水平、垂直或45°方向创建选区。运用套索工具或多边形套索工具时，按【Alt】键可以在两个工具之间进行切换。

由于多边形套索工具是通过在不同区域单击鼠标左键来定位直线的，因此即使是放开鼠标，也不会像套索工具那样自动封闭选区。如果要封闭选区，可以将鼠标指针移至起点单击鼠标左键，或者在任意位置双击以结束绘制，Photoshop会在双击点与起点之间创建直线来封闭选区。

107 通过磁性套索工具抠取商品图像

磁性套索工具可以自动识别对象的边界，如果对象边缘较为清晰，并且与背景对比明显，可以使用该工具快速选择对象。

按【Ctrl＋O】组合键，打开一幅素材图像①，选取工具箱中的磁性套索工具 ，在工具属性栏中设置"羽化"为0像素，沿着抱枕的边缘移动鼠标指针。至起始点处，单击鼠标左键，即可建立选区②，按【Ctrl＋J】组合键，复制选区内的图像，建立"图层1"图层，并隐藏"背景"图层，抠取商品③。

TIPS
使用磁性套索工具时，Photoshop会在鼠标指针经过处放置锚点来定位和连接选区，如果想要在某一位置放置一个锚点，可以在该处单击。如果锚点的位置不准确，可按下【Delete】键将其删除，连续按下【Delete】键可依次删除前面的锚点。如果在创建选区的过程中对选区不满意，但又觉得逐个删除锚点很麻烦，可按下【Esc】键清除选区。

知识链接
在磁性套索工具属性栏中，各选项含义如下。

● **宽度：** 该值决定了以光标中心为基准，其周围有多少个像素能够被工具检测到。如果对象的边界清晰，可使用一个比较大的宽度值；如果对象的边界不是特别清晰，则需要使用一个比较小的宽度值。

● **对比度：** 用来设置工具感应图像边缘的灵敏度。较高的数值只能检测与它们的环境对比鲜明的边缘；较低的数值则检测低对比度边缘。如果图像的边缘清晰，可将该值设置得高一些；如果边缘不是特别清晰，则设置得低一些。

● **频率：** 在使用磁性套索工具创建选区的过程中会生成许多锚点，"频率"决定了锚点的数量。该值越高，生成的锚点越多，捕捉到的边界越准确，但是过多的锚点会造成选区的边缘不够平滑。

● **钢笔压力：** 如果计算机配置有数位板和压感笔，可以按下该按钮，Photoshop会根据压感笔的压力自动调整工具的检测范围，增大压力将导致边缘宽度减小。

PART 02

核心技能篇

07

复杂抠图：快速美化淘宝图像

在抠图之前，首先应该分析图像的特点，然后再根据分析结果找出最佳的抠图方法。分析图像是抠图前的首要工作，只有把握图像的特点，才能正确地、有针对性地进行抠图。本章主要向读者介绍如何使用路径功能、图层模式、蒙版功能以及通道功能对商品图像进行抠图的方法。

108 运用绘制直线路径抠取商品图像

网店卖家在处理商品图像时，若所拍摄的商品轮廓呈多边形，可使用钢笔工具先绘制直线路径然后将其转换为选区来抠取商品。

STEP 1 按【Ctrl + O】组合键，打开一幅素材图像❶，选取工具箱中的钢笔工具 ❷，在商品左上角单击鼠标左键，确定第1个锚点，移动鼠标指针至右上角处，单击鼠标左键，确定第2个锚点❸。

STEP 2 继续单击鼠标确定其他锚点，至起始位置单击鼠标左键，即可封闭路径❹，按【Ctrl + Enter】组合键，将路径转换为选区❺，按【Ctrl + J】组合键，复制选区内的图像，建立一个新图层，并隐藏"背景"图层，抠取商品❻。

109 运用绘制曲线路径抠取商品图像

网店卖家在修改商品图片时，如果拍摄的商品边缘平滑，可使用钢笔工具绘制曲线路径抠取商品。

STEP 1 按【Ctrl + O】组合键，打开一幅素材图像❶，选取工具箱中的钢笔工具 ❷，在商品左侧适当位置单击并拖曳鼠标绘制第1个曲线锚点，将鼠标指针移动至合适位置，再单击鼠标左键并拖曳以绘制第2个曲线锚点❸。

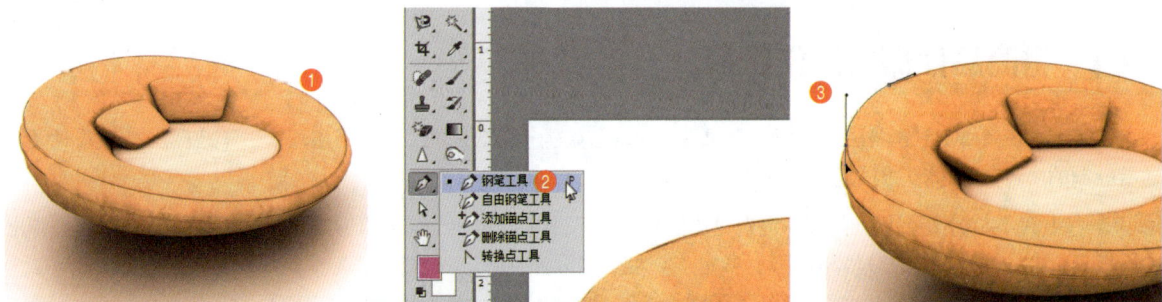

STEP 2 继续单击并拖曳鼠标以添加锚点，至起始点单击鼠标左键封闭路径❹，按【Ctrl + Enter】组合键，将路径转换为选区❺，按【Ctrl + J】组合键，复制选区内的图像，建立一个新图层，并隐藏"背景"图层，抠取商品❻。

110 运用自由钢笔工具抠取商品图像

自由钢笔工具 ✐ 的使用方法类似于铅笔工具，与铅笔工具不同的是，网店卖家使用自由钢笔工具绘制图形时得到的是路径。下面介绍运用自由钢笔抠取商品的方法。

STEP 1 按【Ctrl + O】组合键，打开一幅素材图像①，选取工具箱中的自由钢笔工具 ✐②，在素材图像中的合适位置单击鼠标左键，确定起始点，沿素材图像轮廓拖曳鼠标，绘制路径③。

STEP 2 继续拖曳鼠标至起始点，封闭路径④。按【Ctrl + Enter】组合键，将路径转换为选区⑤。按【Ctrl + J】组合键，复制选区内的图像，建立一个新图层，并隐藏"背景"图层，抠取商品⑥。

111 将商品存储为工作路径

网店卖家在商品中创建路径后，"路径"面板中自动创建了一个默认的工作路径层，该工作路径层在某些时候会随着绘制的内容自动更新，因此可以将其进行保存。

STEP 1 按【Ctrl + O】组合键，打开一幅素材图像①，打开"路径"面板，单击面板右上角的三角形按钮，在弹出的面板菜单中，选择"存储路径"选项②，弹出"存储路径"对话框，设置"名称"为"路径 1"③。

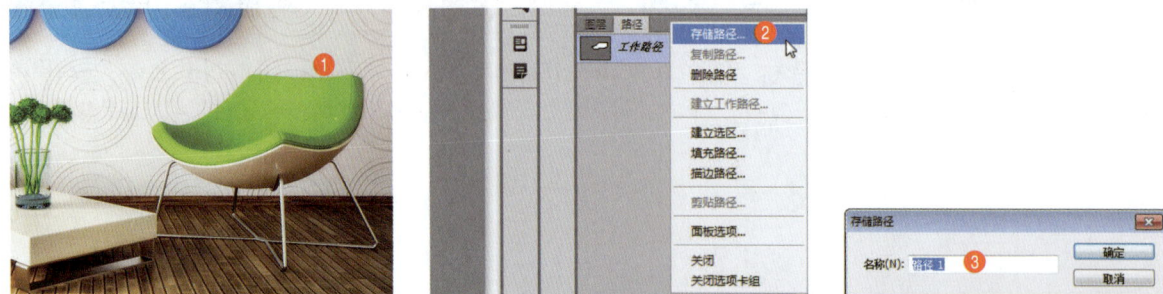

STEP 2 单击"确定"按钮，完成路径的存储④，按住【Ctrl】键的同时，单击"路径"面板中"路径1"中的"路径缩览图"，将路径转换为选区⑤，按【Ctrl＋J】组合键，复制选区内的图像，建立一个新图层，并隐藏"背景"图层，抠取商品⑥。

112 运用建立选区抠取商品图像

绘制了不同的路径之后，还需要将所绘制的路径转换为选区，才可以进行商品图像的抠图操作。单独的路径是不能进行操作的。下面介绍运用选区抠取商品的方法。

STEP 1 按【Ctrl＋O】组合键，打开一幅素材图像①，打开"路径"面板，在"工作路径"上单击鼠标右键，在弹出的快捷菜单中，选择"建立选区"选项②。

STEP 2 弹出"建立选区"对话框，在其中设置"羽化半径"为2像素③，单击"确定"按钮。执行操作后，即可将路径转换为选区④，按【Ctrl＋J】组合键，复制选区内的图像，建立一个新图层，并隐藏"背景"图层，抠取商品⑤。

113 运用绘制矩形路径抠取商品图像

网店卖家在修改商品图像时，若商品呈矩形，可使用矩形工具创建路径以抠取商品图像。

STEP 1 按【Ctrl＋O】组合键，打开一幅素材图像❶，选取工具箱中的矩形工具❷，选取矩形工具后，在工具属性栏中会显示相关选项❸。

知识链接

在矩形工具属性栏中，各选项含义如下。

● **模式：**单击该按钮■，在弹出的下拉面板中，可以定义工具预设。

● **填充：**单击该按钮，在弹出的下拉面板中，可以设置填充颜色。

● **描边：**在该选项区中，可以设置创建的路径形状的边缘颜色和宽度等。

● **W：**用于设置矩形路径形状的宽度。

● **H：**用于设置矩形路径形状的高度。

STEP 2 在工具属性栏中，设置"选择工具模式"为"路径"❹，将鼠标指针移动至图像编辑窗口中的合适位置，单击鼠标左键并拖曳至合适位置,释放鼠标即可创建一个矩形路径❺,在菜单栏中单击"窗口"|"路径"命令,即可展开"路径"面板，单击"将路径作为选区载入"按钮❻。

知识链接

单击工具属性栏中的下拉按钮，即可以打开下拉面板，在面板中可以设置矩形的创建方法，各选项含义如下。

● **不受约束：**可通过拖曳鼠标创建任意大小的矩形和正方形。

● **方形：**拖曳鼠标时只能创建任意大小的正方形。

● **从中心：**以任何方式创建矩形时，鼠标在画面中的单击点即为矩形的中心，拖曳鼠标时矩形将由中心向外扩展。

● **固定大小：**选中该选项并在它的右侧的文本框中输入数值（W为宽度，H为高度），此后单击鼠标时，只创建预设大小的矩形。

● **比例：**选中该选项并在它右侧的文本框中输入数值（W为宽度比例，H为高度比例），此后拖动鼠标时，无论创建多大的矩形，矩形的宽度和高度都保持预设的比例。

STEP 3 执行上述操作后，即可创建选区❼，展开"图层"面板，按【Ctrl＋J】组合键，得到"图层 1"图层，单击"背景"图层的"指示图层可见性"图标●❽，执行操作后，即可隐藏"背景"图层，得到运用绘制圆角矩形路径抠取商品的效果❾。

TIPS

矩形工具用来绘制矩形和正方形。选择该工具后，单击鼠标左键并拖曳可以创建矩形；按住【Shift】键并拖曳则可以创建正方形；按住【Alt】键并拖曳则会以单击点为中心向外创建矩形；按住【Shift + Alt】键会以单击点为中心向外创建正方形。

114 运用绘制圆角矩形路径抠取商品图像

网店卖家在处理商品图像时，若商品呈圆角矩形，可使用圆角矩形工具创建路径来抠取商品图像。

STEP 1 按【Ctrl + O】组合键，打开一幅素材图像❶，在菜单栏中单击"视图"|"新建参考线"命令，新建水平、垂直各一条参考线并移动至合适位置❷，选取工具箱中的圆角矩形工具❸。

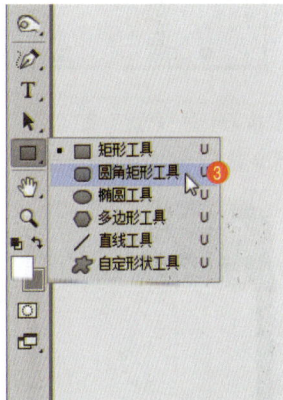

TIPS

在运用圆角矩形工具绘制路径时，按住【Shift】键的同时，在窗口中按住鼠标左键并拖曳，可绘制一个正圆角矩形路径；如果按住【Alt】键的同时，在窗口中按住鼠标左键并拖曳，可绘制以起点为中心的圆角矩形路径。

STEP 2 在工具属性栏设置"选择工具模式"为"路径"，将鼠标指针移动至图像编辑窗口中合适位置，单击鼠标左键并拖拽至合适位置后释放鼠标，即可创建一个圆角矩形路径❹，执行上述操作后，即可弹出"属性"面板，设置"角半径"为 56 像素❺，单击"将角半径链接到一起"按钮后，按【Enter】键确认，执行上述操作后，即可改变圆角矩形的角半径❻。

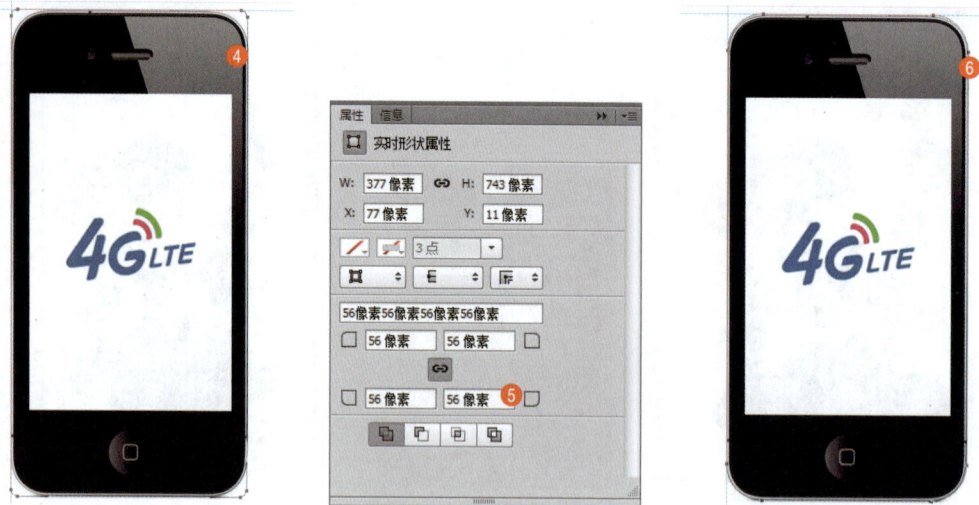

STEP 3 展开"路径"面板，单击"将路径作为选区载入"按钮 ▦ ❼，执行上述操作后，即可创建选区 ❽，展开"图层"面板，按【Ctrl + J】组合键，得到"图层 1"图层，单击"背景"图层的"指示图层可见性"图标 👁 ❾。

STEP 4 执行上述操作后，即可隐藏"背景"图层❿，在菜单栏中单击"视图" | "清除参考线"命令⓫，执行上述操作后，即可清除参考线，预览效果⓬。

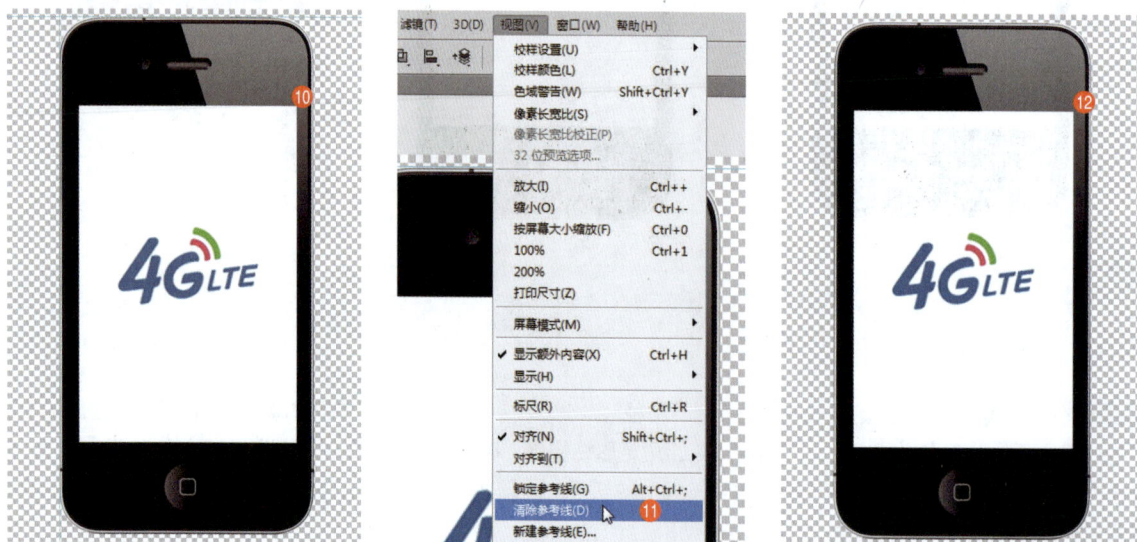

115 运用绘制椭圆路径抠取商品图像

网店卖家在处理商品图像时，若商品呈椭圆形，可使用椭圆工具创建路径抠取商品图像。

STEP 1 按【Ctrl＋O】组合键，打开一幅素材图像❶，选取工具箱中的椭圆工具，在图像编辑窗口中创建一个椭圆路径❷。按【Ctrl＋T】组合键，对椭圆路径进行适当旋转和调整❸。

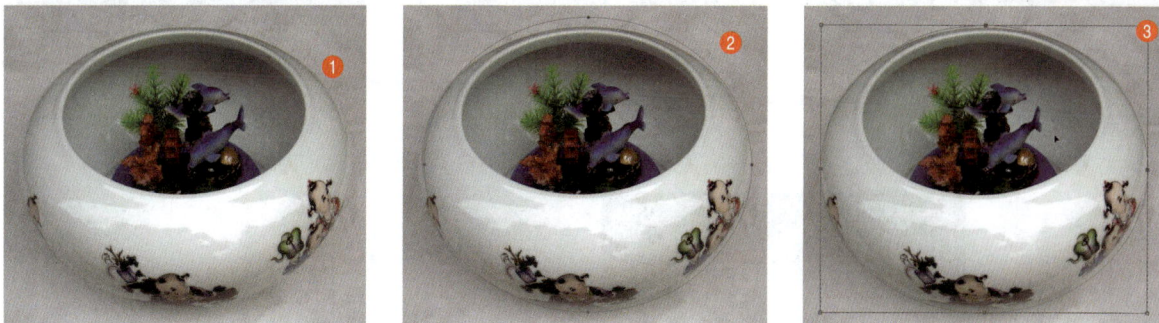

STEP 2 按【Enter】键确认调整，按【Ctrl＋Enter】组合键，将路径转换为选区❹，按【Ctrl＋J】组合键，得到"图层 1"图层，单击"背景"图层的"指示图层可见性"图标 👁 ❺，执行上述操作后，即可隐藏"背景"图层，预览效果❻。

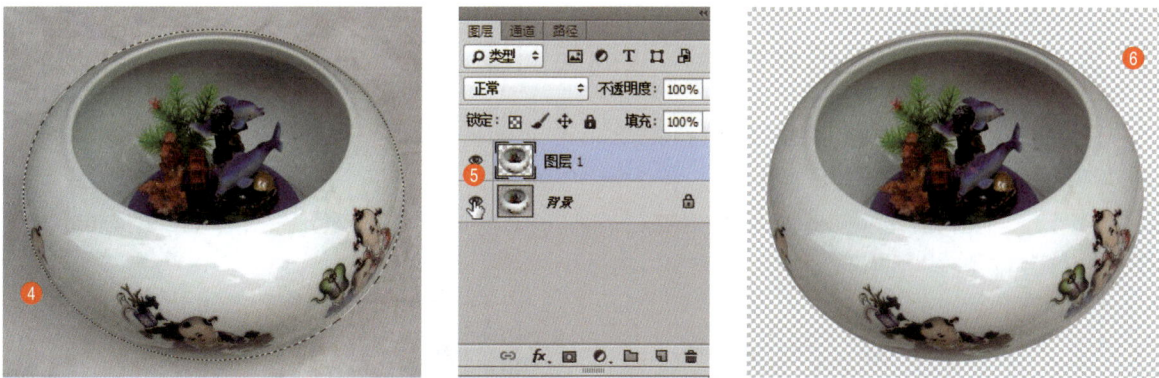

在运用椭圆工具绘制路径时，按住【Shift】键的同时，在窗口中单击鼠标左键并拖曳，可绘制一个正圆形路径；如果按住【Alt】键的同时，在窗口中单击鼠标左键并拖曳，可绘制以起点为中心的椭圆形路径。

116 运用绘制多边形路径抠取商品图像

网店卖家在运用多边形工具 ◎ 绘制路径形状时，始终会以鼠标单击位置为中心点，并且随着鼠标指针移动而改变多边形的大小。

知识链接

在"多边形选项"面板中，各选项含义如下。

● **半径**：设置多边形或星形的半径长度，此后单击鼠标左键并拖曳将创建指定半径值的多边形或者星形。

● **平滑拐角**：创建具有平滑拐角的多边形和星形。

● **星形**：选中该选项可以创建星形。在 "缩进边依据"选项中可以设置星形边缘向中心缩进的数量，该值越高，缩进量越大。选中"平滑缩进"，可以使星形的边平滑地向中心缩进。

STEP 1 按【Ctrl＋O】组合键，打开一幅素材图像❶，选取工具箱中的多边形工具 ◎，在工具属性栏中单击"几何选项"下拉按钮❷，在弹出的"多边形选项"面板中，依次选中 3 个复选框❸。

STEP 2 依次在相应位置单击鼠标左键并拖曳，创建多个多边形路径④，按【Ctrl＋Enter】组合键，将路径转换为选区，按【Ctrl＋J】组合键，复制选区内的图像，建立一个新图层，并隐藏"背景"图层，抠取商品⑤。

117 运用绘制自定形状路径抠取商品图像

网店卖家可以运用自定形状工具 ⿴ 绘制各种预设的形状，如箭头、音乐符、闪电、电灯泡、信封和剪刀等丰富多彩的路径形状，从而抠出形状各异的图像。

STEP 1 按【Ctrl＋O】组合键，打开一幅素材图像①，在工具箱中选取自定形状工具 ⿴，在工具属性栏中，单击"形状"右侧的下拉按钮，在弹出的下拉列表框中，选择"红心形卡"选项②。

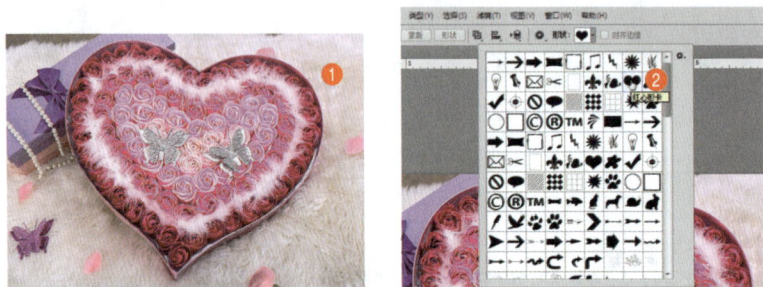

STEP 2 在图像中的相应位置绘制自定形状路径，按【Ctrl＋T】组合键，调出变换控制框，调整路径角度和大小③，按【Enter】键确认变换操作，适当调整锚点，按【Ctrl＋Enter】组合键，将路径转换为选区④，按【Ctrl＋J】组合键，复制选区内的图像，建立一个新图层，并隐藏"背景"图层，抠取商品⑤。

118 运用添加和删除锚点抠取商品图像

在路径被选中的状况下，网店卖家运用添加锚点工具直接单击要增加锚点的位置，即可增加一个锚点；网店卖家运用删除锚点工具，单击需要删除的锚点，即可删除相应锚点。

STEP 1 按【Ctrl＋O】组合键，打开一幅素材图像❶，单击"窗口"|"路径"命令，展开"路径"面板，选择"工作路径"显示路径❷。

STEP 2 选取添加锚点工具❸，在路径右侧相应位置上单击鼠标左键，即可添加锚点。按住【Ctrl】键的同时，拖曳锚点调整路径位置，选取删除锚点工具，将鼠标指针移动至相应锚点上方❹，单击鼠标左键，即可删除锚点❺。

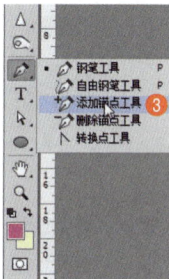

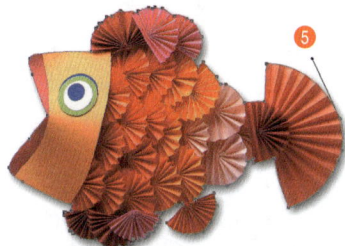

STEP 3 展开"路径"面板，在"工作路径"下方随意单击，即可隐藏路径❻，选取工具箱中的魔棒工具，在工具属性栏中设置"容差"为20，在白色背景位置单击鼠标左键，创建选区❼。

STEP 4 在菜单栏中单击"选择"|"反向"命令❽，执行上述操作后即可反选选区❾，按【Ctrl＋J】组合键，得到"图层1"图层，单击"背景"图层的"指示图层可见性"图标，即可隐藏"背景"图层得到效果❿。

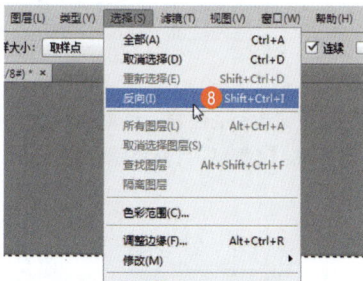

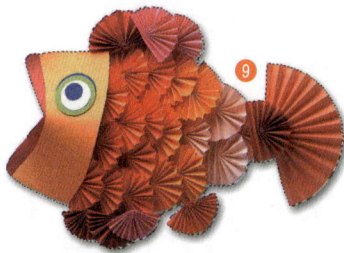

119　运用平滑和尖锐锚点抠取商品图像

　　网店卖家在对锚点进行编辑时，经常需要将一个两侧没有控制柄的直线型锚点转换为两侧具有控制柄的圆滑型锚点。

STEP 1　按【Ctrl＋O】组合键，打开一幅素材图像❶，展开"路径"面板，单击"路径 1"❷。

STEP 2　此时将显示路径，选取转换点工具 ⟋，将鼠标指针移动至图像路径上相应的锚点处，单击鼠标左键并拖曳，即可平滑锚点❸。将鼠标指针移动至图像路径左下角的相应锚点处，单击鼠标左键，即可尖突锚点❹。

TIPS

在进行转换锚点时，有时需要对锚点进行适当调整，按住【Alt】键的同时在节点上单击鼠标左键并向下方拖曳，可移动控制柄，尖突节点；按住【Ctrl】键的同时单击鼠标左键，可移动节点。

STEP 3　展开"路径"面板，在"工作路径"下方随意单击，即可隐藏路径，选取工具箱中的磁性套索工具，在合适位置单击鼠标左键，创建选区❺，按【Ctrl＋J】组合键，得到"图层 1"图层，单击"背景"图层的"指示图层可见性"图标，即可隐藏"背景"图层得到效果❻。

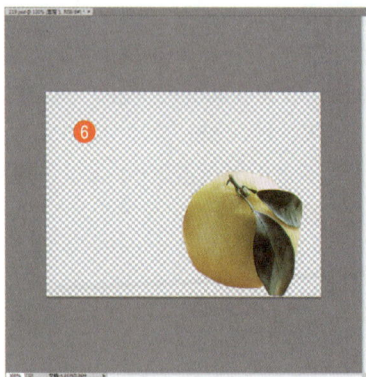

120　运用断开和闭合路径抠取商品图像

　　在路径被选中的情况下选择单个或多组锚点，按【Delete】键，可将选中的锚点清除，将路径断开，运用钢笔工具 ✎，可以将断开的路径重新闭合。

STEP 1　按【Ctrl＋O】组合键，打开一幅素材图像❶，展开"路径"面板，单击"路径 1"显示路径❷，选取直接选择工具，将鼠标指针移动至图像中需要断开的路径上，单击鼠标左键，选中路径，按【Delete】键，即可断开路径❸。

STEP 2 选取工具箱中的钢笔工具 ，选中右部分上方的路径端点处，然后在左部分路径上方的端点处单击鼠标左键，连接左右路径的上部分，并适当调整路径④，用与前面同样的方法，连接左右路径的下部分⑤，按【Ctrl＋Enter】组合键，将路径转换为选区，按【Ctrl＋J】组合键，复制选区内的图像，建立一个新图层，并隐藏"背景"图层，抠取商品⑥。

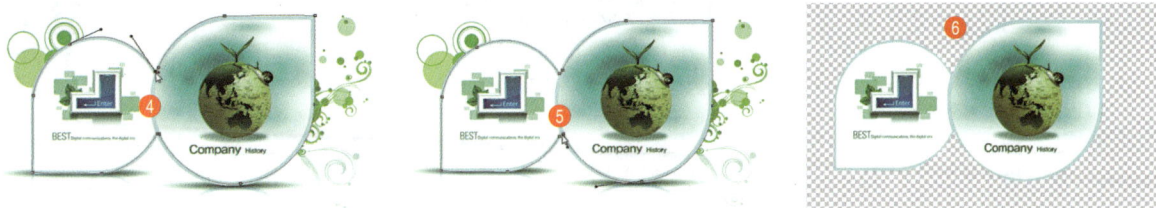

TIPS

除了运用上述方法可以断开路径外，用户还可以在选中某一个锚点时，单击"编辑"｜"清除"命令。

121 运用选择和移动路径抠取商品图像

　　Photoshop 提供了两种路径选择工具，即路径选择工具和直接选择工具。选择路径后，网店卖家可以根据需要随意地移动路径的位置。

　　按【Ctrl＋O】组合键，打开一幅素材图像，选取工具箱中的路径选择工具①，将鼠标指针移动至图像编辑窗口中的路径上，单击鼠标左键，即可以选择路径②。在"路径"面板中选择"路径 1 拷贝"路径，选取工具箱中的路径选择工具，将鼠标指针移动至图像编辑窗口中的路径上，单击鼠标左键并拖曳，即可移动路径③。

知识链接

　　若要将整条路径作为整体进行移动，必须选择路径上的所有锚点，选择整条路径的操作方法如下。
- 选取工具箱中的直接选择工具 ，按住【Shift】键的同时，依次选择路径上所有的锚点。
- 选取工具箱的路径选择工具 ，在需要选择的路径上单击鼠标左键。

122 运用填充路径抠取商品图像

在 Photoshop CC 中，网店卖家在绘制完路径后，可以对路径所包含的区域内填充颜色、图案或快照。

STEP 1 按【Ctrl + O】组合键，打开一幅素材图像❶，选取工具箱中的自定形状工具，在工具属性栏中单击"图形"右侧的下拉按钮，弹出"形状"面板，选择"八分音符"选项❷，将鼠标指针移动至图像编辑窗口中的合适位置，单击鼠标左键并拖曳，绘制路径❸。

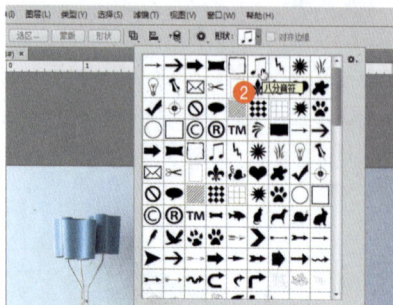

STEP 2 在工具箱底部单击前景色色块，弹出"拾色器（前景色）"对话框，设置前景色为玫红色（RGB 参数值分别为 247、150、195）❹，在菜单栏中，单击"窗口"|"路径"命令，展开"路径"面板❺，在"路径"面板上单击右上方的三角形按钮，在弹出的快捷菜单中选择"填充路径"选项❻。

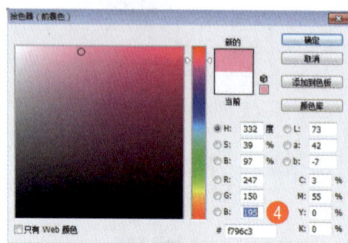

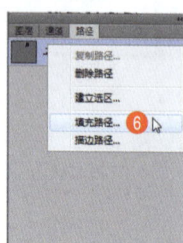

STEP 3 弹出"填充路径"对话框，设置"使用"为"前景色"❼，单击"确定"按钮，即可填充路径，按【Ctrl + Enter】组合键，将路径转换为选区❽，按【Ctrl + J】组合键，复制选区内的图像，建立一个新图层，并隐藏"背景"图层，抠取商品得到效果❾。

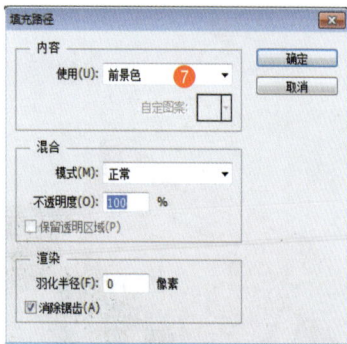

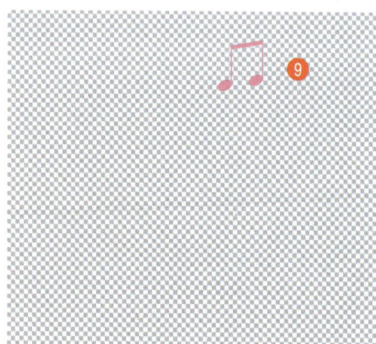

123 运用描边路径的应用抠取商品图像

在 Photoshop CC 中，网店卖家绘制完路径后，通过路径描边功能可以为选取的路径进行描边处理，以达到一些特殊的效果。

STEP 1 按【Ctrl + O】组合键，打开一幅素材图像❶，选取钢笔工具❷，拖曳鼠标至图像编辑窗口绘制一条曲线路径，选取画笔工具，展开"画笔"面板，设置各选项❸。

STEP 2 选中"形状动态"复选框，设置各选项④，选中"散布"复选框，设置各选项⑤，选中"颜色动态"复选框，设置各选项⑥，隐藏"画笔"面板。

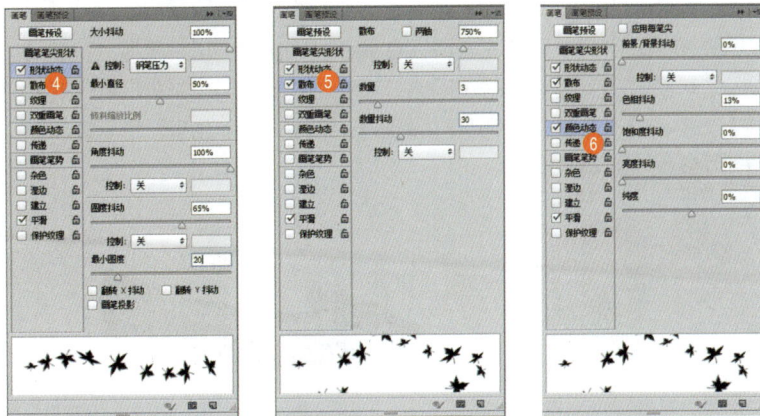

STEP 3 设置前景色为红色（RGB 参数值分别为 252、100、1），单击"路径"面板右上方的下三角形按钮，在弹出的面板菜单中选择"描边路径"选项，弹出"描边路径"对话框，设置各选项⑦，单击"确定"按钮，即可描边路径，选取工具箱中的魔棒工具，在商品图像合适位置单击鼠标左键，创建选区并反选选区⑧，按【Ctrl＋J】组合键，得到"图层 1"图层，单击"背景"图层的"指示图层可见性"图标，即可隐藏"背景"图层得到效果⑨。

知识链接

除了以上方法进行描边路径外，还有以下两种方法。

● 选择路径，设置画笔后，单击"路径"面板底部的"用画笔描边路径"按钮，即可对路径进行描边。

● 选取工具箱中的路径选择工具或直接选择工具，在图像编辑窗口中单击鼠标右键，在弹出的快捷菜单中选择"描边路径"选项，弹出"描边路径"对话框，在该对话框的工具列表框中选择一种需要的工具，单击"确定"按钮，即可使用所选择的工具对路径进行描边。

124 运用转换选取调整路径抠取商品图像

网店卖家可以配合多种选择方法选择图像，例如先用魔棒工具选中大致的范围，再转换为路径进行调整细节，以使选择商品图像更加精细。

STEP 1 按【Ctrl＋O】组合键，打开一幅素材图像①，选取工具箱中的魔棒工具，在图像中的白色背景上单击鼠标左键，选中图像背景②，单击"选择"|"反向"命令，反选选区③。

STEP 2 在"路径"面板中，单击面板底部的"从选区生成工作路径"按钮，将选区转换为路径④，综合运用添加、删除、转换锚点以及移动锚点的方法，对路径进行细节处的调整⑤，按【Ctrl＋Enter】组合键，将路径转换为选区，按【Ctrl＋J】组合键，复制选区内的图像，建立一个新图层，并隐藏"背景"图层，抠取商品⑥。

TIPS
路径工具尤其是钢笔工具一般适合抠取能看见轮廓造型的图像，如杯子的边缘、车子的流线造型等。与一般的选区工具相比，使用路径工具绘制的路径可以随时修改，可重复编辑性很强。而对于一些比较复杂的图像，单独使用路径工具不一定能完成，这时就要结合其他抠图工具一起完成。

125 通过"变亮"模式抠取商品图像

网店卖家应用"变亮"模式时，Photoshop以上方图层中较亮像素代替下方图层中与之相对应的较暗像素，同此叠加后调整图像呈亮色调。

STEP 1 按【Ctrl＋O】组合键，打开两幅素材图像①，将"125（2）"的素材图像全选、复制并粘贴至"125（1）"的图像编辑窗口中②。

STEP 2 单击"正常"右侧的下拉按钮，在弹出的列表框中，选择"变亮"选项❸，执行操作后，即可使用"变亮"模式抠图❹。

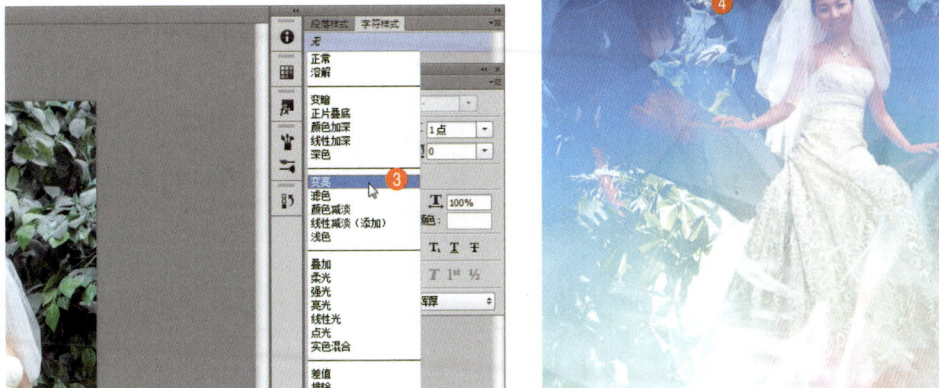

126 运用外部动作抠取商品图像

Photoshop 提供了许多现成的动作，用户在"动作"面板中创建动作后，可以将其保存起来，以便在以后的工作中重复使用。载入动作可将在互联网下载的或者本地计算机中所存储的动作文件添加到当前的动作列表之中，这样运用动作能够提高工作效率，减少机械化的重复操作。

STEP 1 展开"动作"面板，在"动作"面板中，单击面板右上方的三角形按钮，在弹出的面板菜单中选择"载入动作"选项❶，弹出"载入"对话框，在计算机中的相应位置选择"抠图"文件❷，单击"载入"按钮，即可在"动作"面板中载入"抠图"动作组❸。

STEP 2 按【Ctrl + O】组合键，打开一幅素材图像❹，在"动作"面板的"抠图"动作组中，选择"快速抠图"动作，单击面板底部的"播放选定的动作"按钮❺，执行操作后，即可将动作应用于图像，抠取商品图像❻。

127 运用动作批量抠取商品图像

网店卖家可以运用动作功得到批量抠商品的效果。下面介绍运用动作批量抠取商品的操作方法。

STEP 1 按【Ctrl + O】组合键，打开一幅素材图像❶，单击"窗口"|"动作"命令，展开"动作"面板，单击面板底部的"创建新组"按钮❷，弹出"新建组"对话框，设置"名称"为"批量抠图"❸。

STEP 2 单击"确定"按钮，建立新组❹，单击面板底部的"创建新动作"按钮，弹出"新建动作"对话框，各选项为默认设置❺，单击"记录"按钮，在该组中新建"动作 1"动作，选取工具箱中的魔棒工具，在包包的浅粉色背景上单击鼠标左键，建立选区❻。

STEP 3 单击"选择"|"反向"命令❼，执行操作后，即可反选选区❽，按【Ctrl + J】组合键，复制选区内的图像，新建一个图层，隐藏"背景"图层，抠取商品❾。

128 通过"滤色"模式抠取商品图像

在做商品图像美化时，经常需要在商品图像上使用素材做特殊效果，若素材图像复杂难以抠取且背景呈黑色时，可使用"滤色"模式抠取图像。

STEP 1 按【Ctrl + O】组合键，打开一幅素材图像①，在"图层"面板中，选择"图层 1"图层②。

STEP 2 单击"正常"右侧的下拉按钮，在弹出的列表框中，选择"滤色"选项③，执行操作后，即可使用"滤色"模式抠取商品，预览效果④。

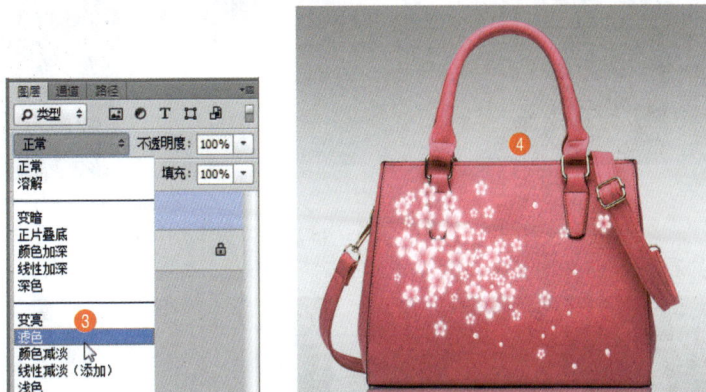

129 通过"正片叠底"模式抠取商品图像

在处理商品图像时，经常需要使用素材美化商品图像，若商品图像非常复杂难以抠取且背景呈白色，这时可以使用"正片叠底"模式快速将白色背景图像叠加抠出，制作完美特效。

按【Ctrl + O】组合键，打开一幅素材图像①，在"图层"面板中，选择"图层 1"图层。单击"正常"右侧的下拉按钮，在弹出的列表框中选择"正片叠底"选项②，执行操作后，即可用"正片叠底"模式抠图③。

130 通过"颜色加深"模式抠取商品图像

在做商品图像美化时，经常需要在商品上添加素材，若素材图像和商品颜色相差巨大且无黑色时，可使用"颜色加深"模式抠取图像。

STEP 1 按【Ctrl＋O】组合键，打开两幅素材图像❶，切换至"130（2）"图像编辑窗口，选取工具箱中的移动工具，将素材图像移动至"130（1）"图像编辑窗口中❷。

STEP 2 按【Ctrl＋T】组合键，调整图像大小、角度和位置❸，按【Enter】键确认。在"图层"面板中的"设置图层的混合模式"列表框中，选择"颜色加深"选项❹，即可用"颜色加深"模式抠图❺。

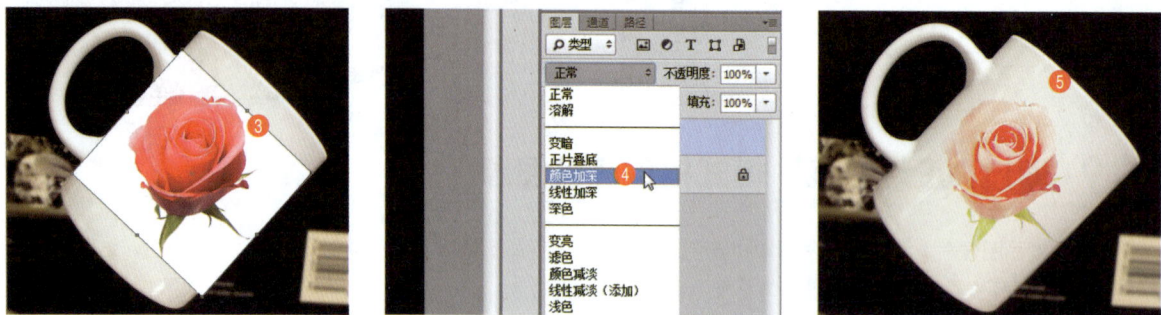

TIPS
"颜色加深"模式可以降低上方图层中除黑色外的其他区域的对比度，使合成图像整体对比度下降，产生下方图层透过上方图层的投影效果。

131 通过矢量蒙版抠取商品图像

在做商品图像美化时，若商品图像轮廓分明，可使用矢量蒙版抠取商品图像。矢量蒙版主要借助路径来创建，利用路径选择图像后，通过矢量蒙版可以快速进行图像的抠取。

STEP 1 按【Ctrl＋O】组合键，打开一幅素材图像❶，按【Ctrl＋J】组合键，新建"图层 1"图层❷，展开"路径"面板，选择"工作路径"❸。

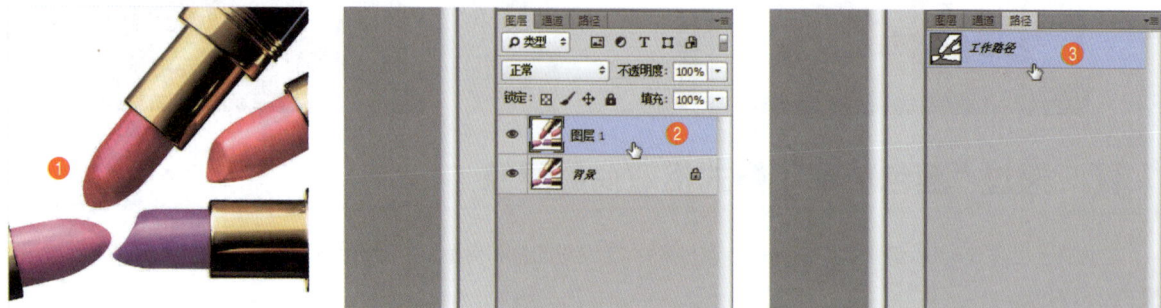

在"背景"图层中不能创建矢量蒙版，所以首先要将"背景"图层进行复制。

STEP 2 在菜单栏中单击"图层"|"矢量蒙版"|"当前路径"命令④，在"图层"面板中，单击"背景"图层前的"指示图层可见性"图标 👁 ⑤，执行上述操作后，即可隐藏"背景"图层，预览效果⑥。

132 通过图层蒙版抠取商品图像

网店卖家在美化商品图像时，图层蒙版依靠蒙版中像素的亮度来使图层显示出被屏蔽的效果，亮度越高，屏蔽作用越小；反之，亮度越低，则屏蔽效果越明显。

STEP 1 按【Ctrl＋O】组合键，打开一幅素材图像①，在"图层"面板中，隐藏"图层2"图层，选择"图层1"图层②，运用魔棒工具在图像中创建一个选区③。

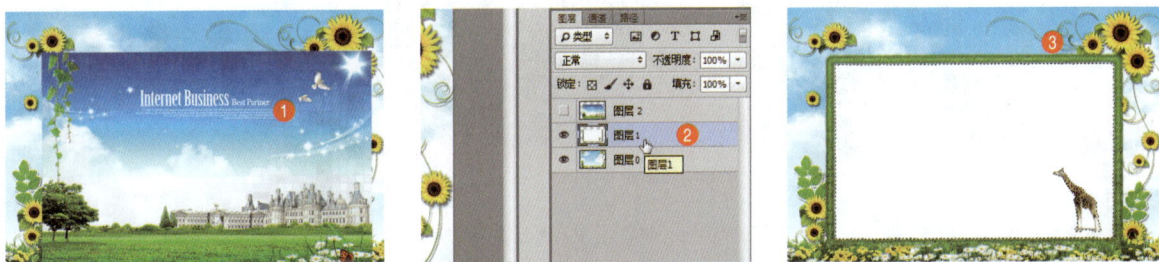

STEP 2 显示并选择"图层2"图层，单击"图层"面板底部的"添加矢量蒙版"按钮④，执行操作后，即可添加图层蒙版⑤。

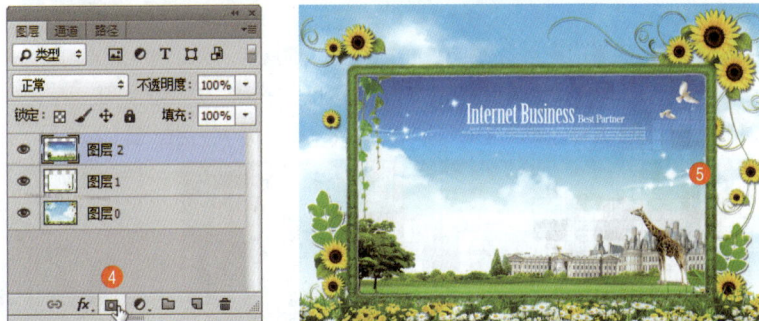

单击"图层"|"图层蒙版"|"显示全部"命令，即可创建一个显示图层内容的白色蒙版；单击"图层"|"图层蒙版"|"隐藏全部"命令，即可创建一个隐藏图层内容的黑色蒙版。

133 通过快速蒙版抠取商品图像

在处理商品图像时，若图片上商品颜色和背景颜色呈渐变色彩或阴影变化丰富，这时可通过快速蒙版抠取商品图像。

STEP 1 按【Ctrl＋O】组合键，打开一幅素材图像①，在"路径"面板中，选择工作路径②，按【Ctrl＋Enter】组合键，将路径转换为选区③。

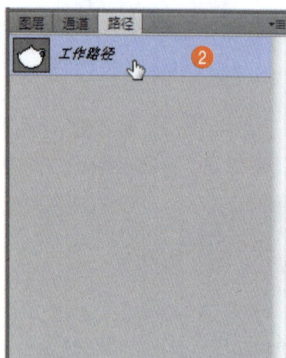

一般使用"快速蒙版"模式都是从选区开始的，然后从中添加或者减去选区，以建立蒙版。使用快速蒙版可以通过绘图工具进行调整，以便创建复杂的选区。

STEP 2 在工具箱底部，单击"以快速蒙版模式编辑"按钮④，执行上述操作后，即可启用快速蒙版，可以看到红色的保护区域，并可以看到物体多选的区域⑤，选取工具箱中的画笔工具，设置画笔"大小"为20像素、"硬度"为100%⑥。

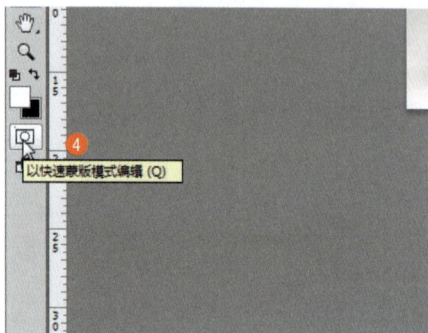

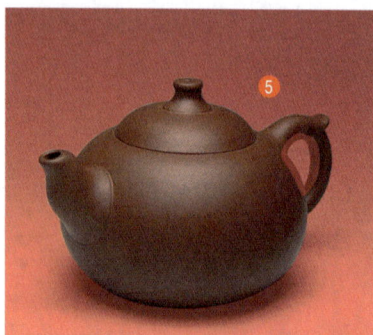

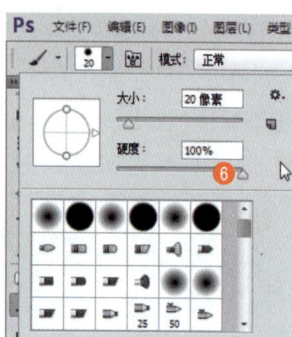

TIPS
在进入快速蒙版后，当运用黑色绘图工具进行作图时，将在图像中得到红色的区域，即为选区区域，当运用白色绘图工具进行作图时，可以去除红色的区域，即为生成的选区，用灰色绘图工具进行作图，则生成的选区将会带有一定的羽化。

STEP 3 单击"设置前景色"按钮，弹出"拾色器（前景色）"对话框，设置前景色为白色，RGB值均为255⑦，单击"确定"按钮，将鼠标指针移至图像编辑窗口中单击鼠标左键并拖动，进行适当擦除⑧。在工具箱底部，单击"以标准模式编辑"按钮，退出快速蒙版模式⑨，展开"图层"面板，按【Ctrl＋J】组合键，复制新图层，并隐藏"背景"图层，预览效果⑩。

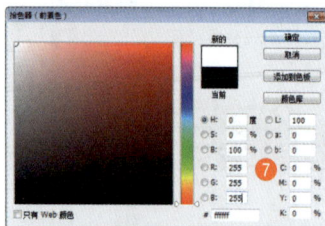

TIPS
除了上述方法可以通过快速蒙版抠取商品，此外，按【Q】键可以快速启用或者退出快速蒙版模式。

134 通过编辑图层蒙版抠取商品图像

在蒙版图层中，如果网店卖家要编辑图层蒙版，首先要单击图层蒙版缩略图，进入图层蒙版模式才可以修改，同时这样也不影响图层的内容。

STEP 1 按【Ctrl + O】组合键，打开一幅素材图像❶，在"图层"面板中，隐藏"背景"图层，单击"玩偶"图层的图层蒙版缩略图，进入图层蒙版模式❷。

STEP 2 选择画笔工具 ✍️，设置前景色为黑色、画笔"大小"为 200 像素、"硬度"为 100%❸，在图层蒙版中进行适当的涂抹❹，然后在相应位置继续涂抹不需要的图像部分，即可应用编辑图层蒙版进行抠图❺。

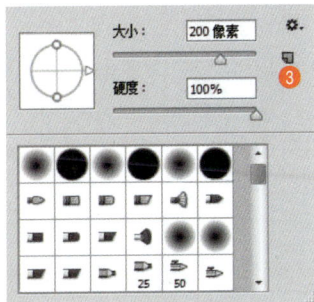

135 通过路径和蒙版抠取商品图像

网店卖家在利用图层蒙版编辑图像时，通过使用"画笔工具"修改前景色，可以使擦除的图像产生不同的透明效果，利用这种功能，可以对透明图像进行抠图。

STEP 1 按【Ctrl + O】组合键，打开一幅 PSD 素材图像❶，在"路径"面板中选择"工作路径"，单击面板底部的"将路径作为选区载入"按钮 ▦，将路径转换为选区❷，按【Ctrl + O】组合键，打开一幅 JPG 素材图像，使用移动工具 ►⊕，将 PSD 图像编辑窗口中选区内的图像拖动至打开的 JPG 素材图像中，并按【Ctrl + T】组合键，适当调整图像大小和位置❸。

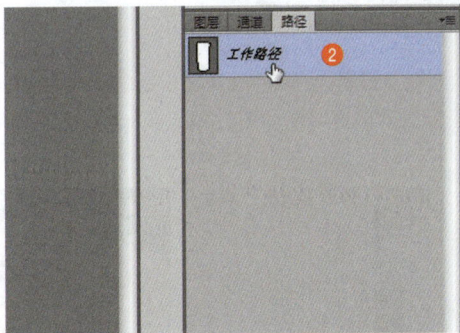

TIPS
用户可以使用路径结合蒙版进行透明图像的抠图处理，如果素材图像的路径边缘不能满足用户的需要，用户可以进行重新创建路径，或对现有的路径进行适当的修改调整。在使用路径选择图像时，尽量将路径调整到玻璃杯的边缘向内一些，以避免出现多余的边缘图像。

在进行缩放图像时，按住【Shift】键可以等比例缩放；按住【Alt】键可以从中心缩放图像；按【Shift + Alt】组合键，可以从中心等比例缩放图像。

STEP 2 在"图层"面板中选择"图层 1"图层，单击面板底部的"添加图层蒙版"按钮 ▣，为其添加图层蒙版❹，选择"画笔工具" ✍️，设置画笔"大小"为 70 像素、"硬度"为 0、前景色为灰色（RGB 参数均为 181），在玻璃杯口处适当涂抹，以显示透明效果❺，将画笔修改"大小"为 90 像素，设置前景色为灰色（RGB 参数均为 221），在玻璃杯身处适当涂抹，以显示半透明效果，完成整个抠图的处理❻。

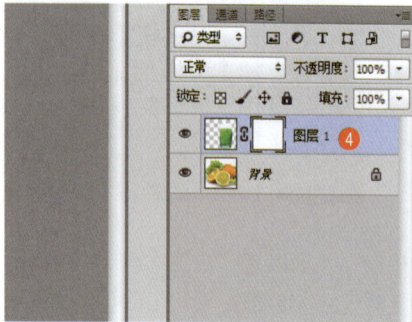

TIPS

在使用"画笔工具"时，需要注意设置适当的硬度值，以避免擦除时出现明显的边缘。在涂抹的过程中，还可以适当调整画笔的大小，按右括号键可以放大画笔；按左括号键可以缩小画笔。

136 通过新建通道抠取商品图像

"通道"面板用于创建并管理通道，通道的许多操作都是在"通道"面板中进行的，包括创建不同的通道以及复制通道等。下面介绍通过新建通道抠取商品的方法。

STEP 1 按【Ctrl + O】组合键，打开一幅素材图像❶，展开"通道"面板，单击右上角的三角形按钮，在弹出的面板菜单中选择"新建通道"选项❷。

STEP 2 弹出"新建通道"对话框，各选项为默认设置，单击"确定"按钮❸，执行操作后，即可创建一个 Alpha 通道❹，单击面板中 Alpha 1 通道左侧的"指示通道可见性"图标，执行操作后，即可显示 Alpha 1 通道，隐藏"通道"面板，返回图像编辑窗口❺。

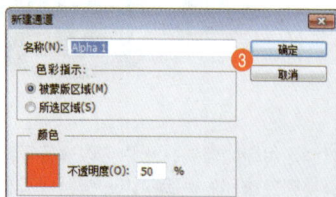

137 通过合并通道抠取商品图像

在 Photoshop CC 中，多个灰度商品图像可以合并为一个商品图像的通道，创建为彩色商品图像。但商品图像必须是灰度模式，具有相同的像素尺寸并且处于打开的状态。

STEP 1 按【Ctrl + O】组合键，打开 3 幅素材图像❶。

STEP 2 展开"通道"面板，单击右上角的三角形按钮，在弹出的面板菜单中，选择"合并通道"选项❷，弹出"合并通道"对话框，设置"模式"为"RGB 颜色"❸，单击"确定"按钮，即可弹出"合并通道"对话框，各选项为默认设置❹。

STEP 3 单击"确定"按钮，即可将 3 个图像合并为一个彩色的 RGB 图像❺，选取工具箱中的魔棒工具，在商品图像合适位置中单击鼠标左键，创建选区并反选选区❻，按【Ctrl + J】组合键，得到"图层 1"图层，单击"背景"图层的"指示图层可见性"图标，即可隐藏"背景"图层得到效果❼。

TIPS
如果在"合并RGB通道"对话框中改变通道所对应的图像，则合成后图像的颜色也不相同。

改变通道所对应的图像后的合成图像效果

138 通过调整通道抠取商品图像

网店卖家在处理商品图像时,有些商品图像与背景过于相近,从而使抠图不是那么方便,此时可以利用"通道"面板,结合其他命令对图像进行适当调整。

STEP 1 按【Ctrl + O】组合键,打开一幅素材图像①,展开"通道"面板,分别单击查看通道显示效果,将"绿"通道拖曳至面板底部的"创建新通道"按钮⬛上,复制一个通道②,在菜单栏中单击"图像"|"调整"|"亮度 / 对比度"命令③。

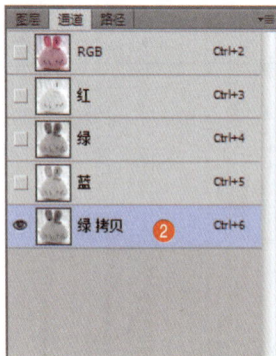

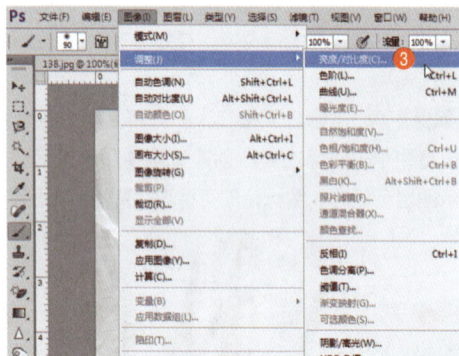

STEP 2 弹出"亮度 / 对比度"对话框,设置"亮度"为 −80、对比度为 100④,单击"确定"按钮。选取工具箱中的快速选择工具,设置画笔大小为 80 像素,在图像上连续单击鼠标左键创建选区⑤,在工具属性栏中,单击"从选区减去"按钮,设置画笔大小为 20 像素,减去多余的选区⑥。

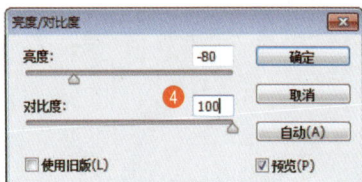

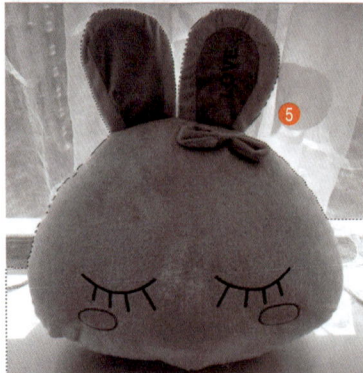

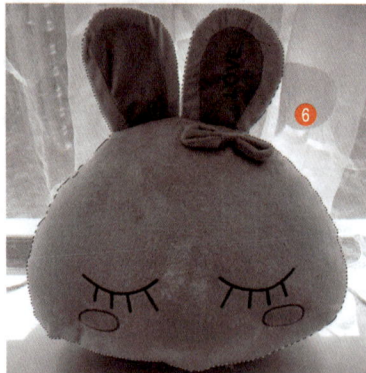

STEP 3 在"通道"面板中单击"RGB"通道❼，退出通道模式，执行上述操作后，即可返回到"RGB"模式❽。展开"图层"面板，按【Ctrl＋J】组合键，得到"图层1"图层，单击"背景"图层的"指示图层可见性"图标 👁 ❾。

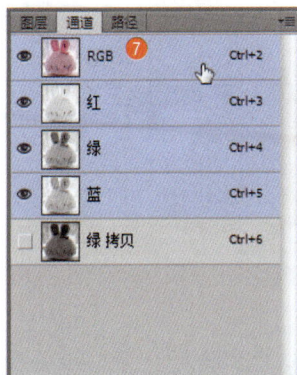

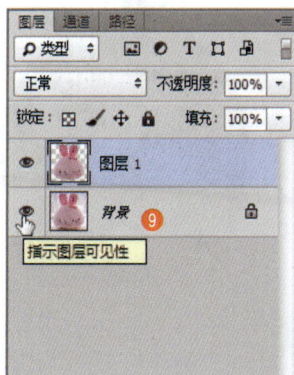

TIPS
除了运用上述方法退出通道模式外，还可以按【Ctrl＋2】组合键，快速返回到RGB模式。

STEP 4 执行上述操作后，即可隐藏"背景"图层，预览通过调整通道抠取商品的效果❿。

TIPS
除了运用上述方法退出通道模式外，还可以按【Ctrl＋2】组合键，快速返回到RGB模式。

在"通道"面板中，单击各个通道进行查看，要注意查看哪个通道的商品边缘更加清晰，以便于抠图。除了运用上述方法复制通道外，还可以在选中某个通道后，单击鼠标右键，在弹出的快捷菜单中选择"复制通道"选项。

139 通过利用通道差异性抠取商品图像

网店卖家在抠取商品图像时，有些商品图像颜色差异较大而不利于选取，这时可以利用通道的差异性抠取商品。

STEP 1 按【Ctrl＋O】组合键，打开一幅素材图像❶。展开"通道"面板，选择"绿"通道❷。选取工具箱中的快速选择工具，设置"画笔大小"为40像素，在玩具鸟头部连续单击鼠标左键以创建选区❸。

STEP 2 选择"蓝"通道，在商品其他区域单击鼠标左键添加选区❹。按【Ctrl＋2】组合键，快速返回RGB模式，展开"图层"面板，按【Ctrl＋J】组合键，得到"图层1"图层，单击"背景"图层的"指示图层可见性"图标 👁 ❺。

执行上述操作后，即可隐藏"背景"图层，预览通过利用通道差异性抠取商品的效果⑥。

有一些图像在通道中的不同颜色模式下显示的颜色深浅会有所不同，利用通道的差异性可以快速选择图像，从而进行抠图。

140 通过钢笔工具配合通道抠取商品图像

抠图并不局限于一种工具或命令，有时还需要集合多种命令或工具进行抠图，一般常用于比较复杂的图像。下面介绍通过钢笔工具配合通道抠商品的方法。

STEP 1 按【Ctrl＋O】组合键，打开一幅素材图像①，选取自由钢笔工具，沿商品边缘拖曳鼠标，将商品部分选中②，打开"图层"面板，将"背景"图层拖曳到面板底部的"创建新图层"按钮上，复制得到一个"背景拷贝"图层③。

STEP 2 选择创建的工作路径，在"图层"面板中选择"背景拷贝"图层，按住【Ctrl＋Alt】组合键的同时，单击"添加图层蒙版"按钮，创建矢量蒙版④。展开"通道"面板，分别单击通道以进行查看，这里选择"蓝"通道，将"蓝"通道拖动到"创建新通道"按钮上，复制通道⑤。单击"图像"|"调整"|"色阶"命令，弹出"色阶"对话框，设置相应的参数，使部分变成全黑⑥。

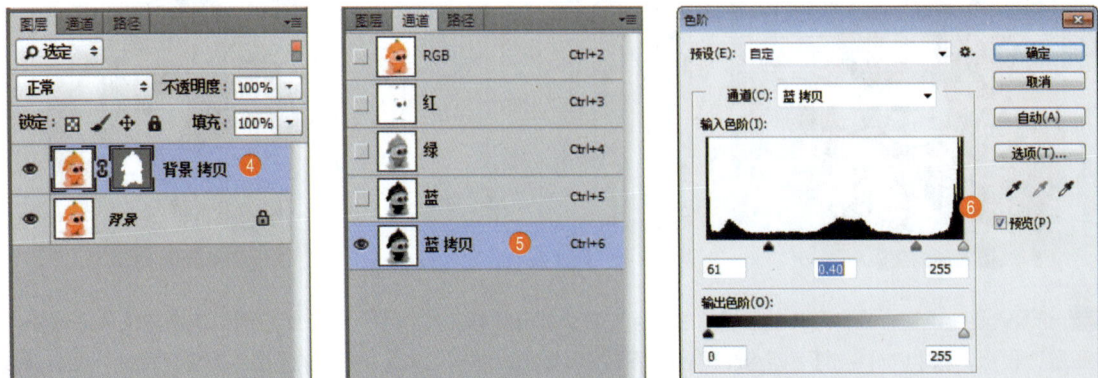

STEP 3 单击"确定"按钮，调整图像，按住【Ctrl】键的同时，单击"蓝拷贝"通道，将选区载入，单击"选择"|"反向"命令，将选区反选 **7**。在"通道"面板中单击RGB通道，退出通道模式，返回RGB模式，选择"背景"图层，按【Ctrl + J】组合键，复制选区内的图像，建立一个新图层，并隐藏"背景"图层，抠取商品 **8**。

141 通过"计算"命令抠取商品图像

　　网店卖家在应用"计算"命令时，可以将两个尺寸相同的不同图像或同一图像中两个不同的通道进行混合，并将混合后所得的结果应用到新图像或新通道以及当前选区中。

STEP 1 按【Ctrl + O】组合键，打开一幅素材图像 **1**，在"通道"面板中选择"红"通道，单击"图像"|"计算"命令，弹出"计算"对话框，设置相应参数 **2**，单击"确定"按钮，生成Alpha 1通道，在此基础上，再次单击"图像"|"计算"命令，弹出"计算"对话框，设置同样的参数，生成Alpha 2通道 **3**。

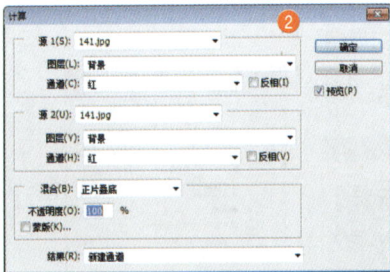

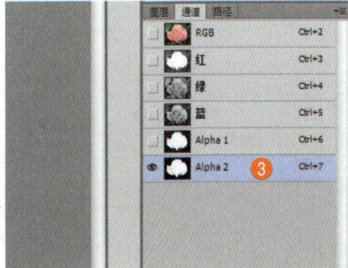

STEP 2 选择Alpha 2通道，按【Ctrl + L】组合键，弹出"色阶"对话框，分别单击相应按钮，在图像中适当位置单击鼠标左键，设置白场和黑场 **4**，单击"确定"按钮。选择画笔工具，设置画笔"大小"为60像素、"硬度"为100%、"笔尖形状"为"硬边圆"，涂抹花朵区域为白色，背景区域为黑色 **5**。在按住【Ctrl】键的同时，单击Alpha 2通道，载入选区，单击RGB通道，退出通道模式，返回RGB通道模式，选择"背景"图层，按【Ctrl + J】组合键，复制选区内的图像，新建一个图层，并隐藏"背景"图层，抠取商品 **6**。

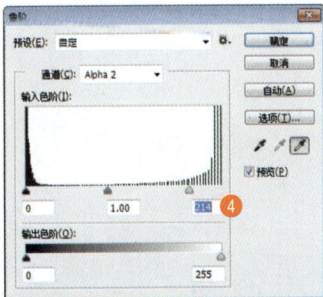

TIPS
对一个色调对比较强的图像应用"计算"命令，可以通过增强通道图像的对比度来抠取图像。因此，在选择通道时，尽量选择对比较强且细节损失较少的通道，以便在计算图像时的效果更为精确。可以选择彩色图像或通道图像进行计算处理，但不能创建彩色图像。

142 通过"调整边缘"命令抠取商品图像

网店卖家在做商品图像美化时，若想做特殊边缘的特效显示，可使用"调整边缘"命令抠取图像。

STEP 1 按【Ctrl＋O】组合键，打开一幅素材图像❶，按【Ctrl＋J】组合键，新建"图层 1"图层❷，在工具箱中选择椭圆选框工具，在图像编辑窗口中的适当位置创建一个椭圆选区❸。

STEP 2 单击工具属性栏中的"调整边缘"按钮❹，弹出"调整边缘"对话框，设置"半径"为 10 像素、"平滑"为 85、"羽化"为 5 像素、"对比度"为 20%、"输出到"为"新建带有图层蒙版的图层"❺，单击"确定"按钮，新建一个带有图层蒙版的"图层 1 拷贝"图层，单击"背景"图层的"指示图层可见性"图标 👁 ，即可隐藏"背景"图层，预览通过"调整边缘"命令抠取商品的效果❻。

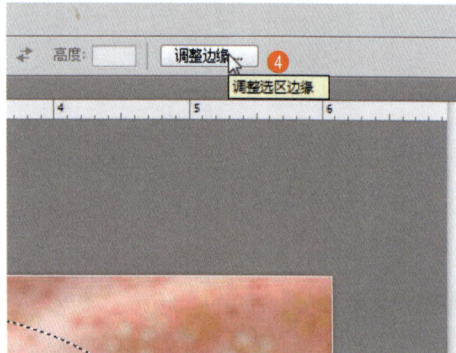

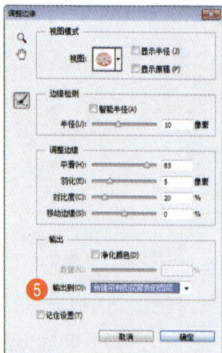

> **TIPS**
> 创建选区后，还可以单击"选择"|"调整边缘"命令，弹出"调整边缘"对话框。在使用一些选区工具创建选区后，应用"调整边缘"命令，调出选区特殊的边缘效果，从而将选区内的图像抠取出来。

PART 02

核心技能篇

08

调色：让淘宝产品色彩更亮丽

在商品拍摄过程中，由于受光线、技术、拍摄设备等影响，拍摄出来的商品图片往往会有一些不足。为了把商品最好的一面展现给买家，需要在 Photoshop 中熟练掌握各种调色方法，以调出丰富多彩的图像效果。

因此，使用 Photoshop 给商品图像调色就显得尤为重要。本章将详细介绍 Photoshop 常用的调色处理方法。

143 运用"吸管工具"选取商品图像颜色

网店卖家在处理商品图像时，如果需要从商品图像中获取颜色修补附近区域，就需要用到吸管工具。

STEP 1 按【Ctrl + O】组合键，打开一幅素材图像❶，选取工具箱中的磁性套索工具❷，移动鼠标指针至图像编辑窗口中的合适位置，单击鼠标左键并拖曳，即可创建一个选区❸。

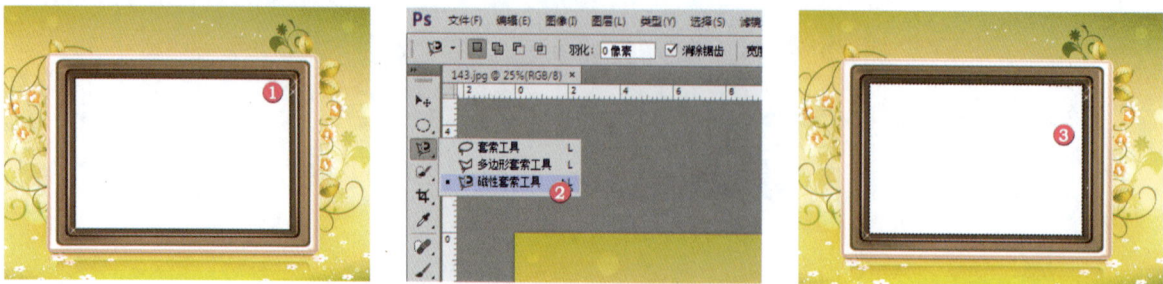

STEP 2 选取工具箱中的吸管工具❹，移动鼠标指针至图像编辑窗口中的淡黄色区域，单击鼠标左键即可吸取颜色❺，执行上述操作后，前景色自动变为淡黄色，按【Alt + Delete】组合键，即可为选区内填充颜色，按【Ctrl + D】组合键取消选区❻。

144 运用"颜色"面板选取商品图像颜色

网店卖家使用"颜色"面板选取颜色时，可以通过设置不同参数值来调整前景色和背景色。

STEP 1 按【Ctrl + O】组合键，打开一幅素材图像❶，选取工具箱中的魔棒工具，移动鼠标指针至图像编辑窗口中的合适位置，单击鼠标左键，创建一个选区❷，在菜单栏中单击"窗口"|"颜色"命令❸。

TIPS

除了运用上述方法填充颜色外，还有以下两种常用的方法。

● 快捷键1：按【Alt + Backspace】组合键，填充前景色。

● 快捷键2：按【Ctrl + Backspace】组合键，填充背景色。

STEP 2 执行上述操作后，即可展开"颜色"面板，设置颜色为白色（RGB 参数值均为 255）④，执行上述操作后，前景色变为白色，按【Alt + Delete】组合键，即可为选区填充前景色⑤，按【Ctrl + D】组合键，取消选区⑥。

145 运用"色板"面板选取商品图像颜色

"色板"面板中的颜色是系统预设的，网店卖家可以直接在其中选取相应颜色而不用自己配置，还可以在"色板"面 板中调整颜色。

STEP 1 按【Ctrl + O】组合键，打开一幅素材图像①，选取工具箱中的魔棒工具，移动鼠标指针至图像编辑窗口中的合适位置，单击鼠标左键，创建一个选区②，在菜单栏中单击"窗口"|"色板"命令③。

STEP 2 执行上述操作后，即可展开"色板"面板，移动鼠标指针至"色板"面板中，选择"粉红色"色块④，选取工具箱中的油漆桶工具，移动鼠标指针至选区中，单击鼠标左键，即可填充颜色⑤，按【Ctrl + D】组合键，取消选区⑥。

146 运用"填充"命令填充商品颜色

在 Photoshop CC 中，网店卖家可以运用"填充"命令对商品图像或选区填充颜色。

STEP 1 单击"文件"|"打开"命令，打开一幅素材图像①，选取工具箱中的魔棒工具，在图像编辑窗口中创建一个选区②，单击背景色色块，弹出"拾色器（背景色）"对话框，设置 RGB 参数值分别为 0、255、198③。

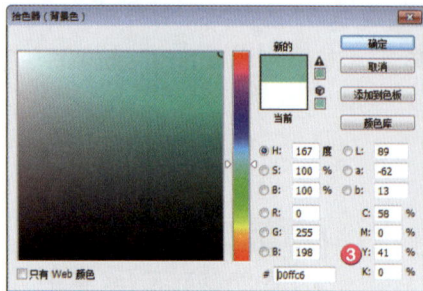

通常情况下，在运用"填充"命令进行填充操作前，需要创建一个合适的选区，若当前图像中不存在选区，则填充效果将作用于整幅图像内。此外，该命令对"背景"图层无效。

STEP 2 单击"确定"按钮，单击"编辑"|"填充"命令④，弹出"填充"对话框，设置"使用"为"背景色""不透明度"为50%⑤，单击"确定"按钮，即可运用"填充"命令填充颜色，按【Ctrl＋D】组合键，取消选区⑥。

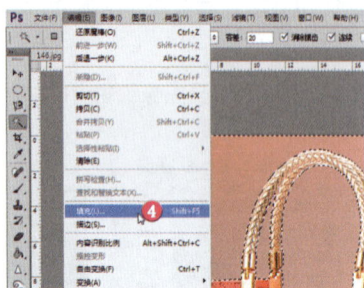

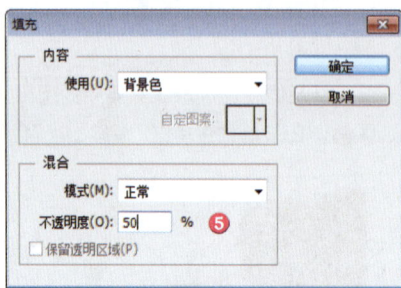

知识链接

在"填充"对话框中，各主要选项的含义如下。

● 使用：在该列表框中可以选择7种填充类型，包括"前景色""背景色"和"颜色"等。

● 自定图案：选择"使用"列表框中的"图案"选项，"自定图案"选项将呈可用状态，单击其右侧的下拉按钮，在弹出的'a图案面板中选择一种图案，进行图案填充。

● 混合：用于设置填充模式和不透明度。

● 保留透明区域：对图层进行颜色填充时，可以保留透明的部分不填充颜色，该复选框只有对透明的图层进行填充时才有效。

147 运用快捷菜单填充商品图像颜色

如果网店卖家需要对当前图层或创建的选区填充颜色，此时可以使用快捷菜单完成该操作。

STEP 1 按【Ctrl＋O】组合键，打开一幅素材图像❶，选取工具箱中的魔棒工具，移动鼠标指针至图像编辑窗口中，单击鼠标左键，创建选区❷，设置前景色为粉红色（RGB 参数值分别为 255、0、234）❸，单击"确定"按钮，即可更改前景色。

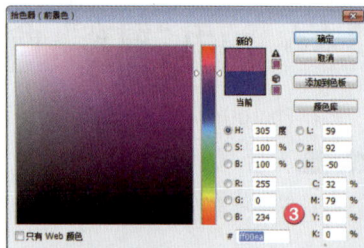

STEP 2 选取工具箱中的磁性套索工具，移动鼠标指针至图像编辑窗口中选区内，单击鼠标右键，在弹出的快捷菜单中选择"填充"选项❹，弹出"填充"对话框，在"使用"列表框中，选择"前景色"选项❺，单击"确定"按钮，即可填充前景色，按【Ctrl＋D】组合键，取消选区❻。

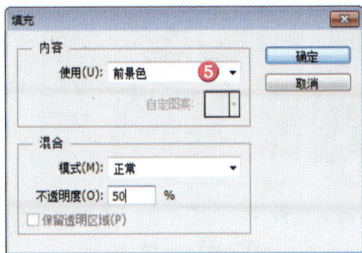

148 运用油漆桶工具填充商品图像颜色

网店卖家使用油漆桶工具可以快速、便捷的为图像填充颜色，填充颜色以前景色为准。

STEP 1 按【Ctrl＋O】组合键，打开一幅素材图像❶，选取工具箱中的魔棒工具，移动鼠标指针至图像编辑窗口中的合适位置，单击鼠标左键，创建一个选区❷。单击工具箱下方的"设置前景色"色块❸。

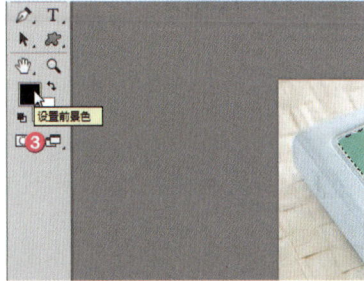

STEP 2 弹出"拾色器（前景色）"对话框，设置前景色为浅黄色（RGB 参数值分别为 250、237、151）❹，单击"确定"按钮。选取工具箱中的油漆桶工具，移动鼠标指针至选区中，单击鼠标左键，即可为选区填充颜色，按【Ctrl＋D】组合键，取消选区❺。

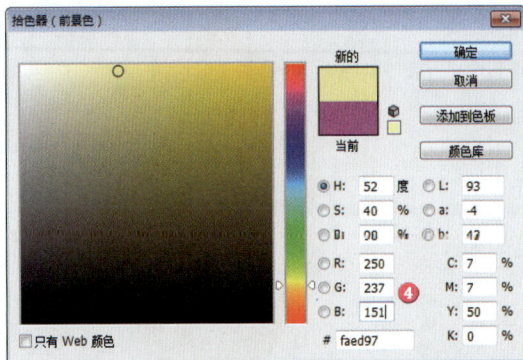

149 运用渐变工具填充商品图像渐变颜色

网店卖家在处理商品图像时，可以使用渐变工具对所选定的图像进行双色渐变填充。

STEP 1 按【Ctrl＋O】组合键，打开一幅素材图像❶，在"图层"面板中选择"背景"图层❷，单击前景色色块，弹出"拾色器（前景色）"对话框，设置前景色为浅蓝色（RGB 参数值分别为 158、222、249）❸，单击"确定"按钮。

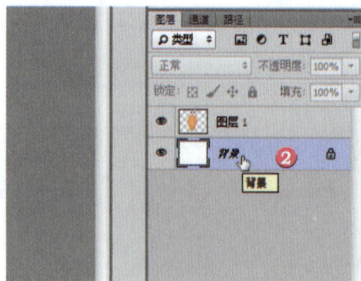

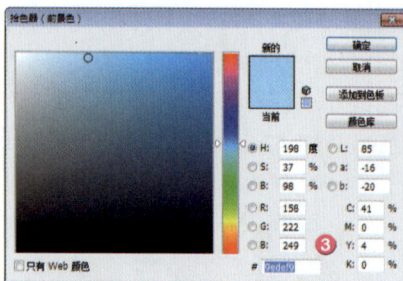

STEP 2　单击背景色色块，即可弹出"拾色器（背景色）"对话框，设置背景色为白色❹，单击"确定"按钮。选取工具箱中的渐变工具❺，在工具属性栏中单击"点按可编辑渐变"按钮❻。

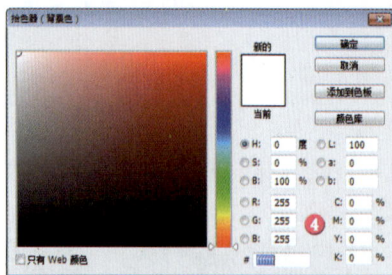

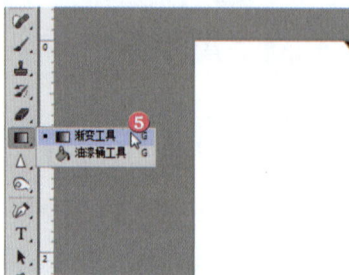

知识链接

运用渐变工具，可以对所选定的图像进行多种颜色的混合填充，从而达到增强图像的视觉效果。"渐变编辑器"中的"位置"文本框中显示标记点在渐变效果预览条的位置，用户可以输入数字来改变颜色标记点的位置，也可以直接拖曳渐变颜色带下端的颜色标记点。单击【Delete】键可将此颜色标记点删除。

STEP 3　弹出"渐变编辑器"对话框，在"预设"选项区中，选择"前景色到背景色渐变"色块❼，单击"确定"按钮，即可选中渐变颜色，将鼠标指针移动至图像编辑窗口的上方，按住【Shift】键的同时，单击鼠标左键并从上到下拖曳，释放鼠标左键，即可填充渐变颜色❽。

知识链接

在渐变工具属性栏中，渐变工具提供了以下5种渐变方式。

● 线性渐变■：从起点到终点做直线形状的渐变。

● 径向渐变■：从中心开始做圆形放射状渐变。

- **角度渐变** ◣：从中心开始做逆时针方向的角度渐变。

- **对称渐变** ▭：从中心开始做对称直线形状的渐变。

- **菱形渐变** ◈：从中心开始做菱形渐变。

线性渐变

径向渐变

角度渐变

对称渐变

菱形渐变

150 运用自动色调调整商品图像色调

进行商品图像后期处理时，由于拍摄问题使商品图像整体偏暗，这时可使用"自动色调"命令调亮商品图像。

STEP 1 按【Ctrl + O】组合键，打开一幅素材图像❶，在菜单栏中单击"图像"|"自动色调"命令❷。

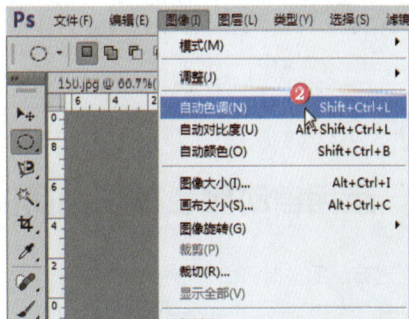

TIPS

按【Shift + Ctrl + L】组合键，也可以执行"自动色调"命令，调整图像色彩。

STEP 2 执行上述操作后，即可自动调整图像明暗❸，重复 5 次上述操作，然后即可将图像调整至合适色调❹。

"自动色调"命令根据图像整体颜色的明暗程度进行自动调整，使得亮部与暗部的颜色按一定的比例进行分布。

151 运用自动对比度调整商品图像对比度

网店卖家进行商品图像处理时，若商品图像色彩层次不够丰富，则可使用"自动对比度"命令来调整商品图像的对比度。

"自动对比度"命令对于连续调整的图像效果相当明显，对于单色或颜色不丰富的图像几乎不产生作用。使用"自动对比度"命令可以自动调整图像中颜色的总体对比度和混合颜色，它将图像中最亮和最暗的像素映射为白色和黑色，使高光显得更亮而暗调显得更暗，使图像对比度加强，看上去更有立体感，光线效果更加强烈。

按【Ctrl + O】组合键，打开一幅素材图像❶，在菜单栏中单击"图像"丨"自动对比度"命令❷，即可调整图像对比度❸。

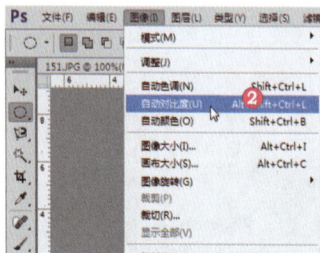

按【Alt + Shift + Ctrl + L】组合键，也可以执行"自动对比度"命令调整图像色彩。

152 运用自动颜色校正商品图像偏色

在处理商品图像时，由于拍摄光线的问题，经常会使拍摄的商品图像颜色出现偏色，这时可使用"自动颜色"命令来校正商品图像偏色。"自动颜色"命令可以自动识别图像中的实际阴影、中间调和高光，从而自动更正图像的颜色。

按【Ctrl + O】组合键，打开一幅素材图像❶，在菜单栏中单击"图像"丨"自动颜色"命令❷，即可校正图像偏色❸。

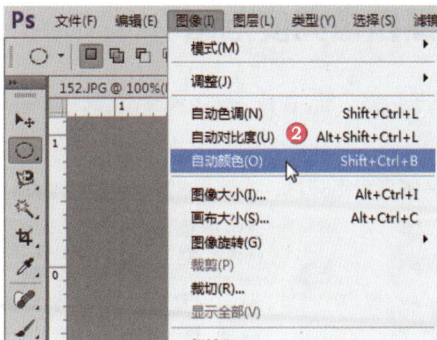

TIPS
按【Shift＋Ctrl＋B】组合键，也可以执行"自动颜色"命令，调整图像颜色。

153 运用亮度／对比度调整商品图像色彩

网店卖家在处理商品图像时，由于拍摄光线和拍摄设备本身原因，使商品图像色彩暗沉，这时可通过"亮度／对比度"命令调整商品图像色彩。

STEP 1 按【Ctrl＋O】组合键，打开一幅素材图像❶，在菜单栏中单击"图像" |"调整" |"亮度／对比度"命令❷。

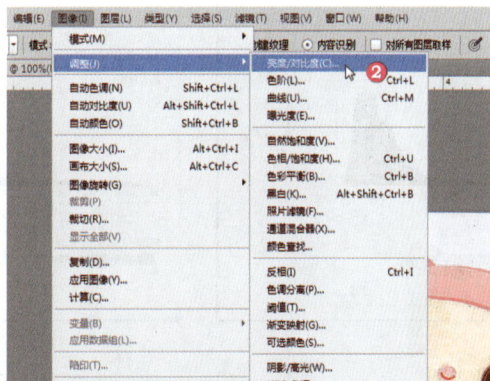

STEP 2 弹出"亮度／对比度"对话框❸，设置"亮度"为20、"对比度"为50❹，单击"确定"按钮，即可调整图像的亮度与对比度❺。

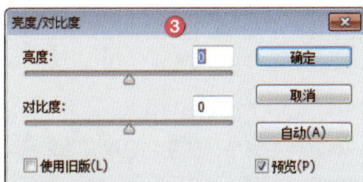

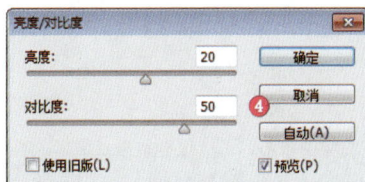

知识链接
在"亮度/对比度"对话框中，各选项含义如下。

● 亮度：用于调整图像的亮度。该值为正值时增加图像亮度，为负值时降低亮度。

● 对比度：用于调整图像的对比度。正值时增加图像对比度，负值时降低对比度。

154 运用色阶调整商品图像亮度范围

在网店卖家做商品图像处理时，由于拍摄问题，使商品图像偏暗，这时可通过"色阶"命令调整商品图像亮度范围，提高商品图像亮度。

STEP 1 按【Ctrl + O】组合键，打开一幅素材图像❶，在菜单栏中单击"图像"|"调整"|"色阶"命令❷。

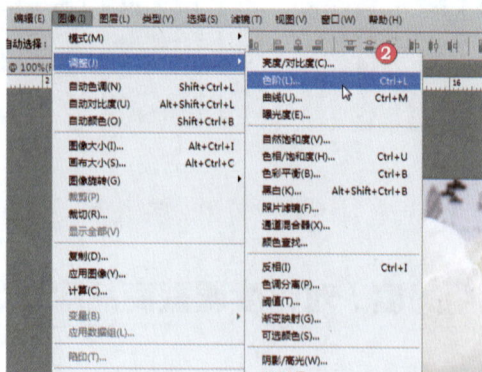

STEP 2 弹出"色阶"对话框❸，设置"输入色阶"，各参数值分别为0、1.79、255❹，单击"确定"按钮，即可使用"色阶"命令调整图像的亮度范围❺。

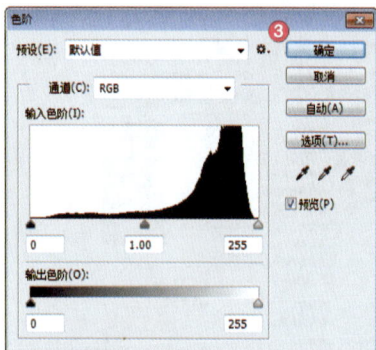

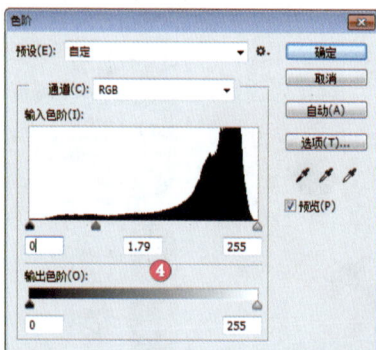

知识链接

在"色阶"对话框中，各选项含义如下。

● 预设：单击"预设选项"按钮，在弹出的列表框中，选择"存储预设"选项，可以将当前的调整参数保存为一个预设的文件。

● 通道：可以选择一个通道进行调整，调整通道会影响图像的颜色。

● 自动：单击该按钮，可以应用自动颜色校正，Photoshop会以0.5%的比例自动调整图像色阶，使图像的亮度分布更加均匀。

● 选项：单击该按钮，可以打开"自动颜色校正选项"对话框，在该对话框中可以设置黑色像素和白色像素的比例。

● 在图像中取样以设置白场：使用该工具在图像中单击，可以将单击点的像素调整为白色，原图中比该点亮度值高的像素也都会变为白色。

● 输入色阶：用来调整图像的阴影、中间调和高光区域。

● 在图像中取样以设置灰场：使用该工具在图像中单击，可以根据单击点像素的亮度来调整其他中间色调的平均亮度，通常用来校正色偏。

● 在图像中取样以设置黑场：使用该工具在图像中单击，可以将单击点的像素调整为黑色，原图中比该点暗的像素也变为黑色。

● 输出色阶：可以限制图像的亮度范围，从而降低对比度，使图像呈现褪色效果。

"色阶"是指图像中的颜色或颜色中的某一个组成部分的亮度范围。"色阶"命令通过调整图像的阴影、中间调和高光的强度级别，校正图像的色调范围和色彩平衡。

155 运用曲线调整商品图像色调

网店卖家运用"曲线"命令可以通过调节曲线的方式调整图像的高亮色调、中间调和暗色调，其优点是可以只调整选定色调范围内的图像而不影响其他图像的色调。

STEP 1 按【Ctrl＋O】组合键，打开一幅素材图像❶，在菜单栏中单击"图像"｜"调整"｜"曲线"命令❷。

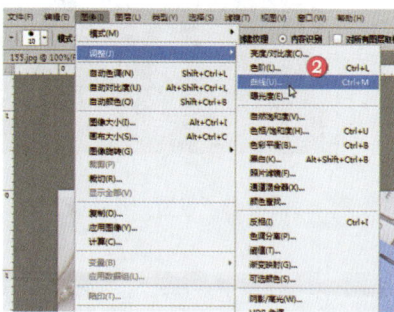

STEP 2 执行上述操作后，即可弹出"曲线"对话框❸，在网格中单击鼠标左键，建立曲线编辑点后，设置"输出"和"输入"值分别为90、158❹，单击"确定"按钮，即可调整图像的整体色调❺。

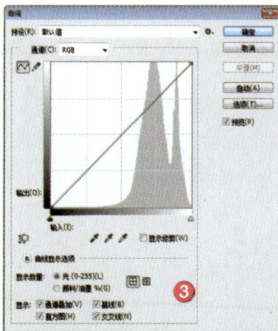

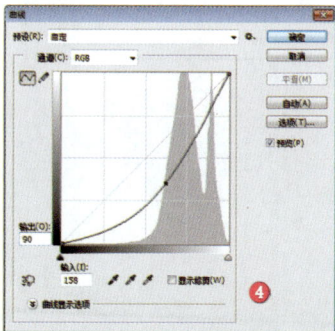

在"曲线"对话框中，各选项含义如下。

● 预设：包含了Photoshop提供的各种预设调整文件，可以用于调整图像。

● 通道：在其列表框中可以选择要调整的通道，调整通道会改变图像的颜色。

● 编辑点以修改曲线：该按钮为选中状态，此时在曲线中单击可以添加新的控制点，拖动控制点改变曲线形状即可调整图像。

● 通过绘制来修改曲线：单击该按钮后，可以绘制手绘效果的自由曲线。

● 输出/输入："输入"色阶显示了调整前的像素值，"输出"色阶显示了调整后的像素值。

● 在图像上单击并拖动可以修改曲线：单击该按钮后，将鼠标指针放在图像上，曲线上会出现一个圆形图形，它代表鼠标指针处的色调在曲线上的位置，在画面中单击鼠标左键并拖曳可以添加控制点并调整相应的色调。

● 平滑：使用铅笔绘制曲线后，单击该按钮，可以对曲线进行平滑处理。

● 自动：单击该按钮，可以对图像应用"自动颜色""自动对比度"或"自动色调"校正。具体校正内容取决于"自动颜色校正选项"对话框中的设置。

● 选项：单击该按钮，可以打开"自动颜色校正选项"对话框。自动颜色校正选项用来控制由"色阶"和"曲线"中的"自动颜色""自动色调""自动对比度"和"自动"选项应用的色调和颜色校正。它允许指定"阴影"和"高光"剪切百分比，并为阴影、中间调和高光指定颜色值。

156　运用曝光度调整商品图像曝光度

在商品拍摄过程中，经常会因为曝光过度而导致图像偏白，或因为曝光不足而导致图像偏暗，此时可以通过"曝光度"命令来调整图像的曝光度，使图像曝光达到正常。

STEP 1 按【Ctrl + 0】组合键，打开一幅素材图像❶，在菜单栏中单击"图像"|"调整"|"曝光度"命令❷。

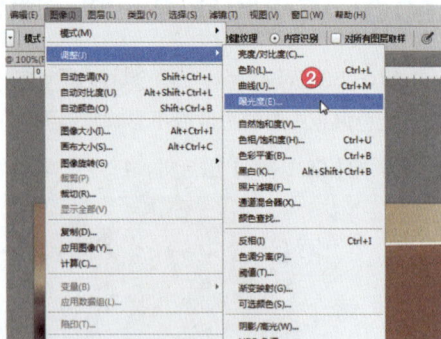

STEP 2 弹出"曝光度"对话框❸，设置"曝光度"为 1.5、"灰度系数校正"为 1.1 ❹，单击"确定"按钮，即可调整图像的曝光度❺。

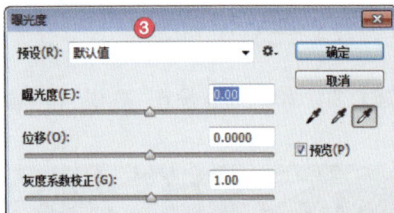

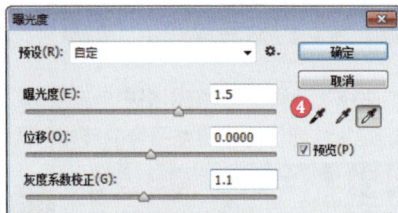

知识链接

在"曝光度"对话框中，各选项含义如下。

● 预设：可以选择一个预设的曝光度调整商品图像。

● 曝光度：调整色调范围的曝光度，对极限阴影的影响很轻微。

● 位移：使阴影和中间调变暗，对高光的影响很轻微。

● 灰度系数校正：使用简单乘方函数调整图像灰度系数，负值会被视为它们的相应正值。

157　运用自然饱和度调整商品图像饱和度

在商品拍摄过程中，经常会因为光线、拍摄设备和环境等原因，导致商品图像色彩减淡，这时可通过"自然饱和度"命令调整商品图像的饱和度。

STEP 1 按【Ctrl + 0】组合键，打开一幅素材图像❶，在菜单栏中单击"图像"|"调整"|"自然饱和度"命令❷。

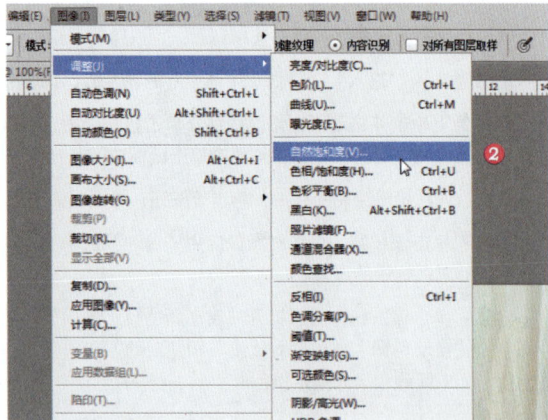

STEP 2 弹出"自然饱和度"对话框③，设置"自然饱和度"为10、"饱和度"为32④，单击"确定"按钮，即可调整图像的饱和度⑤。

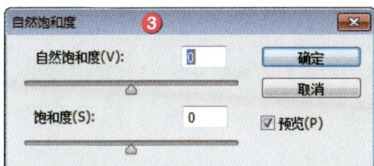

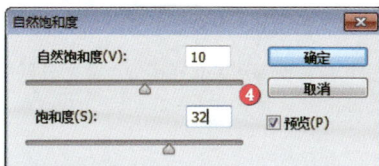

在"自然饱和度"对话框中，各选项含义如下。

● 自然饱和度：在颜色接近最大饱和度时，最大限度地减少修剪，可以防止过度饱和。

● 饱和度：用于调整所有颜色，而不考虑当前的饱和度。

158 运用色相/饱和度调整商品图像色调

"色相/饱和度"命令可以调整整幅图像或单个颜色分量的色相、饱和度和亮度值，还可以同步调整图像中所有的颜色。这时网店卖家可通过"色相/饱和度"命令调整商品图像的色调。

STEP 1 按【Ctrl+0】组合键，打开一幅素材图像①，在菜单栏中单击"图像"|"调整"|"色相/饱和度"命令②。

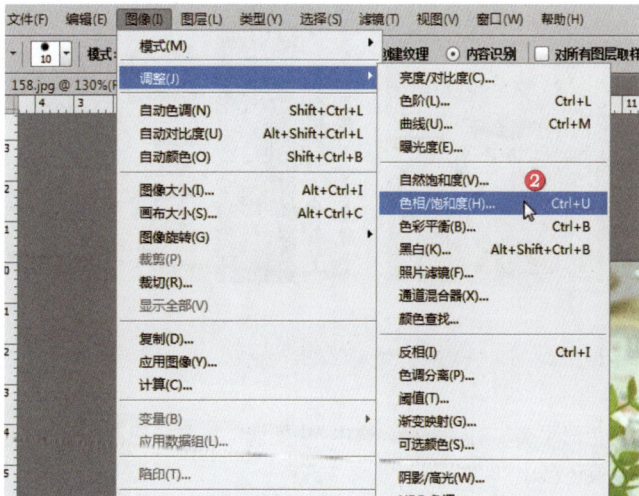

STEP 2 弹出"色相/饱和度"对话框③，设置"色相"为5、"饱和度"为40④，单击"确定"按钮，即可调整图像色调⑤。

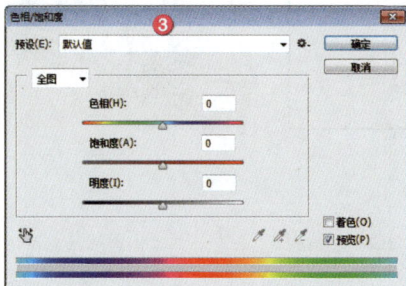

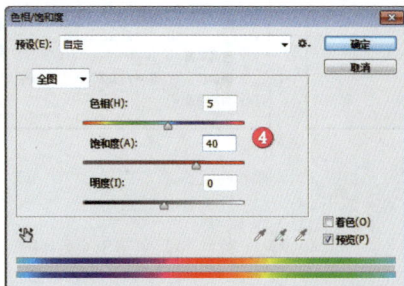

147

在"色相/饱和度"对话框中，各选项含义如下。

● 预设：在"预设"列表框中提供了8种色相/饱和度预设。

● 通道：在"通道"列表框中可以选择全图、红色、黄色、绿色、青色、蓝色和洋红通道，以进行色相、饱和度和明度的参数调整。

● 着色：选中该复选框后，图像会整体偏向于单一的红色调。

● 在图像上单击鼠标左键并拖曳可修改饱和度；使用该工具在图像上单击设置取样点以后，向右拖曳鼠标可以增加图像的饱和度；向左拖曳鼠标可以降低图像的饱和度。

TIPS

"色相/饱和度"命令可以调整整幅图像或单个颜色分量的色相、饱和度和亮度值，还可以同步调整图像中所有的颜色。

159 运用色彩平衡调整商品图像偏色

"色彩平衡"命令是根据颜色互补的原理，通过添加或减少互补色而达到图像的色彩平衡，或改变图像的整体色调。这时网店卖家可通过"色彩平衡"命令调整商品图像色调，校正图像偏色。

STEP 1 按【Ctrl＋O】组合键，打开一幅素材图像❶，在菜单栏中单击"图像"｜"调整"｜"色彩平衡"命令❷。

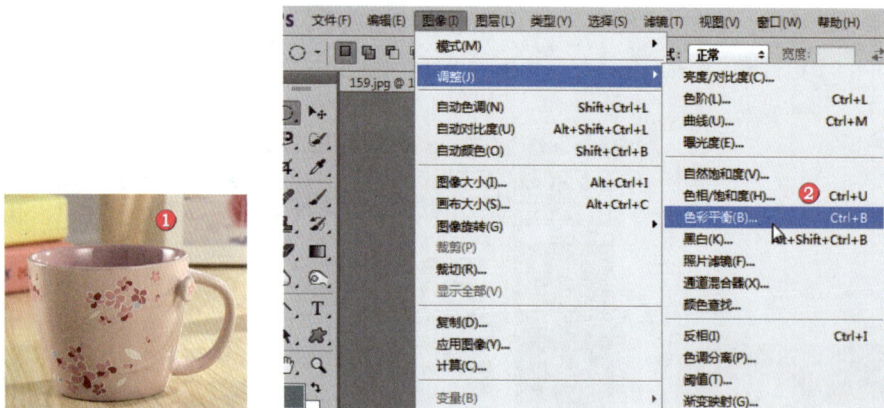

TIPS

按【Ctrl＋B】组合键，可以快速弹出"色彩平衡"对话框。

STEP 2 弹出"色彩平衡"对话框❸，选中"中间调"单选按钮，设置"色阶"为50、30、30❹，单击"确定"按钮，即可调整图像偏色❺。

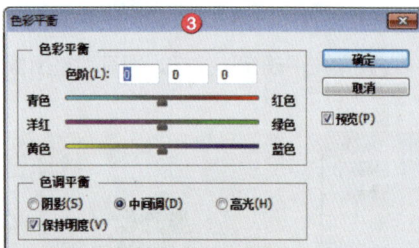

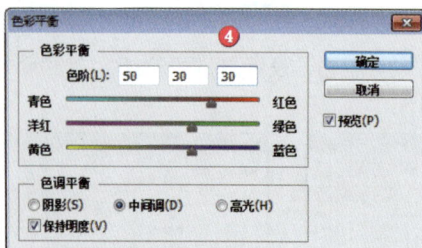

在"色彩平衡"对话框中，各选项含义如下。

● 色彩平衡：分别显示了青色和红色、洋红和绿色、黄色和蓝色这3对互补的颜色，每一对颜色中间的滑块用于控制各主要色彩的增减。

● **色调平衡**：分别选中该区域中的3个单选按钮，可以调整图像颜色的最暗处、中间调和最亮处。

● **保持明度**：选中该复选框，图像像素的亮度值不变，只有颜色值发生变化。

160 运用匹配颜色匹配商品图像色调

"匹配颜色"命令可以调整图像的明度、饱和度以及颜色平衡，还可以将两幅色调不同的图像自动调整统一成一个协调的色调。网店卖家可通过"匹配颜色"命令将不同的商品图像统一调整为一个协调的色调。

STEP 1 按【Ctrl＋O】组合键，打开两幅素材图像❶，确定"160（1）"为当前图像编辑窗口，在菜单栏中单击"图像"|"调整"|"匹配颜色"命令❷。

STEP 2 弹出"匹配颜色"对话框❸，在"匹配颜色"对话框中设置相应参数，然后在"源"列表框中选择"抱枕160（2）"❹，单击"确定"按钮，即可匹配图像色调❺。

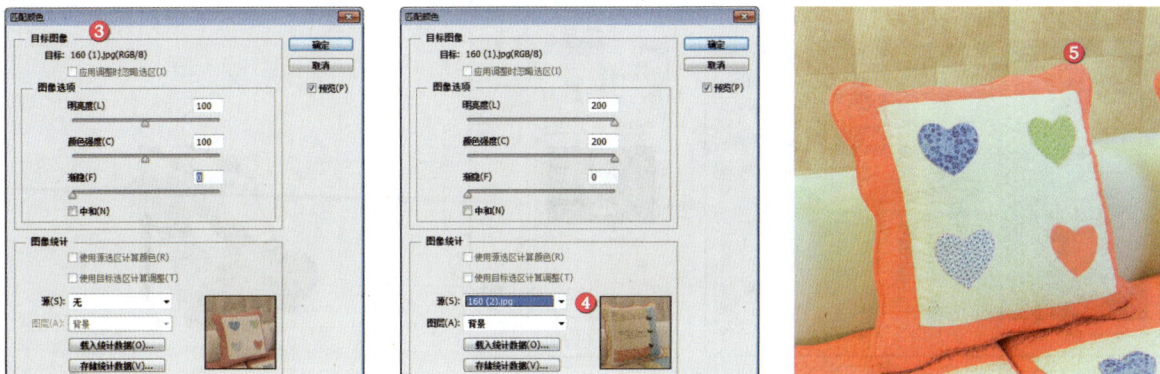

知识链接

在"匹配颜色"对话框中，各选项含义如下。

● **目标**：该选项区显示要修改的图像的名称以及颜色模式。

● **应用调整时忽略选区**：如果目标图像中存在选区，选中该复选框，Photoshop将忽视选区的存在，会将调整应用到整个图像。

● **图像选项**："明亮度"选项用来调整图像匹配的明亮程度；"颜色强度"选项相当于图像的饱和度，因此它用来调整图像的饱和度；"渐隐"选项有点类似于图层蒙版，它决定了有多少源图像的颜色匹配到目标图像的颜色中；"中和"选项主要用来去除图像中的偏色现象。

● **图像统计**："使用源选区计算颜色"选项可以使用源图像中的选区图像的颜色来计算匹配颜色；"使用目标选区计算调整"选项可以使用目标图像中的选区图像的颜色来计算匹配颜色；"源"选项用来选择源图像，即将颜色匹配到目标图像的图像；"图层"选项用来选择需要用来匹配颜色的图层；"载入数据统计"和"存储数据统计"主要用来载入已经存储的设置与存储当前的设置。

161 运用"替换颜色"命令替换商品图像颜色

"替换颜色"命令能够基于特定颜色通过在图像中创建蒙版来调整色相、饱和度和明度值，它能够将整幅图像或者选定区域的颜色用指定的颜色代替。这时可通过"替换颜色"命令替换商品图像颜色。

STEP 1 按【Ctrl＋O】组合键，打开一幅素材图像❶，在菜单栏中单击"图像"|"调整"|"替换颜色"命令❷，弹出"替换颜色"对话框，在黑色矩形框中适当位置重复单击，选中需要替换的颜色❸。

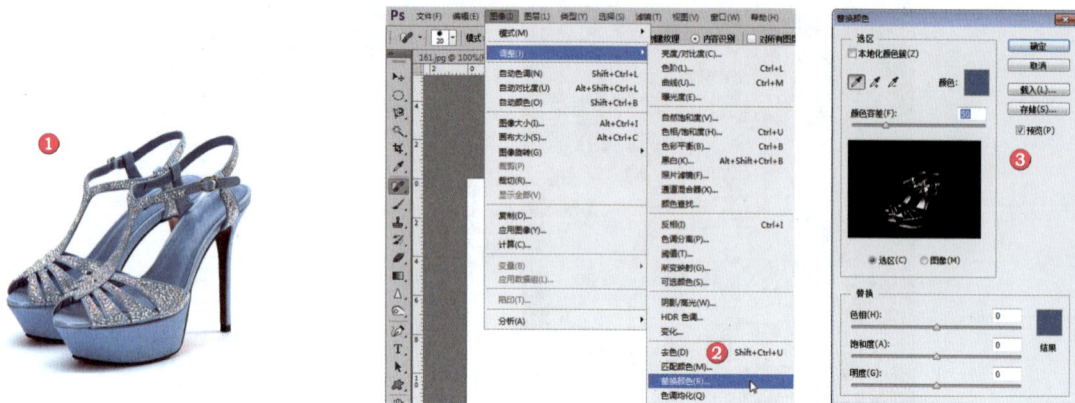

STEP 2 单击"结果"色块，弹出"拾色器（结果颜色）"对话框，设置 RGB 参数值分别为 255、0、161 ❹，单击"确定"按钮，返回"替换颜色"对话框，设置"颜色容差"为 100、"色相"为 15 ❺，单击"确定"按钮，即可替换图像颜色❻。

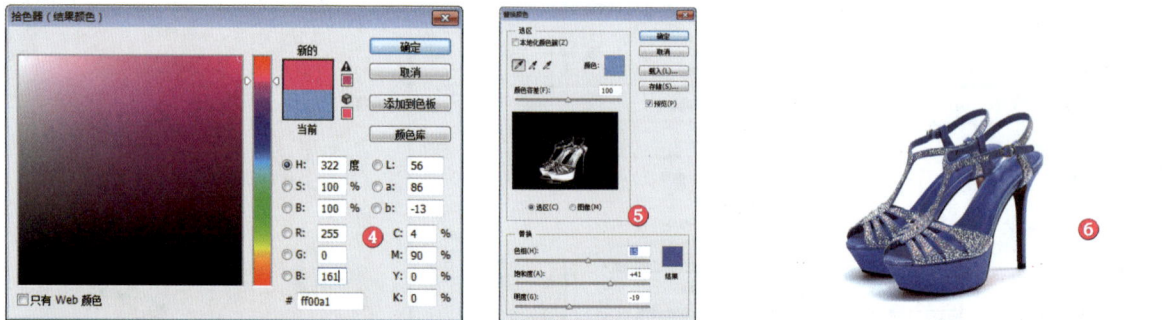

知识链接

在"替换颜色"对话框中，各选项含义如下。

● **本地化颜色簇**：该复选框主要用来在图像上选择多种颜色。

● **吸管**：单击"吸管工具"按钮 后，在图像上单击鼠标左键可以选中单击点的颜色，同时在"选区"缩略图中也会显示出选中的颜色区域；单击"添加到取样"按钮 后，在图像上单击鼠标左键，可以将单击点的颜色添加到选中的颜色中；单击"从取样中减去"按钮 ，在图像上单击鼠标左键，可以将单击点的颜色从选定的颜色中减去。

● **颜色容差**：该选项用来控制选中颜色的范围，数值越大，选中的颜色范围越广。

● **选区/图像**：选择"选区"选项，可以以蒙版方式进行显示，其中白色表示选中的颜色，黑色表示未选中的颜色，灰色表示只选中了部分颜色；选择"图像"选项，则只显示图像。

● **色相/饱和度/明度**：这3个选项与"色相/饱和度"命令的3个选项相同，可以调整选定颜色的色相、饱和度和明度。

162 运用阴影／高光调整商品图像明暗

网店卖家使用"阴影／高光"命令能快速调整图像曝光过度或曝光不足区域的对比度，同时保持照片色彩的整体平衡。

STEP 1 按【Ctrl＋O】组合键，打开一幅素材图像❶，在菜单栏中单击"图像"｜"调整"｜"阴影／高光"命令❷。

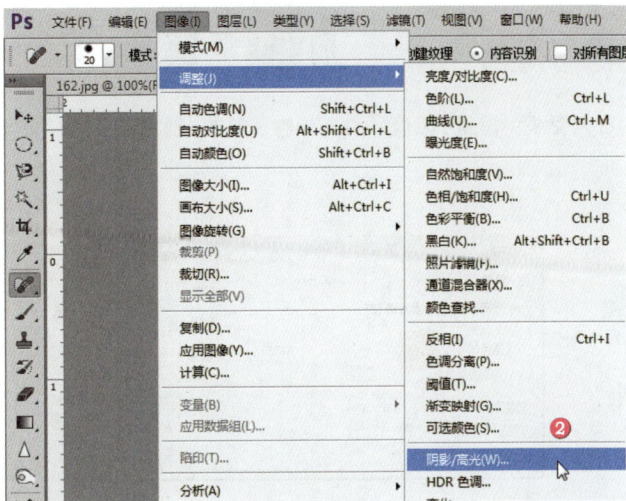

STEP 2 弹出"阴影／高光"对话框❸，在"阴影"选项区设置"数量"为0%，在"高光"选项区设置"数量"为15%❹，单击"确定"按钮，即可调整图像明暗❺。

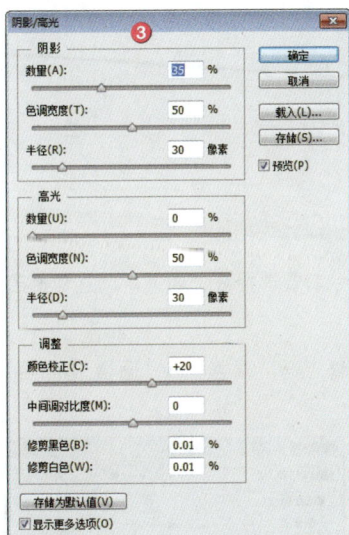

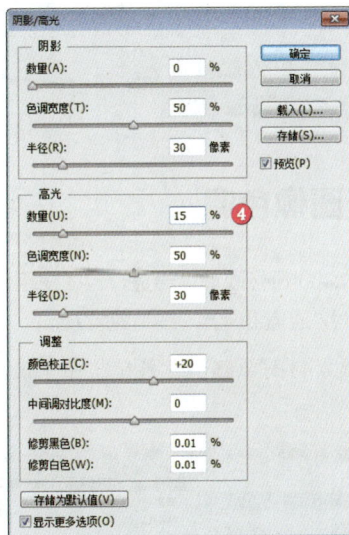

知识链接

在"阴影/高光"对话框中，各选项含义如下。

● 数量：用于调整图像阴影或高光区域，该值越大则调整的幅度也越大。

● 色调宽度：用于控制对图像的阴影或高光部分的修改范围，该值越大，则调整的范围越大。

● 半径：用于确定图像中哪些是阴影区域，哪些区域是高光区域，然后对已确定的区域进行调整。

163 运用照片滤镜过滤商品图像色调

网店卖家进行商品图片后期处理时，若想改变背景颜色和商品图像色调，这时可通过"照片滤镜"命令来实现。

STEP 1 按【Ctrl＋O】组合键，打开一幅素材图像❶，在菜单栏中单击"图像" | "调整" | "照片滤镜"命令❷，弹出"照片滤镜"对话框❸。

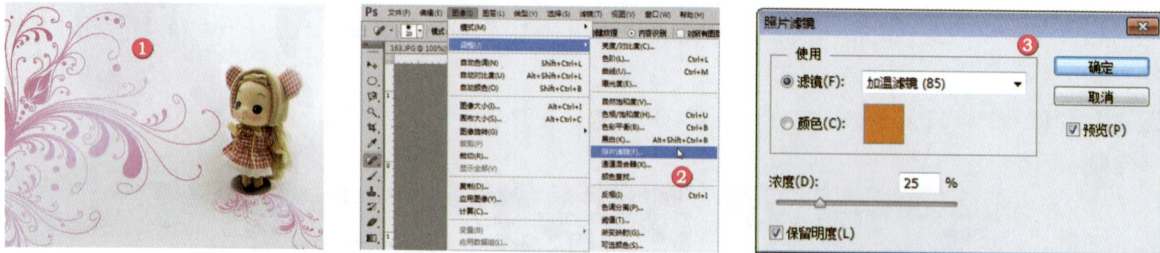

STEP 2 在对话框中设置"浓度"为 47%❹，单击"确定"按钮，即可过滤图像色调❺。

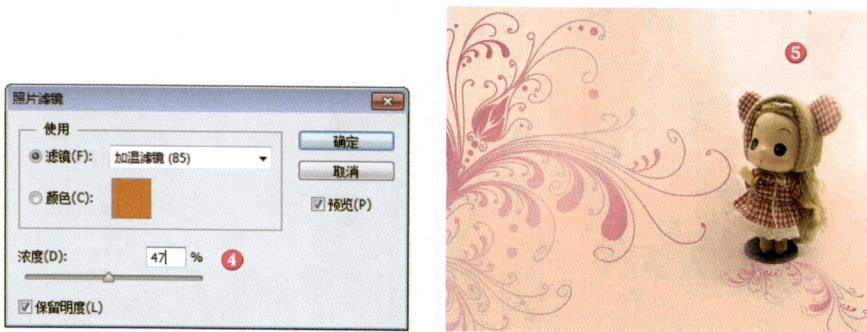

知识链接

在"照片滤镜"对话框中，各选项含义如下。

● 滤镜：包含20种预设选项，用户可以根据需要选择合适的选项，对图像进行调整。

● 颜色：单击该色块，在弹出的"拾色器"对话框中可以自定义一种颜色作为图像的色调。

● 浓度：用于调整应用于图像的颜色数量。该值越大，应用的颜色调越大。

● 保留明度：选中该复选框，在调整颜色的同时保持原图像的亮度。

164 运用通道混合器调整图像色调

"通道混合器"命令可用当前颜色通道的混合器修改颜色通道，但在使用该命令前要选择复合通道。网店卖家若想改变背景颜色和商品图像色调，这时可通过"通道混合器"命令来实现。

STEP 1 按【Ctrl＋O】组合键，打开一幅素材图像❶，在菜单栏中单击"图像" | "调整" | "通道混合器"命令❷，弹出"通道混合器"对话框❸。

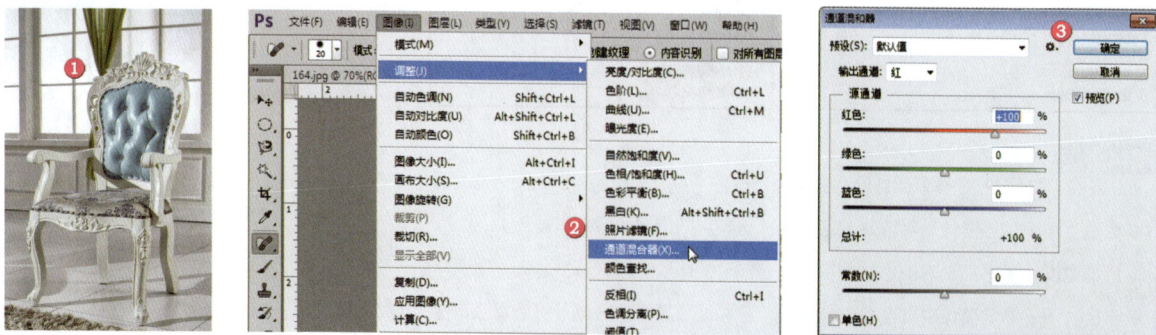

STEP 2 在其中设置"输出通道"为"蓝"，"蓝色"为＋85% ④，单击"确定"按钮，即可调整图像色调⑤。

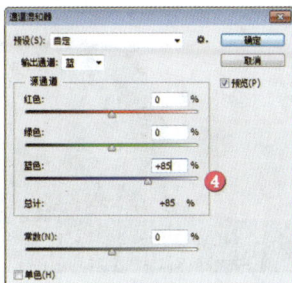

在"通道混合器"对话框中，各选项含义如下。

● 预设：该列表框中包含了Photoshop提供的预设调整设置文件。

● 输出通道：可以选择要调整的通道。

● 源通道：用来设置输出通道中源通道所占的百分比。

● 总计：显示了通道的总计值。

● 常数：用来调整输出通道的灰度值。

● 单色：选中该复选框，可以将彩色图像转换为黑白效果。

165 运用可选颜色改变商品图像颜色

"可选颜色"命令主要校正图像的色彩不平衡和调整图像的色彩，网店卖家可以在高档扫描仪和分色程序中使用，并有选择性地修改主要颜色的印刷数量，同时不会影响到其他主要颜色。

STEP 1 按【Ctrl＋O】组合键，打开一幅素材图像①，在菜单栏中单击"图像"|"调整"|"可选颜色"命令②，即可弹出"可选颜色"对话框③。

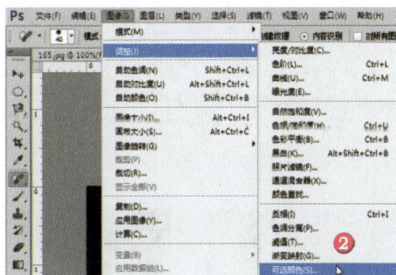

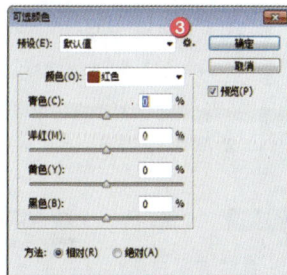

知识链接

在"可选颜色"对话框中，各选项含义如下。

● 预设：可以使用系统预设的参数对图像进行调整。

● 颜色：可以选择要改变的颜色，然后通过下方的"青色""洋红""黄色"和"黑色"滑块对选择的颜色进行调整。

● 方法：该选项区中包括"相对"和"绝对"两个单选按钮，选中"相对"单选按钮，表示设置的颜色为相对于原颜色的改变量，即在原颜色的基础上增加或减少某种印刷色的含量；选中"绝对"单选按钮，则直接将原颜色校正为设置的颜色。

STEP 2 在其中设置"青色"为 -81%、"洋红"为 -64%、"黄色"为 -100%、"黑色"为 0% **4**，单击"确定"按钮，即可改变图像颜色 **5**。

166 运用"黑白"命令去除商品图像颜色

网店卖家进行商品图片后期处理时，若想使商品图像呈现黑白照片效果，这时可通过"黑白"命令来实现。

STEP 1 按【Ctrl＋O】组合键，打开一幅素材图像 **1**，在菜单栏中单击"图像"｜"调整"｜"黑白"命令 **2**，弹出"黑白"对话框 **3**。

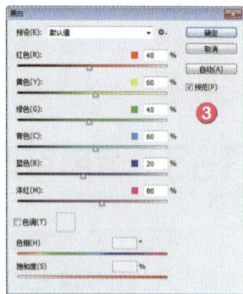

知识链接

在"黑白"对话框中，各选项含义如下。

● **自动**：单击该按钮，可以设置基于图像的颜色值的灰度混合，并使灰度值的分布最大化。

● **拖动颜色滑块调整**：拖动各个颜色的滑块可以调整图像中特定颜色的灰色调，向左拖动则灰色调变暗，向右拖动则灰色调变亮。

● **色调**：选中该复选框，可以为灰度着色，创建单色调效果，拖动"色相"和"饱和度"滑块进行调整，单击颜色块，可以打开"拾色器"对话框对颜色进行调整。

STEP 2 在"黑白"对话框中，各参数保持默认设置，单击"确定"按钮 **4**，即可制作黑白图像 **5**。

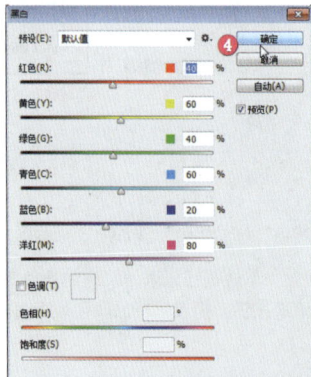

167 运用"去色"命令制作灰度商品图像效果

网店卖家进行商品图片后期处理时，若想使商品图像呈现灰度效果，这时可以通过"去色"命令来实现。

按【Ctrl＋O】组合键，打开一幅素材图像❶，在菜单栏中单击"图像"｜"调整"｜"去色"命令❷，即可将图像去色呈灰色显示❸。

168 通过"变化"命令制作彩色调商品图像

"变化"命令是一个简单直观的图像调整工具，在调整图像的颜色平衡、对比度以及饱和度的同时，能看到图像调整前和调整后的缩览图，使调整更为简单明了，这时可以通过"变化"命令来实现。

STEP 1　按【Ctrl＋O】组合键，打开一幅素材图像❶，在菜单栏中单击"图像"｜"调整"｜"变化"命令❷，弹出"变化"对话框❸。

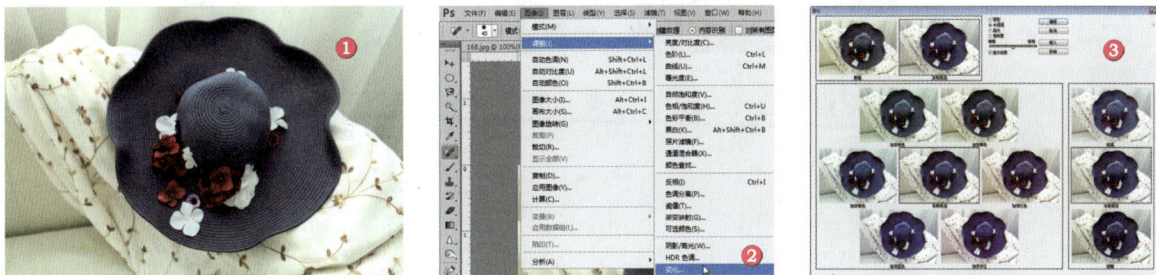

知识链接

在"变化"对话框中，各选项含义如下。

- 阴影/中间色调/高光：选择相应的选项，可以调整图像的阴影、中间调或高光的颜色。
- 饱和度："饱和度"选项用来调整颜色的饱和度。
- 原稿/当前挑选：在对话框顶部的"原稿"缩览图中显示了原始图像，"当前挑选"缩览图中显示了图像的调整结果。
- 精细/粗糙：用来控制每次的调整量，每移动一格滑块，可以使调整量双倍增加。
- 显示修剪：选中该复选框，如果出现溢色，颜色就会被修剪，以标识出溢色区域。

STEP 2　在"加深蓝色"缩略图上单击鼠标左键❹，单击"确定"按钮，即可使用"变化"命令制作彩色调图像❺。

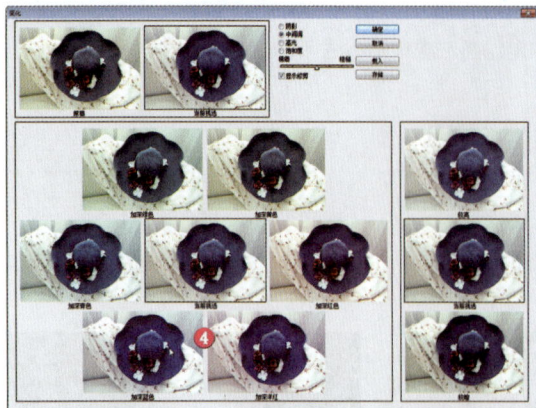

TIPS

"变化"命令对于调整色调均匀并且不需要精确调整色彩的图像非常有用，但是不能用于索引图像或16位通道图像。

169 运用"HDR 色调"命令调整商品图像色调

HDR（High Dynamic Range）即高动态范围，动态范围是指信号最高和最低值的相对比值。"HDR 色调"命令能使亮的地方非常亮；暗的地方非常暗；亮暗部的细节都很明显。网店卖家可以通过"HDR 色调"命令调整商品图像的颜色与色调。

STEP 1 按【Ctrl + O】组合键，打开一幅素材图像❶，在菜单栏中单击"图像"｜"调整"｜"HDR 色调"命令❷，弹出"HDR色调"对话框❸。

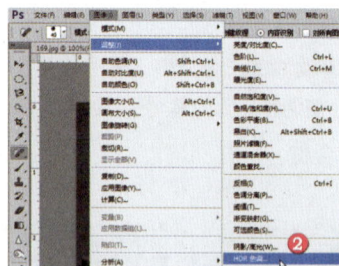

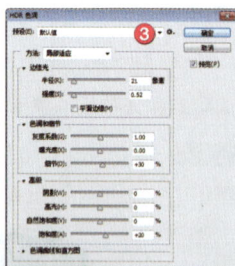

STEP 2 设置"半径"为 81 像素、"强度"为 2.1 ❹，单击"确定"按钮，即可调整图像色调❺。

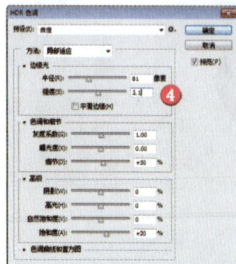

知识链接

在"HDR色调"对话框中，各选项含义如下。

● 预设：用于选择Photoshop的预设HDR色调调整选项。

● 方法：用于选择HDR色调应用图像的方法，可以对边缘光、色调和细节、颜色等选项进行精确的细节调整。单击"色调曲线和直方图"展开按钮，在下方调整"色调曲线和直方图"选项。

PART 02

核心技能篇

09

文字：淘宝网店装修编排设计

文字是多数设计作品尤其是商业作品中不可或缺的重要元素，不管是在店铺装修、还是商品促销中，文字的使用是非常广泛的。通过对文字进行编排与设计，不但能够更有效地表现活动主题，还可以对商品图像起到美化作用，从而使文字体现出引导价值，增强淘宝网店图像的视觉效果。本章将详细讲述淘宝网店装修文字编排设计的方法。

170 制作横排商品文字特效

在处理商品图片时，经常需要在商品图片上附上商品说明，这时可通过横排文字工具制作横排商品文字效果。

STEP 1 按【Ctrl＋O】组合键，打开一幅素材图像❶，在工具箱中选取横排文字工具❷，此时在其工具属性栏中会显示相关选项❸。

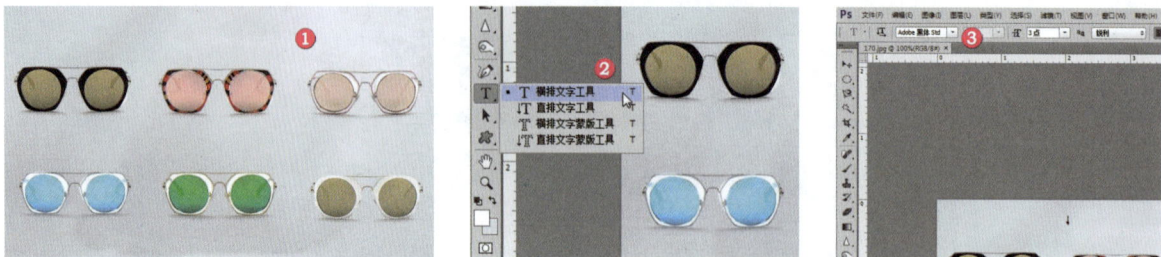

知识链接

在横排文字工具属性栏中，各主要选项的含义如下。

● 更改文本方向：如果当前文字是横排文字，单击该按钮，可以将其转换为直排文字；如果是直排文字，可以将其转换为横排文字。

● 设置字体：在该选项列表框中可以选择字体。

● 字体样式：为字符设置样式，包括Regular（规则的）、Ltalic（斜体）、Bold（粗体）和Bold Ltalic（粗斜体），该选项只对部分英文字体有效。

● 字体大小：可以选择字体的大小，或者直接输入数值来进行调整。

● 消除锯齿的方法：可以为文字消除锯齿选择一种方法，Photoshop会通过部分填充边缘像素来产生边缘平滑的文字，使文字的边缘混合到背景中而看不出锯齿。

● 文本对齐：根据输入文字时光标的文字来设置文本的对齐方式，包括左对齐文本、居中对齐文本和右对齐文本。

● 文本颜色：单击颜色块，可以在打开的"拾色器（文本颜色）"对话框中设置文字的颜色。

● 文本变形：单击该按钮，可以在打开的"变形文字"对话框中为文本添加变形样式，创建变形文字。

● 显示/隐藏字符和段落面板：单击该按钮，可以显示或隐藏"字符"面板和"段落"面板。

STEP 2 将鼠标指针移至图像编辑窗口中，单击鼠标左键以确定文字的插入点❹，在工具属性栏中，设置"字体"为"Adobe 黑体 Std"，"字体大小"为6点❺，在工具属性栏中单击"颜色"色块，弹出"拾色器（文本颜色）"对话框，设置颜色为黑色❻。

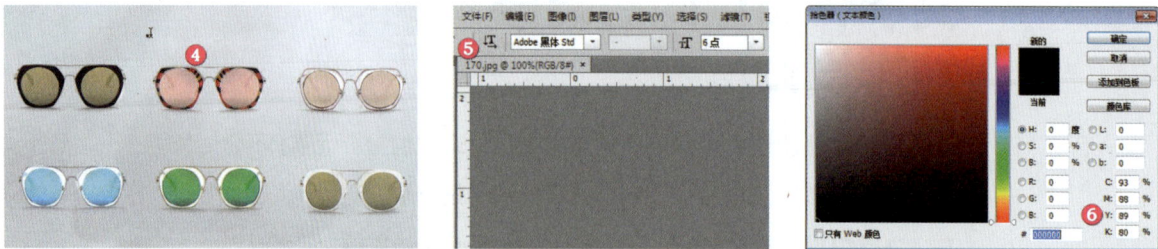

TIPS

确定文字的插入点后不仅可以在工具属性栏中设置文字的字体、字号、文字颜色以及文字样式等属性，还可以在"字符"面板中，设置文字的各种属性。

STEP 3 单击"确定"按钮后，输入文字❼，单击工具属性栏右侧的"提交所有当前编辑"按钮✔，即可结束当前文字输入❽，选取工具箱中的移动工具，将文字移动到合适位置❾。

色彩绚丽 多彩选择 ⑦

✔⑧ 提交所有当前编辑

色彩绚丽 多彩选择 ⑨

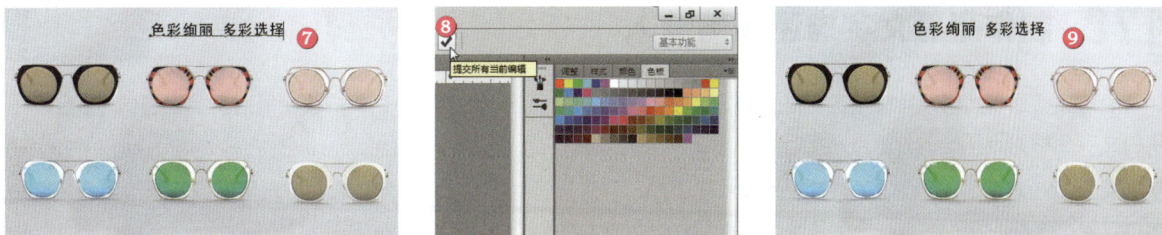

171 制作直排商品文字特效

　　网店卖家选取工具箱中的直排文字工具，将鼠标指针移动到图像编辑窗口中，单击鼠标左键以确定插入点，图像中出现闪烁的光标之后，即可输入相应文字。

STEP 1　按【Ctrl + O】组合键，打开一幅素材图像①，选取工具箱中的直排文字工具②，将鼠标指针移至图像编辑窗口中，单击鼠标左键以确定文字的插入点③。

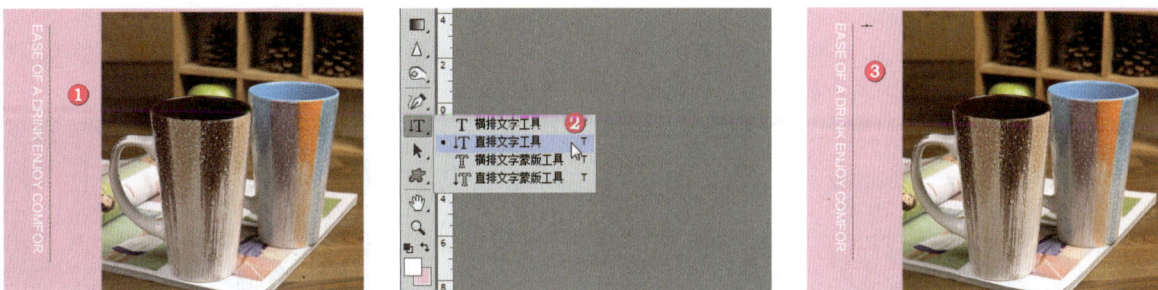

T 横排文字工具
↓T 直排文字工具　　T
T 横排文字蒙版工具
T 直排文字蒙版工具

STEP 2　在工具属性栏中，设置"字体"为"华文中宋"，"字体大小"为6点④，在工具属性栏中单击"颜色"色块，弹出"拾色器（文本颜色）"对话框，设置颜色为白色⑤，单击"确定"按钮后，输入文字⑥。

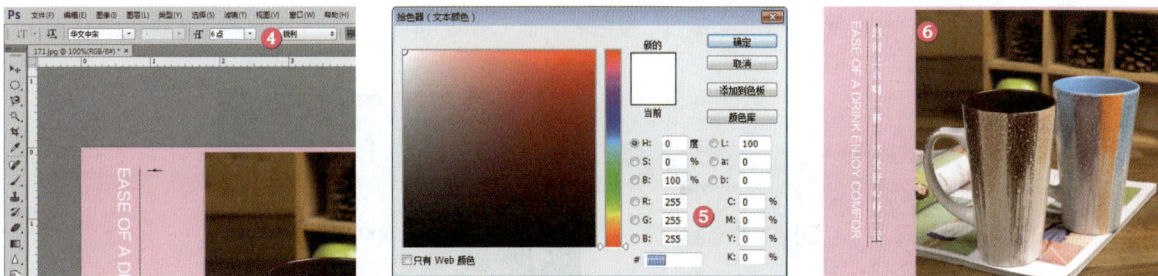

拾色器（文本颜色）

新的

当前

确定
取消
添加到色板
颜色库

H: 0 度　　L: 100
S: 0 %　　a: 0
B: 100 %　　b: 0
R: 255　　C: 0 %
G: 255　　M: 0 %
B: 255　　Y: 0 %
　　　　　　K: 0 %

□只有 Web 颜色

STEP 3　单击工具属性栏右侧的"提交所有当前编辑"按钮 ✔ ⑦，即可结束当前文字输入，选取工具箱中的移动工具，将文字移动到合适位置⑧。

172　制作商品文字描述段落输入

段落文字是一类以段落文字定界框来确定文字的位置与换行情况的文字，当用户改变段落文字定界框时，定界框中的文字会根据定界框的位置自动换行。

STEP 1 按【Ctrl + O】组合键，打开一幅素材图像❶，在工具箱中选取横排文字工具❷，将鼠标指针移至图像编辑窗口中，单击鼠标左键并拖曳至合适位置，即可创建一个文本框❸。

STEP 2 在工具属性栏中，设置"字体"为"华文楷体"，"字体大小"为 5 点❹，在工具属性栏中单击"颜色"色块，弹出"拾色器（文本颜色）"对话框，设置颜色为白色❺，单击"确定"按钮后，输入相应文字❻。

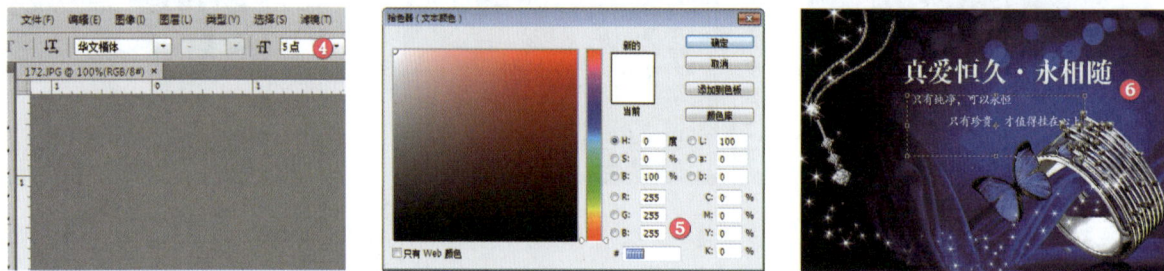

STEP 3 单击工具属性栏右侧的"提交所有当前编辑"按钮 ✔，即可结束当前文字输入❼，选取工具箱中的移动工具，将文字移动到合适位置❽。

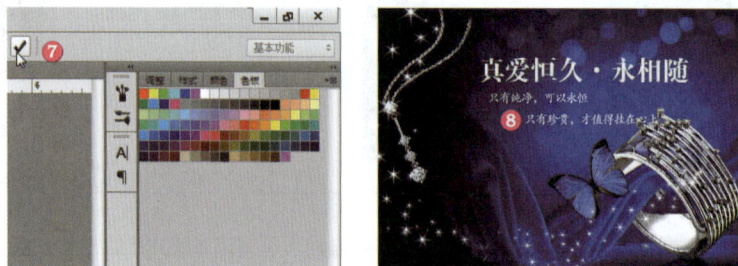

173　设置商品文字属性

在 Photoshop CC 中，用户可以根据需要使用"字符"面板调整文字属性。在"字符"面板中也可以对文字的字体和字号进行设置。通过更改文字的字体和字号可改变视觉效果。中文版 Photoshop CC 提供了多种字体，网店卖家可根据需要选择合适的字体。

STEP 1 按【Ctrl + O】组合键，打开一幅素材图像❶，在"图层"面板中选择文字图层❷，在菜单栏中单击"窗口"|"字符"命令❸。

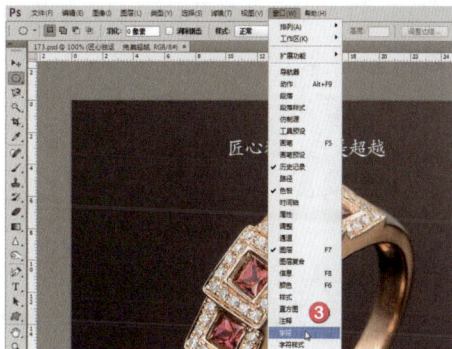

知识链接

在"字符"面板中，各主要选项的含义如下。

- **字体**：在该选项列表框中可以选择字体。
- **字体大小**：可以选择字体的大小。
- **字距微调**：调整两个字符之间的距离，在操作时首先要调整两个字符之间的间距，设置插入点，然后调整数值。
- **水平缩放/垂直缩放**：水平缩放用于调整字符的宽度，垂直缩放用于调整字符的高度。这两个百分比相同时，可以进行等比缩放；不相同时，则可以进行不等比缩放。
- **基线偏移**：用来控制文字与基线的距离，它可以升高或降低所选文字。
- **T状按钮**：T状按钮用来创建仿粗体、斜体等文字样式，以及为字符添加下划线或删除线。
- **语言**：可以对所选字符进行有关连字符和拼写规则的语言设置，Photoshop使用语言词典检查连字符连接。
- **行距**：行距是指文本中各个字行之间的垂直间距，同一段落的行与行之间可以设置不同的行距，但文字行中的最大行距决定了该行的行距。
- **字距调整**：选择部分字符时，可以调整所选字符的间距。
- **颜色**：单击颜色块，可以在打开的"拾色器（文本颜色）"对话框中设置文字的颜色。
- **消除锯齿的方法**：可以为文字消除锯齿选择一种方法，Photoshop会通过部分填充边缘像素来产生边缘平滑的文字，使文字的边缘混合到背景中而看不出锯齿。

STEP 2 执行上述操作后，即可展开"字符"面板❹，设置"字体大小"为46点、"行距"为43.2点、"字符间距"为50、"取消锯齿方法"为"平滑"❺，激活仿粗体图标，执行上述操作后，即可更改文字属性，调整文字至合适位置❻。

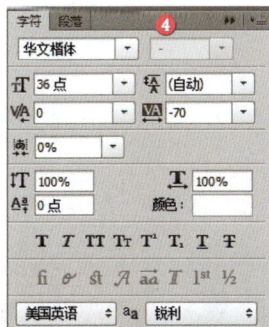

174 设置商品描述对齐方式

网店卖家使用"段落"面板可以改变或重新定义文字的排列方式、段落缩进及段落间距等。

STEP 1 按【Ctrl＋O】组合键，打开一幅素材图像❶，在"图层"面板中，选择文字图层❷，在菜单栏中单击"窗口" |
"段落"命令❸。

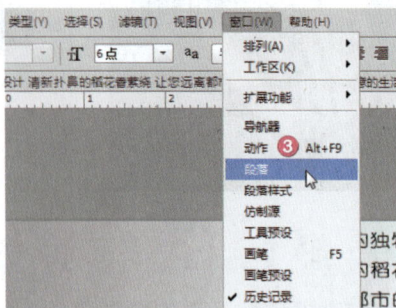

STEP 2 执行上述操作后，即可展开"段落"面板❹，设置"对齐方式"为"右对齐
文本"❺，执行上述操作后，即可更改文字对齐方式，若文字位置不对，可使用移
动工具进行调整❻。

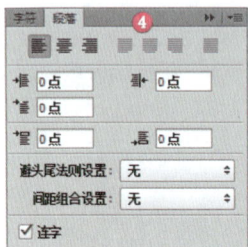

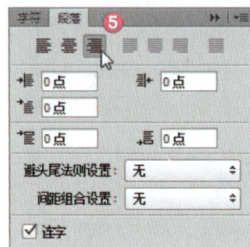

知识链接

在"段落"面板中，各主要选项的含义如下。

● 对齐方式：对齐方式包括有左对齐文本▤、居中对齐文本▤、右对齐文本▤、最后一行左对齐▤、最后一行居中对齐▤、最后
一行右对齐▤和全部对齐▤。

● 左缩进：设置段落的左缩进。

● 首行缩进：缩进段落中的首行文字，对于横排文字，首行缩进与左缩进有关；对于直排文字，首行缩进与顶端缩进有关，要
创建首行悬挂缩进，必须输入一个负值。

● 段前添加空格：设置段落与上一行的距离，或全选文字的每一段的距离。

● 右缩进：设置段落的右缩进。

● 段后添加空格：设置每段文本后的一段距离。

175 制作商品文字横排文字蒙版特效

网店卖家可使用横排文字蒙版工具制作商品文字效果，以达到宣传的效果。

STEP 1 按【Ctrl＋O】组合
键，打开一幅素材图像❶，
在工具箱中选取横排文字蒙
版工具❷，将鼠标指针移动
至图像编辑窗口中，单击鼠
标左键以确定文字的插入
点，此时图像呈淡红色❸。

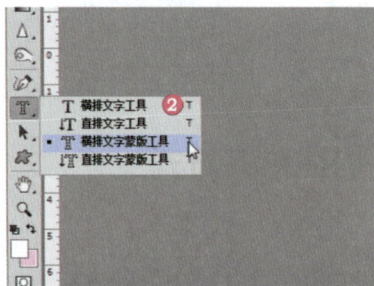

STEP 2 在工具属性栏中，设置"字体"为"华文中宋"，"字体大小"为10点❹，设置参数后，输入文字，此时输入的文字呈实体显示❺，单击工具属性栏右侧的"提交所有当前编辑"按钮✔❻，即可结束当前文字输入。

STEP 3 执行上述操作后，即可创建文字选区❼。在工具箱底部单击"前景色"色块，弹出"拾色器（前景色）"对话框，设置前景色为粉色（RGB 参数值分别为 252、90、111）❽，单击"确定"按钮，按【Alt＋Delete】组合键为选区填充前景色❾。按【Ctrl＋D】组合键取消选区，查看文字效果❿。

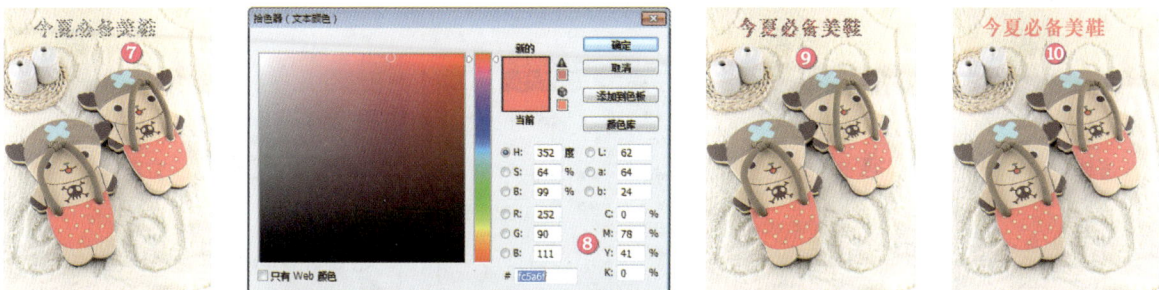

176 制作商品文字直排文字蒙版特效

网店卖家可使用直排文字蒙版工具制作商品直排文字蒙版效果，以达到商品图像呈垂直分布的目的。

STEP 1 按【Ctrl＋O】组合键，打开一幅素材图像❶，在工具箱中选取直排文字蒙版工具❷，将鼠标指针移至图像编辑窗口中，单击鼠标左键以确定文字的插入点，此时图像呈淡红色❸。

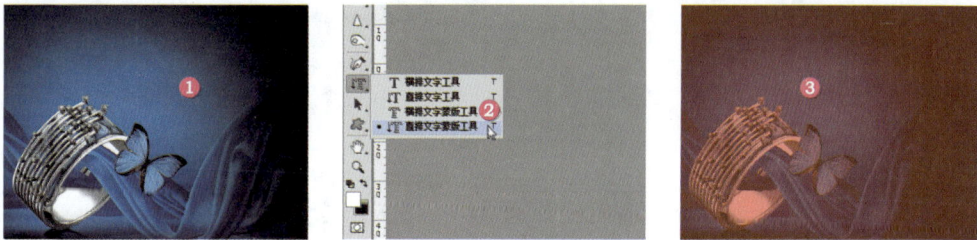

STEP 2 在工具属性栏中，设置"字体"为"华文中宋"，"字体大小"为50点、"设置取消锯齿的方法"为"平滑"❹，设置参数后，输入文字，此时输入的文字呈实体显示，单击工具属性栏右侧的"提交所有当前编辑"按钮✔，即可结束当前文字输入，创建文字选区❺，在工具箱底部单击"前景色"色块，弹出"拾色器（前景色）"对话框，设置前景色为白色❻。

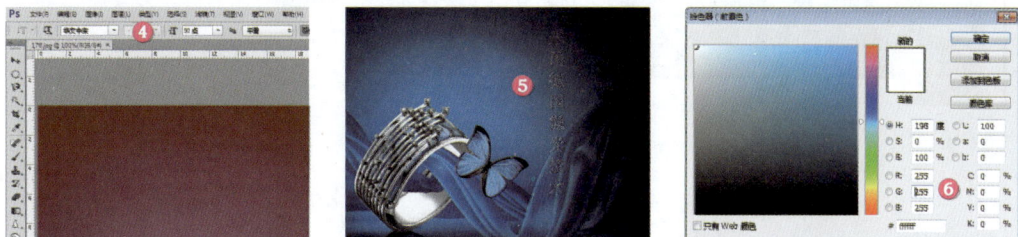

163

STEP 3 单击"确定"按钮，按【Alt＋Delete】组合键为选区填充前景色❼，按【Ctrl＋D】组合键取消选区，预览输入的文字效果❽。

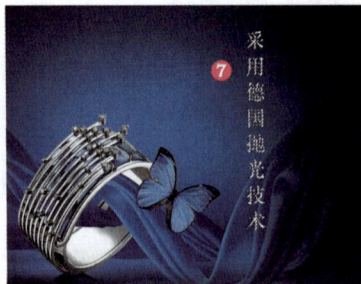
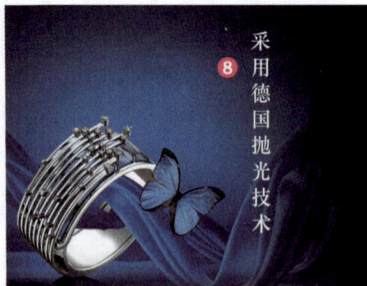

177 互换商品文字水平垂直

网店卖家若想改变商品文字显示效果，可通过文字水平垂直互换来实现。

STEP 1 按【Ctrl＋O】组合键，打开一幅素材图像❶，在"图层"面板中选择文字图层❷，选取工具箱中的横排文字工具❸。

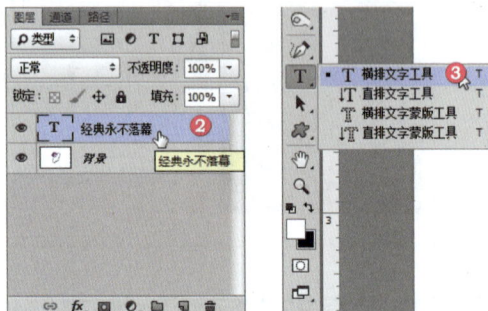

STEP 2 在工具属性栏中，单击"更改文本方向"按钮❹，执行操作后，即可更改文字的排列方向❺。

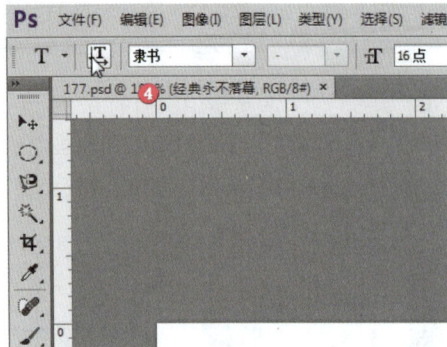

178 制作商品文字沿路径排列特效

网店卖家若想制作商品文字特殊排列效果，可通过绘制路径并沿路径排列文字来实现。

STEP 1 按【Ctrl + O】组合键，打开一幅素材图像❶，在工具箱中选取钢笔工具，在图像编辑窗口中的合适位置绘制一条曲线路径❷，选取工具箱中的横排文字工具，在路径上单击鼠标左键，确定文字输入点❸。

> **TIPS**
> 沿路径输入文字时，文字将沿着锚点添加到路径方向。如果在路径上输入横排文字，文字方向将与基线垂直；当在路径上输入直排文字时，文字方向将与基线平行。

STEP 2 在工具属性栏中，设置"字体"为"黑体"，"字体大小"为 10 点❹，在工具属性栏中单击"颜色"色块，弹出"拾色器（文本颜色）"对话框，设置颜色为红色（RGB 参数值分别为 255、0、11）❺，单击"确定"按钮后，输入文字，按【Ctrl + Enter】组合键，确认文字输入，并隐藏路径❻。

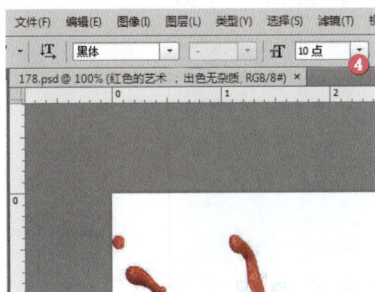

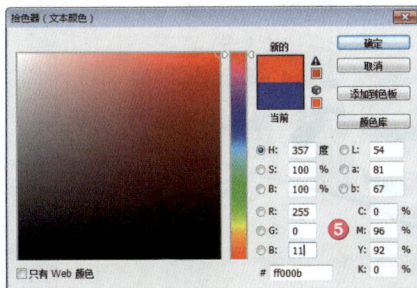

179 调整商品文字路径形状

网店卖家若觉得文字路径形状效果不理想，想改变商品文字排列形状效果，可通过调整文字路径形状来实现。

STEP 1 按【Ctrl + O】组合键，打开一幅素材图像❶，在"图层"面板中选择文字图层，展开"路径"面板，在"路径"面板中选择文字路径❷，在工具箱中选取直接选择工具❸。

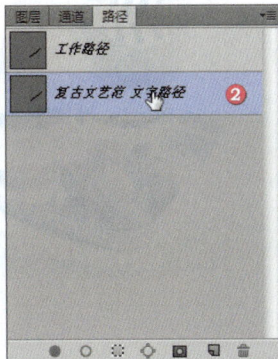

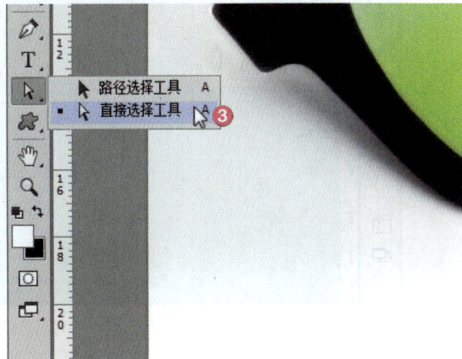

STEP 2 将鼠标指针移至图像编辑窗口中的文字路径上，单击鼠标左键并拖曳节点至合适位置④，执行上述操作后，按
【Enter】键确认，即可调整文字路径的形状⑤。

180 调整商品文字位置排列

网店卖家若想改变商品文字位置排列效果，可通过路径选择工具，调整文字在路径上的起始位置来改变文字的
位置排列。

STEP 1 按【Ctrl＋O】组合键，打开一幅素材图像①，在"图层"面板中选择文字图层，展开"路径"面板，在"路径"
面板中，选择文字路径②。

STEP 2 选取工具箱中的路径选择工具③，将鼠标指针移至图像编辑窗口中的文字路径上，单击鼠标左键并拖曳，执
行操作后，按【Enter】键确认，即可调整文字位置排列④。

181 制作商品凸起文字特效

网店卖家可使用变形文字让画面显得更美观，很容易就能引起买家的注意。下面介绍制作商品凸起文字特效的方法。

STEP 1 按【Ctrl + O】组合键，打开一幅素材图像❶，在工具箱中选取横排文字工具，在工具属性栏中设置"字体"为"Adobe 黑体 Std"，"字体大小"为 50 点、"设置取消锯齿的方法"为"浑厚"❷，在工具属性栏中单击"颜色"色块，弹出"拾色器（文本颜色）"对话框，设置颜色为红色❸。

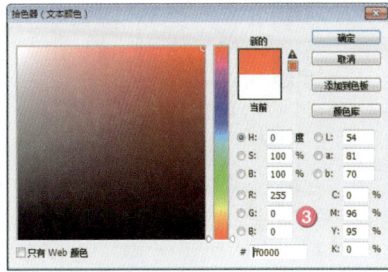

STEP 2 单击"确定"按钮后，将鼠标指针移至图像编辑窗口中单击鼠标左键并输入文字，按【Ctrl + Enter】组合键，确认文字输入❹，在菜单栏中单击"类型" |"文字变形"命令❺，执行上述操作后，即可弹出"变形文字"对话框❻。

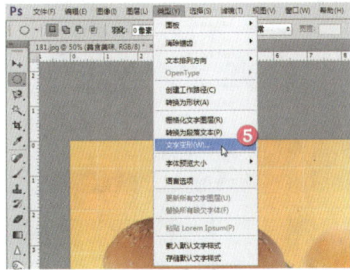

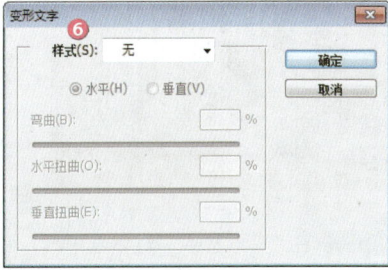

> **TIPS**
> 通过"文字变形"对话框可以对选定的文字进行多种变形操作，使文字更加富有灵动感和层次感。

STEP 3 在"变形文字"对话框中，设置"样式"为"凸起"，其他参数均保持默认即可❼，单击"确定"按钮，使用移动工具将变形文字移动至合适位置❽。

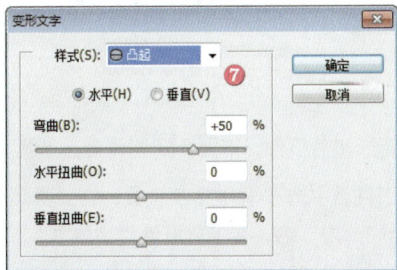

知识链接

在"变形文字"对话框中，各选项含义如下。

● 样式：在该选项的下拉列表中可以选择15种变形样式。

● 水平/垂直：文本的扭曲方向为水平方向或垂直方向。

● 弯曲：设置文本的弯曲程度。

● 水平扭曲/垂直扭曲：可以对文本应用透视。

182 制作商品扇形文字特效

网店卖家使用扇形文字可以制作出像扇子形状的效果，下面介绍制作商品扇形文字特效的方法。

STEP 1 按【Ctrl＋O】组合键，打开一幅素材图像❶，在工具箱中选取横排文字工具，在工具属性栏中设置"字体"为"华文行楷"，"字体大小"为16点❷，在工具属性栏中单击"颜色"色块，弹出"拾色器（文本颜色）"对话框，设置颜色为红色（RGB参数值分别为255、0、18）❸。

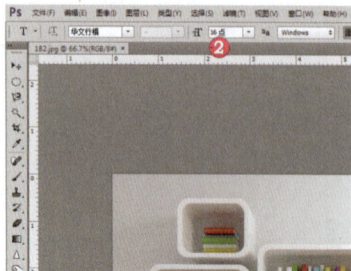

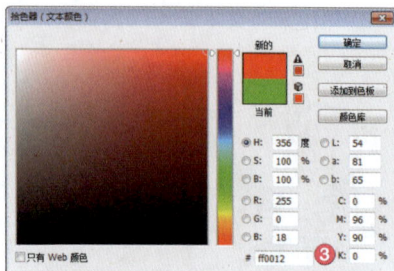

STEP 2 单击"确定"按钮后，将鼠标指针移至图像编辑窗口中单击鼠标左键并输入文字，按【Ctrl＋Enter】组合键，确认文字输入❹，在菜单栏中单击"类型"｜"文字变形"命令❺，执行上述操作后，即可弹出"变形文字"对话框❻。

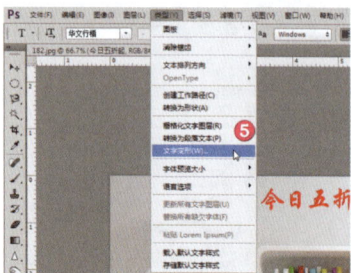

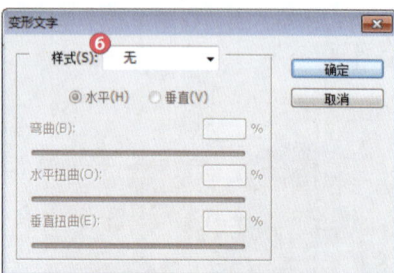

STEP 3 在"变形文字"对话框中，设置"样式"为"扇形"，其他参数均保持默认设置即可❼，单击"确定"按钮，使用移动工具将变形文字移动至合适位置❽。

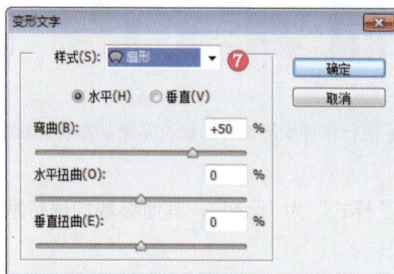

183 制作商品上弧文字特效

在Photoshop CC中编辑文字时，用户可以对文字进行变形扭曲操作，下面介绍制作商品上弧文字特效的方法。

STEP 1 按【Ctrl＋O】组合键，打开一幅素材图像❶，在工具箱中选取横排文字工具，在工具属性栏中设置"字体"为"隶书"，"字体大小"为60点、"设置取消锯齿的方法"为"浑厚"❷，在工具属性栏中单击"颜色"色块，弹出"拾色器（文本颜色）"对话框，设置颜色为粉红色（RGB参数值分别为255、0、222）❸。

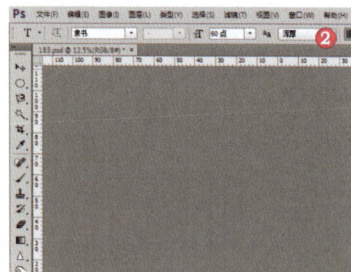

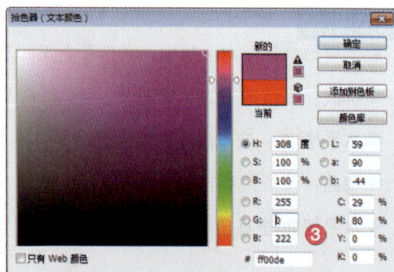

STEP 2 单击"确定"按钮后，将鼠标指针移至图像编辑窗口中单击鼠标左键并输入文字，按【Ctrl＋Enter】组合键，确认文字输入❹，在菜单栏中单击"类型"｜"文字变形"命令❺，弹出"变形文字"对话框。在"变形文字"对话框中，设置"样式"为"上弧"，其他参数均保持默认即可❻，单击"确定"按钮，使用移动工具将变形文字移动至合适位置❼。

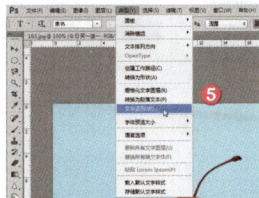

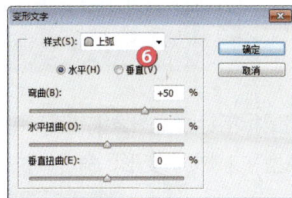

184　制作商品拱形文字特效

在 Photoshop CC 中编辑文字时，用户可以对文字进行变形扭曲操作，下面介绍制作商品拱形文字特效的方法。

STEP 1 按【Ctrl＋O】组合键，打开一幅素材图像❶，在工具箱中选取横排文字工具，在工具属性栏中设置"字体"为"华文楷体"，"字体大小"为 50 点、"设置取消锯齿的方法"为"浑厚"❷，在工具属性栏中单击"颜色"色块，弹出"拾色器（文本颜色）"对话框，设置颜色为红色（RGB 参数值分别为 255、0、0）❸。

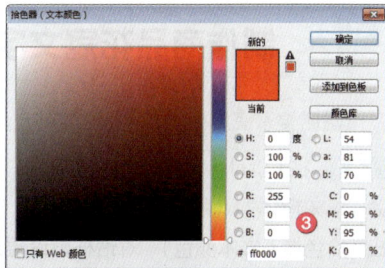

STEP 2 单击"确定"按钮后，将鼠标指针移至图像编辑窗口中单击鼠标左键并输入文字，按【Ctrl＋Enter】组合键，确认文字输入❹，在菜单栏中单击"类型"｜"文字变形"命令，执行上述操作后，即可弹出"变形文字"对话框。在"变形文字"对话框中，设置"样式"为"拱形"❺，其他参数均保持默认即可，单击"确定"按钮，使用移动工具将文字变形移动至合适位置❻。

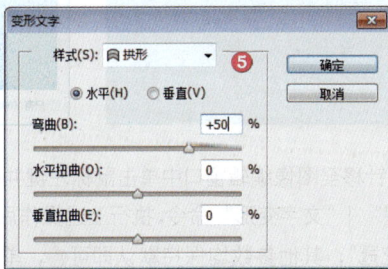

185　制作商品贝壳文字特效

下面介绍制作商品贝壳文字特效的方法。

STEP 1 按【Ctrl＋O】组合键，打开一幅素材图像❶，在工具箱中选取横排文字工具，在工具属性栏中设置"字体"为"华文楷体"，"字体大小"为 55 点、"设置取消锯齿的方法"为"浑厚"❷，在工具属性栏中单击"颜色"色块，弹出"拾色器（文本颜色）"对话框，设置颜色为红色（RGB 参数值分别为 255、0、30）❸。

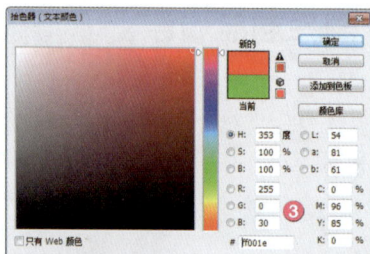

STEP 2 单击"确定"按钮后，将鼠标指针移至图像编辑窗口中单击鼠标左键并输入文字，按【Ctrl＋Enter】组合键，确认文字输入④，在菜单栏中单击"类型" |"文字变形"命令，执行上述操作后，即可弹出"变形文字"对话框。在"变形文字"

对话框中，设置"样式"为"贝壳"，其他参数均保持默认即可⑤，单击"确定"按钮，使用移动工具将变形文字移动至合适位置⑥。

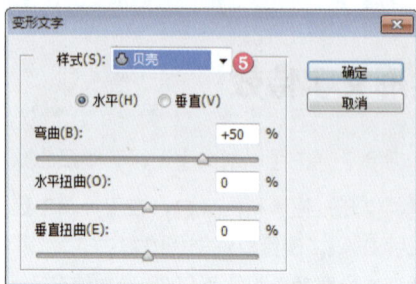

186 制作商品花冠文字特效

　　网店卖家使用花冠文字可以制作出像花冠形状的效果，下面介绍制作商品花冠文字特效的方法。

STEP 1 按【Ctrl＋O】组合键，打开一幅素材图像①，在工具箱中选取横排文字工具，在工具属性栏中设置"字体"为"华文楷体"，"字体大小"为30点、"设置取消锯齿的方法"为"浑厚"②，在工具属性栏中单击"颜色"色块，弹出"拾色器（文本颜色）"对话框，设置颜色为黄色（RGB参数值分别为246、255、0）③。

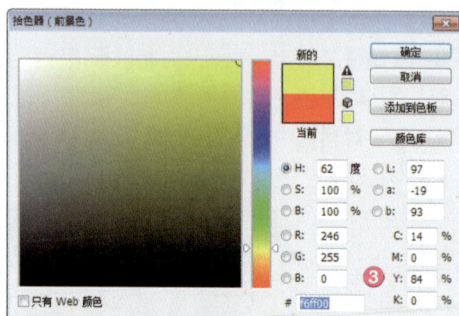

STEP 2 单击"确定"按钮后，将鼠标指针移至图像编辑窗口中单击鼠标左键并输入文字，按【Ctrl＋Enter】组合键，确认文字输入④，在菜单栏中单击"类型" |"文字变形"命令，执行上述操作后，即可弹出"变形文字"对话框，在"变形文字"对话框中，设置"样式"为"花冠"，其他参数均保持默认即可⑤，单击"确定"按钮，使用移动工具将变形文字移动至合适位置，得到效果⑥。

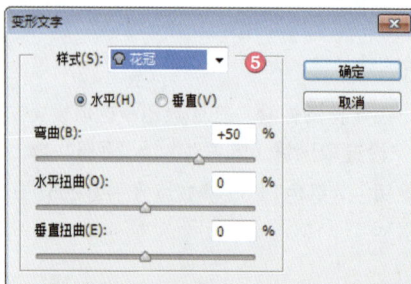
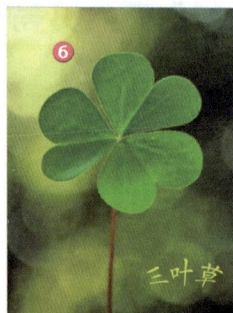

187 制作商品旗帜文字特效

网店卖家使用旗帜文字可以制作出像旗帜形状的效果，下面介绍制作商品旗帜文字特效的方法。

STEP 1 按【Ctrl＋O】组合键，打开一幅素材图像❶，在工具箱中选取横排文字工具，在工具属性栏中设置"字体"为"方正姚体"，"字体大小"为30点、"设置取消锯齿的方法"为"浑厚"❷，在工具属性栏中单击"颜色"色块，弹出"拾色器（文本颜色）"对话框，设置颜色为白色❸。

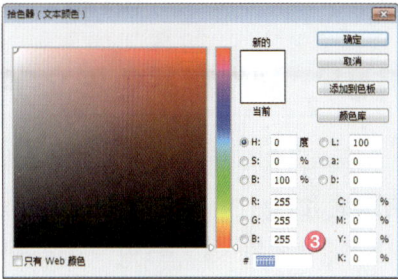

STEP 2 单击"确定"按钮后，将鼠标指针移至图像编辑窗口中单击鼠标左键并输入文字，按【Ctrl＋Enter】组合键，确认文字输入❹，在菜单栏中单击"类型"｜"文字变形"命令，执行上述操作后，即可弹出"变形文字"对话框。在"变形文字"对话框中，设置"样式"为"旗帜"，其他参数均保持默认即可❺，单击"确定"按钮，使用移动工具将文字变形移动至合适位置❻。

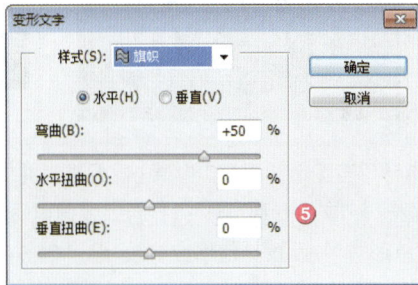

188 制作商品波浪文字特效

网店卖家使用波浪文字可以制作出像波浪形状的效果，下面介绍制作商品波浪文字特效的方法。

STEP 1 按【Ctrl＋O】组合键，打开一幅素材图像❶，在工具箱中选取横排文字工具，在工具属性栏中设置"字体"为"微软简行楷"，"字体大小"为24点、"设置取消锯齿的方法"为"平滑"❷，在工具属性栏中单击"颜色"色块，弹出"拾色器（文本颜色）"对话框，设置颜色为红色（RGB参数值分别为255、0、18）❸。

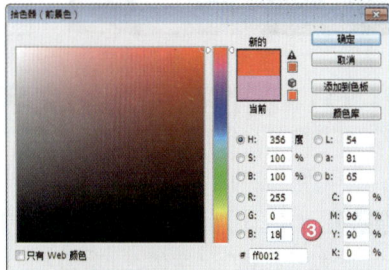

STEP 2 单击"确定"按钮后，将鼠标指针移至图像编辑窗口中单击鼠标左键并输入文字，按【Ctrl＋Enter】组合键，确认文字输入❹，在菜单栏中单击"类型"｜"文字变形"命令，执行上述操作后，即可弹出"变形文字"对话框。在"变形文字"对话框中，设置"样式"为"波浪"，其他参数均保持默认即可❺，单击"确定"按钮，使用移动工具将变形文字移动至合适位置❻。

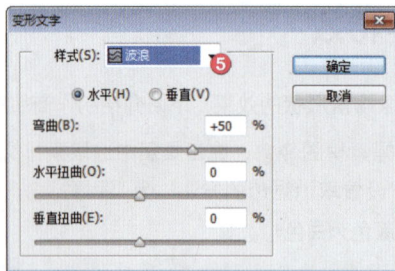

189 制作商品鱼形文字特效

网店卖家使用鱼形文字可以制作出像鱼形状的效果，下面介绍制作商品鱼形文字特效的方法。

STEP 1 按【Ctrl＋O】组合键，打开一幅素材图像①，在工具箱中选取横排文字工具，在工具属性栏中设置"字体"为"微软简行楷"，"字体大小"为40点②，在工具属性栏中单击"颜色"色块，弹出"拾色器（文本颜色）"对话框，设置颜色为白色③。

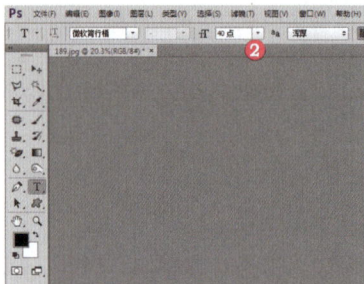

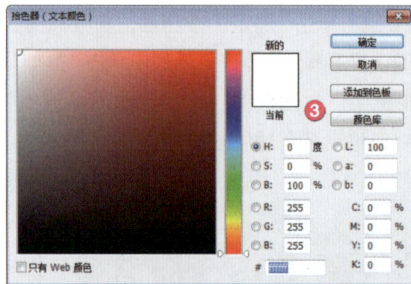

STEP 2 单击"确定"按钮后，将鼠标指针移至图像编辑窗口中单击鼠标左键并输入文字，按【Ctrl＋Enter】组合键，确认文字输入④，在菜单栏中单击"类型"｜"文字变形"命令，执行上述操作后，即可弹出"变形文字"对话框，在"变形文字"对话框中，设置"样式"为"鱼形"，并设置其他相应参数⑤，单击"确定"按钮，使用移动工具将变形文字移动至合适位置⑥。

190 制作商品增加文字特效

在 Photoshop CC 中编辑文字时，用户可以对文字进行变形扭曲操作，下面介绍制作商品增加文字特效的方法。

STEP 1 按【Ctrl＋O】组合键，打开一幅素材图像①，在工具箱中选取横排文字工具，在工具属性栏中设置"字体"为"长城行楷体"，"字体大小"为40点②，在工具属性栏中单击"颜色"色块，弹出"拾色器（文本颜色）"对话框，设置颜色为玫瑰红色（RGB 参数值分别为 249、132、185）③。

STEP 2 单击"确定"按钮后，将鼠标指针移至图像编辑窗口中单击鼠标左键并输入文字，按【Ctrl＋Enter】组合键，确认文字输入④，在菜单栏中单击"类型"｜"文字变形"命令，执行上述操作后，即可弹出"变形文字"对话框，在"变形文字"对话框中，设置"样式"为"增加"，并设置其他相应参数⑤，单击"确定"按钮，使用移动工具将变形文字移动至合适位置⑥。

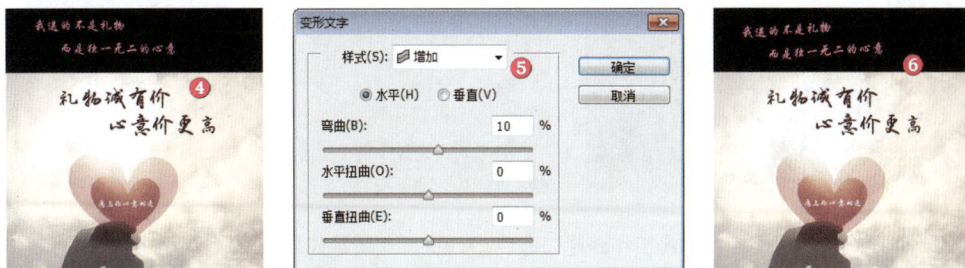

191 制作变形商品文字编辑

网店卖家在输入文字后，可对文字进行变形扭曲操作，以得到更好的视觉效果。

STEP 1 按【Ctrl＋O】组合键，打开一幅素材图像①，在"图层"面板中选择文字图层②，在菜单栏中单击"类型"｜"文字变形"命令③。

STEP 2 执行上述操作后，即可弹出"变形文字"对话框，设置"样式"为"花冠"，"弯曲"为30%④，单击"确定"按钮，即可编辑变形文字⑤。

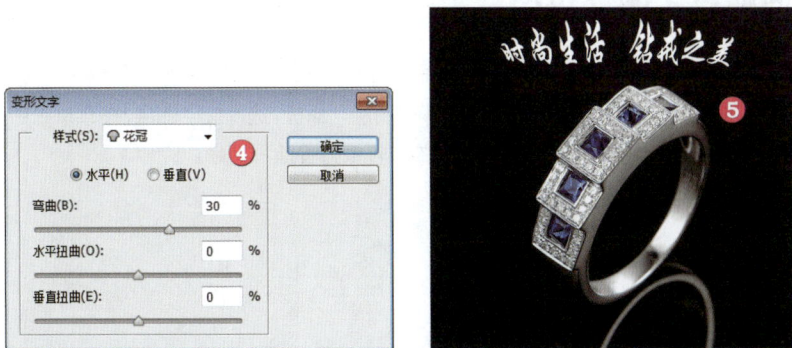

192 制作商品文字路径特效

在商品图片上添加文字描述时，可直接将文字转换为路径，从而可以直接通过此路径进行描边、填充等操作，制作出特殊的文字效果。

STEP 1 按【Ctrl＋O】组合键，打开一幅素材图像❶，展开"图层"面板❷，选择文字图层❸。

STEP 2 在菜单栏中单击"类型" |"创建工作路径"命令❹，执行上述操作后，隐藏文字图层，即可制作文字路径效果❺。

TIPS

在将文字转换为路径后，原文字属性不变，产生的工作路径可以应用填充和描边，或者通过调整描点得到变形文字。

除上述方法制作文字路径外，还可在"图层"面板选择文字图层，单击鼠标右键，在弹出的快捷菜单中选择"创建工作路径"选项，制作文字路径。

193 制作商品文字图像特效

当网店卖家需要在文本图层中进行其他操作，就需要先将文字转换为图像，使文字图层变成普通图层。

STEP 1 按【Ctrl＋O】组合键,打开一幅素材图像❶,展开"图层"面板,选择文字图层,在菜单栏中单击"类型" |"栅格化文字图层"命令❷,执行上述操作后，即可将文字图层转换为普通图层❸。

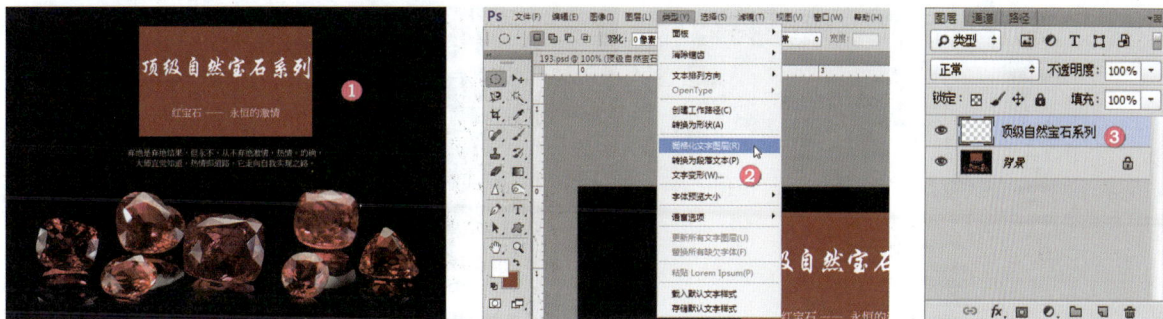

在工具箱中选取魔棒工具，将鼠标指针移动至图像编辑窗口中文字上单击鼠标左键，在菜单栏中单击"选择" |
"选取相似"命令，即可创建文字图像选区❹，在工具箱底部单击"前景色"色块，弹出"拾色器（前景色）"对话框，
设置 RGB 参数值分别为 0、186、255❺，单击"确定"按钮，按【Alt + Delete】组合键为选区填充前景色，按【Ctrl +
D】组合键，取消选区❻。

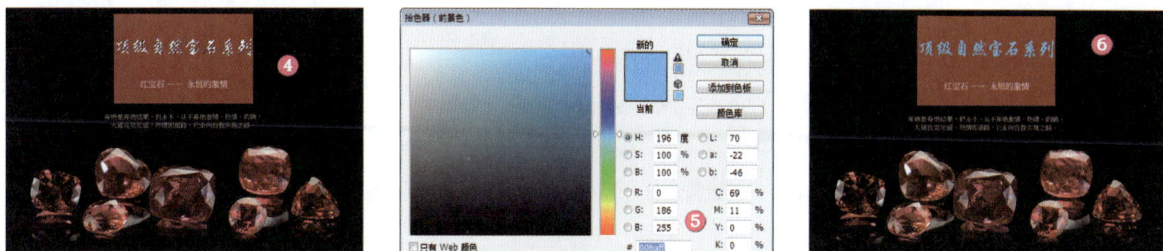

TIPS 除了上述方法可以制作文字图像效果外，还可以在"图层"面板中选择文字图层，单击鼠标右键，在弹出的快捷菜单中选择"栅
格化文字图层"选项，制作文字图像效果。

194 制作商品文字立体特效

利用"斜面和浮雕"图层样式可以制作出不同的凹陷和凸出的图像或文字，从而使图像具有一定的立体效果。

STEP 1 按【Ctrl + O】组合键，打开一幅素材图像❶，展开"图层"面板，选择文字图层，在菜单栏中单击"图层" |"图
层样式" |"斜面和浮雕"命令❷，执行上述操作后，即可弹出"图层样式"对话框❸。

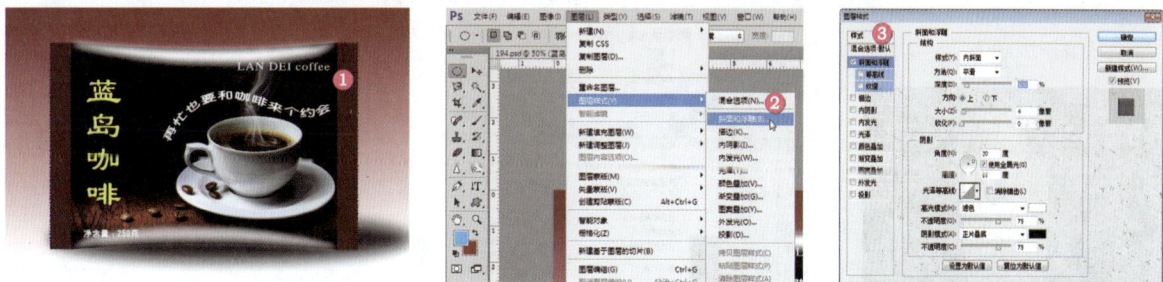

TIPS

除了上述方法可以在弹出的"图层样式"对话框中设置"斜面和浮雕"特效外，还可以在"图层"面板中选择文字图层，单击
鼠标右键，在弹出的快捷菜单中选择"混合选项"选项，弹出"图层样式"对话框，选中"斜面和浮雕"复选框即可。

STEP 2 在其中设置"样式"为"内斜面"，"方法"为"平滑"，"深度"为 170%，"方向"为"上"，"大小"为 7 像素、"角
度"为 120°❹，单击"确定"按钮，即可制作文字立体效果❺。

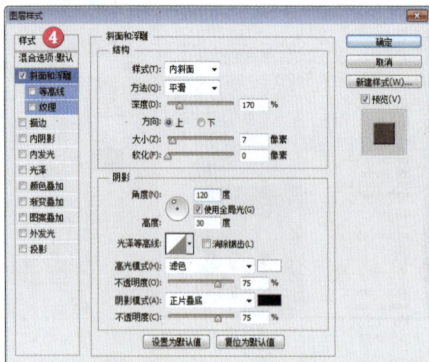

在"斜面和浮雕"图层样式中，各主要选项的含义如下。

● **样式**：在该选项下拉列表中可以选择斜面和浮雕的样式。

● **方法**：用来选择一种创建浮雕的方法。

● **方向**：定位光源角度后，可以通过该选项设置高光和阴影的位置。

● **软化**：用来设置斜面和浮雕的柔和程度，该值越高，效果越柔和。

● **角度/高度**："角度"选项用来设置光源的照射角度，"高度"选项用来设置光源的高度。

● **光泽等高线**：可以选择一个等高线样式，为斜面和浮雕表面添加光泽，创建具有光泽感的金属外观浮雕效果。

● **深度**：用来设置浮雕斜面的应用深度，该值越高，浮雕的立体感越强。

● **大小**：用来设置斜面和浮雕中阴影面积的大小。

● **高光模式**：用来设置高光的混合模式、颜色和不透明度。

● **阴影模式**：用来设置阴影的混合模式、颜色和不透明度。

195 制作商品文字描边特效

网店卖家若觉得商品描述文字效果暗淡，这时可以通过制作文字的描边效果，提亮文字显示效果。

STEP 1 按【Ctrl + O】组合键，打开一幅素材图像❶，展开"图层"面板，选择文字图层，在菜单栏中单击"图层"|"图层样式"|"描边"命令❷，执行上述操作后，即可弹出"图层样式"对话框❸。

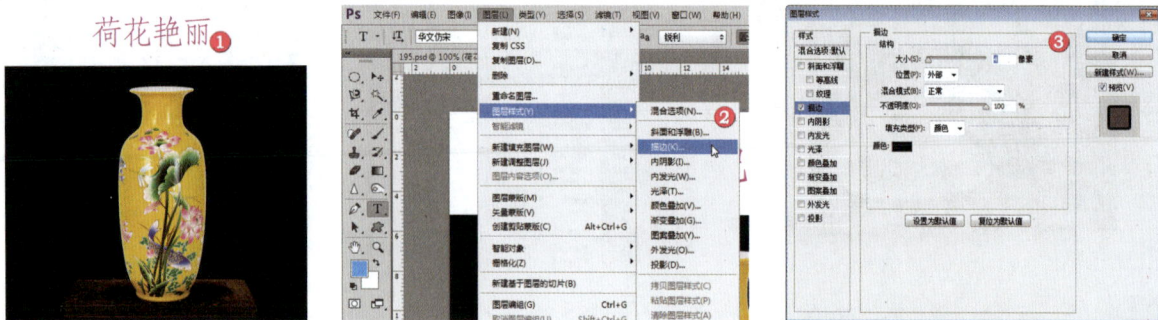

STEP 2 在其中设置"大小"为3像素，"位置"为"外部"，"颜色"为"鲜绿色"（RGB 参数值分别为 0、255、111）❹，单击"确定"按钮，即可制作文字描边效果❺。

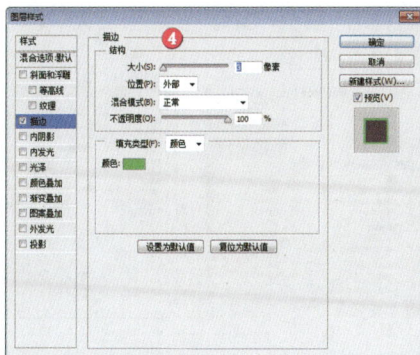
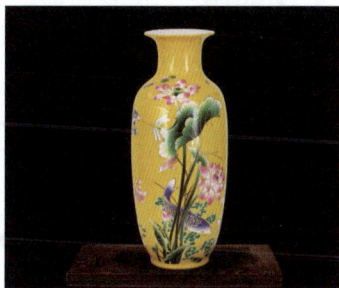

荷花艳丽

在"描边"图层样式中，各主要选项的含义如下。

● 大小：此选项用于控制"描边"的宽度，数值越大则生成的描边宽度越大。

● 位置：在此下拉列表中，可以选择"外部""内部"和"居中"这3种位置，如果选择"外部"选项，则用于描边的线条完全处于图像外部；如果选择"内部"选项，则用于描边的线条完全处于图像内部；选择"居中"选项，则用于描边的线条一半处于图像外部，一半处于图像内部，此时该图层样式同时修改透明和图像像素。

● 填充类型：用于设置图像描边的类型。

● 颜色：单击该图标，可设置描边的颜色。

196 制作商品文字颜色特效

网店卖家可使用"颜色叠加"图层样式改变文字颜色，以达到吸引顾客目光的效果。

STEP 1 按【Ctrl＋O】组合键，打开一幅素材图像❶，展开"图层"面板，选择文字图层，在菜单栏中单击"图层"|"图层样式"|"颜色叠加"命令❷。

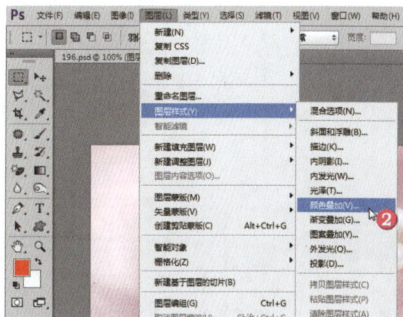

STEP 2 执行上述操作后，即可弹出"图层样式"对话框❸，在其中设置"混合模式"右侧的"颜色"为白色❹，单击"确定"按钮，即可改变文字颜色效果❺。

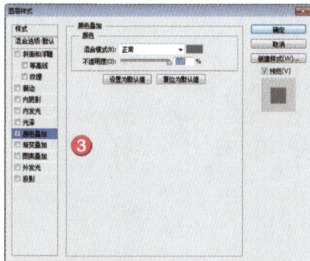
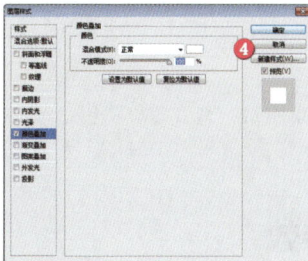

197 制作商品文字渐变特效

网店卖家可使用"渐变叠加"图层样式使文字产生颜色渐变，使画面更丰富多彩。

STEP 1 按【Ctrl＋O】组合键,打开一幅素材图像❶,展开"图层"面板,选择文字图层,在菜单栏中单击"图层"｜"图层样式"｜"渐变叠加"命令❷,执行上述操作后,即可弹出"图层样式"对话框,单击"点按可编辑渐变"色块❸。

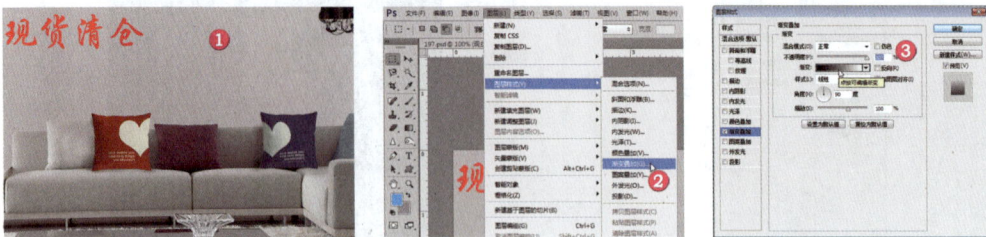

STEP 2 弹出"渐变编辑器",单击左边"色标"后,单击"颜色"后的色块❹,弹出"拾色器（色标颜色）"对话框,设置 RGB 参数值分别为 217、0、0 ❺,单击"确定"按钮,重复以上操作设置右边"色标"为橙色（RGB 参数值分别为 253、155、0）❻。

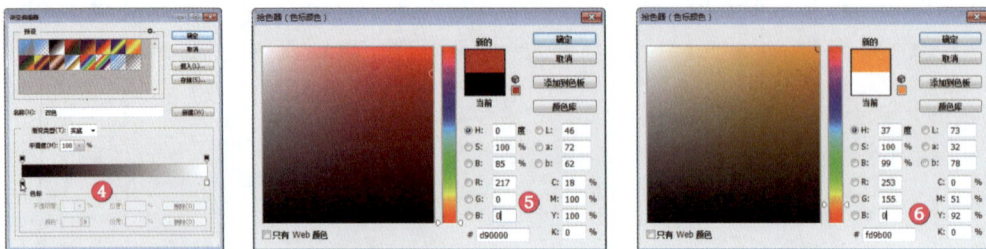

STEP 3 单击"确定"按钮后,即可返回"渐变编辑器"对话框,单击"确定"按钮,返回"图层样式"对话框❼,单击"确定"按钮,即可制作文字渐变效果❽。

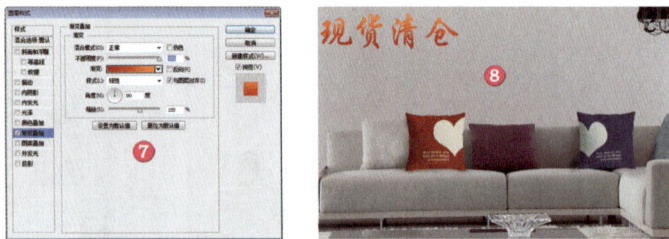

知识链接

在"渐变叠加"图层样式中,各主要选项的含义如下。

● 混合模式：用于设置使用渐变叠加时色彩混合的模式。

● 渐变：用于设置使用的渐变色。

● 样式：包括"线性""径向"以及"角度"等渐变类型。

● 与图层对齐：从上到下绘制渐变时,选中该复选框,则渐变以图层对齐。

TIPS

除了上述方法可以在弹出的"图层样式"对话框中设置"渐变叠加"特效外,还可以在"图层"面板中选择文字图层,单击鼠标右键,在弹出的快捷菜单中选择"混合选项"选项,弹出"图层样式"对话框,选中"渐变叠加"复选框。

198 制作商品文字发光特效

网店卖家可以通过制作文字发光效果来吸引顾客的目光。

STEP 1 按【Ctrl＋O】组合键,打开一幅素材图像❶,展开"图层"面板,选择文字图层,在菜单栏中单击"图层"｜"图层样式"｜"外发光"命令❷,执行上述操作后,即可弹出"图层样式"对话框,设置"混合模式"为"正常","不透明度"为100%,"方法"为"精确","扩展"为10%,"大小"为7像素❸。

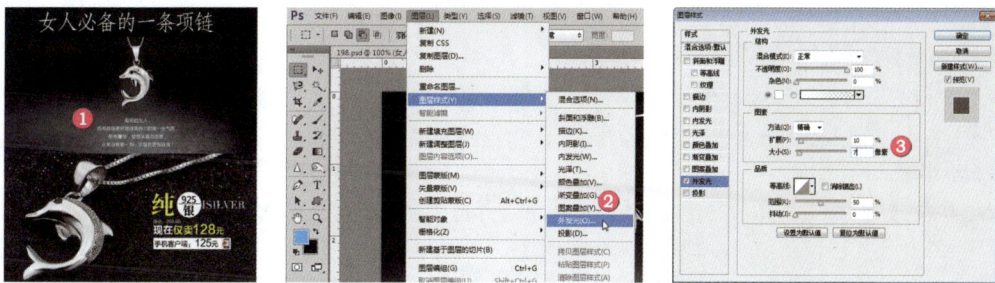

STEP 2 单击"设置发光颜色"色块，弹出"拾色器（外发光颜色）"对话框，设置颜色为黄色（RGB 参数值分别为 255、255、0）❹，单击"确定"按钮，返回"图层样式"对话框，即可更改发光颜色❺，单击"确定"按钮，即可制作文字发光效果❻。

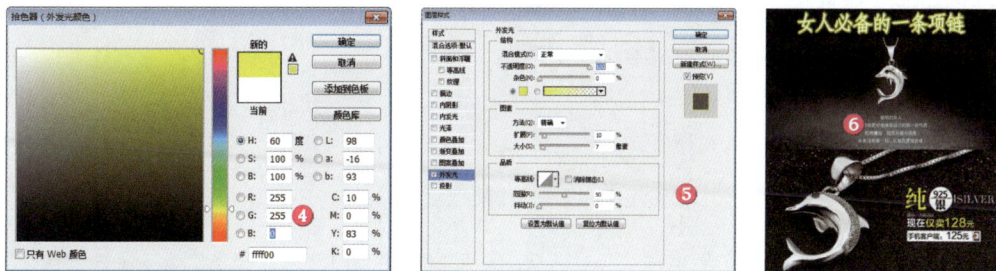

知识链接

在"外发光"图层样式中，各主要选项的含义如下。

- 混合模式：用来设置发光效果与下面图层的混合方式。
- 不透明度：用来设置发光效果的不透明度，该值越低，发光效果越弱。
- 发光颜色：可以通过颜色色块和颜色条来设置图层样式的发光颜色。
- 方法：用来设置发光的方法，以控制发光的准确度。
- 扩展：用来设置模糊外发光的杂边边界。
- 杂色：可以在发光效果中添加随机的杂色，使光晕呈现颗粒感。
- 大小：用来设置光晕范围的大小。

199 制作商品文字投影特效

网店卖家使用文字投影效果，可以让文字融入商品图片，使画面看上去更加协调。

STEP 1 按【Ctrl＋O】组合键，打开一幅素材图像❶，展开"图层"面板，选择文字图层❷，在菜单栏中单击"图层" | "图层样式" | "投影"命令❸。

知识链接

在"投影"图层样式中，各主要选项的含义如下。

● 混合模式：用来设置投影与下面图层的混合方式，默认为"正片叠底"模式。

● 不透明度：设置图层效果的不透明度，不透明度值越大，图像效果就越明显。可以直接在后面的数值框中输入数值进行精确调节，或拖动滑块进行调节。

● 角度：设置光照角度，可以确定投下阴影的方向与角度。当选中后面的"使用全局光"复选框时，可以将所有图层对象的阴影角度都统一。

● 扩展：设置模糊的边界，"扩展"值越大，模糊的部分越少。

● 等高线：设置阴影的明暗部分，单击右侧的下拉按钮，可以选择预设效果，也可以单击预设效果，弹出"等高线编辑器"对话框重新进行编辑。

● 图层挖空阴影：该选项用来控制半透明图层中投影的可见性。

● 投影颜色：在"混合模式"右侧的颜色框中，可以设定阴影的颜色。

● 距离：设置阴影偏移的幅度，距离越大，层次感越强；距离越小，层次感越强。

● 大小：设置模糊的边界，"大小"值越大，模糊的部分就越大。

● 消除锯齿：混合等高线边缘的像素，使投影更加平滑。

● 杂色：为阴影增加杂点效果，"杂色"值越大，杂点越明显。

STEP 2 执行上述操作后，即可弹出"图层样式"对话框，设置"角度"为120°、"距离"为5像素、"大小"为5像素❹，单击"确定"按钮，即可制作文字投影效果❺。

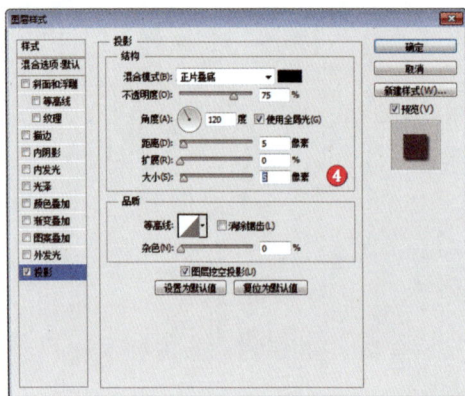

核心技能篇

10

特效：淘宝广告图片设计

"佛靠金装，人靠衣装。"一幅精美的图像同样需要一个合适的特效。在 Photoshop 中，图像的各种展示效果就是通过各种不同的形式，呈现出各种不同的视觉效果。数码摄影时代已经来临，而数码相机的普及为摄影者累计素材提供了更加快捷的方法。添加特效除了能让照片更加出彩外，还可以表达出一种艺术情感。本章将详细介绍淘宝广告图片特效的设计。

200 制作商品图像复古特效

复古特效是一种后现代复古色调，应用了该特效的商品图像会显得非常神秘，能够很好地烘托画面氛围，让商品图像富有复古情调。

STEP 1 单击"文件"｜"打开"命令，打开一幅素材图像❶。新建"图层 1"图层，设置前景色为深蓝色（RGB 参数值分别为 1、23、51），并填充前景色，设置"图层 1"图层的混合模式为"排除"模式，预览图像效果❷。新建"图层 2"图层，设置前景色为浅蓝色（RGB 参数值分别为 211、245、253），填充前景色，设置"图层 2"图层的混合模式为"颜色加深"模式，预览图像❸。

知识链接

图层的混合模式分为6组，共27种，每一组的混合模式都可以产生相似的效果或者有着相近的用途。

● **组合模式组：** 该组中的混合模式需要降低图层的不透明度才能产生作用。

● **加深模式组：** 该组中的混合模式可以使图像变暗，在混合过程中，当前图层中的白色将被底层较暗的像素替代。

● **减淡模式组：** 该组与加深模式组产生的效果截然相反，它们可以使图像变亮。在使用这些混合模式时，图像中的黑色会被较亮的像素替换，而任何比黑色亮的像素都可能加亮底层图像。

● **对比模式组：** 该组中的混合模式可以增强图像的反差。在混合时，50%的灰色会完全消失，任何亮度值高于50%灰色的像素都可能加亮底层的图像，亮度值低于50%灰色的像素。

● **类型：** "类型"菜单主要是针对字体方面的设置，包括设置文本排列方向、创建3D文字和栅格化文字图层等。

● **选择：** "选择"菜单中的命令主要是针对选区进行操作，可以对选区进行反向、修改、变换、扩大和载入选区等操作，这些命令结合选区工具，更便于对选区的操作。

STEP 2 新建"图层 3"图层，设置前景色为褐色（RGB 参数值分别为 154、119、59），填充前景色，设置"图层 3"图层的混合模式为"柔光"模式，预览图像❹。新建"色阶 1"调整图层，展开"属性"面板，设置"输入色阶"依次为 0、0.92、239❺，执行上述操作后，即可完成复古特效的制作❻。

知识链接

Photoshop中的混合模式主要分为图层混合模式和绘图混合模式两种，前者位于"图层"面板中，后者位于绘图工具（如画笔工具、渐变工具等）属性栏中。

图层混合模式用于控制图层之间像素颜色相互融合的效果，不同的混合模式会得到不同的效果。混合模式用于控制上下两个图层在叠加时所显示的总体效果，通常是为上方的图层选择合适的混合模式。在"图层"面板中选择一个图层，单击面板顶部的下拉按钮，在打开的列表框中可以选择一种混合模式。

201 制作直排商品图像文字特效

冷蓝特效是处理淘宝商品图像时常用的一种特效，具有很强的代表性。通过调出图像的冷蓝色调，增强商品图像高贵冷傲的气质和氛围。

STEP 1 单击"文件"|"打开"命令，打开一幅素材图像❶，单击"图层"|"新建填充图层"|"纯色"命令，弹出"新建图层"对话框，单击"确定"按钮，新建"颜色填充 1"图层，弹出"拾色器（纯色）"对话框，设置颜色为蓝色（RGB 参数值分别为 68、139、237）❷，单击"确定"按钮，设置"颜色填充 1"调整图层的混合模式为"柔光"模式，预览图像效果❸。

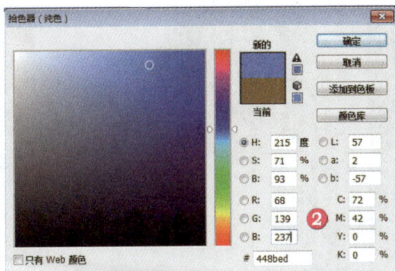

STEP 2 新建"通道混合器 1"调整图层，展开"属性"面板，设置"红色"为100%❹，单击"输出通道"右侧的下拉按钮，在弹出的列表框中选择"绿"选项，设置"绿色"为100%❺，单击"输出通道"右侧的下拉按钮，在弹出的列表框中选择"蓝"选项，设置"蓝色"为107%，执行操作后，即可调整图像色调❻，完成冷蓝特效的制作。

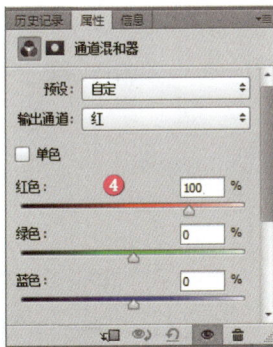

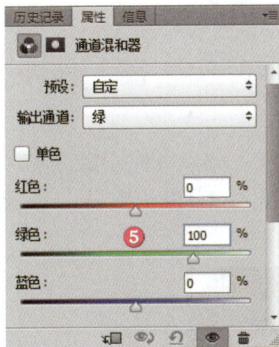

202 制作商品图像冷绿特效

冷绿特效也是处理淘宝商品图像时常用的一种色调，绿色给人清新舒爽的感觉，通过调出商品图像的冷绿色调，增强图像的清新感。

STEP 1 单击"文件"|"打开"命令，打开一幅素材图像❶，新建"颜色填充 1"调整图层，弹出"拾色器（纯色）"对话框，设置颜色为绿色（RGB 参数值分别为 0、142、47）❷，单击"确定"按钮，设置"颜色填充 1"调整图层的混合模式为"柔光"模式。新建"通道混合器 1"调整图层，展开"属性"面板，设置"红色"为100%❸。

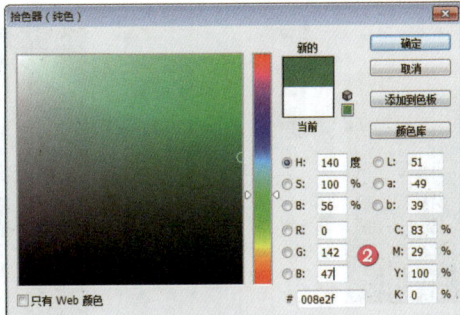

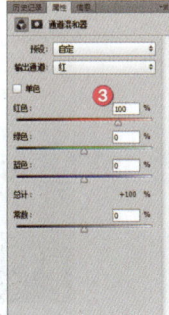

STEP 2 单击"输出通道"右侧的下拉按钮，在弹出的列表框中选择"绿"选项，设置"绿色"为 100% ④，单击"输出通道"右侧的下拉按钮，在弹出的列表框中选择"蓝"选项，设置"蓝色"为 107%，执行操作后，即可调整图像色调，完成冷绿特效的制作⑤。

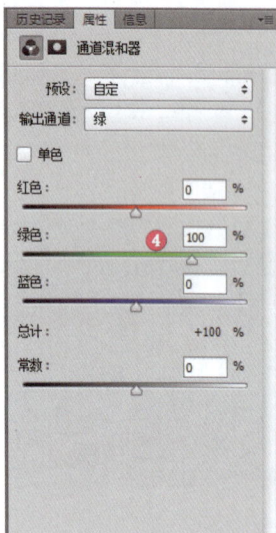

203 制作商品图像暖黄特效

普通的色调会使商品图像的表现效果比较平淡，而将图像调整为暖黄色调，可以使图像看上去更温馨、效果更强烈，别具风采。

STEP 1 单击"文件"|"打开"命令，打开一幅素材图像❶，新建"渐变填充 1"调整图层，弹出"渐变填充"对话框，设置各选项参数❷，单击"确定"按钮，设置"渐变填充 1"调整图层的混合模式为"叠加"模式、"不透明度"为 50%❸。

STEP 2 新建"颜色填充 1"调整图层，弹出"拾色器（纯色）"对话框，设置 RGB 参数值分别为 255、204、0 ④，单击"确定"按钮，设置"颜色填充 1"调整图层的混合模式为"柔光"模式、"不透明度"为 60%，即可调整图像的色调，完成暖黄特效的制作⑤。

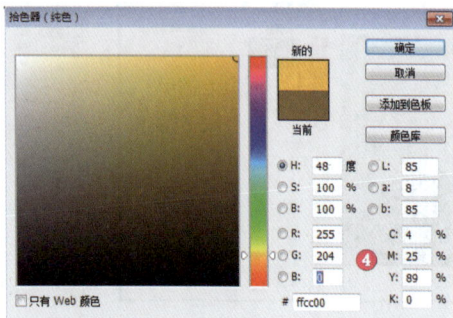

204 制作商品图像怀旧特效

怀旧特效是淘宝商品图像调色比较常用的一种特效，通过调亮画面并增强画面色调倾向，借助温暖华丽的画面色调烘托人物气质，即可让图像中主体人物的个性特质更加突出，从而增强照片典雅华贵的魅力。

STEP 1 单击"文件"|"打开"命令，打开一幅素材图像❶，新建"渐变映射 1"调整图层，展开"属性"面板，设置"点按可编辑渐变"为黑白渐变❷。新建"照片滤镜 1"调整图层，展开"属性"面板，选中"保留明度"复选框，设置"滤镜"为"加温滤镜 (85)"，"浓度"为 51% ❸。

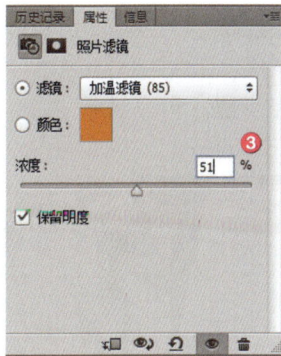

STEP 2 新建"曲线 1"调整图层，展开"属性"面板，设置左下方第 1 个点"输入"和"输出"值分别为 79、58，设置右上方第 2 点"输入"和"输出"值分别为 174、214 ❹，执行上述操作后，即可完成怀旧特效的制作❺。

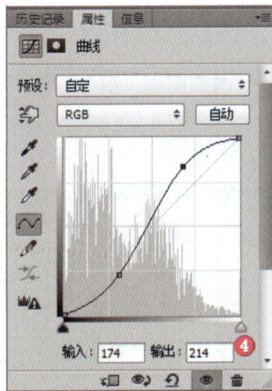

205 制作商品图像淡雅特效

淡雅特效是一种柔美度极其丰富的色调，是一种淡雅而柔和的色调。运用淡雅特效，可以凸显商品图像中的柔和美，从而增强商品图像的美感。

STEP 1 单击"文件"|"打开"命令，打开一幅素材图像❶，新建"曲线 1"调整图层，展开"属性"面板，单击 RGB 右侧的下拉按钮，选择"红"选项，设置左下方第 1 点"输入"和"输出"值分别为 100、136，设置右上方第 2 点"输入"和"输出"值分别为 153、180 ❷。单击"红"右侧的下拉按钮，在弹出的列表框中，选择"蓝"选项，设置左下方第 1 点"输入"和"输出"值分别为 88、134，设置右上方第 2 点"输出"和"输入值分别为 180、153 ❸。

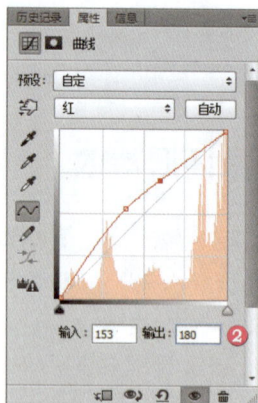

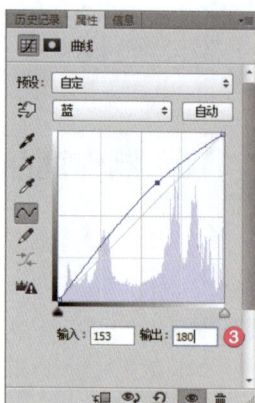

STEP 2 按【Ctrl＋Alt＋Shift＋E】组合键，合并可见图层，得到"图层 1"图层，单击"图像"|"调整"|"去色"命令，图像去色❹，单击"滤镜"|"其他"|"高反差保留"命令，弹出"高反差保留"对话框，设置"半径"为 1.5像素❺，单击"确定"按钮，设置"图层 1"图层的混合模式为"叠加"模式，执行上述操作后，即可制作出图像的淡雅效果❻。

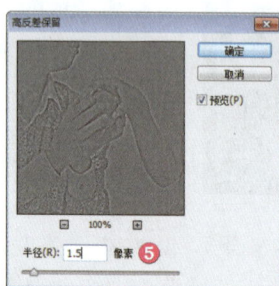

206 制作商品图像暗角特效

暗角特效是一种能够凸显主体的特效，暗角特效的制作方法有很多种，本实例介绍一种最通俗易学的制作方法。

STEP 1 单击"文件"|"打开"命令，打开一幅素材图像❶，新建"色相/饱和度 1"调整图层，展开"属性"面板，选中"着色"复选框，设置各选项参数（色相：48，饱和度：66，明度：—32）❷，设置"色相/饱和度 1"调整图层的混合模式为"亮光"，"不透明度"为 30%❸。

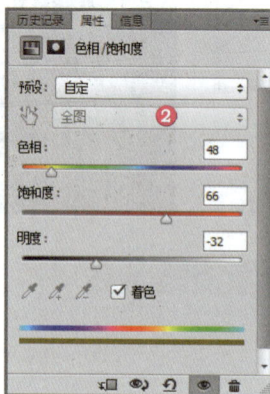

STEP 2 新建"图层 1"图层，按【Ctrl＋A】组合键，全选图像，单击"选择"|"修改"|"边界"命令，弹出"边界"对话框，设置"宽度"为 2 像素❹，单击"确定"按钮，单击"选择"|"修改"|"扩展"命令，弹出"扩展选区"对话框，设置"扩展量"为 200 像素，单击"确定"按钮❺。按【Shift＋F6】组合键，弹出"羽化选区"对话框，设置"羽化半径"为 100 像素，单击"确定"按钮，为选区填充黑色，设置"图层 1"图层的"不透明度"为 80%，并取消选区，预览暗角效果❻。

其他示例效果如下图所示。

偏红　　　　　　　　　　　　　　偏蓝　　　　　　　　　　　　　偏鲜绿

207　制作商品图像胶片特效

　　很多时候制作胶片特效会使用外挂滤镜，胶片特效是可以调出来的，而且制作相对比较简单。本实例介绍胶片负片的制作方法。

STEP 1 单击"文件"｜"打开"命令，打开一幅素材图像❶，单击"图像"｜"模式"｜"CMYK 颜色"命令，转换图像模式，选取矩形选框工具❷，在图像编辑窗口中合适位置创建选区❸。

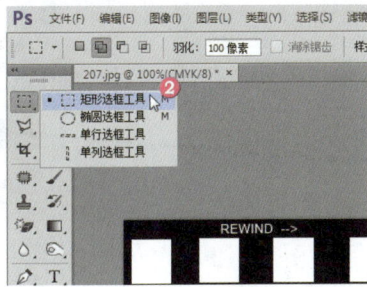

STEP 2 展开"通道"面板，选择"青色"通道，按【Ctrl＋C】组合键，复制图像。选择"黑色"通道，按【Ctrl＋V】组合键，粘贴图像，用以上操作方法，将"洋红"和"黄色"通道内的图像粘贴至"黑色"通道，即可调整图像色调❹。设置前景色为黑色，分别为"青色""洋红"和"黄色"通道填充黑色，按【Ctrl＋D】组合键，取消选区❺。选择 CMYK 通道，展开"图层"面板，即可调整图像色调，完成胶片特效的制作❻。

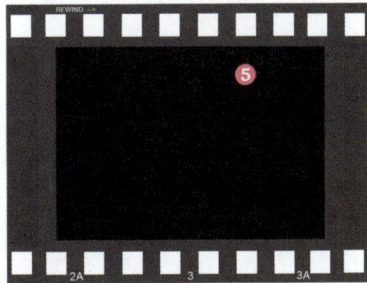
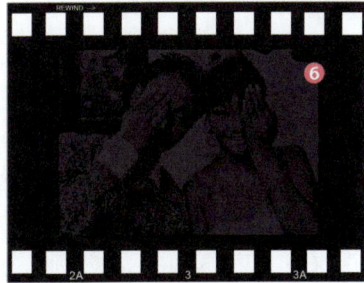

208 制作商品图像梦幻特效

网店卖家通过添加"通道混合器"调整图层,并适当调整混合器各种输出通道,可以让图像透露出朦胧而又浪漫的梦幻色调。

STEP 1 单击"文件"|"打开"命令,打开一幅素材图像❶,新建"曲线 1"调整图层,展开"属性"面板,设置左下方第 1 点"输入"和"输出"值分别为 85、83,设置右上方第 2 点"输入"和"输出"值分别为 141、165❷。新建"通道混合器 1"调整图层,展开"属性"面板,设置"红色"为 100%❸。

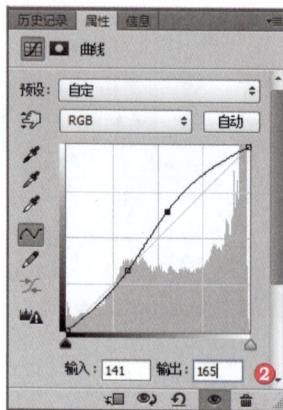

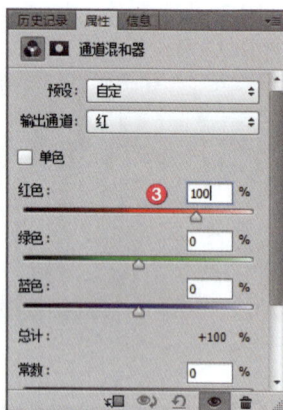

STEP 2 单击"输出通道"右侧的下拉按钮,在弹出的列表框中选择"绿"选项,设置"绿色"为 93%❹,单击"输出通道"右侧的下拉按钮,在弹出的列表框中选择"蓝"选项,设置"蓝色"为 105%,执行上述后,即可调整图像色调,完成梦幻特效的制作❺。

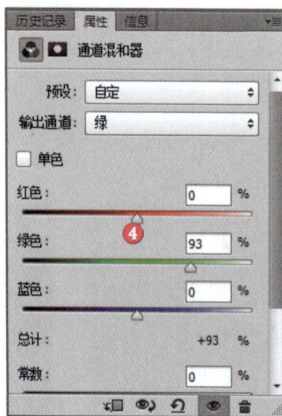

209 制作商品图像 LOMO 特效

LOMO 色调是一种流行的时尚色调,已经扩展为一种不可预测的影像效果。LOMO 色调在图像内容上面没有特定的主题,只是通过色调的表现来突出画面氛围。

STEP 1 单击"文件"|"打开"命令,打开一幅素材图像❶。

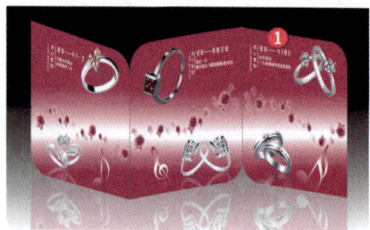

STEP 2 新建"色彩平衡"调整图层,展开"属性"面板,设置各选项参数(各选项参数依次— 44、— 71、— 55),单击"色调"右侧的下拉按钮,在弹出的列表框中选择"阴影"选项,设置各选项(各选项参数依次为 0、0、7),单击"色调"右侧的下拉按钮,在弹出的列表框中选择"高光"选项,设置各选项参数(各选项参数依次为 35、30、25),执行操作后,即可调整图像色调❷。

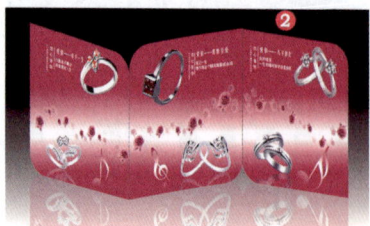

STEP 3 新建"色相／饱和度 1"调整图层，展开"属性"面板，设置各选项参数（色相：0，饱和度：-50，明度：0），执行操作后，即可降低图像饱和度 **3**。

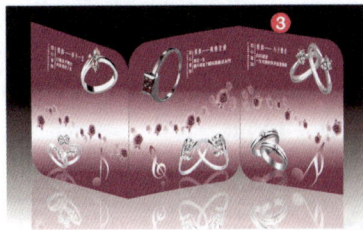

STEP 4 按【Ctrl + Alt + Shift + E】组合键，合并可见图层，得到"图层 1"图层，新建"色彩平衡 2"调整图层，展开"属性"面板，设置各选项参数（各选项参数依次为 0、0、33），单击"色调"右侧的下拉按钮，在弹出的列表框中选择"高光"选项，设置各选项（各选项参数依次为 11、-11、16），执行操作后，即可调整图像色调 **4**。

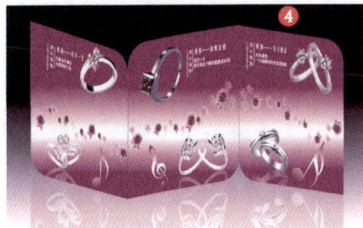

STEP 5 按【Ctrl + Alt + Shift + E】组合键，盖印图章，得到"图层 2"图层，双击"图层 2"图层，弹出"图层样式"对话框，选中"颜色叠加"复选框，设置"混合模式"为"正片叠底"模式、"不透明度"为 100%、"设置叠加颜色"为米黄色（RGB 参数值分别为 255、238、192）**5**。

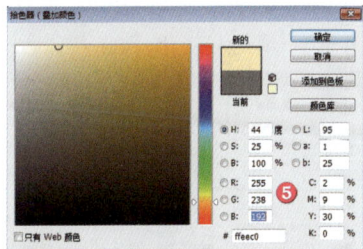

STEP 6 新建"亮度／对比度 1"调整图层，展开"属性"面板，设置"亮度"为 10、"对比度"为 100，完成 LOMO 特效的制作 **6**。

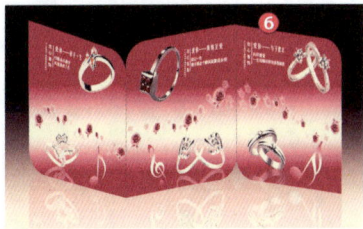

其他示例效果如下图所示。

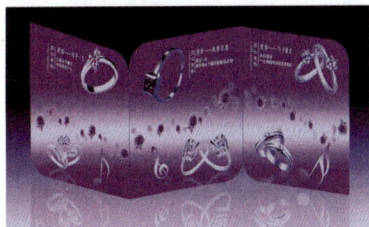

偏蓝

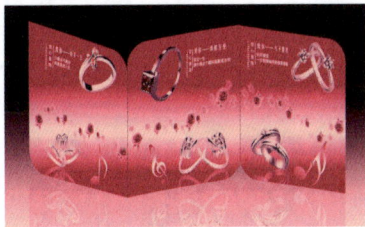

偏红

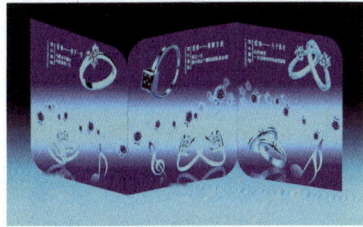

偏青绿

210 制作商品图像非主流特效

　　流行的非主流色调在表现上有着多种不同的风格，可以是灰暗颓败的，也可以是清新舒适的。本实例主要是将照片调出朦胧黄色的非主流色调。

STEP 1 单击"文件" | "打开"命令，打开一幅素材图像 **1**，新建"曲线 1"调整图层，展开"属性"面板，设置左下方第 1 点"输入"和"输出"值分别为 56、31 **2**，设置右上方第 2 点"输入"和"输出"值分别为 193、225 **3**。

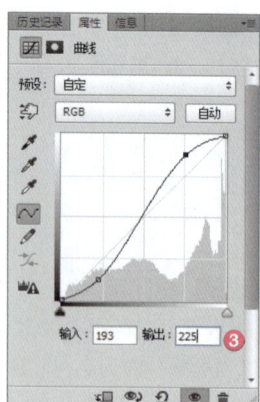

STEP 2 新建"色彩平衡 1"调整图层,展开"属性"面板,选中"保留明度"复选框,设置各选项参数(各选项参数依次为 50、— 12、69) ④。新建"颜色填充 1"调整图层,弹出"拾色器(纯色)"对话框,设置各选项参数(RGB 参数值分别为 252、244、118),单击"确定"按钮,设置"颜色填充 1"调整图层的混合模式为"变暗"模式、"不透明度"为 50%、填充为 5% ⑤,执行操作后,即可调整图像色调,完成非主流特效的制作⑥。

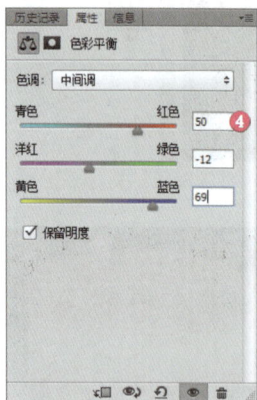

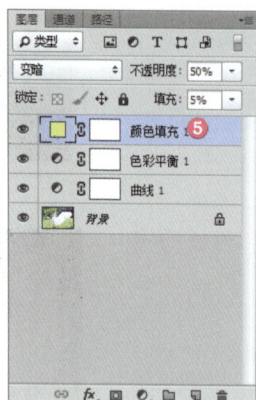

211 制作商品图像老照片特效

有时网店卖家需要制作图像的老照片效果,既然是老照片,最主要的特点就是照片的色调泛黄,网店卖家只需要把泛黄的特点表现出来,基本就可以完成老照片效果的制作了。如果还需要制作出更逼真的老照片效果,可以适当增加颗粒感和划痕特效。

STEP 1 单击"文件"|"打开"命令,打开一幅素材图像①,新建"渐变映射 1"调整图层,展开"属性"面板,设置"点按可编辑渐变"为黑白渐变,新建"亮度 / 对比度 1"调整图层,展开"属性"面板,设置"亮度"为 9 ②,执行操作后,即可提高图像亮度③。

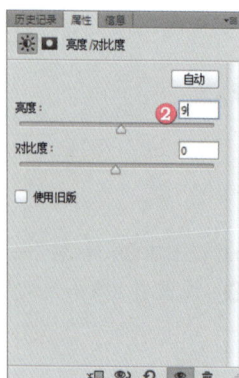

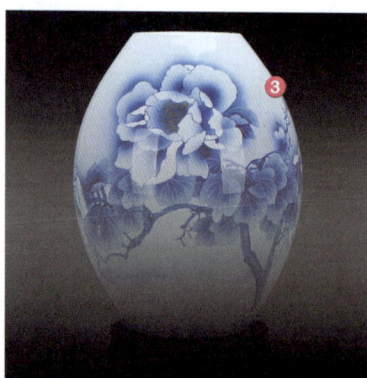

STEP 2 新建"曝光度 1"调整图层，展开属性面板，设置各选项参数（曝光度：0.34，位移：0.0098，灰度系数校正：0.87）④。新建"照片滤镜 1"调整图层，展开"属性"面板，单击"滤镜"右侧的下拉按钮，在弹出的列表框中选择"加温滤镜（81）"，设置"浓度"为 50% ⑤。新建"色彩平衡 1"调整图层，展开"属性"面板，设置各选项参数（各选项参数值依次为 56、10、17），执行操作后，即可调整图像色调，完成老照片特效的制作⑥。

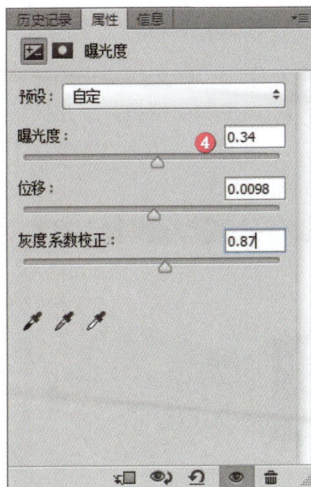

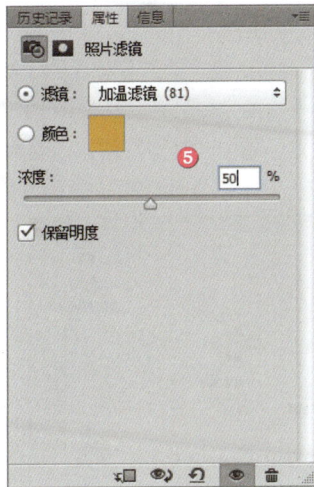

212 制作商品图像可调角照片边特效

可调式圆角照片边效果是一种展现照片弧形美的展示效果，通过调整图像边框的圆角效果代替僵硬的直角，达到柔化展示图像的效果。

STEP 1 单击"文件"|"打开"命令，打开一幅素材图像①，展开"图层"面板，选择"背景"图层，按【Ctrl＋J】组合键，复制"背景"图层，得到"图层 1"图层。选择"背景"，新建"图层 2"图层，设置前景色为白色，并填充前景色，隐藏"图层 1"图层的可见性②。在工具箱中选取"圆角矩形工具"，在工具属性栏中设置"模式"为形状、"填充"颜色为黑色、"描边"颜色为无填充、"半径"为 50 像素③。

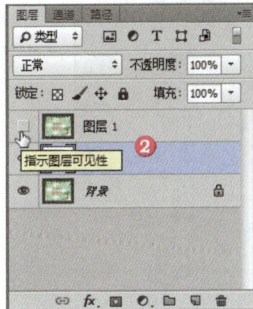

STEP 2 在图像编辑窗口的左上角位置单击鼠标左键并拖曳至合适位置后释放鼠标，即可创建黑色圆角矩形④，显示并选择"图层 1"图层，单击"图层"|"创建剪切蒙版"命令⑤，执行上述操作后，即可创建剪切蒙版⑤。

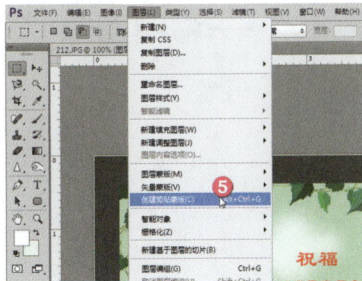

213 制作 2×2 照片展示特效——调整图像

2×2 照片展示效果是将 4 张图像以不同的方式排列在同一个文档中。该效果能够同时展示 4 幅素材图像,是图像合成形式的效果。

STEP 1 单击"文件"|"打开"命令,打开 4 幅素材图像❶。单击"文件"|"新建"命令,弹出"新建"对话框,在其中设置"名称"为"213","宽度"和"高度"均为 34 厘米,"分辨率"为 180 像素 / 英寸,"颜色模式"为"RGB颜色"❷,单击"确定"按钮,即可新建一个指定大小的空白文档。切换至"213(1)"图像编辑窗口,双击"背景"图层,弹出"新建图层"对话框,保持默认设置,单击"确定"按钮,得到"图层 0"图层,单击"图像"|"图像旋转"|"90 度(顺时针)"命令,单击"图像"|"显示全部"命令,显示全部图像❸。

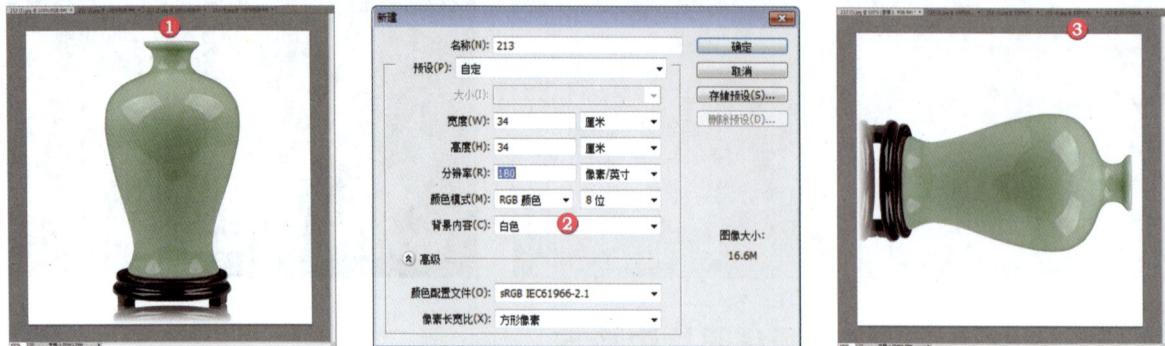

STEP 2 单击"图像"|"图像大小"命令,弹出"图像大小"对话框,设置"宽度"为 1200 像素,单击"确定"按钮,单击"图像"|"图像旋转"|"90 度(逆时针)"命令,旋转图像❹。单击"图像"|"裁切"命令,弹出"裁切"对话框,保持默认设置,单击"滤镜"|"锐化"|"USM 锐化"命令,弹出"USM 锐化"对话框,设置各选项参数("数量"为 60%、"半径"为 100.0 像素、"阈值"为 6 色阶)❺。展开"图层"面板,在"图层 0"右侧单击鼠标右键,在弹出的快捷菜单中,选择"拼合图像"选项,即可拼合图像,得到"背景"图层❻。

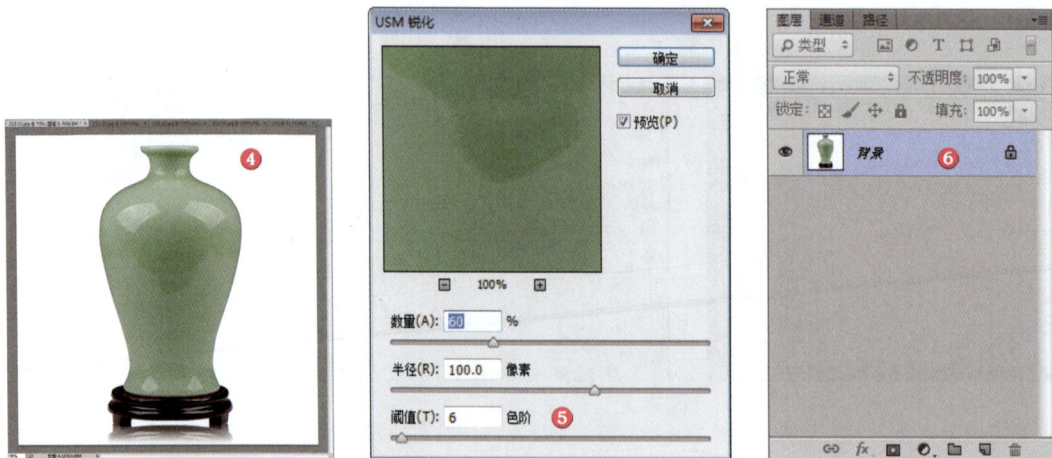

214 制作 2×2 照片展示特效——移动图像

下面介绍使用快捷键制作 2×2 照片展示特效。

STEP 1　按【Ctrl＋A】组合键，全选图像，按【Ctrl＋C】组合键，复制图像，单击窗口右上方的"关闭"按钮，弹出信息提示框，单击"否"按钮，即可关闭图像。切换至"213"图像编辑窗口❶，按【Ctrl＋V】组合键，粘贴图像，得到"图层1"图层❷。

STEP 2　将其他3幅素材图像执行上一实例的操作，并复制粘贴至面板，得到相应图层❸，执行上述操作后，即可将图像全部移动至"213"图像编辑窗口中❹。

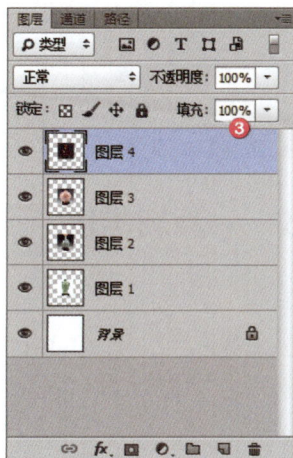

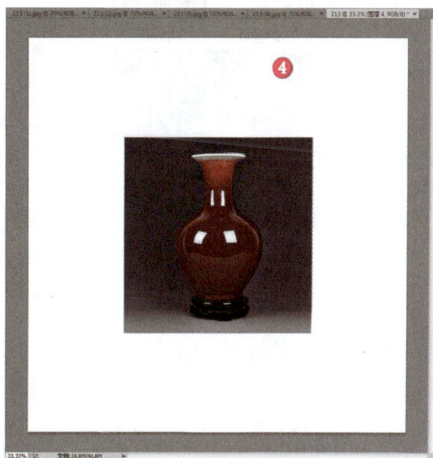

215　制作 2×2 照片展示特效——拼合图像

下面介绍使用"对齐"命令调整图像位置的方法。

STEP 1　选择"图层1"和"背景"两个图层，单击"图层"｜"对齐"｜"顶边"命令，即可顶边对齐图层。单击"图层"｜"对齐"｜"左边"命令，即可左边对齐图层❶；选择"图层2"和"背景"两个图层，单击"图层"｜"对齐"｜"顶边"命令，即可顶边对齐图层。单击"图层"｜"对齐"｜"右边"命令，即可右边对齐图层❷；选择"图层3"和"背景"两个图层，单击"图层"｜"对齐"｜"底边"命令，即可底边对齐图层。单击"图层"｜"对齐"｜"左边"命令，即可左边对齐图层❸。

STEP 2 选择"图层 4"和"背景"两个图层，单击"图层"|"对齐"|"底边"命令，即可底边对齐图层，单击"图层"|"对齐"|"右边"命令，即可右边对齐图层❹。选择"图层 1"图层，按住【Ctrl】键的同时，单击"图层缩览图"，载入选区，单击"选择"|"修改"|"收缩"命令，弹出"收缩选区"对话框，设置"收缩量"为 20 像素，单击"确定"按钮，单击"图层"面板底部的"添加图层蒙版"按钮，添加图层蒙版❺，使用同样的方法，为其他图层添加图层蒙版❻。

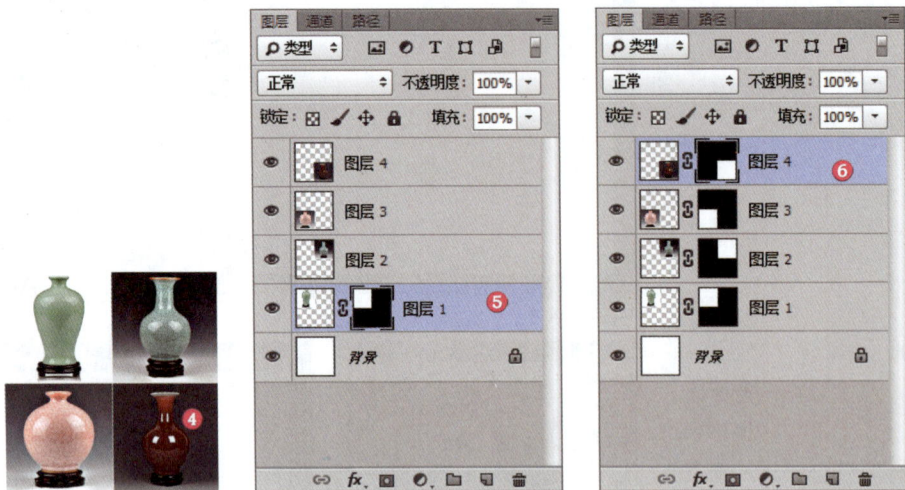

216 制作 2×2 照片展示特效——添加描边

下面介绍使用图层样式制作 2×2 照片展示特效。

STEP 1 选择"图层 1"图层，双击"图层 1"图层，弹出"图层样式"对话框，选中"描边"复选框，设置"大小"为 3 像素，"位置"为"内部"，"不透明度"为 100%，"填充类型"为"颜色"，"颜色"为蓝色（RGB 参数值分别为 42、0、255）❶，单击"确定"按钮，即可应用图层样式。在"图层 1"图层的右边，单击鼠标右键，在弹出的列表框中选择"拷贝图层样式"选项❷，分别在"图层 2""图层 3"以及"图层 4"图层单击鼠标右键，在弹出的快捷菜单中，选择"粘贴图层样式"选项❸，即可粘贴图层样式❹。

STEP 2 选择"背景"图层，单击"图像"|"画布大小"命令，弹出"画布大小"对话框，选中"相对"复选框，设置"宽度"和"高度"均为 80 像素❺，单击"确定"按钮，即可调整画布大小，完成 2×2 照片展示效果制作❻。

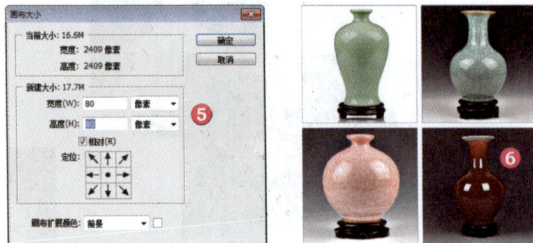

217 制作商品单张照片的立体空间展示

单张照片的立体空间展示就是利用照片的投影效果，衬托图像的立体空间感，它能够唯美展示照片，达到具有视觉冲击的展示效果。

STEP 1 单击"文件"｜"打开"命令，打开一幅素材图像❶，双击"背景"图层，弹出"新建图层"对话框，保持默认设置，单击"确定"按钮，得到"图层 0"图层。单击"图像"｜"画布大小"命令，弹出"画布大小"对话框，选中"相对"复选框，设置"高度"为 30%、"定位"为"垂直、顶"❷，单击"确定"按钮，即可调整画布大小。复制"图层 0"图层，得到"图层 0 拷贝"图层，按【Ctrl + T】组合键，调出变换控制框，设置中心点的位置为底边居中，单击鼠标右键，在弹出的快捷菜单中选择"垂直翻转"选项，即可垂直翻转图像，按【Enter】键，确认图像的变换操作❸。

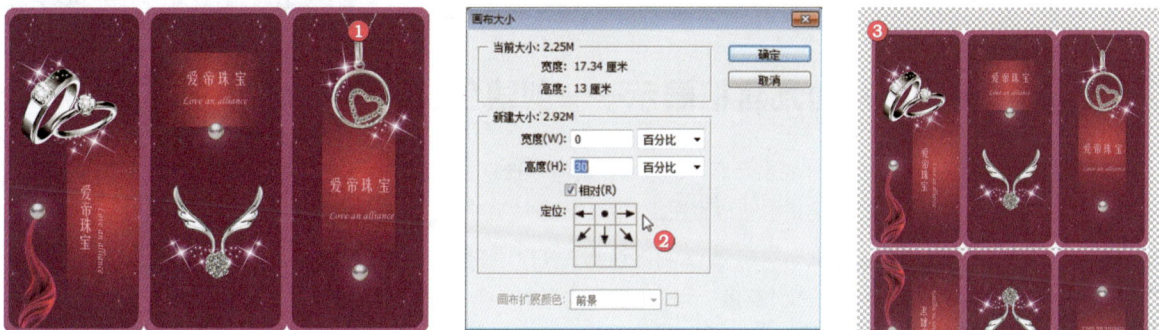

STEP 2 双击"图层 0 拷贝"图层，弹出"图层样式"对话框，选中"描边"复选框，设置"大小"为 20 像素，"位置"为"内部"，"混合模式"为"正常"，"不透明度"为 100%，"填充类型"为"颜色"，"颜色"为白色❹，单击"确定"按钮，即可应用图层样式。在"图层 0 拷贝"图层上，单击鼠标右键，在弹出的快捷菜单中选择"拷贝图层样式"选项，选择"图层 0"图层并单击鼠标右键，在弹出的快捷菜单中选择"粘贴图层样式"选项，设置"不透明度"为 100% ❺，新建"图层 1"图层，设置前景色为白色，并填充前景色，调整"图层 1"图层至"图层 0"图层的下方❻。

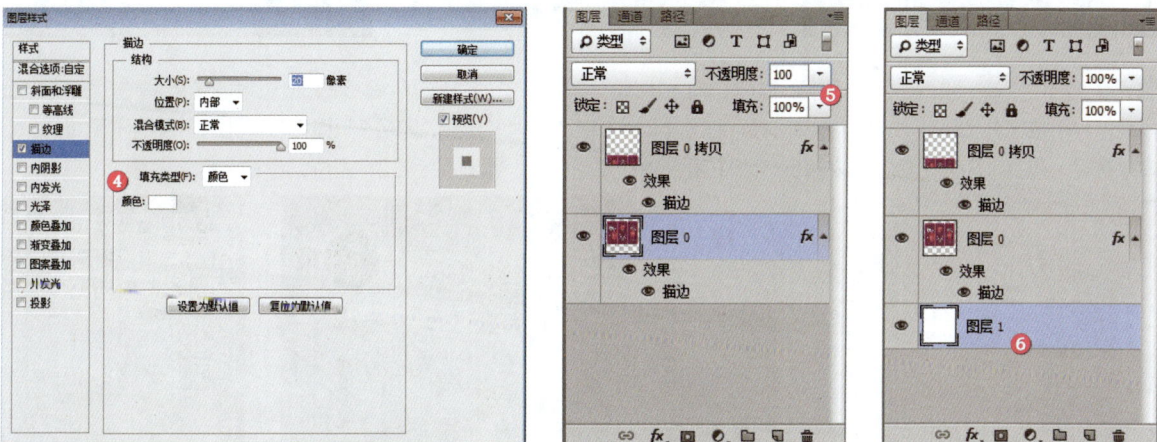

STEP 3 双击"图层 1"图层，弹出"图层样式"对话框，选中"渐变叠加"复选框，单击"渐变"右侧的"点按可编辑渐变"按钮，弹出"渐变编辑器"对话框，在渐变色条上添加 5 个色标（各色标 RGB 参数值分别为 208、208、208；31、31、31；0、0、0；190、190、190；129、129、129），单击"确定"按钮，设置各选项参数❼，单击"确定"按钮，即可应用图层样式。新建"色相/饱和度 1"调整图层，展开"属性"面板，选中"着色"复选框，设置"色相"为 107、"饱和度"为 50 ❽，即可调整图像色调，完成单张照片的立体空间展示的制作❾。

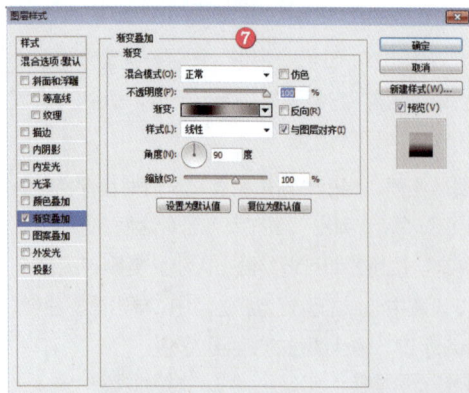

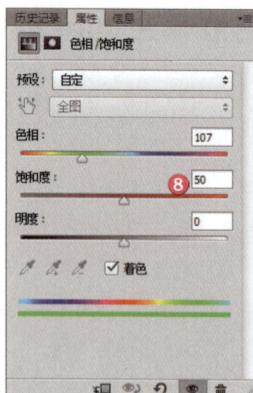

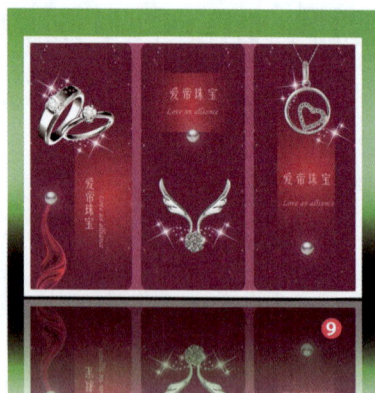

218 制作单张照片的九宫格展示——创建色块

单张照片的九宫格展示是一种分块展示照片的效果，能够创造奇特的视觉效应。九宫格构图又称为井字形构图，这种构图法源自绘画界，要点是不要将主题放置在正中间，而是放置在交叉点上。

STEP 1 单击"文件"｜"打开"命令，打开一幅素材图像❶，新建"图层 1"图层，填充白色，按【Ctrl＋T】组合键，调出变换控制框，在工具属性栏中设置"高度"和"宽度"均为 32%❷，按【Enter】键确认变换❸。

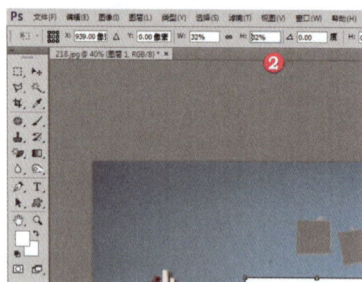

STEP 2 选择"背景"和"图层 1"这两个图层，单击"图层"｜"对齐"｜"顶边"命令❹，顶边对齐图层，单击"图层"｜"对齐"｜"左边"命令，左边对齐图层❺，按住【Ctrl】键的同时，选择"图层 1"图层，单击"图层缩览图"，即可载入选区，选择"背景"图层，按【Ctrl＋J】组合键，复制图层，得到"图层 2"图层，设置名称为 1❻。

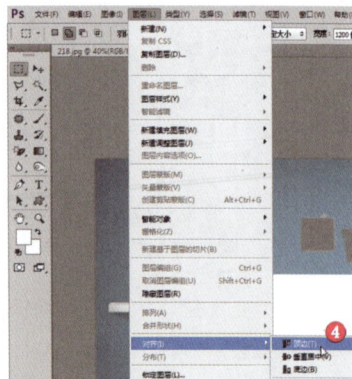

219 制作单张照片的九宫格展示——分割图像

网店卖家通过"对齐"命令和复制图层的方式，可以制作单张照片的九宫格展示效果。

STEP 1 选择"背景"和"图层 1"这两个图层，单击"图层"｜"对齐"｜"水平居中"命令，按住【Ctrl】键的同时，选择"图层 1"图层，单击"图层缩览图"，即可载入选区。选择"背景"图层，按【Ctrl＋J】组合键，复制图层，得到"图层 2"图层，设置名称为 2❶。选择"背景"和"图层 1"这两个图层，单击"图层"｜"对齐"｜"右边"命令，按住【Ctrl】键的同时，选择"图层 1"图层，单击"图层缩览图"，即可载入选区，选择"背景"图层，按【Ctrl＋J】组合键，复制图层，得到"图层 2"图层，设置名称为 3❷。选择"背景"和"图层 1"这两个图层，单击"图层"｜"对齐"｜"垂直居中"命令，按住【Ctrl】键的同时，选择"图层 1"图层，单击"图层缩览图"，即可载入选区，选择"背景"图层，按【Ctrl＋J】组合键，复制图层，得到"图层 2"图层，设置名称为 4❸。

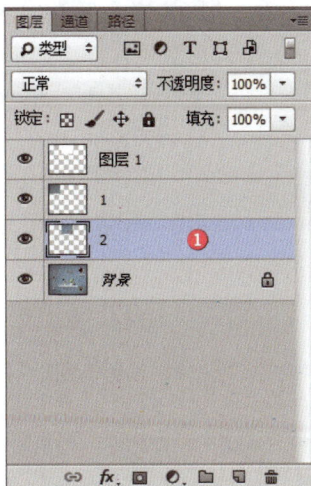

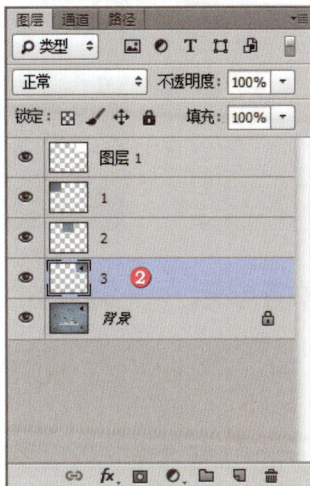

STEP 2 选择"背景"和"图层 1"这两个图层，单击"图层"｜"对齐"｜"水平居中"命令，按住【Ctrl】键的同时，选择"图层 1"图层，单击"图层缩览图"，即可载入选区。选择"背景"图层，按【Ctrl＋J】组合键，复制图层，得到"图层 2"图层，设置名称为 5❹。选择"背景"和"图层 1"这两个图层，单击"图层"｜"对齐"｜"左边"命令，按住【Ctrl】键的同时，选择"图层 1"图层，单击"图层缩览图"，即可载入选区。选择"背景"图层，按【Ctrl＋J】组合键，复制图层，得到"图层 2"图层，设置名称为 6❺。选择"背景"和"图层 1"这两个图层，单击"图层"｜"对齐"｜"底边"命令，按住【Ctrl】键的同时，选择"图层 1"图层，单击"图层缩览图"，即可载入选区，选择"背景"图层，按【Ctrl＋J】组合键，复制图层，得到"图层 2"图层，设置名称为 7❻。

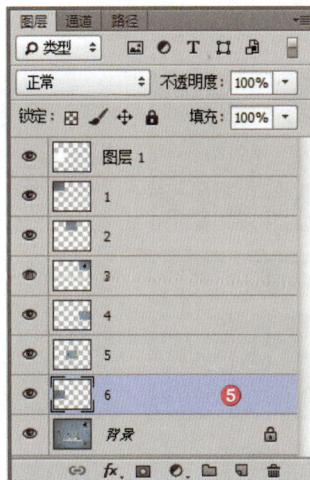

STEP 3 选择"背景"和"图层 1"这两个图层，单击"图层"｜"对齐"｜"水平居中"命令，按住【Ctrl】键的同时，选择"图层 1"图层，单击"图层缩览图"，即可载入选区。选择背景图层，按【Ctrl＋J】组合键，复制图层，得到"图层 2"图层，设置名称为 8❼。选择"背景"和"图层 1"这两个图层，单击"图层"｜"对齐"｜"右边"命令，按住【Ctrl】键的同时，选择"图层 1"图层，单击"图层缩览图"，即可载入选区。选择"背景"图层，按【Ctrl＋J】组合键，复制图层，得到"图层 2"图层，设置名称为 9❽，预览效果❾。

220 制作单张照片的九宫格展示——调整画布

STEP 1 单击"图像" | "画布大小"命令❶,弹出"画布大小"对话框❷,选中"相对"复选框,设置"高度"和"宽度"均为 5% ❸。

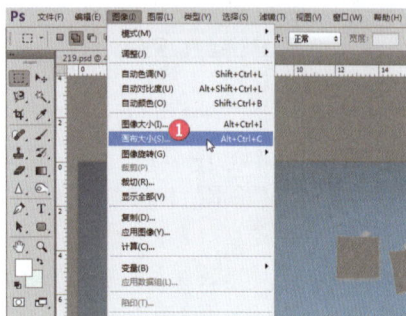

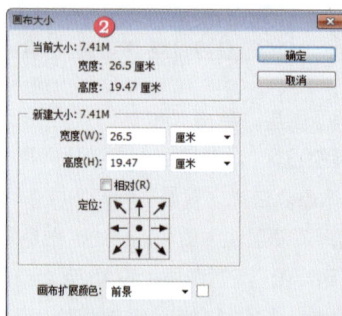

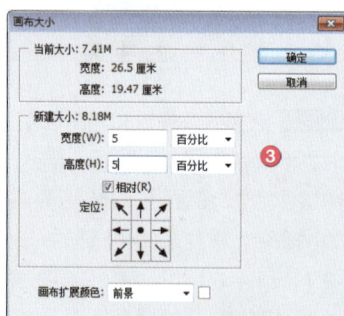

STEP 2 单击"确定"按钮,选择"图层 1"图层,设置前景色为白色,并填充前景色,调整"图层 1"图层至"背景"图层的上方❹,执行上述后,即可完成单张照片九宫格展示的制作❺。

221 制作 3×3 照片立体展示特效——编辑图像

3X3 照片立体展示效果是将 9 幅素材合并，均匀而整齐地排列在同一编辑窗口中。该展示效果不仅能够同时展示多张照片，而且还能打造立体视觉效果。

STEP 1 单击"文件"|"打开"命令，打开 9 幅素材图像❶。单击"文件"|"新建"命令，弹出"新建"对话框，设置各选项❷，单击"确定"按钮，即可新建一个指定大小的空白文档。切换至"221(1)"图像编辑窗口，单击"图像"|"图像大小"命令，弹出"图像大小"对话框，设置"分辨率"为 72 像素/英寸、"宽度"为 1800 像素❸。

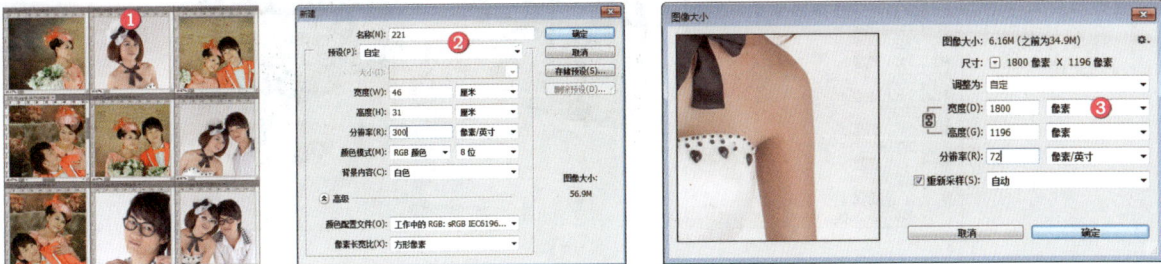

STEP 2 单击"确定"按钮，即可调整图像大小。选取工具箱中的矩形选框工具，在工具属性栏中，单击"样式"右侧的下拉按钮，在弹出的列表框中选择"固定大小"选项，设置"宽度"为 1800 像素，设置"高度"为 1200 像素，拖曳鼠标指针至图像编辑窗口中，创建选区，单击"选择"|"变换选区"命令❹，调出变换控制框，调整选区至合适位置，按【Enter】键，确认变换操作❺。

222 制作 3×3 照片立体展示特效——移动图像

网店卖家可以通过复制图层的方式，制作 3×3 照片立体展示特效。

STEP 1 单击"图像"|"裁剪"命令，即可裁切图像，按【Ctrl + C】组合键，复制图像，单击图像编辑窗口右上方的"关闭"按钮，弹出信息提示框❶，单击"否"按钮，即可关闭图像切换至新建文件图像编辑窗口，按【Ctrl + V】组合键，粘贴图像，得到"图层 1"图层❷。

STEP 2 将其他 8 幅素材重复上一实例的操作，并复制粘贴至编辑窗口中，得到相应图层❸，执行上述操作后，即可将所有素材贴入窗口❹。

223 制作 3×3 照片立体展示特效——排列图像

网店卖家通过"对齐"命令可以制作出 3×3 照片立体展示特效。

STEP 1 选择"图层 1"和"背景"两个图层,单击"图层" | "对齐" | "顶边"命令,顶边对齐图层。单击"图层" | "对齐" | "左边"命令，左边对齐图层❶；选择"图层 2"和"背景"两个图层,单击"图层" | "对齐" | "顶边"命令,顶边对齐图层。单击"图层" | "对齐" | "水平居中"命令,水平居中对齐图层❷；选择"图层 3"和"背景"两个图层,单击"图层" | "对齐" | "顶边"命令,顶边对齐图层。单击"图层" | "对齐" | "右边"命令，右边对齐图层❸。

STEP 2 选择"图层 4"和"背景"这两个图层,单击"图层" | "对齐" | "左边"命令,左边对齐图层。单击"图层" | "对齐" | "垂直居中"命令,垂直居中对齐图层❹。选择"图层 5"和"背景"两个图层,单击"图层" | "对齐" | "右边"命令，右边对齐图层,单击"图层" | "对齐" | "垂直居中"命令,垂直居中对齐图层❺。选择"图层 6"和"背景"两个图层,单击"图层" | "对齐" | "底边"命令,底边对齐图层,单击"图层" | "对齐" | "左边"命令,左边对齐图层❻。

STEP 3 选择"图层 7"和"背景"这两个图层,单击"图层" | "对齐" | "底边"命令,底边对齐图层。单击"图层" | "对齐" | "水平居中"命令,水平居中对齐图层❼。选择"图层 8"和"背景"这两个图层,单击"图层" | "对齐" | "右边"命令,右边对齐图层,单击"图层" | "对齐" | "底边"命令,底边对齐图层❽。

STEP 4 选择"图层 9"和"背景"这两个图层，单击"图层"|"对齐"|"水平居中"命令，水平居中对齐图层。单击"图层"|"对齐"|"垂直居中"命令，垂直居中对齐图层❾。选择"图层 1"至"图层 9"中间的 9 个图层，按【Ctrl＋G】组合键，即可图层编组，得到"组 1"图层组❿。

224 制作 3×3 照片立体展示特效——添加效果

网店卖家通过调整图像的大小，可以制作出倒影效果，并添加照片的背景特效。

STEP 1 单击"图像"|"画布大小"命令，弹出"画布大小"对话框，选中"相对"复选框，设置"高度"为 30%，设置"定位"为"垂直、顶"❶，单击"确定"按钮，调整画布大小。复制"组 1"图层组，得到"组 1 拷贝"图层组，按【Ctrl＋T】组合键，调出变换控制框，设置中心点的位置为底边居中。单击鼠标右键，在弹出的快捷菜单中，选择"垂直翻转"选项，即可垂直翻转图像，按【Enter】键，确认图像的变换操作❷。选择"组 1 拷贝"图层组，添加图层蒙版，为图层蒙版适当填充黑白线性渐变，隐藏部分图像❸。

STEP 2 双击"背景"图层，弹出"新建图层"对话框，单击"确定"按钮，得到"图层 0"图层。双击"图层 0"图层，弹出"图层样式"对话框，选中"渐变叠加"复选框，单击"渐变"右侧的"点按可编辑渐变"按钮，弹出"渐变编辑器"对话框，在渐变色条上添加 5 个色标（各色标 RGB 参数值分别为 255、255、255；31、31、31；57、57、57；214、214、214；140、140、140），单击"确定"按钮，返回"图层样式"对话框，设置各选项参数❹。

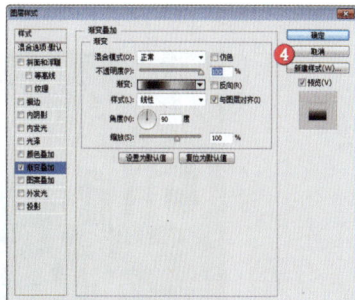

STEP 3 单击"确定"按钮,应用图层样式,新建"色相 / 饱和度 1"调整图层,展开"属性"面板,选中"着色"复选框,设置"色相"为 303、"饱和度"为 50、"明度"为—21,即可调整图像色调⑤。

STEP 4 选择"组 1"图层组,合并"组 1"图层组,得到"组 1"图层。按【Ctrl + T】组合键,调出变换控制框,单击鼠标右键,在弹出的快捷菜单中选择"变形"选项,调整各控制点至合适位置,按【Enter】键,确认图像的变形操作。选择"组 1 拷贝"图层组,合并"组 1 拷贝"图层组,得到"组 1 拷贝"图层。按【Ctrl + T】组合键,调出变换控制框,单击鼠标右键,在弹出的快捷菜单中选择"变形"选项,调整各控制点至合适位置,按【Enter】键,确认图像的变形操作,设置"组 1 拷贝"图层的"不透明度"为 60%,完成 3×3 照片立体展示效果⑥。

225 拍立得商品照片特效

使用拍立得相机可以在相纸上即时显现拍摄影像,四边的白框还可以涂鸦写字,不少人还特地用这种相机来记录生活,与其他摄影方法比较起来是别有一番风趣。

STEP 1 单击"文件" | "打开"命令,打开一幅素材图像①。双击"背景"图层,弹出"新建图层"对话框,单击"确定"按钮,得到"图层 0"图层。按【Ctrl + T】组合键,调出变换控制框,在工具属性栏中设置"旋转"为 90 度,按【Enter】键,确认变换操作,单击"图像" | "显示全部"命令,全部显示图像②。单击"图像" | "图像大小"命令,弹出"图像大小"对话框,设置"宽度"为 1200 像素,单击"确定"按钮,按【Ctrl + T】组合键,调出变换控制框,在工具属性栏中设置"旋转"为 −90 度,按【Enter】键,确认图像变换操作③。

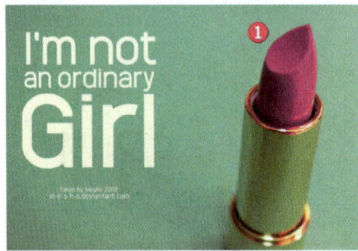

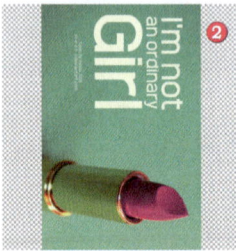

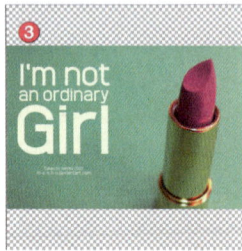

STEP 2 单击"图像" | "裁切"命令,弹出"裁切"对话框,选中"透明像素"单选按钮,单击"确定"按钮,裁切图像④。单击"图像" | "画布大小"命令,弹出"画布大小"对话框,选中"相对"复选框,设置"高度"为 50%、"定位"为"垂直、顶"⑤,单击"确定"按钮,调整画布大小。新建"图层 1"图层,设置前景色为白色,并填充前景色,调整"图层 1"图层至"图层 0"图层下方⑥。

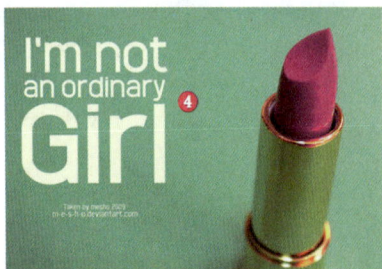

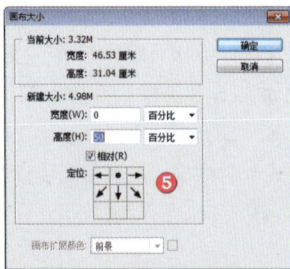

STEP 3 双击"图层 0"图层,弹出"图层样式"对话框,选中"描边"复选框,设置"大小"为 3 像素,"位置"为"内部","填充类型"为"颜色","颜色"为黑色❼,单击"确定"按钮。在"图层 0"图层的右侧单击鼠标右键,在弹出的快捷菜单中,选中"拷贝图层样式"选项,选择"图层 1"图层,在其右侧单击鼠标右键,在弹出的快捷菜单中,

选择"粘贴图层样式"选项,执行操作后,即可粘贴图层样式❽,完成拍立得照片效果的制作。

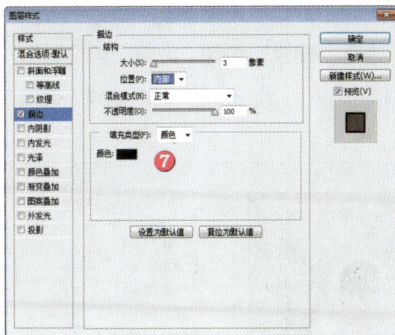

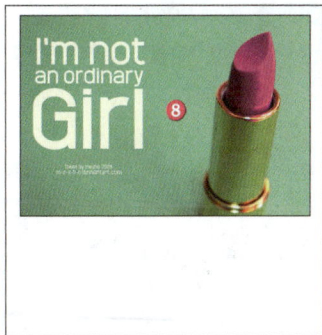

226 幻灯片商品照片展示特效

幻灯片的切换效果可以更好地展示图像,在全屏模式下观看图像效果,可以更好地观看图像的细节。

STEP 1 单击"文件"|"打开"命令,打开一幅素材图像❶。双击"背景"图层,弹出"新建图层"对话框,单击"确定"按钮,得到"图层 0"图层❷。单击"图像"|"图像大小"命令,弹出"图像大小"对话框,设置"高度"为 768 像素❸,单击"确定"按钮,调整图像大小。

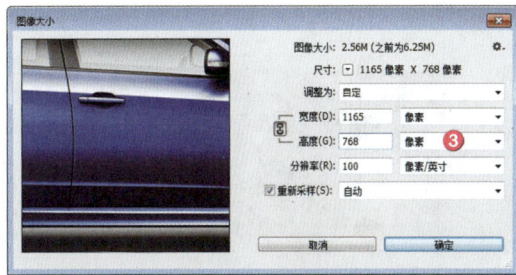

STEP 2 单击"图像"|"画布大小"命令,弹出"画布大小"对话框,设置"宽度"为 2 像素❹,单击"确定"按钮,即可调整画布大小。新建"图层 1"图层,设置前景色为黑色,并填充黑色,调整"图层 1"图层至"图层 0"图层下方❺,执行上述操作后,即可完成幻灯片展示效果的制作❻。

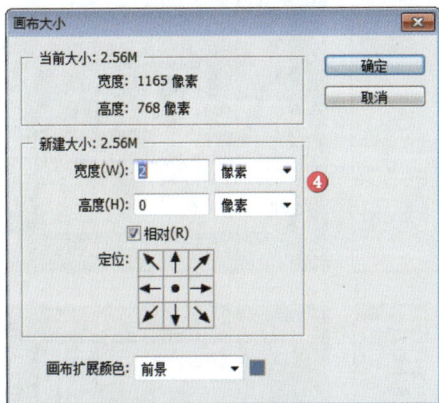

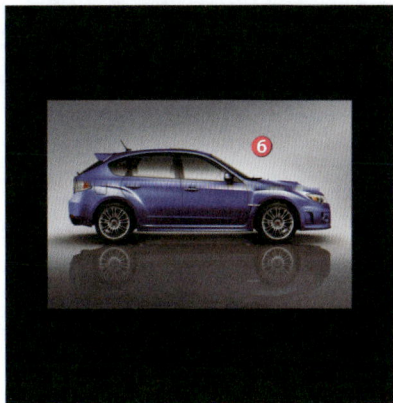

227 透视边框展示特效

透视边框展示效果能够展示图像的三维立体效果,是一种透视边框艺术效果的展示。透视边框展示效果能够展现图像的立体视觉,凸显极具立体视觉冲击力的魅力。

STEP 1 单击"文件"|"打开"命令,打开一幅素材图像❶。单击"图像"|"图像大小"命令,弹出"图像大小"对话框,设置"宽度"为 500 像素❷,单击"确定"按钮,即可调整图像大小。选取工具箱中的矩形选框工具,在工具属性栏中,单击"样式"右侧的下拉按钮,在弹出的列表框中,选择"固定大小"选项,设置"宽度"为 1200 像素、"高度"为 960 像素❸。

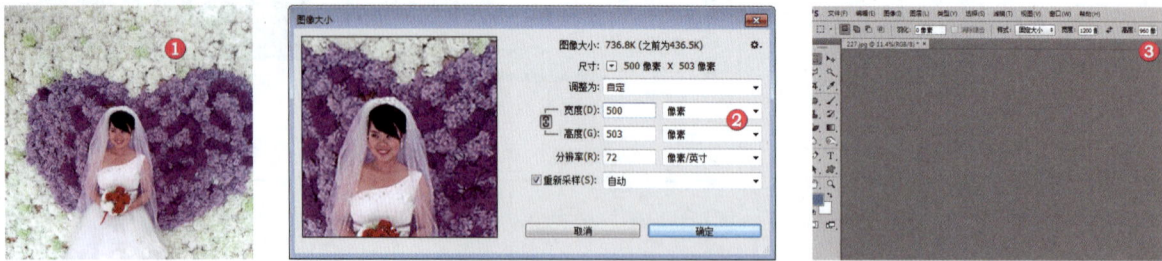

STEP 2 拖曳鼠标指针至图像编辑窗口中,单击鼠标左键,即可创建选区❹。单击"图像"|"裁剪"命令,即可裁剪图像,按【Ctrl + D】组合键,取消选区。双击"背景"图层,弹出"新建图层"对话框,单击"确定"按钮,得到"图层 0"图层。单击"图像"|"画布大小"命令,弹出"画布大小"对话框,选中"相对"复选框,设置"宽度"和"高度"均为 30%❺,单击"确定"按钮,双击"图层 0"图层,弹出"图层样式"对话框,选中"斜面和浮雕"复选框,设置各选项参数❻。

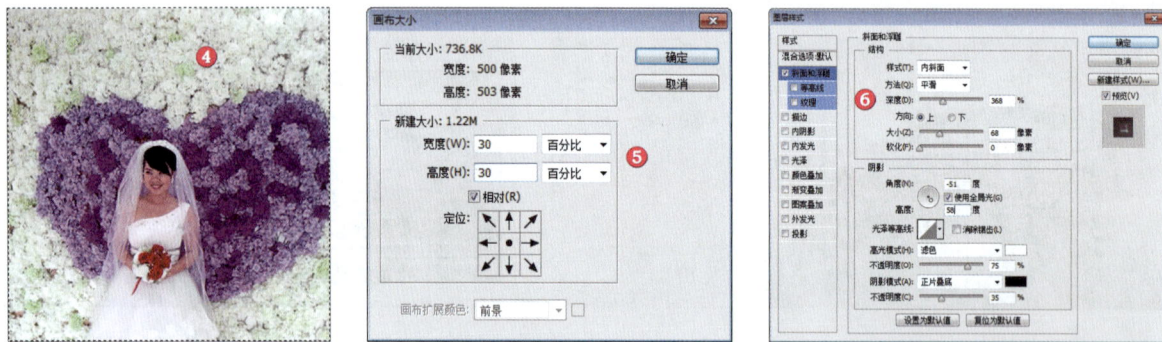

STEP 3 选中"投影"复选框,设置各选项参数❼,单击"确定"按钮,应用图层样式。新建"图层 1"图层,调整"图层 1"图层至"图层 0"图层下方,设置前景色为蓝色(RGB 参数值分别为 0、255、240),填充前景色❽。

STEP 4 双击"图层 1"图层,弹出"图层样式"对话框,选中"斜面和浮雕"复选框,设置各选项参数❾,单击"确定"按钮,即可应用图层样式,完成透视边框展示效果❿。

核心技能篇

11

合成：制作淘宝商品
图像

如今，网店的广泛应用与普及，让消费者有了更多的选择。对于网店
店主来说，如何抓住消费者的心，如何吸引消费者进行购买是首要
考虑的问题，而作为"门面"的店铺商品展示则是重中之重。本章主
要介绍网店商品图片的合成特效处理。

228 淘宝店庆 1——制作背景效果

目前，各类广告活动频繁出现于电视、报纸、杂志、路牌和互联网上，让人目不暇接，人们在不知不觉中接收着广告，广告、活动日益成为各现代企业、网店卖家的营销手段和传递信息的重要方式。下面主要运用"新建"命令与"填充"命令，制作淘宝店庆广告的背景效果。

STEP 1 单击"文件"|"新建"命令，弹出"新建"对话框，在对话框中设置各选项❶，单击"确定"按钮，即可新建一幅空白图像❷。

STEP 2 单击工具箱中的前景色色块，弹出"拾色器（前景色）"对话框，设置前景色为淡蓝色（RGB 参数分别为 203、231、255）❸，单击"确定"按钮，按【Alt＋Delete】组合键，填充前景色❹。

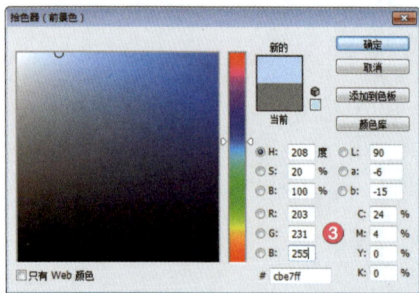

229 淘宝店庆 2——制作花纹图像

下面选取移动工具将花纹图像素材添加到窗口中，并通过图层混合模式美化背景效果。

STEP 1 按【Ctrl＋O】组合键，打开"229（1）"背景图像❶，选取工具箱中的移动工具，将其拖曳至新建的图像编辑窗口中❷，按【Ctrl＋T】组合键，调出变换控制框❸。

知识链接

装修网店可以增加买家在店铺的停留时间，合理规划并利用网店内的图片和板块设计，可以有效地吸引并引导买家进入你的店铺。所以，店主应该装修好自己的网店，这样才有利于促进网店成交。

STEP 2 适当调整背景图像的大小和位置，并按【Enter】键确认变换❹，按【Ctrl＋E】组合键，将"图层1"图层和"图层2"图层合并，设置"图层1"图层的"混合模式"为"滤色"，"不透明度"为60%❺，执行上述操作后，即可改变图像效果❻。

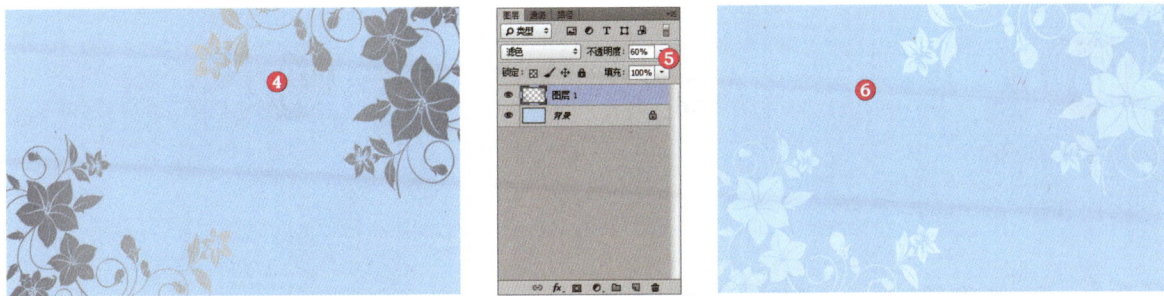

STEP 3 按【Ctrl＋O】组合键，打开"229（2）"商品图像，并将其拖曳至新建的图像编辑窗口中的合适位置❼，连续按两次【Ctrl＋J】组合键，复制两次"图层2"图层❽，按【Ctrl＋T】组合键，调出变换控制框，调整图像的大小、角度和位置，并按【Enter】键确认操作❾。

STEP4 设置花纹图像的"混合模式"为"柔光"❿，执行操作后，即可改变图像效果⓫。

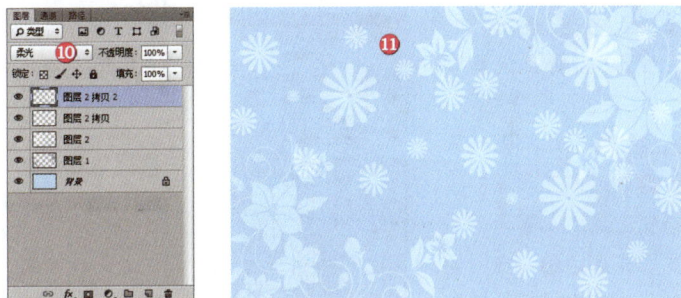

230 淘宝店庆3——抠取商品图像

网店卖家可以使用魔棒工具抠取商品图像，得到最终的效果。

STEP 1 按【Ctrl＋O】组合键，打开"230"商品图像❶，按【Ctrl＋A】组合键，全选图像❷，选取移动工具，将该图像拖曳至新建的图像编辑窗口中，并适当调整其大小和位置❸。

STEP2 选取工具箱中的魔棒工具，在工具属性栏中单击"添加到选区"按钮🖾，设置"容差"为10，在"图层 3"图层的背景上多次单击鼠标左键，选中背景区域❹，按【Delete】键，删除背景❺，按【Ctrl＋D】组合键，取消选区，预览效果❻。

231 淘宝店庆 4——制作倒影效果

网店卖家可以使用图层蒙版与渐变工具制作出画面的倒影特效，得到最终的效果。

STEP1 按【Ctrl＋J】组合键，复制"图层 3"图层得到"图层 3 拷贝"图层❶，单击"编辑"|"变换"|"垂直翻转"命令，翻转图像商品❷，选取移动工具，适当调整其位置❸。

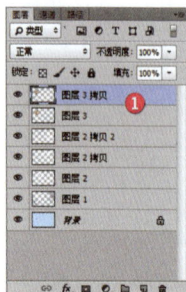

STEP2 单击"图层"面板底部的"添加矢量蒙版"按钮，为"图层 3 拷贝"图层添加图层蒙版❹，选取工具箱中的渐变工具，设置黑白渐变填充颜色❺，在图像下方按住击鼠标左键并向上拖曳，释放鼠标即可填充黑白渐变❻。

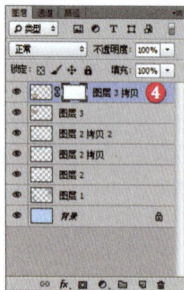

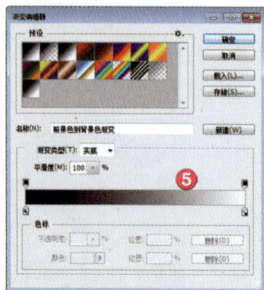

232 淘宝店庆 5——制作描边效果

下面主要通过"描边"命令，为商品图像添加描边效果，使其层次感更明确。

STEP1 按【Ctrl＋O】组合键，打开"232（1）"与"232（2）"商品图像，选取移动工具将各商品拖曳至新建的图像编辑窗口中，并按【Ctrl＋T】组合键，调出变换控制框，适当调整商品图像的大小和位置❶。在"图层"面板中，选择"图层 4"图层❷，单击"编辑"|"描边"命令，弹出"描边"对话框，设置"颜色"为蓝色（RGB 参数分别为 0、142、255）、"宽度"为 2 像素❸。

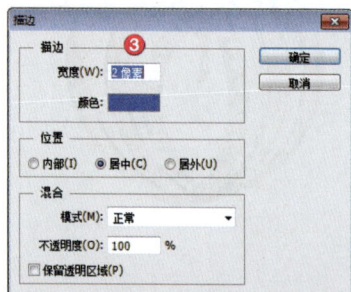

STEP2 单击"确定"按钮，对置入的图像进行描边处理❹，用与上同样的方法，为另一幅商品图像添加描边效果❺，按【Ctrl＋O】组合键，打开"232（3）"商品图像，选择除"背景"图层以外的图层，选取移动工具将其拖曳至新建的图像编辑窗口中的合适位置，预览效果❻。

233 淘宝店庆 6——制作主题文字效果

下面首先运用横排文字工具输入广告文字，然后为其添加"渐变叠加"和"描边"图层样式，并调整文字的大小和角度，制作出炫丽的淘宝广告文字效果。

STEP1 选取工具箱中的横排文字工具，在图像编辑窗口适当位置单击鼠标左键，设置"字体"为"方正粗圆简体"，"字体大小"为 54 点，输入相应文字❶。运用横排文字工具选中"店庆"文字和"送"文字，设置"字体大小"为 100 点，按【Ctrl＋Enter】组合键确认，并将其移至合适位置❷。在文字图层上单击鼠标右键，在弹出的快捷菜单中，选择"混合选项"选项❸。

STEP2 弹出"图层样式"对话框，选中"渐变叠加"复选框❹，切换至"渐变叠加"选项卡，单击"渐变"右侧的色块，弹出"渐变编辑器"对话框，在渐变条上添加 3 个色标，依次设置为红色（RGB 参数分别为 255、0、0）、黄色（RGB 参数分别为 240、255、0）和红色❺，单击"确定"按钮，返回"图层样式"对话框❻。

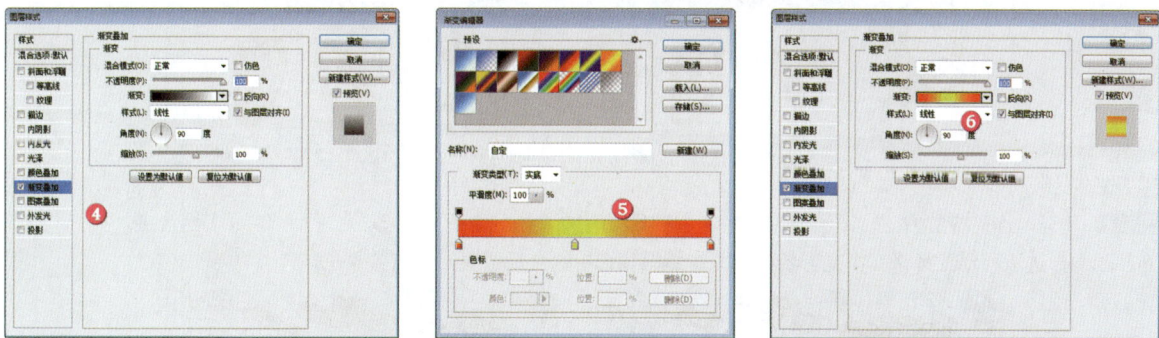

STEP3 选中"描边"复选框，设置"大小"为 6 像素、"颜色"为深红色（RGB 参数分别为 164、0、0）❼，单击"确定"按钮，即可为文字添加相应的图层样式❽。

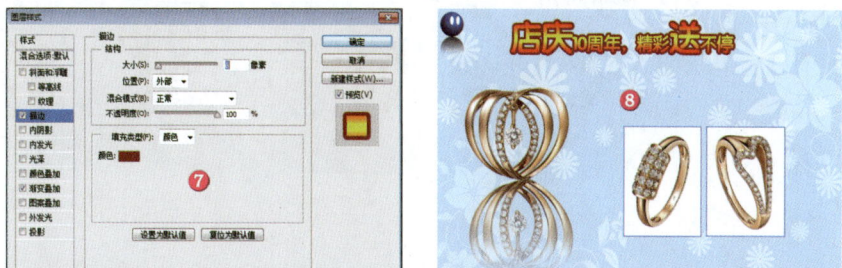

234 淘宝店庆 7——制作其他文字效果

网店卖家使用横排文字工具，可以制作出图像画面的其他文字效果。

STEP 1 选取工具箱中的横排文字工具，在图像编辑窗口适当位置单击鼠标左键，设置"字体"为"方正粗圆简体"，"字体大小"为 50 点，输入相应文字❶。选择"店庆 10 周年"文字图层，单击"图层"|"图层样式"|"拷贝图层样式"命令❷。选择"全场购物"文字图层，单击"图层"|"图层样式"|"粘贴图层样式"命令❸。

STEP 2 执行上述操作后，其文字效果随之改变❹。在"全场购物"文字图层的"描边"图层效果上双击鼠标左键，弹出"图层样式"对话框，设置"大小"为 4 像素❺，单击"确定"按钮，即可改变描边图层样式❻。

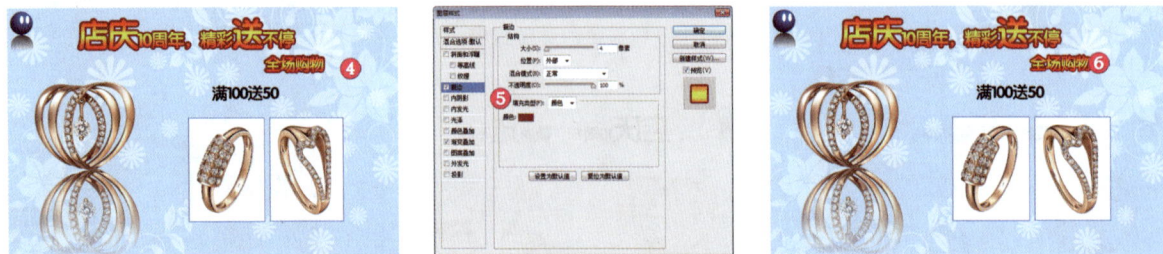

STEP 3 复制"全场购物"文字图层的图层样式，将其粘贴于"满 100 送 50"文字图层上，其文字效果随之改变❼。选择"店庆 10 周年"文字图层，单击"编辑"|"变换"|"旋转"命令，适当调整图像旋转角度，按【Enter】键确认，并将其调整至合适位置❽。

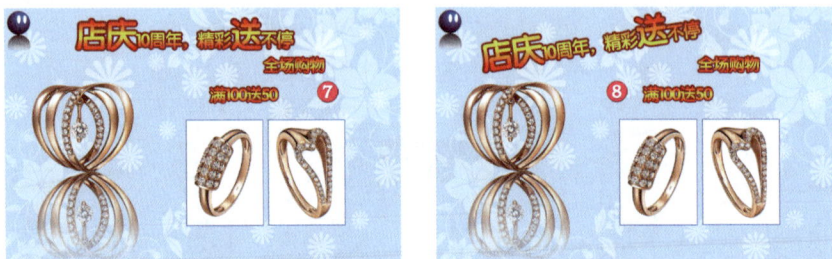

STEP 4 用与前面同样的方法，适当调整其他文字的角度，并移动至合适位置❾。按【Ctrl + O】组合键，打开"234"商品图像，选取移动工具将其拖曳至新建的图像编辑窗口中的合适位置，预览效果❿。

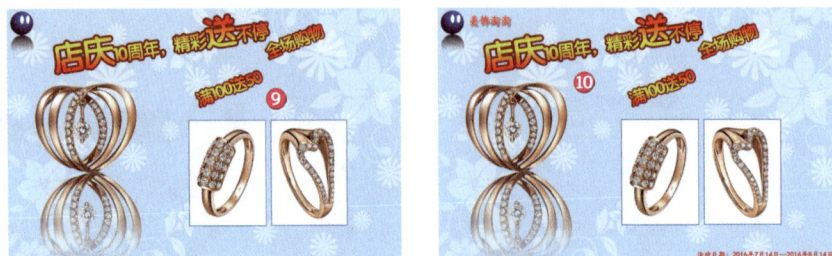

235　淘宝服装 1——新建商品文件

服装是淘宝中最火热的销售商品，尤其女装更是受到广大消费者的青睐。下面介绍使用"新建"命令来新建商品文件的方法。

STEP 1 单击"文件" | "新建"命令❶，弹出"新建"对话框❷。

STEP 2 输入名称并设置相应参数❸，单击"确定"按钮❹，即可新建一个指定大小的空白文档❺。

236　淘宝服装 2——导入并处理商品图像

网店卖家可以使用全选、复制、粘贴的方法，导入并处理商品图像，以得到最终的效果。

STEP 1 打开"236"商品图像，按【Ctrl + A】组合键，全选图像❶，选取移动工具 ▶⊕，将该图像拖曳至新建的图像编辑窗口中，按【Ctrl + T】组合键，适当变换图像大小❷。在"图层"面板中选择"图层 1"图层，单击面板底部的"添加矢量蒙版"按钮 ▣，添加图层蒙版❸。

STEP 2 运用设置为黑色的画笔工具在图像的适当位置进行涂抹❹，用与前面同样的方法，打开"236(2)"和"236(3)"商品图像，将文件拖曳至新建的图像编辑窗口中，并适当调整其大小和位置❺，在"图层"面板中，分别为"图层 2"图层和"图层 3"图层添加图层蒙版，选取画笔工具，设置前景色为黑色，在图像的适当位置进行涂抹，并适当调整其位置，预览效果❻。

237 淘宝服装 3——制作倒影效果

网店卖家使用"垂直翻转"命令，可以制作出图像倒影的效果。

STEP 1 打开"237"商品图像，将文件拖曳至新建的图像编辑窗口中，并适当调整其位置❶。选择"图层 4"图层，按【Ctrl + J】组合键，复制"图层 4"图层，得到"图层 4 拷贝"图层，单击"编辑"|"变换"|"垂直翻转"命令，垂直翻转图像，并移至合适位置❷。

STEP 2 单击面板底部的"添加矢量蒙版"按钮 ▣，添加图层蒙版，选取渐变工具 ▣，单击工具属性栏中的"点按可编辑渐变"按钮，弹出"渐变编辑器"对话框，设置相应参数❸，单击"确定"按钮，设置黑白渐变填充颜色，在图像下方按住鼠标左键并向上拖曳，释放鼠标即可填充黑白渐变❹。

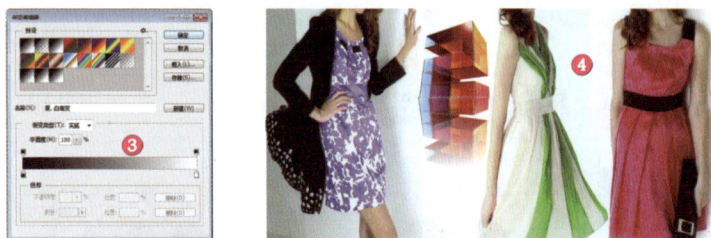

> **TIPS**
> 默认情况下，渐变的填充是黑白两色平均，用户在进行填充时可以根据具体的需要来设置相应的颜色色标位置，以填充不同的效果。

238 淘宝服装 4——制作服装广告文字

网店卖家使用横排文字工具，可以在图像中添加文字效果。

STEP 1 选择横排文字工具 **T**，在图像编辑窗口适当位置单击鼠标左键，在工具属性栏中设置"字体"为"方正大黑简体"，"字体大小"为 14 点，"颜色"为红色（RGB 参数分别为 255、0、0），输入相应文字❶，选择输入的文字，在工具属性栏中单击"切换字符和段落面板"按钮 ▤，展开"字符"面板，设置相应字体、行距参数❷。选择"2 折"文字图层，设置"字体大小"为 24 点，并适当调整文字位置❸。

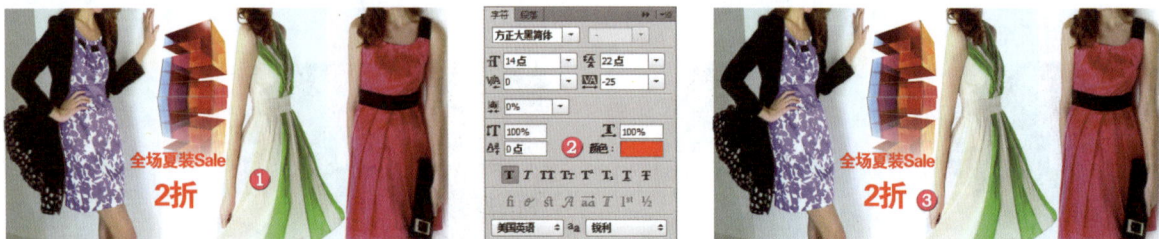

STEP 2 选择横排文字工具 T，在图像编辑窗口适当位置单击鼠标左键，设置"字体"为"黑体"，"字体大小"为 10 点，"颜色"为蓝色（RGB 参数分别为 0、18、233），在"字符"面板中"设置行距"为 14 点，"仿斜体"，输入文字，按【Ctrl＋Enter】组合键确认，并将文字移至合适位置④。选择横排文字工具 T，在图像编辑窗口适当位置单击鼠标左键，在工具属性栏中设置"字体"为"黑体"，"字体大小"为 6 点，"颜色"为褐色（RGB 参数分别为 177、91、57），输入文字，按【Ctrl＋Enter】组合键确认，并移至合适位置⑤。打开"238"商品图像，将文件拖曳至新建图像编辑窗口中，并按【Ctrl＋T】组合键，调出变换控制框，适当调整其大小和位置⑥。

STEP 3 双击"图层 5"图层，弹出"图层样式"对话框，选中"描边"复选框，切换至"描边"选项卡，设置描边颜色为褐色（RGB 参数分别为 177、91、57），描边"大小"为 2 像素⑦，单击"确定"按钮，设置相应图层样式⑧。

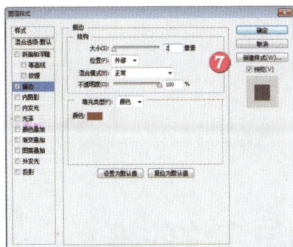

TIPS
在"图层样式"对话框中，用户还可以设置相应的阴影、发光等图层样式。

239 淘宝手包1——新建商品文件

包包也是淘宝网站热门的销售商品，对于琳琅满目的商品，一个好的店面装修和商品展示是非常重要的。下面介绍使用"新建"命令，新建文件效果。

单击"文件"|"新建"命令①，弹出"新建"对话框，输入名称并设置相应参数②，单击"确定"按钮，即可新建一个指定大小的空白文档③。

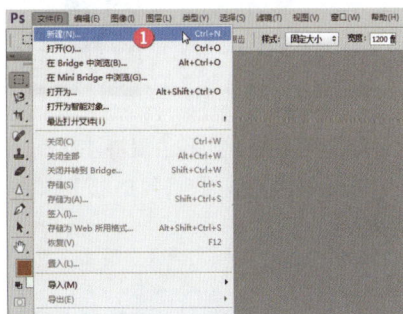

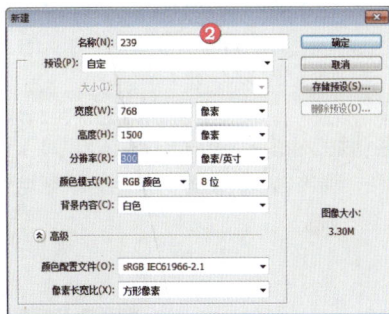

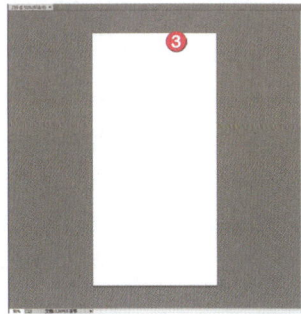

240 淘宝手包2——抠取并移动商品图像

网店卖家可以使用魔棒工具抠取商品图像，以得到最终的图像效果。

STEP 1 打开"240（1）"商品图像，按【Ctrl＋A】组合键，全选图像，选取移动工具 ，将其拖曳至新建的图像编辑窗口中①。选择魔棒工具 ，在工具属性栏中单击"添加到选区"按钮，设置"容差"为 10，在"图层 1"图层白色背景上多次单击鼠标左键，选中白色区域❷，按【Delete】键删除背景，按【Ctrl＋D】组合键，取消选择，隐藏"背景"图层，查看效果❸。

STEP 2 显示"背景"图层，用与前面同样的方法，置入并抠取"240（2）"图像，适当调整其大小和位置❹。用与前面同样的方法，分别置入并抠取"240（3）"和"240（4）"图像，并适当调整其大小和位置❺。

241 淘宝手包 3——制作图像与底纹效果

网店卖家还可以在图像窗口中添加多个所需要的商品图像，并为图像添加颜色以得到最终的效果。

STEP 1 打开"239（1）"商品图像，将其拖曳至新建的图像编辑窗口中，适当调整其大小和位置❶，用与前面同样的方法，分别置入并调整"241（2）"和"241（3）"商品图像，并按【Ctrl＋T】组合键，适当调整其大小和位置❷。

STEP 2 用与前面同样的方法，置入并调整"241（4）"商品图像，按【Ctrl＋T】组合键，调整图像大小和位置❸，按【Ctrl】键的同时，单击"花纹"图层缩览图，调出选区，设置前景色为玫红色（RGB 参数分别为 255、1、144），按【Alt＋Delete】组合键，填充图像，并取消选区❹。

242 淘宝手包 4——制作矩形效果

网店卖家使用矩形选框工具，可以创建选区并填充颜色以得到最终的效果。

STEP 1 新建图层，选取矩形选框工具
▣，在适当位置绘制矩形框，设置前
景色为玫红色（ RGB 参数分别为 255、1、
144），填充前景色，并取消选区❶。
选择"图层 8"图层，按【Ctrl + J】
组合键，复制得到"图层 8 副本"图层，
选取移动工具 ➤⊕ ，将其移至图像下方适当位置，并适当调整其长度❷。

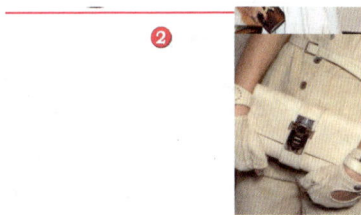

STEP 2 新建图层，选取矩形选框工具▣，在图像编辑窗口最下方适当位置
绘制矩形框，设置前景色为玫红色（ RGB 参数分别为 255、1、144），填充
前景色，并取消选区❸。

243 淘宝手包 5——添加图片文字说明

网店卖家使用横排文字工具可以在图像窗口中添加需要的文字效果，为产品进行宣传和广告。

STEP 1 选择横排文字工具 **T**，在图像编辑窗口适当位置单击鼠标左键，在工具属性栏中单击"切换字符和段落面板"
按钮▣，展开"字符"面板，设置相应参数，输入相应文字❶，按【Ctrl + Enter】组合键确认，完成文字输入。使
用同样的方法，保持默认参数，在编辑窗口中的合适位置输入文字❷，用与前面同样的方法，输入相应文字❸。

知识链接

在"字符"面板中各主要选项含义如下。

● **字体**：在该选项列表框中可以选择字体。

● **字体大小**：可以选择字体的大小。

● **行距**：行距是指文本中各个文字行之间的垂直间距，同一段落的行与行之间可以设置不同的行距，但文字行中的最大行距决
定了该行的行距。

● **字距微调**：用来调整两字符之间的间距，在操作时首先在要调整的两个字符之间单击，设置插入点，然后再调整数值。

● **字距调整**：选择了部分字符时，可以调整所选字符间距，没有调整字符时，可调整所有字符的间距。

● **水平缩放/垂直缩放**：水平缩放用于调整字符的宽度，垂直缩放用于调整字符的高度。当这两个百分比相同时，可以进行等比
缩放；不同时，则不能等比缩放。

● **基线偏移**：用来控制文字与基线的距离，它可以升高或降低所选文字。

● **颜色**：单击颜色块，可以在打开的"拾色器"对话框中设置文字的颜色。

● **T状按钮**：T状按钮用来创建仿粗体、斜体等文字样式，以及为字符添加下划线或删除线。

● **语言**：可以对所选字符进行有关连字符连接和拼写规则的语言设置，Photoshop使用语言词典检查连字符连接。

STEP 2 选取横排文字工具 T，在图像编辑窗口适当位置单击鼠标左键，在"字符"面板中设置相应参数，输入相应文字，按【Ctrl + Enter】组合键确认❹。选择"经典黑色"文字图层，参数值为改图层文字参数，在"包包物语"的下方输入文字❺，选取"横排文字工具" T，在图像编辑窗口适当位置单击鼠标左键，在"字符"面板中设置相应参数，输入相应文字，按【Ctrl + Enter】组合键确认，完成文字输入，并将文字移至合适位置❻。

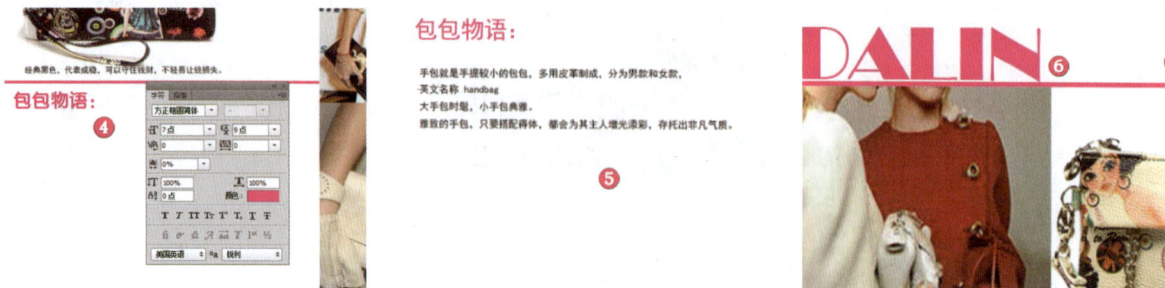

STEP 3 用与前面同样的方法，选择横排文字工具 T，在图像编辑窗口适当位置单击鼠标左键，在"字符"面板中设置相应参数，输入相应文字❼，按【Ctrl + Enter】组合键，完成文字输入，并将文字移至合适位置，完成个性手包图片处理❽。

TIPS
此外，用户在处理照片时，还可以根据自己店铺的特色和整体色调适当调整商品图像的色彩。

244 淘宝玩具1——新建商品文件

玩具类是淘宝商品中销售非常好的产品，一些个性创意的玩具吸引着很多收藏爱好者。下面介绍使用"新建"命令来新建商品文件效果。

单击"文件"|"新建"命令❶，弹出"新建"对话框，输入名称并设置相应参数❷，单击"确定"按钮，即可新建一个指定大小的空白文档❸。

245 淘宝玩具 2——制作背景框架效果

网店卖家通过打开并移动素材，然后通过矩形工具创建黑色矩形，即可得到背景框架效果。

STEP 1 单击"视图"|"新建参考线"命令，弹出"新建参考线"对话框，依次在图像窗口中创建位置为 0.2 厘米、2 厘米、5 厘米和 8.3 厘米的水平参考线，创建位置为 3.25 厘米的垂直参考线❶。打开"245"素材图像，选取移动工具➤，将其拖曳至新建的图像编辑窗口中，适当调整其位置❷。选取矩形工具▢，在相应参考线位置，绘制一个高度为 0.3 厘米的矩形，并填充黑色，选择该图层，单击鼠标右键，在弹出的快捷菜单中，选择"栅格化图层"选项，将其转换为图层❸。

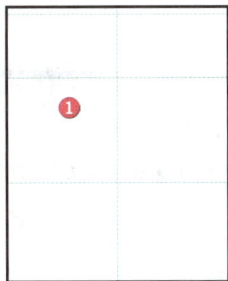

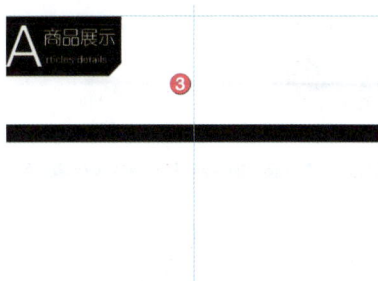

STEP 2 新建图层，选取单行选框工具▦，在"矩形 1"图层中相应位置依次绘制直线，填充白色并取消选区，复制矩形并移动至合适位置❹，合并绘制的所有矩形，得到"矩形 1"图层。连续按两次【Ctrl＋J】组合键，复制"矩形 1"图层两次，并适当调整至相应参考线位置❺。

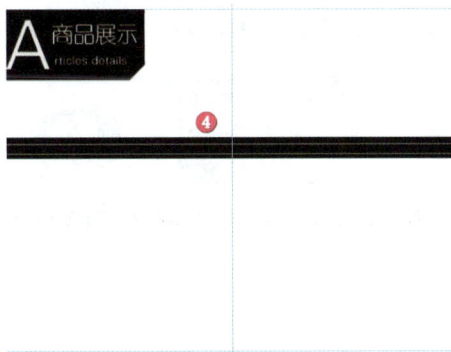

246 淘宝玩具 3——制作商品展示效果

网店卖家可以使用魔棒工具删除素材图像的白色背景，并调整图像的位置，以得到商品展示效果。

STEP 1 打开"246(1)"素材图像，将其拖曳至新建的图像编辑窗口中，适当调整其大小和位置，利用魔棒工具✦，删除其白色背景❶。用与前面同样的方法，打开"246(2)"和"246(3)"素材图像，将各素材拖曳至新建的图像编辑窗口中，适当调整其大小和位置，并利用魔棒工具✦删除素材图像的白色背景❷。

STEP 2 用与前面同样的方法，打开"246(4)"和"246(5)"素材图像，将各素材拖曳至新建的图像编辑窗口中，适当调整其大小和位置❸。

247 淘宝玩具 4——添加商品文字说明

网店卖家可以使用横排文字工具，在商品展示图中添加相应的商品文字说明内容。

STEP 1 选择横排文字工具 T，调出"字符"面板，设置相应参数，输入相应文字❶，按【Ctrl + Enter】组合键确认。用与前面同样的方法，在"字符"面板中设置相应参数，输入相应文字❷，按【Ctrl + Enter】组合键确认，并移至合适位置。用与前面同样的方法，在"字符"面板中设置相应参数，输入相应文字❸，按【Ctrl + Enter】组合键确认，并移至合适位置。

STEP 2 用与前面同样的方法，在"字符"面板中设置相应参数，输入相应文字❹，按【Ctrl + Enter】组合键确认，并移至合适位置。用与前面同样的方法，在"字符"面板中设置相应参数，输入相应文字❺，按【Ctrl + Enter】组合键确认，完成相应文字输入，并移至合适位置。用与前面同样的方法，在"字符"面板中设置相应参数，输入相应文字❻，按【Ctrl + Enter】组合键确认，完成相应文字输入，并移至合适位置。

STEP 3 新建图层，选取矩形选框工具 ▣，在适当位置绘制矩形框，设置前景色为红色（RGB 参数分别为 255、0、0），按【Alt + Delete】组合键，填充前景色，按【Ctrl + D】组合键，取消选区，并将其调整至"温馨提示"文字图层下方❼，单击"视图"|"显示"|"参考线"命令，隐藏参考线❽。

248 淘宝鞋子1——新建商品文件

在网店商品中，鞋子种类繁多，样式新颖，要想在众多的商品中脱颖而出，就必须制作出别样的商品图像。下面介绍使用"新建"命令来新建文件效果。

单击"文件"|"新建"命令❶，弹出"新建"对话框，输入名称并设置相应参数❷，单击"确定"按钮，即可新建一个指定大小的空白文档❸。

249 淘宝鞋子2——制作花纹背景效果

网店卖家使用图层的混合模式功能可以改变图层的模式，即可得到最终的效果。

STEP 1 打开"249（1）"素材图像，选取移动工具 ❶，将其拖曳至新建的图像编辑窗口中，适当调整其位置❷，使用同样的方法，打开"249（2）"素材图像，选择"背景"图层以外的图层，将其拖曳至新建的图像编辑窗口中，适当调整其位置❸。

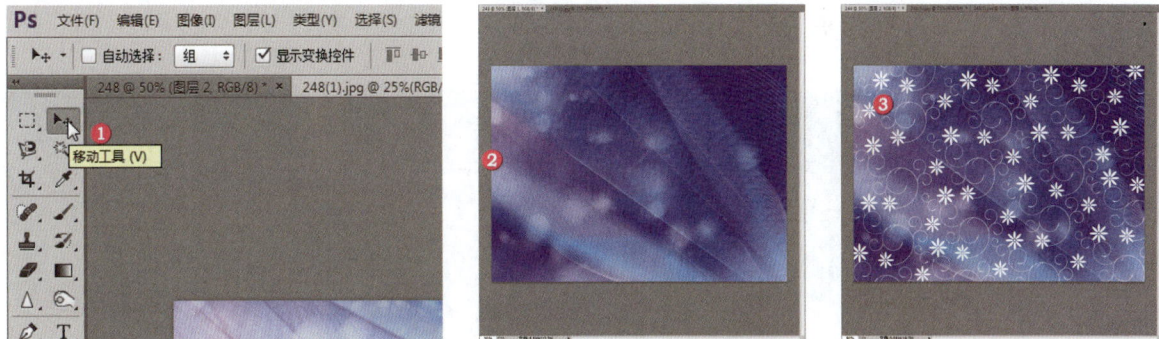

STEP 2　设置"图层 2"图层的"混合模式"为"柔光"④，执行上述操作后，即可改变图层模式⑤。

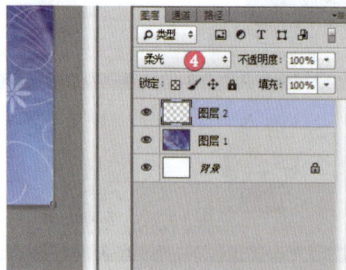

250　淘宝鞋子 3——制作背景艺术效果

网店卖家可以使用矩形选框工具在合适位置创建选区，制作商品图像的背景效果。

STEP 1　新建图层，选取矩形选框工具①，在编辑窗口中的合适位置新建选区，填充白色并取消选区②。

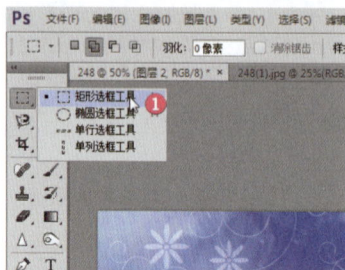

STEP 2　按【Ctrl＋T】组合键，调出变换控制框，在控制框中单击鼠标右键，在弹出的快捷菜单中选择"变形"选项③，调整图形形状，按【Enter】键确认④。

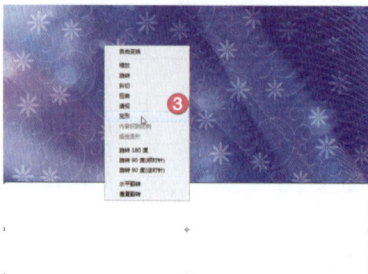

251　淘宝鞋子 4——抠取并移动商品图像

网店卖家可以使用移动工具在图像上抠取需要的商品图像，并进行移动操作，得到最终的效果。

STEP 1　打开"251（1）"素材图像，选取移动工具，将该图像拖曳至新建的图像编辑窗口中①，设置"图层 4"图层的"混合模式"为"正片叠底"②，执行上述操作后，即可改变图层模式。抠取素材图像，按【Ctrl＋T】组合键，调整图像大小和位置③。

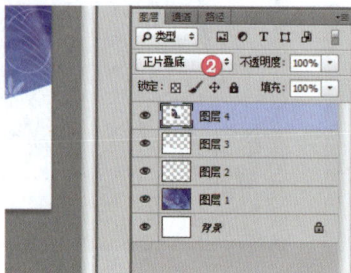

STEP 2 使用同样的方法,打开 "251 (2)" 素材图像,将其拖曳至新建的图像编辑窗口中,并对其进行调整❹。打开 "251 (3)" 素材图像,将其拖曳至新建的图像编辑窗口中,调整图层位置,并移动至合适位置❺。在 "图层" 面板中单击 "添加矢量蒙版" 按钮,选取渐变工具,设置渐变颜色为白色到黑色,在编辑窗口中的合适位置创建径向渐变❻。

252 淘宝鞋子 5——制作整体商品图像

网店卖家使用 "对齐" 命令,可以设置商品图像的对齐方式,使图像排列更加整齐。

STEP 1 打开 "252 (1)" 素材图像,将其拖曳至新建的图像编辑窗口中❶,调整图像大小,并移动至合适位置❷,使用同样的方法,打开其他素材,并调整大小和位置❸。

STEP 2 选中 "图层 7" 到 "图层 10" 图层,单击 "图层" | "对齐" | "底边" 命令,再单击 "图层" | "分布" | "垂直居中" 命令,排列素材图像❹,按住【Ctrl】键的同时,单击 "图层 3" 图层,调出选区,按【Ctrl + Shift + I】组合键,反选选区❺,分别选中 "图层 7" 到 "图层 10" 图层,按【Delete】键删除部分图像,取消选区,并隐藏 "图层 3" 图层❻。

253 淘宝鞋子 6——添加商品文字说明

网店卖家使用横排文字工具可以在商品图像上为商品添加相关的文字说明,制作图文混排的效果。

STEP 1 选择横排文字工具 T,调出 "字符" 面板,设置相应参数,输入相应文字❶,按【Ctrl + Enter】组合键确认,双击该文字图层,弹出 "图层样式" 对话框,选中 "渐变叠加" 复选框,在其中设置各选项❷,选中 "描边" 复选框,在其中设置各选项❸。

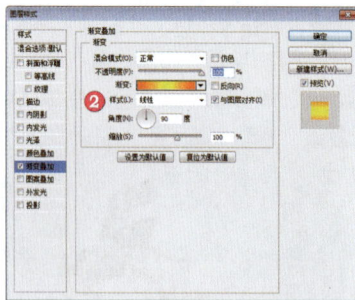

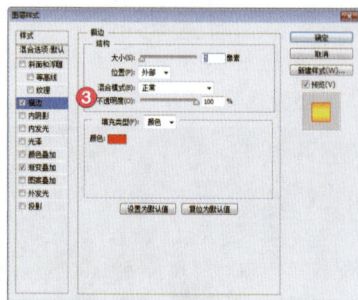

STEP 2 选中"外发光"复选框，单击"确定"按钮，即可添加相应图层样式④，选取横排文字工具 **T**，在"字符"面板中，设置相应参数，输入文字⑤，按【Ctrl + Enter】组合键确认，并将文字移至合适位置⑥。

254 淘宝彩妆 1——新建商品文件

　　制作化妆产品宣传册时，一定要表达出化妆品的功能性，元素不必多，只在于合理运用，同时通过色彩搭配来强调主题。下面介绍使用"新建"命令，新建商品文件效果。

STEP 1 单击"文件"|"新建"命令①，弹出"新建"对话框②，设置"名称"为 254、"宽度"为 16 厘米、"高度"为 9.6 厘米，"分辨率"为 300 像素/英寸，"颜色模式"为"RGB 颜色"，"背景内容"为"白色"③。

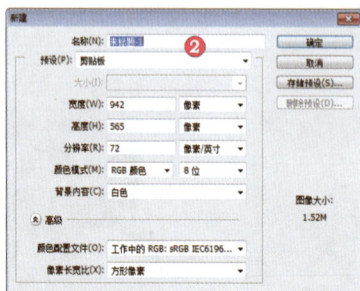

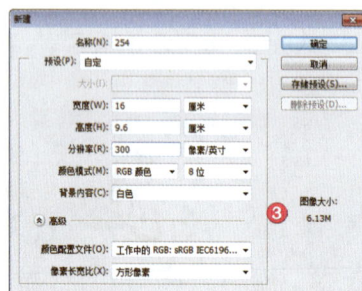

STEP 2 单击"确定"按钮④，即可新建一个指定大小的空白文档⑤。

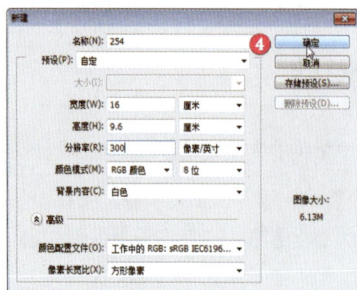

255 淘宝彩妆 2——制作渐变背景

下面首先通过"新建参考线"命令在背景图像中创建多条辅助参考线，并运用渐变工具制作出径向渐变效果。

STEP 1 单击"视图"|"新建参考线"命令，弹出"新建参考线"对话框，设置"取向"为"垂直"，"位置"为 0.1 厘米 ❶，单击"确定"按钮，即可新建一条垂直参考线 ❷，使用与前面同样的方法，分别设置"位置"为 8 厘米和 15.88 厘米，创建两条垂直参考线 ❸。

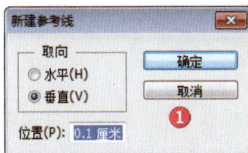

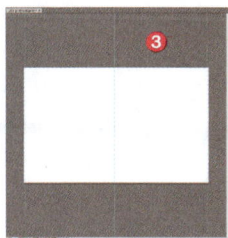

STEP 2 单击"视图"|"新建参考线"命令，弹出"新建参考线"对话框，设置"取向"为"水平"，分别设置"位置"为 0.1 厘米和 9.5 厘米，创建两条水平参考线 ❹，选取工具箱中的渐变工具，调出"渐变编辑器"对话框，设置从白色到深灰色（RGB 参数值为 65、65、65）渐变色，并设置第二个滑块的"位置"为 100% ❺，单击"确定"按钮。

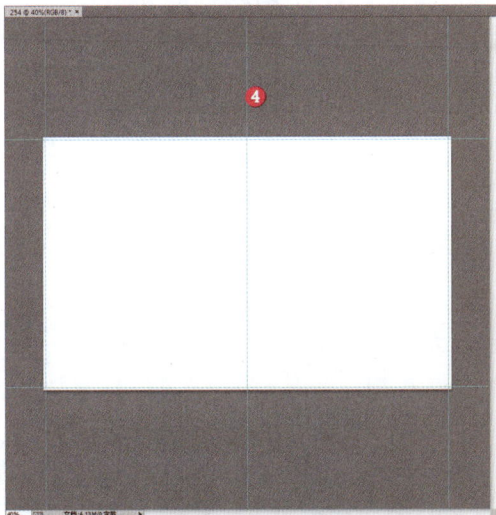

STEP 3 展开"图层"面板，新建"图层 1"图层，在工具属性栏中单击"线性渐变"按钮，将鼠标指针移至图像编辑窗口右侧的合适位置，单击鼠标左键并向左下角拖曳鼠标 ❻，至合适位置后，释放鼠标左键，填充渐变色 ❼。

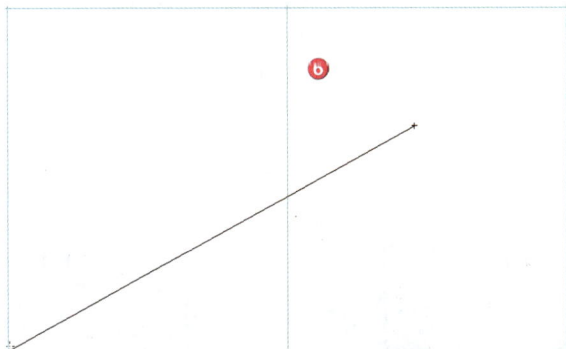

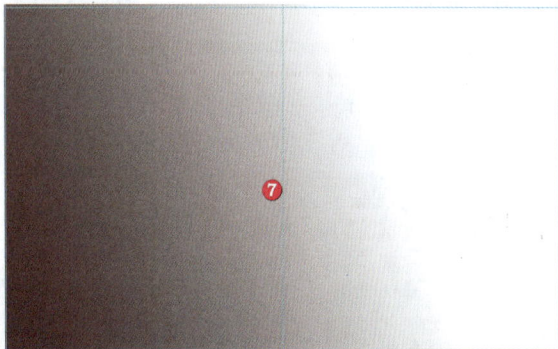

256 淘宝彩妆 3——美化背景效果

下面首先为背景图像添加杂色效果和动感模糊效果，然后运用模糊工具、加深工具和减淡工具修饰图像。

STEP 1 单击"滤镜"|"杂色"|"添加杂色"命令，弹出"添加杂色"对话框，设置"数量"为 20%，选中"高斯分布"单选按钮和"单色"复选框❶，单击"确定"按钮，为图像添加杂色效果❷。单击"滤镜"|"模糊"|"动感模糊"命令，即可弹出"动感模糊"对话框，设置"角度"为 0°、"距离"为 200 像素❸。

STEP 2 单击"确定"按钮，为图像制作出相应的动感模糊效果❹，选取工具箱中的模糊工具，在工具属性栏上设置"大小"为 150、"硬度"为 50%、"强度"为 100%，将鼠标指针移至图像编辑窗口中的适当位置进行涂抹❺。选取加深工具和减淡工具，在工具属性栏上设置属性，并在图像编辑窗口中的合适位置进行涂抹❻，完成美化背景效果的设计。

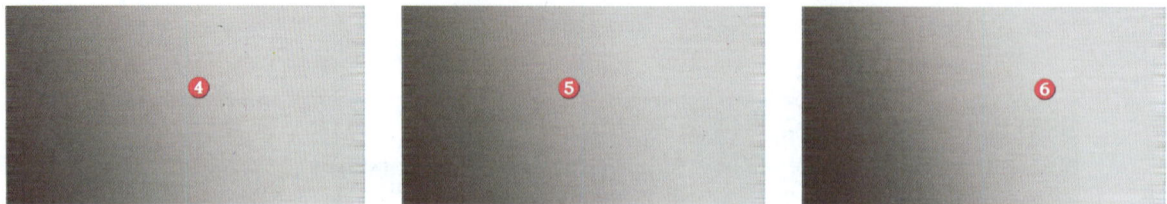

257 淘宝彩妆 4——添加彩妆商品

下面主要运用矩形选框工具、渐变工具与图层蒙版，制作出商品图像的倒影效果。

STEP 1 按【Ctrl + O】组合键，打开"257"素材图像，并将其拖曳至"254"图像编辑窗口中的合适位置❶。选取工具箱中的矩形选框工具，在图像编辑窗口中的左侧创建一个合适大小的矩形选区❷，展开"图层"面板，新建"图层 3"图层❸。

STEP 2 选取工具箱中的渐变工具，调出"渐变编辑器"对话框，设置从深灰色（RGB 参数值为 111、111、111）到白色到深灰色再到白色的线性渐变，滑块"位置"分别为 10%、25%、75%、100%❹，单击"确定"按钮，在选区内从左至右填充渐变色❺，按【Ctrl + D】组合键，取消选区❻。

STEP 3 在"图层"面板中选中"图层2"图层，按【Ctrl＋J】组合键得到"图层2拷贝"图层⑦，按【Ctrl＋T】组合键调出变换控制框，单击鼠标右键，在弹出的快捷菜单中选择"垂直翻转"选项⑧，执行上述操作后，对图像的位置进行适当调整，按【Enter】键确认⑨。

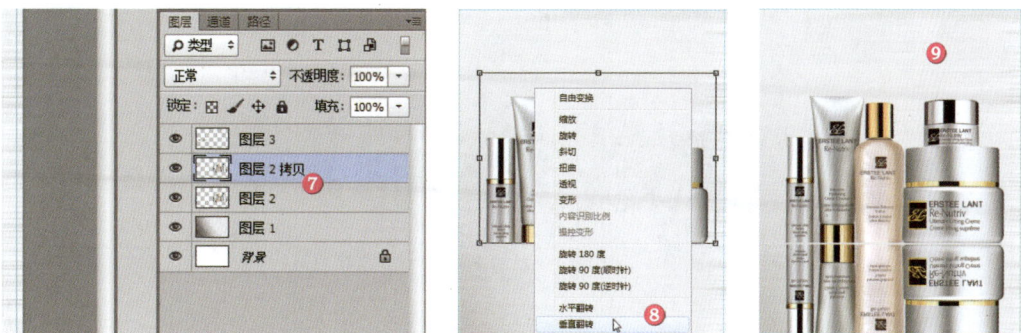

STEP 4 单击"图层"面板底部的"添加矢量蒙版"按钮，为"图层2拷贝"图层添加图层蒙版⑩，选取工具箱中的渐变工具，设置从黑色到白色的线性渐变，将鼠标指针移至图像的下方，单击鼠标左键并从下至上拖曳鼠标，至合适位置后释放鼠标⑪。

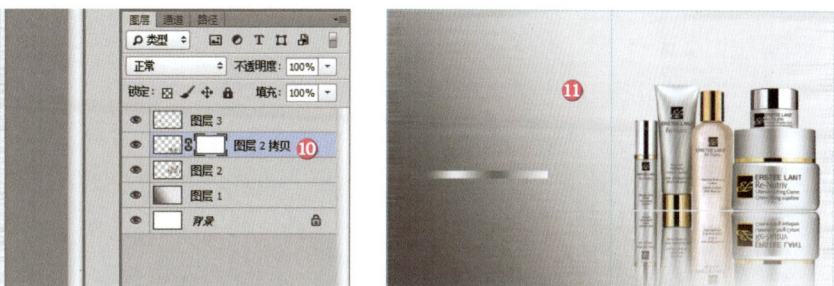

258 淘宝彩妆5——制作商品整体效果

下面主要运用横排文字工具制作出化妆产品宣传的广告文字特效。

STEP 1 选取工具箱中的横排文字工具，在图像编辑窗口中输入相应字母，展开"字符"面板，设置"字体系列"为"方正黑体简体"，"字体大小"为27点，"字符间距"为100，"颜色"为白色①。选取直排文字工具，在图像编辑窗口中输入相应的数字和英文词组，并展开"字符"面板，设置"字体系列"为"方正大标宋简体"，"字体大小"为9点，"字符间距"为100，"颜色"为白色，再将该文字旋转180°②。

STEP 2 使用直排文字工具选中"360°"文字，展开"字符"面板，设置"大小"为24点，选取移动工具对该图像的位置进行适当调整③，按【Ctrl＋O】组合键，打开"258"素材图像，并将其拖曳至"254"图像编辑窗口中的合适位置④，完成淘宝彩妆效果的操作。

PART 03

实战应用篇

12

店招：打造出
过目不忘的招牌

店招是店铺品牌展示的窗口，是买家对于店铺第一印象的主要来源。鲜明而有特色的店招对于网店店铺形成品牌和产品定位具有不可替代的作用。本章将详细介绍不同产品类型的旺铺店招设计与制作方法。

259 网店店招的意义

店招位于网店首页的最顶端，它的作用与实体店铺的店招相同，是大部分顾客最先了解和接触到的信息。店招是店铺的标志，大部分都是由产品图片、宣传语言和店铺名称等组成，漂亮的店招与签名可以吸引顾客进入店铺。

260 店招设计的要求

店招，顾名思义就是网店的店铺招牌。从网店商品的品牌推广来看，想要在整个网店中让店招变得便于记忆，在店招的设计上需要具备新颖、易于传播等特点，如右图所示。

一个好的店招设计，除了给人传达明确信息外，还在方寸之间表现出深刻的精神内涵和艺术感染力，给人以静谧、柔和、饱满、和谐的感觉。要做到这些，在设计店招时需要遵循一定的设计原则和要求，通常要求有标准的颜色和字体、清洁的设计版面，还需要有一句能够吸引消费者的广告语，画面还需要具备强烈的视觉冲击力，清晰地告诉顾客你在卖什么，通过店招也可以对店铺的装修风格进行定位。

网店的店招

261 选择合适的店招图片素材

店招图片的素材通常可以从网上收集或者从本书附赠的素材资源中获取，通过在搜索类网站输入关键字可以很快找到很多相关的图片素材，也可以登录设计资源网站，找到更多精美、专业的图片。下载图片素材时，要选择尺寸大的、清晰度好的、没有版权问题的且适合自己店铺的图片。

262 突出店铺的独特性质

店招是用来表达店铺的独特性质的，要让顾客认清店铺的独特品质、风格和情感，要特别注意避免与其他网站的 Logo 雷同。因此，店招在设计上需要讲究个性化，让店招与众不同、别出心裁。下图所示是一些个性的店招设计。

个性的店招设计

263 让顾客对店招过目不忘

设计一个好的店招应从颜色、图案、字体和动画等方面入手。在符合店铺类型的基础上，使用醒目的颜色、独特的图案、精心的字体以及强烈的动画效果来给人留下深刻的印象，如下图所示。

强烈的动画效果

264 店招的统一性

店招的外观和基本色调要根据页面的整体版面设计来确定，而且要考虑到在其他印刷、制作过程中进行缩放等处理时的效果变化，以便能在各种媒体上保持相对稳定。

在店招的设计上，以天猫商城为例，店招的设计尺寸应该控制在 950 像素 ×150 像素内，且格式为 JPEG 或 GIF，其中 GIF 格式就是通常所见的带有 Flash 效果的动态店招，如下图所示。

尺寸宜保持在950像素×150像素，其中950像素为宽度，150像素为高度，不过某些网店的店招宽度可以超出950像素。

文件格式要求为JPG或者GIF格式。

店招的设计尺寸和格式

店招设计是网店装修的一部分，它在旺铺视角营销中占据了相当重要的位置，它就像一块"明镜高悬"的牌匾一直在顾客视线的上方"晃荡"着。作为店主，最好是把它当广告牌来用，那么显眼的一个位置，要将最核心的信息展示出来，让消费者一看就懂，一目了然。

究竟要怎样设计店招才好呢？首先我们要知道店招的内容是什么，确定内容之后，再想一想它的功能是什么，然后再动手开始设计。

265 体现主要内容

顾客需要掌握的店铺品牌信息最直接的来源就是店招，其次才是店铺装修的整体界面。对于品牌商品而言，店招可以让顾客进来第一眼就知道经营的品牌信息，而不用顾客再去其他页面或者模块中寻找。

对于经营网店、微店的商家而言，尤其要有成本意识，节约消费者了解你的时间成本，节约你向消费者介绍自己的时间成本和精力。店招的设计最需要体现的内容如下图所示。

飞龙家具装饰【时尚家装领跑者】
外形高雅、细节细腻、持久绵长

店招的设计最需要体现的内容

在店招中清晰地、大方地显示出店铺的名称，使用规范的设计让店铺的名称在网店、微店装修的各个区域出现都保持视觉高度的一致。在店招中添加 Logo 和店名，可以加深顾客的记忆，提升品牌的推广度。

店招可以体现店铺的定位，对于没有什么知名度的商家，有"口号"和"广告语"就放上去，如果没有这些内容也需要一个品牌的关键词介绍，起码让顾客知道店铺的特点和特色，形成无形的品牌推广作用。

营造出品牌的氛围和感觉并体现品牌气质并不复杂，可以通过品牌专属颜色、Logo 颜色和字体等内容的规范应用，先从视觉上统一。

为了让店招有特点且便于记忆，在设计的过程中都会采用简短醒目的广告语来辅助 Logo 的表现，通过适当的图像来增强店铺的认知度。

266 掌握制作方法

对于网店的店招而言，按照其状态可以分为动态店招和静态店招，下面分别介绍其制作方法。

1. 制作静态店招

一般来说，静态店招由文字和图像构成，其中有些店招用纯文字表示，有些店招用图像表示，也有一些店招同时包含文字和图像，如下图所示。

不同类型的网店静态店招

2. 制作动态店招

动态店招就是将多个图像和文字效果构成 GIF 动画。制作这种动态店招，可以使用 GIF 制作软件完成，如 Easy GIF Animator、Ulead GIF Animator 等软件都可以制作 GIF 动态图像。在设计前准备背景图片和商品图片，然后添加需要的文字，如店铺名称或主打商品等，然后使用软件制作即可，下图是使用 Photoshop 制作的 GIF 格式的店招。

使用Photoshop制作的GIF格式店招

267 店招的主要功能

　　网店、微店的店招主要是为了吸引并留住顾客，在设计时应该从顾客的角度去考虑。在下图的店招中，可以清楚地看到店铺的名称和广告语，使顾客可以对店铺的风格有一定的了解。

飞龙饰品 feilong shi pin 满15元全国包邮 不限件数 不限种类 周年店庆 购物狂欢 全场秒杀

网店的店招

　　网店、微店的店招同实体店的店招一样，就像是一个店铺的"脸面"，对店铺的发展起着较为重要的作用，其主要作用如下图所示。

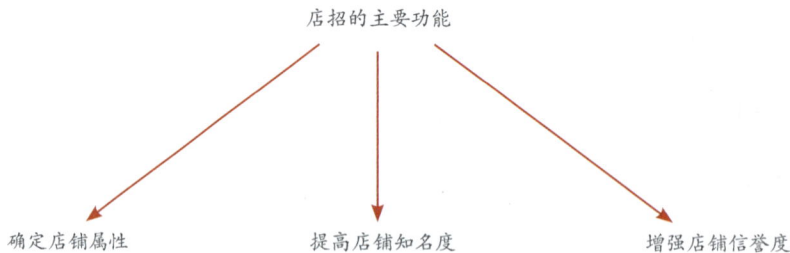

店招的主要功能

确定店铺属性　　　　　　　　提高店铺知名度　　　　　　　　增强店铺信誉度

清纯衣坊 qingchunyifang　　　双迎光临　　　做 最专业的淘宝女鞋

店招最基本的功能就是让顾客明确店铺的名称、销售的商品内容，让顾客了解店铺的最新动态。　　使用有特色的店招可以增强店铺的展示度，便于顾客快速记忆，从而提高店铺的知名度。　　设计美观、品质感较强的店招可以提升店铺的形象，提高店铺的档次，增强顾客对店铺的信赖感。

店招的主要功能

268 女装旺铺店招

　　在店招中添加店铺名称并为其制作色彩的特效，可以加深品牌的辨识度。下面以女装为例详细介绍旺铺店招的设计与制作。

STEP 1 按【Ctrl＋O】组合键，打开一幅素材图像❶。

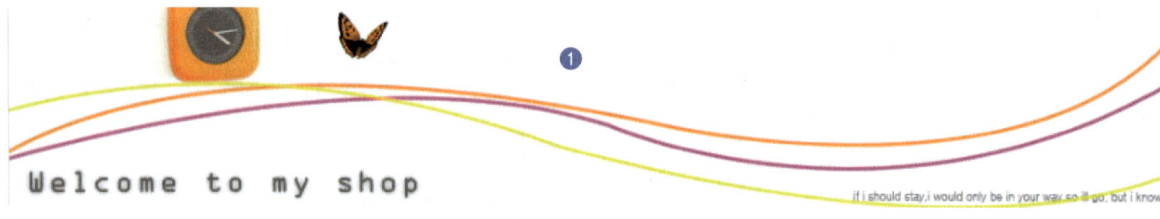

1

Welcome to my shop

if i should stay,i would only be in your way.so ill go. but i know!

STEP 2 选取工具箱中的横排文字工具，在工具属性栏中设置"字体"为"方正流行体简体"，"字体大小"为10点，"设置消除锯齿的方法"为"平滑"，"颜色"为蓝色（RGB 参数值分别为22、2、101）。将鼠标指针移动至图像编辑窗口中并单击鼠标左键，并输入文字，按【Ctrl＋Enter】组合键确认输入❷。

STEP 3 选中"时"文字，在工具属性栏中设置"字体大小"为 15 点、"颜色"为黄色（RGB 参数值分别为 255、245、0），按【Ctrl＋Enter】组合键确认输入 ❸。

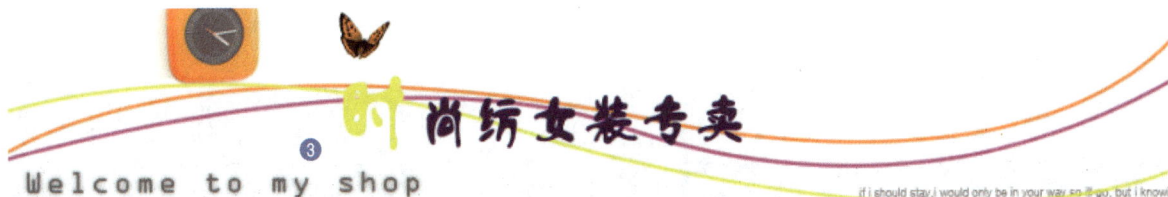

STEP 4 重复上述操作，选择"尚"和"纺"文字，设置"字体大小"为 15 点，其中"尚"字设置为红色（RGB 参数值分别为 255、0、190）、"坊"字设置为橙色（RGB 参数值分别为 255、130、0）❹。

STEP 5 在菜单栏中单击"图层"｜"图层样式"｜"描边"命令，即可弹出"图层样式"对话框，设置"大小"为 2 像素，单击"确定"按钮即可制作描边效果 ❺，选取工具箱中的移动工具，将文字移动至合适位置。

STEP 6 按【Ctrl＋O】组合键，打开"268（2）"素材图像，选取工具箱中的移动工具，将素材图像移动至"268（1）"图像编辑窗口中，按【Ctrl＋T】组合键调整图像大小和位置 ❻，按【Enter】键确认操作，完成女装旺铺店招的设计。

269 男装旺铺店招

在店招中添加产品图片和主营项目，可以让买家迅速了解店铺的主要业务。下面以男装为例详细介绍旺铺店招的设计与制作。

STEP 1 按【Ctrl＋O】组合键，打开一幅素材图像 ❶。

STEP 2 选取工具箱中的横排文字工具，在工具属性栏中设置"字体"为"方正综艺简体"，"字体大小"为10点，"设置消除锯齿的方法"为"浑厚"，"颜色"为白色；将鼠标指针移动至图像编辑窗口中并单击鼠标左键，输入文字，按【Ctrl＋Enter】组合键确认输入；选取工具箱中的移动工具，将文字移动至合适位置②。

STEP 3 按【Ctrl＋O】组合键，打开"269（2）"素材图像，选取工具箱中的移动工具，将素材图像移动至"269（1）"图像编辑窗口中，按【Ctrl＋T】组合键调整图像大小和位置③，按【Enter】键确认操作。

STEP 4 在菜单栏中单击"图层"|"图层样式"|"外发光"命令，即可弹出"图层样式"对话框，设置"扩展"为4%、"大小"为29像素，单击"确定"按钮即可制作外发光效果④，完成男装旺铺店招的设计。

270 女鞋旺铺店招

在店招中添加店铺标志，可以形成店铺品牌，带动品牌传播。下面以女鞋为例详细介绍旺铺店招的设计与制作。

STEP 1 按【Ctrl＋O】组合键，打开一幅素材图像①。

STEP 2 按【Ctrl＋O】组合键，打开"270（2）"素材图像，选取工具箱中的移动工具，将素材图像移动至"270（1）"图像编辑窗口中，按【Ctrl＋T】组合键调整图像大小和位置②，按【Enter】键确认操作。

STEP 3 选取工具箱中的横排文字工具，在工具属性栏中设置"字体"为"方正粗圆简体"，"字体大小"为15点，"设置消除锯齿的方法"为"犀利"，"颜色"为玫红色（RGB参数值分别为255、0、228）；将鼠标指针移动至图像编辑窗口中并单击鼠标左键，输入文字，按【Ctrl＋Enter】组合键确认输入；选取工具箱中的移动工具，将文字移动至合适位置③。

STEP 4 选取工具箱中的自定形状工具，在工具属性栏中设置"填充"为玫红色（RGB参数值分别为235、1、141）、"形状"为"会话1"，在图像编辑窗口中单击鼠标左键，即可弹出"创建自定形状"对话框，选取工具箱中的移动工具，将形状移动至合适位置④。

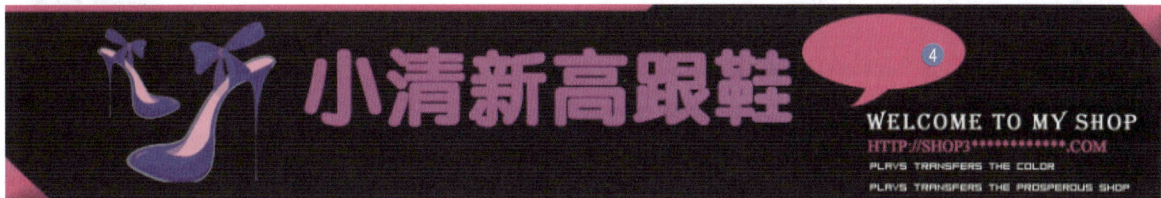

STEP 5 按【Ctrl＋O】组合键，打开"270（3）"素材图像，选取工具箱中的移动工具，将素材图像移动至"270（1）"图像编辑窗口中的合适位置⑤，完成女鞋旺铺店招的设计。

271　男鞋旺铺店招

通过在店招中添加店铺名称和产品图片，可以给店铺进行产品定位，使买家对店铺的主要产品一目了然。下面以男鞋为例详细介绍旺铺店招的设计与制作。

STEP 1 按【Ctrl＋O】组合键，打开一幅素材图像①。

STEP 2 选取工具箱中的横排文字工具，在工具属性栏中设置"字体"为"方正水柱简体"，"字体大小"为10点，"设

233

置消除锯齿的方法"为"犀利","颜色"为黑色。将鼠标指针移动至图像编辑窗口中并单击鼠标左键，输入文字❷，按【Ctrl＋Enter】组合键即可确认输入。

STEP 3 选中"KUAI"文字，在工具属性栏中设置"字体"为 Broadway BT、"字体大小"为 12 点，按【Ctrl＋Enter】组合键确认输入。选取工具箱中的移动工具，将文字移动至合适位置❸。

STEP 4 在菜单栏中单击"图层"｜"图层样式"｜"投影"命令，即可弹出"图层样式"对话框，设置"角度"为 135°、"距离"为 5 像素、"大小"为 5 像素，单击"确定"按钮，即可制作投影效果❹。

STEP 5 按【Ctrl＋O】组合键，打开"270（2）"素材图像，选取工具箱中的移动工具，将素材图像移动至"男鞋"图像编辑窗口中，按【Ctrl＋T】组合键调整图像大小和位置，按【Enter】键确认操作，完成男鞋旺铺店招的设计❺。

272 珠宝旺铺店招

在店招中添加自己的品牌形象、标志和店铺名称，可以让买家加深对店铺的第一印象。下面以珠宝为例介绍旺铺店招的设计与制作。

STEP 1 按【Ctrl＋O】组合键，打开一幅素材图像❶。

STEP 2 选取工具箱中的横排文字工具，在工具属性栏中设置"字体"为"黑体"，"字体大小"为 10 点，"设置消除锯齿的方法"为"浑厚"，"颜色"为黑色。将鼠标指针移动至图像编辑窗口中并单击鼠标左键，输入文字，按【Ctrl＋Enter】组合键即可确认输入。选取工具箱中的移动工具，将文字移动至合适位置❷。

STEP 3 按【Ctrl＋O】组合键，打开两幅素材图像，选取工具箱中的移动工具，将素材图像依次移动至相应图像编辑窗口中，按【Ctrl＋T】组合键调整图像大小和位置，按【Enter】键确认操作，完成珠宝旺铺店招的设计 ❸。

273　家具旺铺店招

在店招中添加店铺主打产品或新品，可以让买家在第一时间了解商品信息。下面以家具为例介绍旺铺店招的设计与制作。

STEP 1 按【Ctrl＋O】组合键，打开一幅素材图像 ❶。

STEP 2 选取工具箱中的横排文字工具，在工具属性栏中设置"字体"为 Impact，"字体大小"为 11 点，"设置消除锯齿的方法"为"浑厚"，"颜色"为灰色（RGB 参数值均为 112）；将鼠标指针移动至图像编辑窗口中并单击鼠标左键，输入文字 ❷，按【Ctrl＋Enter】组合键确认输入。

STEP 3 选中"like"文字，在工具属性栏中设置"颜色"为橙色（RGB 参数值分别为 255、177、42）❸，按【Ctrl＋Enter】组合键确认输入。

STEP 4 新建"图层 1"图层，选取工具箱中的横排文字工具，在工具属性栏中设置"字体"为"黑体"，"字体大小"为 6 点，"设置消除锯齿的方法"为"浑厚"，"颜色"为灰色（RGB 参数值均为 112）；将鼠标指针移动至图像编辑窗口中并单击鼠标左键，输入文字，按【Ctrl＋Enter】组合键确认输入；选取工具箱中的移动工具，将文字移动至合适位置 ❹。

STEP 5 按【Ctrl＋O】组合键，打开"273（2）"素材图像，选取工具箱中的移动工具，将素材图像移动至相应图像编辑窗口中，按【Ctrl＋T】组合键调整图像大小和位置，按【Enter】键确认操作，完成家具旺铺店招的设计❺。

274 眼镜旺铺店招

在店招中添加产品的图片，结合产品进行定位，让买家一目了然。下面以眼镜为例介绍旺铺店招的设计与制作。

STEP 1 按【Ctrl＋O】组合键，打开一幅素材图像❶。

STEP 2 选取工具箱中的圆角矩形工具，在工具属性栏中设置"填充"为黑色、"半径"为10像素，在图像编辑窗口中单击鼠标左键即可弹出"创建圆角矩形"对话框，设置"宽度"为187像素、"高度"为88像素，单击"确定"按钮即可创建圆角矩形。选取工具箱中的移动工具，将圆角矩形移动至合适位置❷。

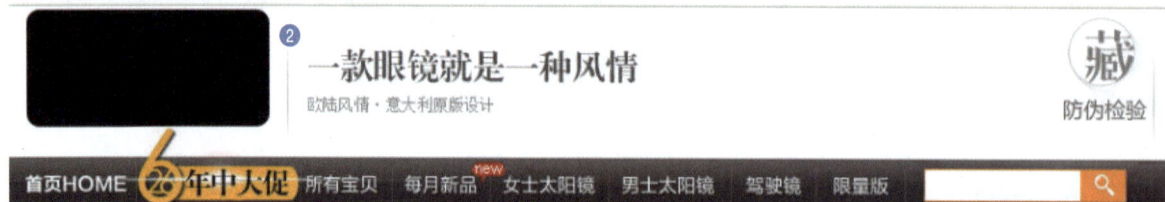

STEP 3 选取工具箱中的横排文字工具，在工具属性栏中设置"字体"为Broadway BT，"字体大小"为14点，"设置消除锯齿的方法"为"浑厚"，"颜色"为白色。在图像编辑窗口中的圆角矩形上单击鼠标左键，输入文字，按【Ctrl＋Enter】组合键确认输入，选取工具箱中的移动工具，将文字移动至合适位置❸。

STEP 4 按【Ctrl＋O】组合键，打开"274（2）"素材图像，选取工具箱中的移动工具，将素材图像移动至相应图像编辑窗口中合适位置❹。

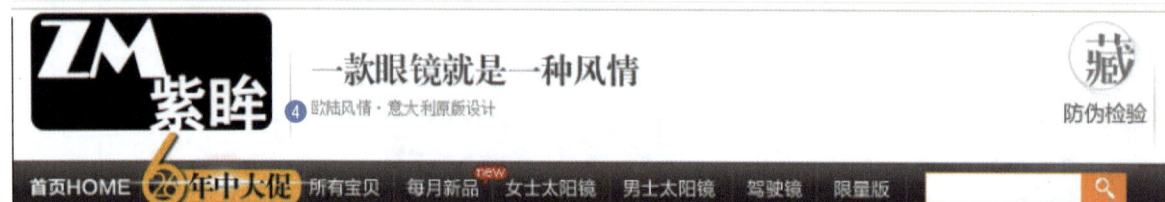

STEP 5 按【Ctrl＋O】组合键，打开"274（3）"素材图像，选取工具箱中的移动工具，将素材图像移动至相应图像编辑窗口中，按【Ctrl＋T】组合键调整图像大小和位置，按【Enter】键确认操作，完成眼镜旺铺店招的设计⑤。

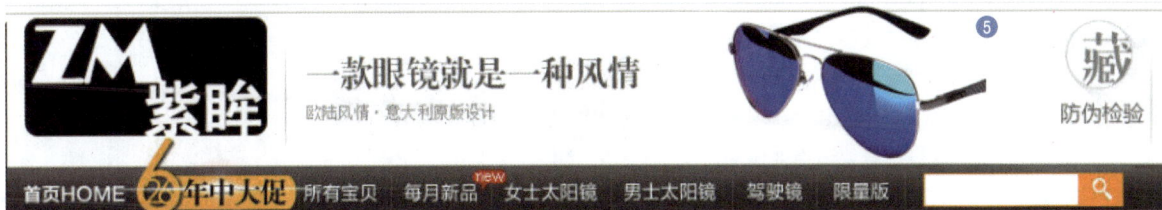

275　鲜花旺铺店招

由于店招的展示区域有限，因此要在有限的区域内将店铺名称和风格展示在店招上，以便于消费者识别。下面以鲜花旺铺为例，介绍旺铺店招的设计与制作。

STEP 1 单击"文件"|"新建"命令，弹出"新建"对话框，设置"名称"为"275"，"宽度"为10厘米，"高度"为10厘米、"分辨率"为72像素/英寸，"颜色模式"为"RGB颜色"，"背景内容"为"白色"，单击"确定"按钮，新建一个空白图像①。

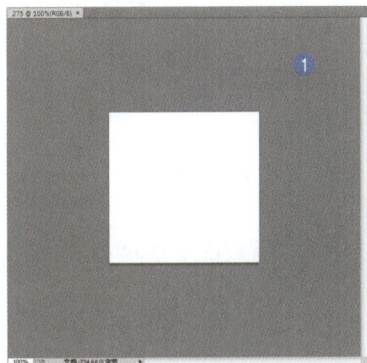

STEP 2 选取工具箱中的自定形状工具，在工具属性栏中设置"填充"为红色（RGB参数值分别为255、0、0）、"形状"为"红心形卡"图形②。

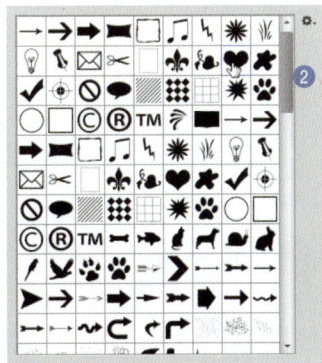

STEP 3 在图像编辑窗口中单击鼠标左键，弹出"创建自定形状"对话框，设置"宽度"和"高度"均为45像素，单击"确定"按钮创建形状，并调整其位置③。

STEP 4 复制并粘贴形状图层④，将其旋转120°并调整其位置。

STEP 5 选择所复制的形状，在工具属性栏中设置"填充"为蓝色（RGB参数值分别为0、106、255）⑤。

STEP 6 重复上述操作，复制形状将其旋转–120°并调整其位置，在工具属性栏中设置"填充"为黄色（RGB参数值分别为255、246、0）⑥。

STEP 7　选择相应的形状图层，单击鼠标右键，在弹出的快捷菜单中选择"链接图层"选项，即可链接图层❼。

STEP 8　选取工具箱中的横排文字工具，输入文字"善美花屋"，展开"字符"面板，设置"字体系列"为"汉仪细行楷简"，"字体大小"为30点，"颜色"为黑色，根据需要适当地调整文字的位置❽。

STEP 9　单击"文件"|"打开"命令，打开"275（1）"素材图像，运用移动工具将其拖曳至"275"图像编辑窗口中的合适位置，创建"275"图层组，将绘制的形状与文字等拖曳到图层组中❾。

STEP 10　单击"文件"|"打开"命令，打开"275（2）"素材图像，运用移动工具将图层组中的图像拖曳至背景图像编辑窗口中的合适位置，完成鲜花旺铺店招的设计❿。

276　箱包旺铺店招

在店招中添加商家的活动信息，可以让买家在第一时间参加商家的营销活动。下面以箱包为例详细介绍旺铺店招的设计与制作。

STEP 1　按【Ctrl＋O】组合键，打开一幅素材图像❶。

STEP 2　选取工具箱中的横排文字工具，在工具属性栏中设置"字体"为"方正美黑简体"，"字体大小"为12点，"设置消除锯齿的方法"为"浑厚"，"颜色"为白色。将鼠标指针移动至图像编辑窗口中并单击鼠标左键，输入文字，按【Ctrl＋Enter】组合键确认输入。选取工具箱中的移动工具，将文字移动至合适位置❷。

STEP 3　在菜单栏中单击"图层"|"图层样式"|"投影"命令，即可弹出"图层样式"对话框，设置"角度"为120°、"距离"为10像素、"大小"为2像素，单击"确定"按钮，即可制作投影效果❸。

STEP 4 按【Ctrl＋O】组合键，打开一幅素材图像，选取工具箱中的移动工具，将素材图像移动至相应图像编辑窗口中，按【Ctrl＋T】组合键调整图像大小和位置，按【Enter】键确认操作，完成箱包旺铺店招的设计④。

277　手包旺铺店招

在店招中添加新品图片并随时更新，可以让买家及时了解店铺的最新活动信息及动态。下面以手包为例详细介绍旺铺店招的设计与制作。

STEP 1 按【Ctrl＋O】组合键，打开一幅素材图像①。

STEP 2 选取工具箱中的横排文字工具，在工具属性栏中设置"字体"为"方正粗倩简体"，"字体大小"为12点，"设置消除锯齿的方法"为"浑厚"，"颜色"为黑色。将鼠标指针移动至图像编辑窗口中并单击鼠标左键，输入文字，按【Ctrl＋Enter】组合键即可确认输入②。

STEP 3 选中"名品"文字，在工具属性栏中设置"字体大小"为10点，按【Ctrl＋Enter】组合键确认输入。选取工具箱中的移动工具，将文字移动至合适位置③。

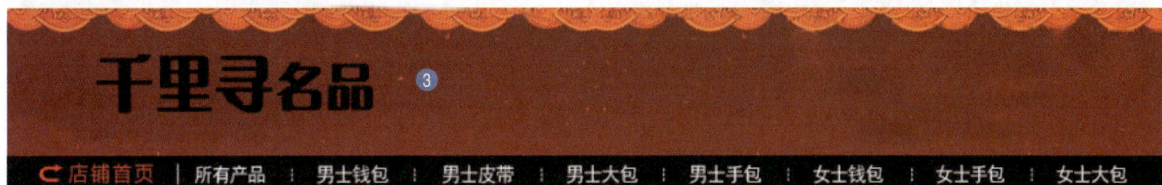

STEP 4 按【Ctrl＋O】组合键，打开一幅素材图像，选取工具箱中的移动工具，将素材图像依次移动至"277（1）"图像编辑窗口中，按【Ctrl＋T】组合键调整图像大小和位置，按【Enter】键确认操作，完成手包旺铺店招的设计④。

278　食品旺铺店招

在店招中添加店铺活动信息，可以吸引买家的注意，增加店铺访问量。下面以食品为例详细介绍旺铺店招的设计与制作。

STEP 1 按【Ctrl＋O】组合键，打开一幅素材图像❶。

STEP 2 选取工具箱中的横排文字工具，在工具属性栏中设置"字体"为"方正综艺简体"，"字体大小"为10点，"设置消除锯齿的方法"为"平滑"，"颜色"为黑色。将鼠标指针移动至图像编辑窗口中并单击鼠标左键，输入文字，按【Ctrl＋Enter】组合键确认输入❷。

STEP 3 按【Ctrl＋O】组合键，打开一幅素材图像，选取工具箱中的移动工具，将素材图像移动至"278（1）"图像编辑窗口中，按【Ctrl＋T】组合键调整图像的大小和位置，按【Enter】键确认操作，完成食品旺铺店招的设计❸。

279　手表旺铺店招

在店招中通过结合店铺名称和标志，可以让买家增强店铺印象。下面以手表为例详细介绍旺铺店招的设计与制作。

STEP 1 按【Ctrl＋O】组合键，打开一幅素材图像❶。

STEP 2 选取工具箱中的横排文字工具，在工具属性栏中设置"字体"为"方正综艺简体"，"字体大小"为10点，"设置消除锯齿的方法"为"平滑"，"颜色"为黑色。将鼠标指针移动至图像编辑窗口中并单击鼠标左键，输入文字，按【Ctrl＋Enter】组合键确认输入❷。

STEP 3 选中"手表专卖"文字，在工具属性栏中设置"字体大小"为8点，按【Ctrl＋Enter】组合键确认输入。选取工具箱中的移动工具，将文字移动至合适位置❸。

STEP 4 按【Ctrl＋O】组合键，打开"279（1）"素材图像，选取工具箱中的移动工具，将素材图像移动至相应图像编辑窗口中，按【Ctrl＋T】组合键调整图像大小和位置，按【Enter】键确认操作，完成手表旺铺店招的设计❹。

280 饰品旺铺店招

在店招中添加绚丽的店铺标志，可以强调店铺品牌，体现店招要表达的主要内容。下面以饰品为例详细介绍旺铺店招的设计与制作。

STEP 1 按【Ctrl＋O】组合键，打开一幅素材图像❶。

STEP 2 选取工具箱中的矩形工具，在工具属性栏中设置"描边"为黑色、"设置形状描边宽度"为1点，在图像编辑窗口中单击鼠标左键，即可弹出"创建矩形"对话框，设置相应参数，单击"确定"按钮即可创建圆角矩形。选取工具箱中的移动工具，将矩形移动至合适位置❷。

STEP 3 按【Ctrl＋O】组合键，打开"280（1）"素材图像，选取工具箱中的移动工具，将素材图像移动至相应图像编辑窗口中。在"图层"面板中选择"图层1"图层，单击鼠标右键，在弹出的快捷菜单中选择"创建剪贴蒙版"选项，按【Ctrl＋T】组合键调整图像大小和位置，按【Enter】键确认操作❸。

STEP 4 按【Ctrl＋O】组合键，打开"280（2）"素材图像，选取工具箱中的移动工具，将素材图像移动至相应图像编辑窗口中。按【Ctrl＋T】组合键调整图像大小和位置，按【Enter】键确认操作❹，完成饰品旺铺店招的设计。

281 运动品牌旺铺店招

在店招中只放入店铺标志和店铺名称，看上去比较简洁明了，可以快速被买家识别。下面以运动品牌为例详细介绍旺铺店招的设计与制作。

STEP 1 按【Ctrl＋O】组合键，打开一幅素材图像❶。

STEP 2 按【Ctrl＋O】组合键，打开"281（1）"素材图像，选取工具箱中的移动工具，将素材图像移动至"运动品牌"图像编辑窗口中，按【Ctrl＋T】组合键调整图像大小和位置，按【Enter】键即可确认操作❷。

STEP 3 设置前景色为黑色，选取工具箱中的直线工具，在工具属性栏中设置"粗细"为2像素，在图像编辑窗口中合适位置绘制直线❸。

STEP 4 在菜单栏中单击"图层"｜"图层样式"｜"渐变叠加"命令，即可弹出"图层样式"对话框，设置"角度"为90度，单击"渐变"色块，即可弹出"渐变编辑器"对话框，设置渐变颜色为白色（0%）到黑色（50%）再到白色（100%），单击"确定"按钮，即可制作渐变效果❹。

STEP 5 选取工具箱中的横排文字工具，在工具属性栏中设置"字体"为"方正水柱简体"，"字体大小"为 10 点，"设置消除锯齿的方法"为"犀利"，"颜色"为黑色。将鼠标指针移动至图像编辑窗口中并单击鼠标左键，输入文字，按【Ctrl＋Enter】组合键确认输入❺，完成运动品牌旺铺店招的设计。

282　数码产品旺铺店招

在店招中添加商品图片，即可为店铺商品做宣传。下面以数码产品为例详细介绍旺铺店招的设计与制作。

STEP 1 按【Ctrl＋O】组合键，打开一幅素材图像❶。

STEP 2 选取工具箱中的横排文字工具，在工具属性栏中设置"字体"为"方正细黑一简体"，"字体大小"为 10 点，"设置消除锯齿的方法"为"平滑"，"颜色"为蓝色（RGB 参数值分别为 0、75、188）。将鼠标指针移动至图像编辑窗口中并单击鼠标左键，输入文字，按【Ctrl＋Enter】组合键确认输入❷。

STEP 3 按【Ctrl＋O】组合键，打开"282（2）"素材图像，选取工具箱中的移动工具，将素材图像移动至相应图像编辑窗口中的合适位置❸，完成数码产品旺铺店招的设计。

283　户外用品旺铺店招

在店招中添加形象生动的店铺标志，可以让品牌给买家留下深刻印象。下面以户外用品为例详细介绍旺铺店招的设计与制作。

STEP 1 按【Ctrl＋O】组合键，打开一幅素材图像❶。

STEP 2 选取工具箱中的横排文字工具，在工具属性栏中设置"字体"为"华文琥珀"，"字体大小"为 20 点，"设置消除锯齿的方法"为"平滑"，"颜色"为红色。将鼠标指针移动至图像编辑窗口中并单击鼠标左键，输入文字，按【Ctrl＋Enter】组合键确认输入。选取工具箱中的移动工具，将文字移动至合适位置②。

STEP 3 按【Ctrl＋O】组合键，打开两幅素材图像，选取工具箱中的移动工具，将素材图像依次移动至"283（1）"图像编辑窗口中，按【Ctrl＋T】组合键调整图像大小和位置，按【Enter】键确认操作③，完成户外用品旺铺店招的设计。

284 茶具用品旺铺店招

在店招中添加形象生动的店铺标志，可以让品牌给买家留下深刻印象。下面以茶具用品为例详细介绍旺铺店招的设计与制作。

STEP 1 按【Ctrl＋O】组合键，打开一幅素材图像①。

STEP 2 选取工具箱中的横排文字工具，在工具属性栏中设置"字体"为"华文新魏"，"字体大小"为 10 点、5 点，"设置消除锯齿的方法"为"平滑"，"颜色"为白色。将鼠标指针移动至图像编辑窗口中并单击鼠标左键，输入相应文字，按【Ctrl＋Enter】组合键确认输入。选取工具箱中的移动工具，将文字移动至合适位置②。

STEP 3 再次选取工具箱中的横排文字工具，在工具属性栏中设置"字体"为"楷体_GB2312"，"字体大小"为 10 点，"设置消除锯齿的方法"为"平滑"，"颜色"为白色。将鼠标指针移动至图像编辑窗口中并单击鼠标左键，输入相应文字，按【Ctrl＋Enter】组合键确认输入。选取工具箱中的移动工具，将文字移动至合适位置③。

STEP 4 按【Ctrl＋O】组合键，打开一幅素材图像，选取工具箱中的移动工具，将素材图像移动至"284（1）"图像编辑窗口中，按【Ctrl＋T】组合键调整图像大小和位置，按【Enter】键确认操作④，完成茶具旺铺店招的设计。

285 玩具产品旺铺店招

在店招中添加形象生动的店铺标志，可以让品牌给买家留下深刻印象。下面以玩具产品为例详细介绍旺铺店招的设计与制作。

STEP 1 按【Ctrl＋O】组合键，打开一幅素材图像❶。

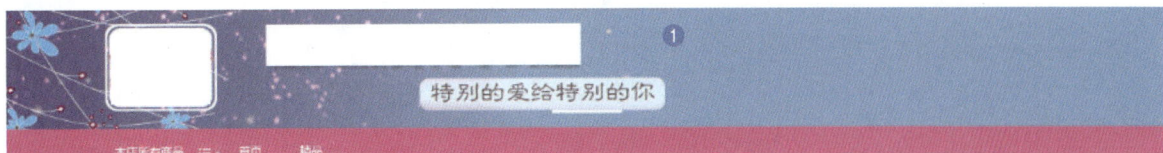

STEP 2 选取工具箱中的横排文字工具，在工具属性栏中设置"字体"为"华文新魏"，"字体大小"为10点，"设置消除锯齿的方法"为"平滑"，"颜色"为红色。将鼠标指针移动至图像编辑窗口中并单击鼠标左键，输入相应文字，按【Ctrl＋Enter】组合键确认输入。选取工具箱中的移动工具，将文字移动至合适位置❷。

STEP 3 按【Ctrl＋O】组合键，打开一幅素材图像，选取工具箱中的移动工具，将素材图像移动至"285（1）"图像编辑窗口中，按【Ctrl＋T】组合键调整图像大小和位置，按【Enter】键确认操作❸，完成玩具旺铺店招的设计。

PART 03

实战应用篇

13

导航：帮助顾客
精确定位

导航条可以方便买家从一个页面跳转到另一个页面，查看店铺的各类
商品及信息。因此，有条理的导航条能够保证更多页面被访问，使店
铺中更多的商品信息、活动信息被买家发现。尤其是买家从宝贝详情
页进入到其他页面，如果缺少导航条的指引，将极大影响店铺转化率。
本章将详细介绍各类型网店导航的设计与制作方法。

286　导航条的意义

　　为了满足卖家放置各种类型的商品，网店、微店都提供了"宝贝分类"功能，卖家可以针对自己店铺的商品建立对应的分类，这就是导航条。利用导航条，买家就可以快速找到所想要浏览的页面。

287　导航条的设计分析

　　导航条是网店、微店装修设计中不可缺少的部分，它是通过一定的技术手段，为网店、微店的访问者提供一定的途径，使其可以方便地访问到所需的内容，是人们浏览店铺时可以快速从一个页面转到另一个页面的快速通道。利用导航条，我们就可以快速找到我们想要浏览的页面。

　　导航条的目的是让网店、微店的层次结构以一种有条理的方式清晰展示，并引导顾客毫不费力地找到并管理信息，让顾客在浏览店铺过程中不致迷失。因此，为了让网店、微店的信息可以有效地传递给顾客，导航一定要简洁、直观、明确。

288　导航条的尺寸规格

　　在设计网店、微店导航条的过程中，各网店、微店平台对于导航条的尺寸都有一定的限制。例如，淘宝网规定导航条的尺寸为 950 像素的宽度，50 像素的高度，如下图所示。

导航条的尺寸规格

　　由上图可以看到，这个尺寸的导航条空间十分有限，除了可以对颜色和文字内容进行更改之外，很难有更深层次的创作，但是随着网页编辑软件的逐渐普及，很多设计师都开始对网店、微店首页的导航倾注更多的心血，通过对首页整体进行切片来扩展首页的装修效果。

289　导航条的色彩和字体风格

　　在网店、微店的导航条装修设计中，其次需要考虑的便是导航条的色彩和字体的风格，应该从整个首页装修的风格出发，定义导航条的色彩和字体，毕竟导航条的尺寸较小，使用太突兀的色彩会形成喧宾夺主的效果。

右图中的导航条使用类似颜色进行色彩搭配，在突出导航内容的同时让整个画面的色彩得到统一，还运用红底的"所有分类"链接来增强导航的层次。

使用类似颜色进行色彩搭配的导航条

鉴于导航条的位置都是固定在店招下方的，因此只要力求和谐和统一，就能够创作出满意的效果，右图所示的店铺导航条，它与整个店铺的风格一致。

如右图所示，导航条使用灰底白字进行合理的摆放，提升导航的设计感，色彩的运用也与欢迎模块的配色保持了高度的一致。

店铺导航条与整个店铺的风格一致

另外，很多设计师还会挖空心思设计出更有创意的作品，从而提升店铺装修的品质感和视觉感，如下图所示，就是使用了较为独特的外形设计出来的导航条。

较为独特外形设计出来的导航条

290 女装类店铺导航 1——新建女装图层

网店店铺导航模块是买家访问店铺各页面的快捷通道，下面以女装类为例详细介绍女装类店铺导航 1——新建女装图层的方法。

STEP 1 按【Ctrl + O】组合键，打开一幅素材图像❶。

STEP 2 展开"图层"面板，新建"图层 1"图层❷。

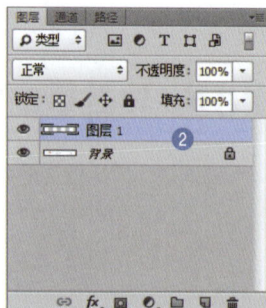

291 女装类店铺导航 2——填充矩形选区

网店卖家可以使用矩形选框工具，绘制合适的图形并填充得到最终的效果。下面介绍女装类店铺导航 2——填充矩形选区的方法。

STEP 1 在工具箱中，选取矩形选框工具❶。

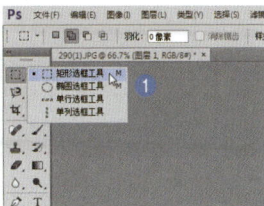

STEP 2 在图像编辑窗口中的合适位置创建矩形选区，设置前景色为灰色（RGB 参数值均为 58、58、58）❷。

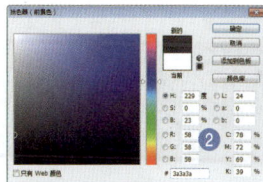

STEP 3 按【Alt + Delete】组合键填充前景色❸，按【Ctrl + D】组合键取消选区。

292 女装类店铺导航 3——添加文字特效

网店卖家可以使用移动工具为导航条添加文案，以得到最终的效果。下面介绍女装类店铺导航 3——添加文字特效的方法。

STEP 1 按【Ctrl + O】组合键，打开相应素材图像❶。

STEP 2 在工具箱中，选取工具箱中的移动工具❷。

STEP 3 将文字素材移动至 "290（1）" 图像编辑窗口中合适位置❸。

STEP 4 新建 "图层 2" 图层，并将其移至文字图层下方，选取工具箱中的矩形选框工具❹。

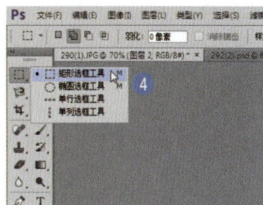

STEP 5 在图像编辑窗口中创建矩形选区，设置前景色为红色（RGB 参数值分别为 142、61、58）。按【Alt + Delete】组合键填充前景色❺，按【Ctrl + D】组合键取消选区，完成女装类店铺导航的设计。

293 男装类店铺导航 1——制作黑色矩形

网店店铺导航可引导买家购物的方向，快速进入想要访问的页面。下面以男装类为例，详细介绍男装类店铺导航 1——制作黑色矩形的方法。

STEP 1 按【Ctrl＋O】组合键，打开一幅素材图像❶。

STEP 2 新建"图层 1"图层，选取工具箱中的矩形选框工具❷。

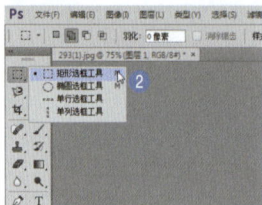

STEP 3 在图像编辑窗口中的合适位置创建矩形选区，设置前景色为黑色（RGB 参数值均为 255）。按【Alt＋Delete】组合键填充前景色❸，按【Ctrl＋D】组合键取消选区。

294 男装类店铺导航 2——制作文字特效

网店卖家可以使用移动工具将文字素材移动至合适位置，以展现出文字，得到最终的效果。下面将详细介绍男装类店铺导航 2——制作男装文案特效的方法。

STEP 1 按【Ctrl＋O】组合键，打开"293（2）"素材图像。选取工具箱中的移动工具，将文字素材移动至"293（1）"图像编辑窗口中合适位置❶。

STEP 2 新建"图层 2"图层，并移动图层至文字图层下方❷。

295 男装类店铺导航 3——橙色矩形特效

网店卖家可以使用矩形工具绘制矩形选区，并填充橙色。下面详细介绍男装类店铺导航3——橙色矩形特效的方法。

STEP 1 选取工具箱中的矩形选框工具，在工具属性栏中单击"添加到选区"按钮❶。

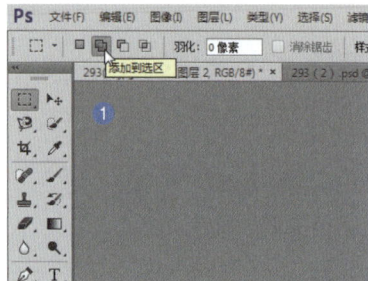

STEP 2 在图像编辑窗口中创建两个矩形选区❷。

STEP 3 设置前景色为橙色（RGB 参数值分别为 241、66、11）。按【Alt + Delete】组合键填充前景色❸，按【Ctrl + D】组合键取消选区。

STEP 4 选取工具箱中的直线工具，在工具属性栏中设置"填充"为白色、"粗细"为 1 像素。移动鼠标指针至图像编辑窗口中合适位置，按住【Shift】键，绘制一条直线❹，完成男鞋类店铺导航的设计。

296 女鞋类店铺导航 1——新建女鞋图层

在制作店铺导航时，可将新品上市添加到导航模块上，让买家时刻关注店内动态。下面以女鞋类为例详细介绍女鞋类店铺导航 1——新建女鞋图层的方法。

STEP 1 单击"文件"｜"打开"命令，打开一幅素材图像❶。

STEP 2 单击"图层"面板下方的"创建新图层"按钮❷，即可新建"图层 1"图层。

297 女鞋类店铺导航 2——黑色矩形选区

网店卖家可以使用矩形选框工具在合适位置创建矩形选区并填充黑色，下面详细介绍女鞋类店铺导航 2——黑色矩形选区的方法。

STEP 1 选取工具箱中的矩形选框工具，在图像编辑窗口中创建矩形选区❶。

STEP 2 在工具箱面板中，设置前景色为黑色❷。

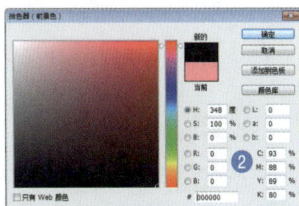

STEP 3 在菜单栏中，单击"编辑"｜"填充"命令，弹出"填充"对话框，设置"使用"为"前景色"，单击"确定"按钮。执行操作后，即可填充颜色，预览效果❸。

STEP 4 按【Ctrl＋D】组合键取消选区，预览创建矩形选区的效果❹。

298 女鞋类店铺导航 3——添加文字特效

网店卖家可以使用移动工具将文字素材移动至合适位置，以展现出文字得到最终的效果，下面详细介绍女鞋类店铺导航 3——添加文字特效的方法。

STEP 1 按【Ctrl＋O】组合键，打开"296（2）"素材图像❶。

STEP 2 选取工具箱中的移动工具，将文字素材移动至"296（1）"图像编辑窗口中合适位置❷。

STEP 3 选取工具箱中的自定形状工具，在工具属性栏中设置"填充"为白色、"形状"为"向下"。在图像编辑窗口中合适位置绘制形状❸，完成女鞋类店铺导航的设计。

299 男鞋类店铺导航 1——填充褐色特效

店铺导航区域的内容和顺序可随季节或活动的变更而修改。下面以男鞋类为例详细介绍男鞋类店铺导航 1——填充棕色特效的方法。

STEP 1 按【Ctrl＋O】组合键，打开一幅素材图像❶。

STEP 2 新建"图层 1"图层，选取工具箱中的矩形选框工具，在图像编辑窗口中创建矩形选区❷。

STEP 3 设置前景色为褐色，按【Alt + Delete】组合键填充前景色❸，按【Ctrl + D】组合键取消选区。

300　男鞋类店铺导航 2——绘制直线特效

网店卖家可以使用直线工具连续绘制两条直线，以得到最终效果。下面详细介绍男鞋类店铺导航 2——男鞋直线特效的方法。

STEP 1 选取工具箱中的直线工具❶。在工具属性栏中设置"填充"为黑色、"粗细"为 2 像素。

STEP 2 移动鼠标指针至图像编辑窗口中，按住【Shift】键，连续绘制两条直线，并移动至合适位置❷。

301　男鞋类店铺导航 3——制作文字与形状

网店卖家可以使用移动工具将文字素材移动至合适位置，以展现出文字，并绘制合适形状得到最终的效果。下面详细介绍男鞋类店铺导航 3——制作文字与形状的方法。

STEP 1 按【Ctrl + O】组合键，打开"299（2）"素材图像❶。

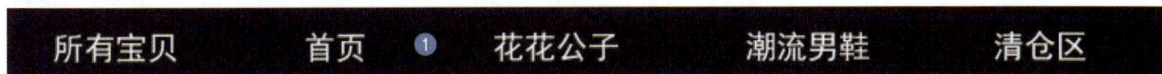

STEP 2 选取工具箱中的移动工具，将文字素材移动至"男鞋类"图像编辑窗口中合适位置❷。

STEP 3 选取工具箱中的自定形状工具，在工具属性栏中设置"填充"为黑色、"形状"为"标志 3"。在图像编辑窗口中合适位置绘制形状❸，完成男鞋类店铺导航的设计。

302　眼镜类店铺导航 1——填充单色特效

好的店铺导航必须有条理，分类清楚，有条理的导航能够促进更多的页面被访问。下面以眼镜类为例详细介绍眼镜类店铺导航 1——填充单色特效的方法。

STEP 1 按【Ctrl＋O】组合键，打开一幅素材图像❶。

STEP 2 新建"图层1"图层，选取工具箱中的矩形选框工具，在图像编辑窗口中创建矩形选区❷。

STEP 3 在工具箱中，设置前景色为灰色（RGB参数值均为96）❸。

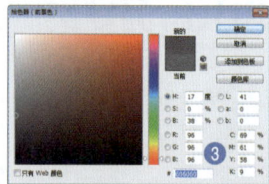

STEP 4 按【Alt＋Delete】组合键填充前景色❹，按【Ctrl＋D】组合键取消选区。

303 眼镜类店铺导航 2——移动文字素材

网店卖家可以使用移动工具将文字素材移动至图像编辑窗口中的合适位置，以得到所需要的效果。下面详细介绍眼镜类店铺导航 2——移动文字素材的方法。

STEP 1 按【Ctrl＋O】组合键，打开"302（2）"素材图像❶。

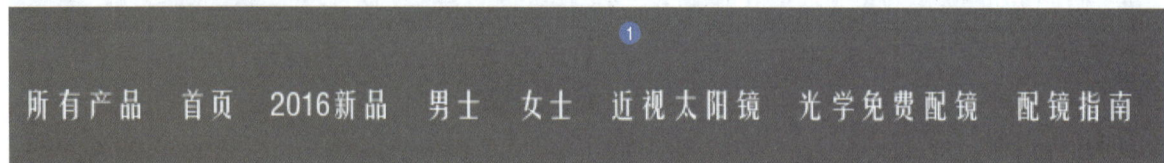

STEP 2 选取工具箱中的移动工具，将文字素材移动至"302（1）"图像编辑窗口中的合适位置❷。

304 眼镜类店铺导航 3——绘制自定形状

网店卖家可以使可以用移动工具将文字素材移动至合适位置，以展现出文字，得到最终的效果。下面详细介绍眼镜类店铺导航 3——制作自定形状的方法。

STEP 1 在工具箱中，选取工具箱中的自定形状工具 **1**。

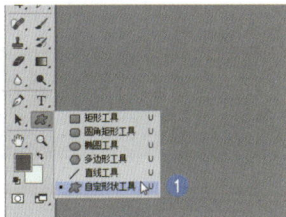

STEP 2 在工具属性栏中设置"填充"为白色、"形状"为"箭头 2"。在图像编辑窗口中绘制形状并移动至合适位置 **2**。

STEP 3 新建"图层 2"图层，并将该图层移至"图层 1"图层上方，选取工具箱中的矩形选框工具，在图像编辑窗口中创建矩形选区，设置前景色为橙色（RGB 参数值分别为 255、71、0）。按【Alt + Delete】组合键填充前景色 **3**，按【Ctrl + D】组合键取消选区，完成眼镜类店铺导航的设计。

305　饰品类店铺导航 1——填充红色特效

　　店铺导航可以方便买家从宝贝详情页面跳转到其他商品页面，从而能使店铺中的更多商品信息被买家发现，极大地促进店铺成单率。下面以饰品类为例详细介绍饰品类店铺导航 1——填充红色特效的方法。

STEP 1 单击"文件"｜"打开"命令 **1**，打开一幅素材图像 **2**。

STEP 2 新建"图层 1"图层。选取工具箱中的矩形选框工具，在图像编辑窗口中创建矩形选区 **3**。

STEP 3 设置前景色为红色（RGB 参数值分别为 136、2、11），按【Alt + Delete】组合键填充前景色 **4**，按【Ctrl + D】组合键取消选区。

306　饰品类店铺导航 2——移动文字说明

　　网店卖家可以使用移动工具将文字素材移动至图像编辑窗口合适位置，得到所需要的效果。下面详细介绍饰品类店铺导航 2——移动文字说明的方法。

STEP 1 按【Ctrl + O】组合键，打开"305（2）"素材图像①。

首页有惊喜 进店必BUY 新品 耳饰 毛衣链 项链 胸针 手链/手镯 会员专区 手机专区

STEP 2 选取工具箱中的移动工具，将文字素材移动至"305（1）"图像编辑窗口中的合适位置②。

银饰专卖店 ② 阿里年货节
情人节礼物▶
万众瞩目菱形
原创系列
点击进入▶
新品不断
5折起
点击进入▶

首页有惊喜 进店必BUY 新品 耳饰 毛衣链 项链 胸针 手链/手镯 会员专区 手机专区

307 饰品类店铺导航 3——添加直线特效

网店卖家可以使用移动工具移动直线素材，以得到最终效果。下面例详细介绍饰品类店铺导航 3——添加直线特效的方法。

STEP 1 按【Ctrl + O】组合键，打开"305（3）"素材图像①。

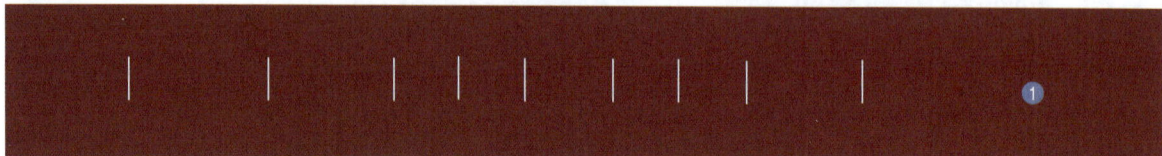

STEP 2 选取工具箱中的移动工具，将直线素材移动并调整至"305（1）"图像编辑窗口中的合适位置②，完成饰品类店铺导航的设计。

银饰专卖店 ② 阿里年货节
情人节礼物▶
万众瞩目菱形
原创系列
点击进入▶
新品不断
5折起
点击进入▶

首页有惊喜 | 进店必BUY | 新品 | 耳饰 | 毛衣链 | 项链 | 胸针 | 手链/手镯 | 会员专区 | 手机专区

308 母婴用品类店铺导航 1——制作渐变特效

在制作店铺导航时，可将买家反馈等添加到导航模块上，以提高店铺信誉度。下面以母婴用品类为例详细介绍母婴类店铺导航 1——制作渐变特效的方法。

STEP 1 按【Ctrl + O】组合键，打开一幅素材图像①。

童诺恩旗舰店 3元优惠券 满148元使用 5元优惠券 满198元使用 10元优惠券 满298元使用 20元优惠券 满398元使用 30元优惠券 满498元使用 100%纯棉 爆款婴儿礼盒 冰点价：109起

STEP 2 设置前景色为褐色（RGB 参数值分别为 131、77、33），选取工具箱中的渐变工具②。

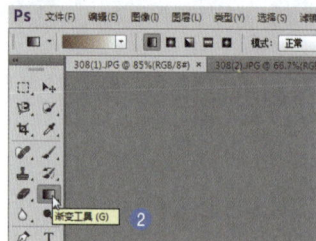

STEP 3 在工具属性栏中单击"点按可编辑渐变"色块，即可弹出"渐变编辑器"对话框❸。

STEP 4 设置"预设"为"自定"，单击"确定"按钮，在图像编辑窗口中制作渐变效果❹。

309 母婴用品类店铺导航 2——绘制直线特效

　　网店卖家可以使用直线工具连续绘制直线，以得到最终效果。下面详细介绍母婴用品类店铺导航 2——绘制母婴直线特效的方法。

STEP 1 选取工具箱中的直线工具，在工具属性栏中设置"填充"为黑色、"粗细"为 1 像素❶。

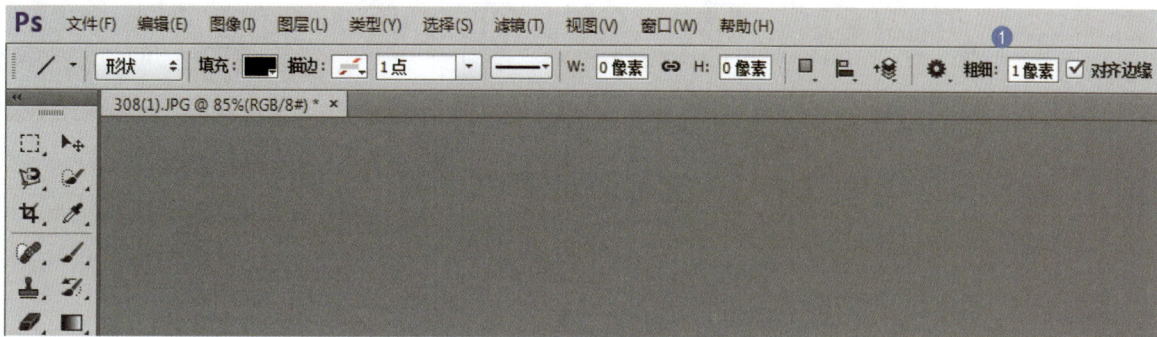

STEP 2 移动鼠标指针至图像编辑窗口中合适位置，在按住【Shift】键的同时绘制一条直线❷。

310 母婴用品类店铺导航 3——制作主题文字

　　网店卖家可以使用移动工具将文字素材移动至合适位置，展现出文字以得到最终的效果。下面详细介绍母婴用品类店铺导航 3——制作主题文字的方法。

STEP 1　按【Ctrl＋O】组合键，打开"308（2）"素材图像❶。

STEP 2　选取工具箱中的移动工具，将文字素材移动并调整至"308（1）"图像编辑窗口中的合适位置❷。

STEP 3　新建"图层1"图层，并将该图层移至文字图层下方，选取工具箱中的矩形选框工具，在工具属性栏中单击"添加到选区"按钮，在图像编辑窗口中创建两个矩形选区❸。

STEP 4　设置前景色为蓝色（RGB参数值分别为66、120、208）。按【Alt＋Delete】组合键填充前景色❹，按【Ctrl＋D】组合键取消选区，完成母婴用品类店铺导航的设计。

311　箱包类店铺导航1——绘制蓝色直线

　　网店店铺导航模块是增加店铺转化率的关键，能够使买家快速找到想要购买的商品。下面以箱包类为例详细介绍箱包类店铺导航1——绘制蓝色直线的方法。

STEP 1　按【Ctrl＋O】组合键，打开一幅素材图像❶。

STEP 2　设置前景色为蓝色（RGB参数值分别为4、81、137）❷。选取工具箱中的直线工具。

STEP 3　在工具属性栏中设置"粗细"为2像素❸。

STEP 4 移动鼠标指针至图像编辑窗口中合适位置，在按住【Shift】键的同时绘制一条直线④。

312 箱包类店铺导航 2——绘制蓝色矩形形状

网店卖家可以使用矩形工具在图像编辑窗口中绘制一个矩形形状，下面详细介绍箱包类店铺导航 2——绘制蓝色矩形形状的方法。

STEP 1 选取工具箱中的矩形工具，移动鼠标指针至图像编辑窗口中合适位置①。

STEP 2 在图像编辑窗口中绘制一个矩形形状②。

313 箱包类店铺导航 3——移动蓝色文字素材

网店卖家可以使用移动工具将文字素材移动至图像编辑窗口合适位置，以得到所需要的效果。下面详细介绍箱包类店铺导航 3——移动蓝色文字素材的方法。

STEP 1 按【Ctrl＋O】组合键，打开"311（2）"素材图像①。

所有分类　首页　买家必读　潮流大包　奢华真皮馆　包包保养　会员中心

STEP 2 选取工具箱中的移动工具，将文字素材移动并调整至"311（1）"图像编辑窗口中合适位置②，完成箱包类店铺导航的设计。

314　家纺类店铺导航 1——制作填充颜色特效

在制作店铺导航时，可在导航模块上添加活动分类来吸引买家，以增加店铺访问量。下面以家纺类为例详细介绍家纺类店铺导航 1——制作填充颜色特效的方法。

STEP 1 按【Ctrl＋O】组合键，打开一幅素材图像❶。

STEP 2 新建"图层 1"图层，选取工具箱中的矩形选框工具，在图像编辑窗口中创建矩形选区❷。

STEP 3 设置前景色为红色（RGB 参数值分别为 255、0、26）❸。

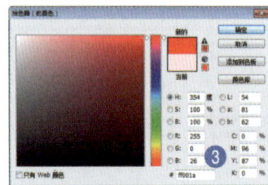

STEP 4 按【Alt＋Delete】组合键填充前景色❹，按【Ctrl＋D】组合键取消选区。

315　家纺类店铺导航 2——移动多色文字素材

网店卖家可以使用移动工具将文字素材移动至图像编辑窗口合适位置，以得到所需要的效果。下面详细介绍家纺类店铺导航 2——移动多色文字素材的方法。

STEP 1 按【Ctrl＋O】组合键，打开"314（2）"素材图像❶。

年货节　公主套件　冬季套件　公主配件　热卖单品　四季被芯　微淘　品牌故事　收藏我们

选取工具箱中的移动工具，将文字素材移动并调整至"314（1）"图像编辑窗口中合适位置②。

316 家纺类店铺导航 3——移动白色直线特效

网店卖家可以使用移动工具将直线素材移动至图像编辑窗口中的合适位置，以得到最终效果。下面详细介绍家纺类店铺导航 3——移动白色直线特效的方法。

STEP 1 按【Ctrl＋O】组合键，打开"314（3）"素材图像①。

STEP 2 选取工具箱中的移动工具，将直线素材移动至"314（1）"图像编辑窗口中的合适位置②，完成家纺类店铺导航的设计。

317 家电类店铺导航 1——制作紫色填充特效

店铺导航可以引导买家快速访问页面，使买家快速了解店铺中的更多商品信息及活动。下面以家电类为例详细介绍家电类店铺导航 1——制作紫色填充特效的方法。

STEP 1 按【Ctrl＋O】组合键，打开一幅素材图像①。

STEP 2 新建"图层 1"图层，选取工具箱中的矩形选框工具，在图像编辑窗口中创建矩形选区②。

STEP 3 设置前景色为紫色（RGB 参数值分别为 121、13、125）③。

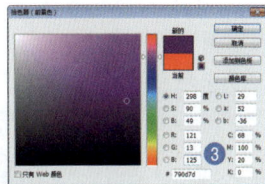

STEP 4　按【Alt + Delete】组合键填充前景色④，按【Ctrl + D】组合键取消选区。

318　家电类店铺导航 2——移动商品文字说明

　　网店卖家可以使用移动工具将文字素材移动至图像编辑窗口中的合适位置，以得到所需要的效果。下面详细介绍家电类店铺导航 2——移动商品文字说明的方法。

STEP 1　按【Ctrl + O】组合键，打开"317(2)"素材图像①。

STEP 2　选取工具箱中的移动工具，将文字素材移动并调整至"317(1)"图像编辑窗口中的合适位置②。

319　家电类店铺导航 3——绘制自定形状特效

　　网店卖家可以使用矩形工具、自定形状工具绘制店主想要的形状，下面详细介绍家电类店铺导航 3——绘制自定形状特效的方法。

STEP 1　新建"图层 2"图层，并将该图层移至文字图层下方，选取工具箱中的矩形选框工具，在图像编辑窗口中创建选区①。

STEP 2　设置前景色为灰色（ RGB 参数值均为 51）。按【Alt + Delete】组合键填充前景色②，按【Ctrl + D】组合键取消选区。

STEP 3 选取工具箱中的自定形状工具❸，在工具属性栏中设置"填充"为白色、"形状"为"向下"。

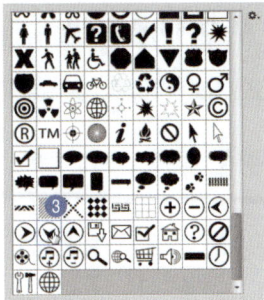

STEP 4 在图像编辑窗口中合适位置绘制形状❹，完成家电类店铺导航的设计。

320 手机类店铺导航 1——填充橙色特效

在制作店铺导航时，可将"售后服务"链接添加到导航模块上，以提高店铺可信度。下面以手机类为例详细介绍手机类店铺导航 1——填充橙色特效的方法。

STEP 1 按【Ctrl + O】组合键，打开一幅素材图像❶。

STEP 2 新建"图层 1"图层，选取工具箱中的矩形选框工具，在图像编辑窗口中创建矩形选区❷。

STEP 3 设置前景色为绿色（RGB 参数值分别为 139、188、8）❸。

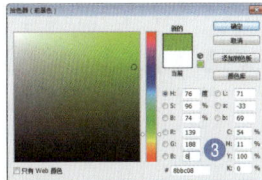

STEP 4 按【Alt + Delete】组合键填充前景色❹，按【Ctrl + D】组合键取消选区。

321 手机类店铺导航 2——移动纯色文字说明

网店卖家可以使用移动工具将文字素材移动至图像编辑窗口中的合适位置，以得所需要的到效果。下面详细介绍手机类店铺导航 2——移动手机文字说明的方法。

STEP 1 按【Ctrl + O】组合键，打开"320（2）"素材图像❶。

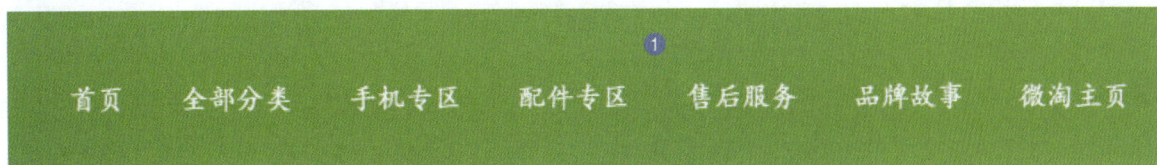

首页　　全部分类　　手机专区　　配件专区　　售后服务　　品牌故事　　微淘主页

STEP 2 选取工具箱中的移动工具，将文字素材移并调整动至"320（1）"图像编辑窗口中的合适位置②。

322 手机类店铺导航 3——制作矩形图像特效

网店卖家可以使用矩形工具、自定形状工具绘制店主想要的形状，下面详细介绍手机类店铺导航 3——制作矩形图像特效的方法。

STEP 1 新建"图层 2"图层，并将该图层移至文字图层下方，选取工具箱中的矩形选框工具，在图像编辑窗口中创建矩形选区①。

STEP 2 设置前景色为橙色（RGB 参数值分别为 249、133、22）②。

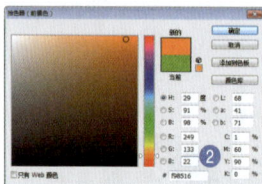

STEP 3 按【Alt + Delete】组合键填充前景色③，按【Ctrl + D】组合键取消选区，完成手机类店铺导航的设计。

323 护肤用品类店铺导航 1——制作金色填充特效

店铺导航是买家快速跳转页面的快捷途径，通过导航的指引，可使买家快速浏览店铺商品信息。下面以护肤品类为例详细介绍护肤类店铺导航 1——制作金色填充特效的方法。

STEP 1 按【Ctrl + O】组合键，打开一幅素材图像①。

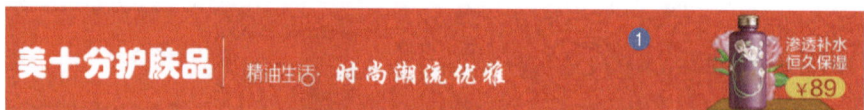

STEP 2 新建"图层 1"图层，选取工具箱中的矩形选框工具，在图像编辑窗口中创建矩形选区②。

STEP 3 设置前景色为金色（RGB 参数值分别为 252、225、84），按【Alt + Delete】组合键填充前景色③，按【Ctrl + D】组合键取消选区。

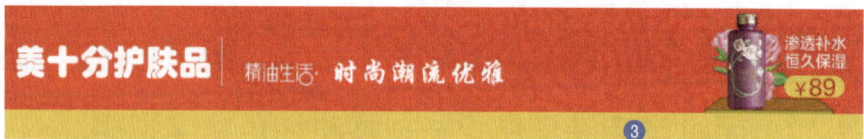

324 护肤用品类店铺导航 2——移动红色文字说明

网店卖家可以使用移动工具将文字素材移动至图像编辑窗口中的合适位置，以得到所需的效果。下面详细介绍护肤类店铺导航 2——移动红色文字说明的方法。

STEP 1 按【Ctrl + O】组合键，打开"323（2）"素材图像①。

所有宝贝　　首页　　镇店爆款　　关于我们　　芳香讲堂　　绑定品牌会员　　官方直营　　收藏我们

STEP 2 选取工具箱中的移动工具，将文字素材图像移动并调整至相应图像编辑窗口中的合适位置②。

325 护肤用品类店铺导航 3——绘制深黄色选区

网店卖家可以使用矩形工具、自定形状工具绘制店主想要的形状。下面详细介绍护肤类店铺导航 3——绘制深黄色选区的方法。

STEP 1 按【Ctrl＋O】组合键，打开"323（3）"素材图像①。

STEP 2 选取工具箱中的移动工具，将直线素材移动至"323（1）"图像编辑窗口中的合适位置②。

STEP 3 新建"图层 2"图层，并将该图层移至文字图层下方，选取工具箱中的矩形选框工具，在图像编辑窗口中创建矩形选区③。

STEP 4 设置前景色为深黄色（RGB 参数值分别为198、166、0）。按【Alt＋Delete】组合键填充前景色④，按【Ctrl＋D】组合键取消选区。

STEP 5 选取工具箱中的自定形状工具，在工具属性栏中设置"填充"为白色、"形状"为"向下"。在图像编辑窗口中的合适位置绘制形状⑤，完成护肤用品类店铺导航的设计。

PART 03

实战应用篇

14

首页：打造深入人心的设计

网店的首页欢迎模块是对店铺最新商品、促销活动等信息进行展示的区域，位于店铺导航条的下方，其设计面积比店招和导航条都要大。是顾客进入店铺首页中观察到的最醒目的区域。本章主要对首页的设计规范和技巧进行讲解。

326 设计首页欢迎模块

由于欢迎模块在店铺首页占据了大面积的位置（如下图所示），因此其设计的空间也较大，需要传递的信息也更有讲究，如何找到产品卖点，怎样让文字与产品结合而达到与店铺风格更好地融合，这些都是设计首页时需要考虑的重要问题。

店铺首页的欢迎模块与店铺的店招不同的是，它会随着店铺的销售情况进行改变，当店铺迎合特色节日或店庆等重要日子时，首页设计会以相关的活动信息为主；当店铺最近添加了新的商品时，首页设计内容则以"新品上架"为主要的内容；当店铺有较大的变动时，首页还可以发挥公告栏的作用，告知顾客相关的信息。

首页欢迎模块的主要类别如下图所示。

首页欢迎模块

首页欢迎模块分类

活动信息

新品上架

店铺公告

首页欢迎模块的主要类别

店铺首页的欢迎模块根据其内容的不同，设计的侧重点也是不同的，例如新品上架为主题的欢迎模块，其画面主要表现新上架的商品，其设计风格也应当与新品的风格和特点保存一致，这样才能让设计的画面完整地传达出店家所要表现的思想。

327 首页欢迎模块的设计要点

在设计首页欢迎模块之前，必须明确设计的主要内容和主题，根据设计的主题来寻找合适的创意和表现方式，设计之前应当思考设计这个欢迎模块画面的目的，考虑如何让顾客轻松地接受，了解顾客最容易接受的方式是什么，最后还要对同行业、同类型的欢迎模块的设计进行研究，得出结论后才开始着手首页欢迎模块的设计和制作，这样创作出来的作品才更加容易被市场和顾客认可。

328 首页欢迎模块设计的准备工作

下图所示为首页欢迎模块设计的前期准备。

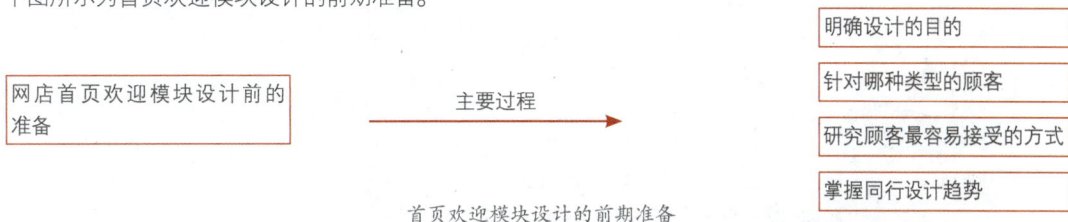

网店首页欢迎模块设计前的准备 → 主要过程 →
- 明确设计的目的
- 针对哪种类型的顾客
- 研究顾客最容易接受的方式
- 掌握同行设计趋势

首页欢迎模块设计的前期准备

329 首页欢迎模块设计的注意事项

在进行首页欢迎模块的页面设计时，要将文案梳理清晰，要知道自己所表达内容的中心，明确主题是什么，用于衬托的文字又是哪些。主题文字尽量最大化让它占整个文字布局画面，可以考虑用英文来衬托主题，背景和主体元素要相呼应，体现出平衡和整合，最好有疏密、粗细、大小的变化，在变化中追求平衡，并体现出层次感，这样做出来的首页整体效果就比较舒服。在设计首页的欢迎模块时，需要注意一些什么因素呢？具体如右图所示。

首页欢迎模块设计展示

在设计时一般以图片为主，文案为辅。表达的内容要精炼，抓住主要诉求点，内容不可过多。主题字体要醒目、正规大气，字体可以考虑使用英文衬托。可以通过图像和色彩来实现充分的视觉冲击力。

人类天生具有好奇的本能，这类标题专在这点上着力，可以一下子把读者的注意力抓住，在他们寻求答案的过程中不自觉地产生兴趣。譬如有这样一则眼镜广告，其标题是："救救你的灵魂"，初听之时令人莫明其妙，正文接着便说出一句人所共知的名言："眼睛是心灵的窗户。"救眼睛便是救心灵，妙在文案人员省去了眼镜这个中介，就获得了一种特殊效果。

330 首页欢迎模块设计的设计技巧

一个优秀的首页欢迎模块页面设计，通常都具备了3个元素，那就是合理的背景、优秀的文案和醒目的产品信息，

如右图所示。如果欢迎模块的画面看上去令人不满意，一定是这3个方面出了问题，常见的问题有背景亮度太高或画面太复杂，比如用蓝天白云草地作为背景，很可能会减弱文案及产品主题的体现。右图所示的欢迎模块的背景色彩和谐而统一，让整个首页看上去简洁大气。

首页欢迎模块页面中的3个元素

331 注意信息元素的间距

在首页欢迎模块设计的页面中主要信息有主标题、副标题和附加内容，设计的时候可以分为三段，段间距要大于行间距，上下左右也要有适当的留白。

下图所示为首页欢迎模块中文字的表现，可以看到其中文字的间距非常有讲究，能够让顾客非常容易抓住重点，易于阅读。

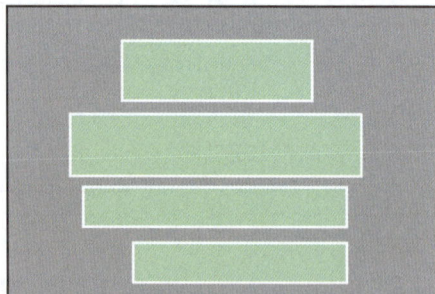

首页欢迎模块中文字的表现

332　文案的字体不能超过 3 种

　　在店铺首页欢迎模块的文案设计中，需要使用不同的字体来提升文本的设计感和阅读感，但是不能超过 3 种字体，很多看上去画面凌乱的首页就是因为字体上使用太多而显得不统一。针对突出主题这个目的，可以用粗大的字体，并且使副标题小一些。

　　如右图所示，该店铺的中文字体就使用了 3 种不同的风格进行创作，将文案中的主题内容、副标题和说明性文字的主次关系呈现得非常清晰，让顾客在浏览过程中能够轻松抓住画面信息的重点，提高阅读的体验。

3种不同风格的首页欢迎模块文字

333　画面的色彩不宜繁多

　　在一幅首页欢迎模块画面中，配色是十分关键的，画面的色调会在信息传递到顾客脑海之前营造出一种氛围，尽量不要使用超过 3 种以上的颜色。在具体的配色中，可以针对重要的文字信息，用高亮醒目的颜色来进行强调和突出。

　　如下图所示，店铺的首页欢迎模块使用了色彩明度较低的颜色来对标题文字进行填充，而背景和商品的色彩明度都偏高，这样清晰的明暗对比度能够让画面信息传递更醒目。

标题文字的主要色彩，低明度

背景及商品图片的配色，高明度

色彩明度的表现

334　对画面进行适当的留白处理

　　高端、大气是对设计的要求，可是什么样的设计是大气的呢？如果我们在设计中发现欢迎模块中需要突出的内容过多，将画面全部占满，此时设计出来的作品会给人密密麻麻的感觉，让人喘不过气，如果在设计中进行适当的留白，那么效果就会好很多。

　　其实空白就是"气"，要想大气就要多留白，让顾客在最短的时间内阅读完店铺的信息，减轻阅读的负担。适当的留白可以体现出一种宽松自如的态度，让顾客的想象力自由发挥。如右图所示，可以看到适当的留白让画面中的文案更加凸显。

对画面进行适当的留白处理

　　留白的区域让画面中的文案突出，同时给人以停顿的时间，减轻阅读的压力，将画面精致、大气的风格非常明显地表现了出来，让整个版式显得错落有致。

335 合理构图理清设计思路

在设计欢迎模块的过程中，有时大家会模仿别人的设计，如果网店卖家对欢迎模块的内容进行分解，很容易理解一个设计的布局是怎样形成的，有时间的时候可以把一些好的设计拿出来分析一下布局，在需要进行设计的时候就可以通过平时的积累来丰富设计内容。

基于欢迎模块的内容以及尺寸，可以对欢迎模块的布局进行归纳和总结。网店卖家可以根据商品图片、画面意境或者素材的外形来对画面的布局进行选择，通过大小对比，明暗的协调，或者是色彩的差异来突出画面中的重点。

336 统一风格在网店装修中的重要性

在制造网店装修的过程中，特别是在设计网页的版面时，应呈现出独特设计风格。店铺装修版面设计要有统一的风格，形成整体，从更深层次、更为广阔的视野中来定位自己的版面样式，给顾客带来美的感受的同时提升店铺的转化率。

337 女装网店首页 1——制作纯色首页背景

本案例是为女装网店设计的首页，主要运用粉色来表现服饰的特点，同时将画面进行对称或分布，给人以协调、舒适感。下面以女装类为例详细地介绍女装网店首页 1——制作纯色首页背景的方法。

STEP 1 单击"文件"|"新建"命令，弹出"新建"对话框，设置"名称"为"337"，"宽度"为 800 像素，"高度"为 500 像素，"颜色模式"为"RGB 颜色"，"背景内容"为"白色"，单击"确定"按钮，新建一个空白图像❶。

STEP 2 单击"图层"|"新建填充图层"|"渐变"命令，弹出"新建图层"对话框，保持默认设置，单击"确定"按钮❷。

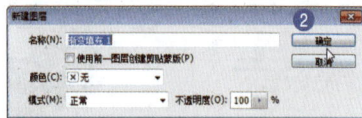

STEP 3 弹出"渐变填充"对话框，单击"点按可编辑渐变"色块，弹出"渐变编辑器"对话框，单击第一个色标❸。

STEP 5 依次单击"确定"按钮，即可制作首页欢迎模块的背景效果❺。

STEP 4 弹出"拾色器（色标颜色）"对话框，设置 RGB 参数值均为 239，单击"确定"按钮保存设置；用同样的方法设置第二个色标颜色的 RGB 参数值分别为 251、238、245 ❹。

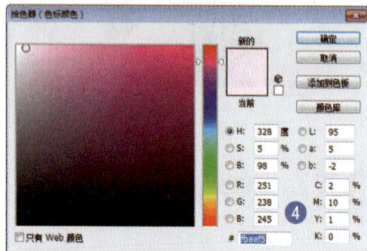

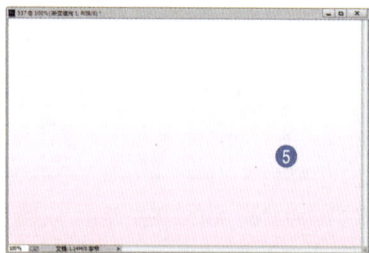

338 女装网店首页 2——增加女装画面色彩

网店卖家可以使用自然饱和度来增加商品画面的色彩，下面详细介绍女装网店首页 2——增加女装画面色彩的方法。

STEP 1 单击"文件"|"打开"命令，打开一幅商品素材图像，运用矩形选框工具在图像上创建相应大小的矩形选区❶。

STEP 2 选取工具箱中的移动工具，将商品素材图像拖曳至背景图像编辑窗口中的合适位置处❷。

STEP 3 单击"图像"|"调整"|"自然饱和度"命令，弹出"自然饱和度"对话框，设置"自然饱和度"为100、"饱和度"为5，单击"确定"按钮，增加商品画面的色彩❸。

TIPS

在进行网店装修的过程中，为了获得最佳的画面效果，会使用很多素材对画面进行修饰，例如使用光线对文字和金属质感的商品进行修饰、利用花卉素材对标题栏或者标题进行点缀、用碎花素材对画面的背景进行布置等，在这些操作中都需要用到设计素材。

339 女装网店首页 3——制作女装文案特效

网店卖家使用横排文字工具来增加买家的视觉感和浏览感，下面详细介绍女装网店首页 3——制作女装文案特效的方法。

STEP 1 选取工具箱中的横排文字工具，输入英文文字"NEW STYLE"，展开"字符"面板，设置"字体系列"为 ParkAvenue BT、"字体大小"为 18 点、"颜色"为黑色，根据需要适当地调整文字的位置❶，预览文字效果。

STEP 2 选取工具箱中的横排文字工具,输入中文文字"冬装新品第五波"，展开"字符"面板，设置"字体系列"为"文鼎霹雳体"，"字体大小"为 10 点，"颜色"为红色（RGB 参数值分别为201、25、46），激活"仿粗体"图标，根据需要适当地调整文字的位置❷，预览文字效果。

STEP 3 在"图层"面板中，使用鼠标左键双击中文文字图层，弹出"图层样式"对话框，选中"投影"复选框，设置"距离"为 3 像素、"扩展"为7%、"大小"为 2 像素，单击"确定"按钮，为文字添加投影图层样式❸，预览文字效果，完成女装类店铺首页的设计。

340 男装网店首页 1——制作男装首页背景

本案例是为男装网店设计的首页，在其中使用了较为鲜艳的色彩来进行表现，同时将画面进行合理的分配，通过这些设计让浏览者了解商家的活动内容并感受活动所营造的喜庆气氛，增加点击率和浏览时间，以提高店铺装修的转化率。下面以男装类为例详细介绍男装网店首页 1——制作男装首页背景的方法。

STEP 1 单击"文件"|"新建"命令，弹出"新建"对话框，设置"名称"为"340"，"宽度"为 700 像素，"高度"为 350 像素，"颜色模式"为"RGB 颜色"，"背景内容"为"白色"，单击"确定"按钮，新建一个空白图像❶。

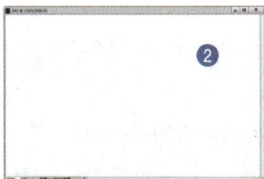

STEP 2 单击工具箱底部的前景色色块,弹出"拾色器 前景色)"对话框，设置 RGB 参数值分别为238、10、59❷，单击"确定"按钮。

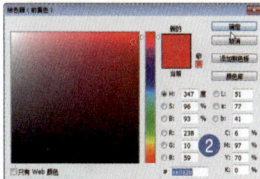

STEP 3 单击"编辑"|"填充"命令,弹出"填充"对话框，设置"使用"为"前景色"，单击"确定"按钮，即可填充前景色❸。

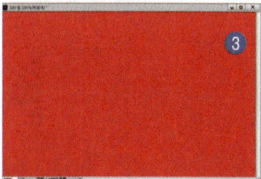

341 男装网店首页 2——制作男装画面特效

网店卖家可以使用魔棒工具对商品进行抠图操作，并移动商品图像至首页背景中的合适位置。下面详细介绍男装网店首页 2——制作男装画面特效的制作方法。

STEP 1 单击"文件"|"打开"命令，打开一幅品素材图像，选取工具箱中的魔棒工具，在工具属性栏中设置"容差"为32，在图像上的白色区域单击以创建不规则选区❶。

STEP 2 单击工具属性栏中的"添加到选区"按钮❷，在图像中的相应位置单击鼠标左键，添加白色区域选区。

STEP 3 单击"选择"|"反向"命令，反选选区❸。

STEP 4 单击按【Ctrl＋J】组合键，复制背景图层，得到"图层1"图层❹。

STEP 5 选取工具箱中的移动工具，将商品素材图像拖曳至"340"图像编辑窗口中的合适位置处❺，预览制作的效果。

342 男装网店首页 3——制作男装文案特效

网店卖家可以使用横排文字工具给商品添加解释说明，让买家更能了解商品。下面详细介绍男装网店首页 3——制作男装文案特效的方法。

STEP 1 选取工具箱中的横排文字工具，输入文字"双12品牌狂欢节"，展开"字符"面板，设置"字体系列"为"华文中宋"，"字体大小"为11点，"颜色"为白色，激活"仿粗体"图标，根据需要适当地调整文字的位置❶，预览制作的文字效果。

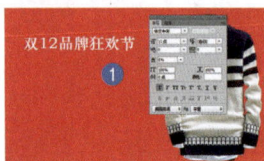

STEP 2 选取工具箱中的横排文字工具，输入文字"先领券再付款享折上折"，展开"字符"面板，设置"字体系列"为"华文细黑"，"字体大小"为11点，"颜色"为黄色（RGB参数值分别为255、234、0)，激活"仿粗体"图标，根据需要适当地调整文字的位置❷，预览制作的文字效果。

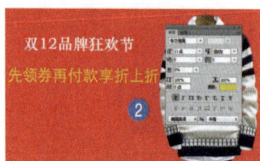

STEP 3 选取工具箱中的横排文字工具，输入文字"数量有限，抢到就是赚到"，展开"字符"面板，设置"字体系列"为"黑体"，"字体大小"为10点，"颜色"为黑色，激活"仿粗体"图标，根据需要适当地调整文字的位置❸，预览制作的文字效果。

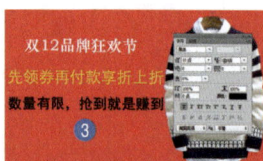

STEP 4 在第一个"图层"面板中，使用鼠标左键双击中文文字图层，弹出"图层样式"对话框，选中"投影"复选框，设置"距离"为3像素、"扩展"为7%、"大小"为5像素，单击"确定"按钮，为文字添加投影图层样式，用与前面同样的方法，为第二个文字图层添加文字添加投影图层样式，预览制作文字的效果❹。

STEP 5 在第 3 个文字"图层"面板中，使用鼠标左键双击中文文字图层，弹出"图层样式"对话框，选中"描边"复选框，设置"大小"为 2 像素，单击"确定"按钮，为文字添加描边图层样式⑤，预览制作文字的效果，完成男装类店铺首页的设计。

343 农产品网店首页 1——制作纯色图像画面

本案例是为农产品网店设计的首页欢迎模块，使用明亮的橙色作为背景色，给人以新鲜活力感，并衬托出主体。下面以农产品类为例详细介绍农产品网店首页 1——制作纯色图像画面的方法。

STEP 1 单击"文件"|"新建"命令，弹出"新建"对话框，设置"名称"为"343"，"宽度"为 700 像素，"高度"为 350 像素，"颜色模式"为"RGB 颜色"，"背景内容"为"白色"，单击"确定"按钮，新建一个空白图像①。

STEP 2 单击工具箱底部的前景色色块，弹出"拾色器（前景色）"对话框，设置 RGB 参数值分别为 255、180、55②，单击"确定"按钮。

STEP 3 单击"编辑"|"填充"命令，弹出"填充"对话框，设置"使用"为"前景色"，单击"确定"按钮，即可填充颜色③。

344 农产品网店首页 2——制作羽化商品画面

网店卖家可以使用魔棒工具在图像上的白色区域创建不规则选区，并羽化选区，以得到最终的效果。下面详细介绍农产品网店首页 2——制作单个商品展示的方法。

STEP 1 单击"文件"|"打开"命令，打开一幅商品素材图像，选取工具箱中的魔棒工具，在工具属性栏中设置"容差"为 32，在图像上的白色区域单击以创建不规则选区①。

STEP 2 单击工具属性栏中的"添加到选区"按钮，在图像中的相应位置单击鼠标左键，添加白色区域选区②。

STEP 3 单击"选择"|"反向"命令，反选选区③。

STEP 4 单击"选择"|"修改"|"羽化"命令,弹出"羽化选区"对话框,设置"羽化半径"为5像素,单击"确定"按钮,即可羽化选区④。

STEP 5 按【Ctrl＋C】组合键,复制选区内的图像,切换至"343"图像编辑窗口,按【Ctrl＋V】组合键粘贴图像,并适当调整图像的大小和位置⑤。

技巧点拨

在 Photoshop 里,羽化是针对选区的一项编辑,初学者很难理解这个词。羽化是通过建立选区和选区周围像素之间的转换边界来模糊边缘的,这种模糊方式将丢失选区边缘的一些图像细节。羽化原理是令选区内外衔接的部分虚化,起到渐变的作用从而达到自然衔接的效果。

羽化功能在设计作图的使用很广泛,一般来说这是一个抽象的概念,但是只要实际操作一下就能理解了。实际运用过程中具体的羽化值完全取决于经验,所以掌握这个常用工具的关键是经常练习。羽化值越大,虚化范围越宽,也就是说颜色递变越柔和。羽化值越小,虚化范围越窄。可根据实际情况进行调节,把羽化值设置得小一点,反复羽化是羽化的一个技巧。

345 农产品网店首页 3——制作文字说明特效

网店卖家可以使用横排文字工具给商品添加解释说明,从而使买家更好地了解商品。下面详细介绍农产品网店首页 3——制作文字说明特效的方法。

STEP 1 选取工具箱中的横排文字工具,输入文字"新农人",展开"字符"面板,设置"字体系列"为"华文新魏","字体大小"为12点,"颜色"为白色,"所选字符的字距调整"为100,激活"仿粗体"图标,根据需要适当地调整文字的位置①。

STEP 2 展开"图层"面板,选择"图层1"图层,单击底部的"创建新图层"按钮,新建"图层2"图层②。

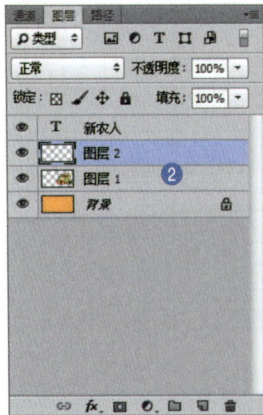

STEP 3 选取工具箱中的椭圆工具,设置"选择工具模式"为"像素",设置"前景色"为褐色(RGB参数值分别为125、63、7),在文字下方绘制一个合适大小的正圆形③。

STEP 4 复制所绘制的正圆形,并适当调整其位置④。

STEP 6 选取工具箱中的横排文字工具,输入文字"共筑新农人梦想",展开"字符"面板,设置"字体系列"为"黑体","字体大小"为6点,"颜色"为褐色(RGB参数值分别为126、66、16),"所选字符的字距调整"为0,激活"仿粗体"图标,根据需要适当地调整文字的位置⑥。

STEP 5 选取工具箱中的横排文字工具,输入文字"梦想发源地",展开"字符"面板,设置"字体系列"为"方正大黑简体","字体大小"为13点,"颜色"为褐色(RGB参数值分别为126、66、16),"所选字符的字距调整"为0,激活"仿粗体"图标,根据需要适当地调整文字的位置⑤。

STEP 7 选取工具箱中的矩形选框工具，在文字周围创建一个矩形选区❼。

STEP 8 设置"前景色"为浅黄色（RGB参数值分别为230、158、0），新建"图层3"图层，为选区填充前景色❽。

STEP 9 按【Ctrl＋D】组合键取消选区，选择"图层3"图层，将其移至文字图层的下方，调整图层的顺序❾，完成农产品类店铺首页的设计。

346 女包网店首页 1——制作背景渐变特效

本案例是为女包网店设计的首页欢迎模块，运用渐变的暗粉色作为背景，营造出一种梦幻感，并将红色女包衬托得更加鲜艳。下面以女包类为例详细介绍女包网店首页 1——制作背景渐变特效的方法。

STEP 1 单击"文件"|"新建"命令，弹出"新建"对话框，设置"名称"为"346"，"宽度"为 800 像素，"高度"为 500 像素，"颜色模式"为"RGB 颜色"，"背景内容"为"白色"，单击"确定"按钮，新建一个空白图像❶。

STEP 2 单击"图层"|"新建填充图层"|"渐变"命令，弹出"新建图层"对话框，保持默认设置，单击"确定"按钮❷。

STEP 3 弹出"渐变填充"对话框，单击"点按可编辑渐变"色块，弹出"渐变编辑器"对话框，单击第一个色标❸。

STEP 4 弹出"拾色器（色标颜色）"对话框，设置 RGB 参数值分别为 222、173、166，单击"确定"按钮保存设置。用同样的方法设置第二个色标颜色的 RGB 参数值分别为 220、201、203❹。

STEP 5 依次单击"确定"按钮，即可制作首页欢迎模块的背景效果❺。

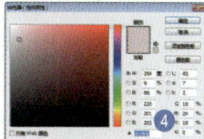

347 女包网店首页 2——调整商品画面色彩

网店卖家可以使用自然饱和度来增加商品画面的色彩。下面详细介绍女包网店首页 2——调整商品画面色彩的方法。

STEP 1 单击"文件"|"打开"命令，打开一幅商品素材图像❶。

STEP 2 选取工具箱中的移动工具，将商品素材图像拖曳至背景图像编辑窗口中的合适位置❷。

STEP 3 单击"图像"|"调整"|"自然饱和度"命令，弹出"自然饱和度"对话框，设置"自然饱和度"为50、"饱和度"为5，单击"确定"按钮，增加商品画面的色彩❸。

348 女包网店首页 3——制作广告文字效果

网店卖家可以使用横排文字工具给商品添加解释说明，让买家更能了解商品。下面详细介绍女包网店首页 3——制作广告文字效果的方法。

STEP 1 选取工具箱中的横排文字工具，输入英文和中文文字"THE THANKSGIVING SEASON! 浓情 6 月感恩季"，展开"字符"面板，设置"字体系列"为黑体、"字体大小"为 8 点、"颜色"为褐色（RGB 参数值分别为 117、90、63），激活"仿粗体"图标，根据需要适当地调整文字的位置❶，预览文字效果。

STEP 2 选取工具箱中的横排文字工具，输入中文文字"全场 5 折起"，展开"字符"面板，设置"字体系列"为相应字体、"字体大小"为 15 点、"颜色"为黑色，激活"仿粗体"图标，根据需要适当地调整文字的位置❷，预览文字效果。

STEP 3 选择"5 折"文字并展开"字符"面板，设置"字体系列"为相应字体、"字体大小"为 10 点、"颜色"为红色（RGB 参数值分别为 201、25、46），激活"仿粗体"图标，根据需要适当地调整文字的位置❸，预览文字效果，完成女包类店铺首页的设计。

349 美妆网店首页 1——制作纯色渐变效果

本案例是为美妆网店设计首页欢迎模块，在画面的配色中借鉴商品的色彩，并通过大小和外形不同的文字来表现店铺的主题内容，使用同一色系的颜色来提升画面的品质，让整体效果更加协调统一。下面以美妆类为例详细介绍美妆网店首页 1——制作纯色渐变效果的方法。

STEP 1 单击"文件"|"新建"命令，弹出"新建"对话框，设置"名称"为"349"，"宽度"为 800 像素，"高度"为 500 像素，"颜色模式"为"RGB 颜色"，"背景内容"为"白色"，单击"确定"按钮，新建一个空白图像❶。

STEP 2 选取工具箱中的渐变工具，设置渐变色为白色到蓝色（RGB 参数值分别为 86、200、236）❷。

STEP 3 在工具属性栏中单击"径向渐变"按钮，在选区内拖曳鼠标以填充渐变色❸。

350 美妆网店首页 2——调整商品图像亮度

网店卖家可以使用"亮度 / 对比度"命令调整图像，以得到最终效果。下面详细介绍美妆网店首页 2——调整商品图像亮度的方法。

STEP 1 打开"349（1）.psd"素材图像，运用移动工具将素材图像拖曳至背景图像编辑窗口中的合适位置❶。

STEP 2 单击"图像"|"调整"|"亮度 / 对比度"命令，弹出亮度 / 对比度"对话框，设置"亮度"为 12、"对比度"为 9，单击"确定"按钮❷。

STEP 3 复制商品图层，将其进行垂直翻转并调整至合适位置❸，得到相应的效果。

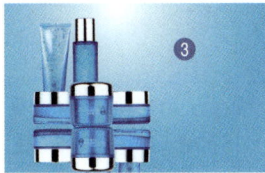

STEP 4 为复制出的图层添加图层蒙版，并填充黑色到白色的线性渐变❹，设置图层的"不透明度"为30%。

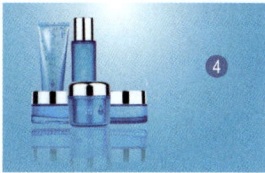

351 美妆网店首页 3——制作文案与图层样式

网店卖家可以使用横排文字工具给商品添加解释说明，让买家更能了解商品。下面详细介绍美妆网店首页 3——制作文案与图层样式的方法。

STEP 1 打开"349（2）psd"素材图像，运用移动工具将素材图像拖曳至背景图像编辑窗口中的合适位置❶。

STEP 2 为"349（2）"图层添加默认的"外发光"图层样式❷。

STEP 3 运用横排文字工具在图像编辑窗口上输入相应文字，设置"字体系列"为"方正粗宋简体"，"字体大小"为 6 点，"颜色"为白色❸。

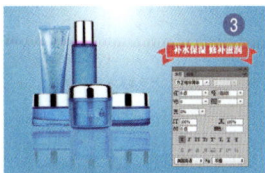

STEP 4 运用横排文字工具在图像上输入相应文字，设置"字体系列"为"黑体"，"字体大小"为 6 点，"颜色"为白色，并激活"删除线"图标❹。

STEP 5 运用横排文字工具在图像上输入相应文字，设置"字体系列"为"黑体"，"字体大小"为 8 点，"颜色"为红色（RGB 参数值分别为 242、48、101）❺。

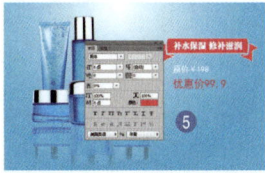

STEP 6 选中"99.9"文字，在"字符"面板中设置"字体大小"为 12 点❻。

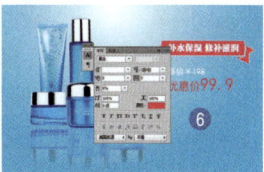

STEP 7 双击文字图层，弹出"图层样式"对话框，选中"描边"复选框，设置"大小"为 3 像素、"颜色"为白色，单击"确定"按钮，应用图层样式❼，预览制作的效果。

352 手机网店首页 1——绘制红色矩形效果

本案例是为手机网店设计的首页欢迎模块，运用一张完整的商品展示图作为背景，主体的颜色借鉴了商品展示图中的颜色，给人协调、自然的感觉。下面以手机类为例详细介绍手机网店首页 1——绘制红色矩形效果的方法。

STEP 1 单击"文件"|"新建"命令，弹出"新建"对话框，设置"名称"为"352"，"宽度"为 1435 像素，"高度"为 1000 像素，"分辨率"为 300 像素/英寸，"颜色模式"为"RGB 颜色"，"背景内容"为"白色"，单击"确定"按钮，新建一幅空白图像❶。

STEP 2 设置前景色为浅灰色（RGB 参数值均为 247），按【Alt + Delete】组合键，为"背景"图层填充前景色❷。

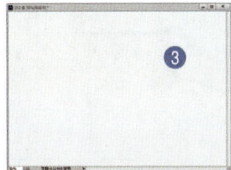

STEP 3 运行矩形工具在图像上方绘制一个矩形路径，在"属性"面板中设置 W 为 300 像素、H 为 100 像素、X 为 400 像素、Y 为 20 像素❸。

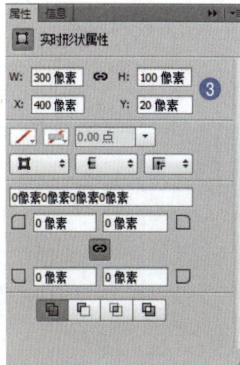

STEP 4 在"路径"面板中单击"将路径作为选区载入"按钮④，将路径转换为选区。

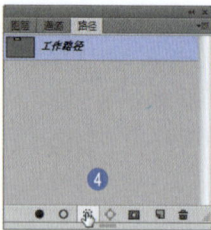

STEP 5 新建"图层1"图层，设置前景色为红色（RGB参数值分别为206、28、28），按【Alt + Delete】组合键，为"图层1"图层填充前景色⑤，并取消选区。

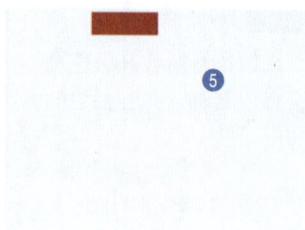

353 手机网店首页 2——制作手机店铺店招

网店卖家可以使用横排文字工具在首页上输入相应文字，以得到最后的效果。下面详细介绍手机网店首页2——制作手机店铺店招的方法。

STEP 1 运用横排文字工具在图像上输入相应的文字，设置"字体系列"为黑体、"字体大小"为25点、"所选字符的字距调整"为100①，并为文字设置不同的颜色。

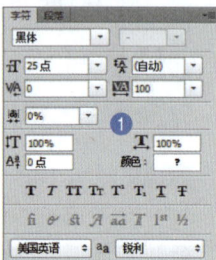

STEP 2 运用横排文字工具在图像上输入相应的文字，设置"字体系列"为黑体、"字体大小"为15点、"所选字符的字距调整"为700、"颜色"为红色（RGB参数值分别为206、28、28）②。

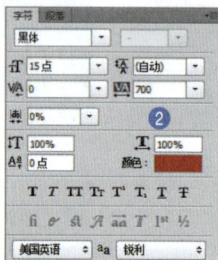

STEP 3 打开"352.psd"素材图像，运用移动工具将其拖曳至背景图像编辑窗口中的合适位置③。

> **技巧点拨**
>
> Adobe 提供了描述 Photoshop 软件功能的帮助文件，单击"帮助"|"Photoshop 联机帮助"命令或者单击"帮助"|"Photoshop 支持中心"命令，就可链接到 Adobe 网站的版主社区查看帮助文件。
>
> Photoshop 帮助文件中还提供了大量的视频教程的链接地址，单击相应链接地址，就可以在线观看由 Adobe 专家录制的各种详细的 Photoshop CC 功能演示视频，以便用户可以自行学习。在 Photoshop CC 的帮助资源中还具体介绍了 Photoshop 常见的问题与解决方法，用户可以根据不同的情况来进行查看。

354 手机网店首页 3——制作手机图像特效

网店卖家可以使用"亮度/对比度"命令调整图像，以得到最终的效果。下面详细介绍手机网店首页3——制作手机图像特效的方法。

STEP 1 单击"文件"|"打开"命令，打开一幅素材图像①。

STEP 2 单击"图像"|"调整"|"亮度/对比度"命令，弹出"亮度/对比度"对话框，设置"亮度"为15、"对比度"为28，单击"确定"按钮②。

STEP 3 运用移动工具将素材图像拖曳至背景图像编辑窗口中的合适位置③。

STEP 4 运用横排文字工具在图像上输入相应的文字，设置"字体系列"为黑体、"字体大小"为 10 点、"颜色"为深黄色（RGB 参数值分别为 191、171、108）④。

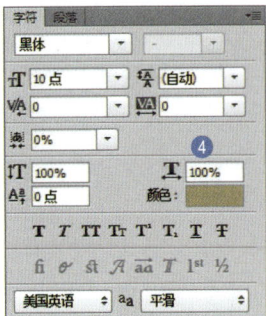

STEP 5 选取工具箱中的矩形选框工具，在文字周围创建一个矩形选区⑤，并新建"图层 5"图层。

STEP 6 单击"编辑"|"描边"命令，弹出"描边"对话框，设置"宽度"为 2 像素、"颜色"为淡黄色（RGB 参数值分别为 206、182、108）⑥。

STEP 7 单击"确定"按钮，即可添加描边效果，并取消选区⑦。

STEP 8 为"图层 5"图层添加默认的"外发光"图层样式⑧。

355 家居网店首页 1——制作红色家居背景

本案例是为家居网店设计的首页，背景运用了较深的红色，以此来突出明度较高的主体物品，让顾客一眼看去就了解网店的经营范围。下面以家居类为例详细介绍家居网店首页 1——制作家居首页背景的方法。

STEP 1 单击"文件"|"新建"命令，弹出"新建"对话框，设置"名称"为"355"，"宽度"为 700 像素，"高度"为 350 像素、"颜色模式"为"RGB 颜色"，"背景内容"为"白色"，单击"确定"按钮，新建一个空白图像①。

STEP 2 单击工具箱底部的前景色色块，弹出"拾色器（前景色）"对话框，设置 RGB 参数值分别为 190、7、0②，单击"确定"按钮。

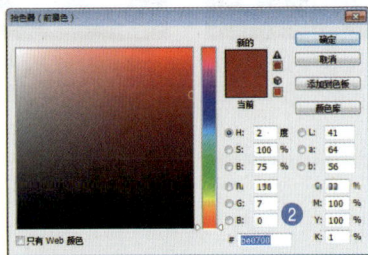

STEP 3 单击"编辑"|"填充"命令，弹出"填充"对话框，设置"使用"为"前景色"，单击"确定"按钮，即可填充前景色③。

356 家居网店首页 2——制作家居画面效果

网店卖家可以使用快速选择工具将商品图像移动至合适位置，以得到最终的效果。下面详细介绍家居网店首页 2——制作家居画面效果的方法。

STEP 1 单击"文件"|"打开"命令，打开一幅品素材图像，选取工具箱中的快速选择工具①。

STEP 2 单击工具属性栏中的"添加到选区"按钮，在图像中的相应位置单击鼠标左键，添加白色区域选区②。

STEP 3 按【Ctrl＋J】组合键，复制背景图层，得到"图层 1"图层❸。

STEP 4 选取工具箱中的移动工具，将商品素材图像拖曳至"354"图像编辑窗口中的合适位置❹。预览制作的效果。

357 家居网店首页 3——制作主题文字特效

网店卖家可以使用文字工具制作出更多精彩的预览效果，下面详细介绍家居网店首页 3——制作主题文字特效的方法。

STEP 1 选取工具箱中的横排文字工具，输入文字"小小拖把惊喜抢购"，展开"字符"面板，设置"字体系列"为"方正粗宋简体"，"字体大小"为 10 点，"颜色"为鹅黄色（RGB 参数值分别为 251、253、206），根据需要适当地调整文字的位置❶，预览制作的文字效果。

STEP 2 选取工具箱中的横排文字工具，输入文字"平板夹布拖把"，展开"字符"面板，设置"字体系列"为"方正粗宋简体"，"字体大小"为 10 点，"颜色"为灰色（RGB 参数值分别为 183、188、182），根据需要适当地调整文字的位置❷，预览制作的文字效果。

STEP 3 选取工具箱中的横排文字工具，输入文字"选一种生活，择一人终老"，展开"字符"面板，设置"字体系列"为"方正舒体"，"字体大小"为 8 点，"颜色"为白色，根据需要适当地调整文字的位置❸，预览制作的文字效果。

STEP 4 在第一个"图层"面板中，使用鼠标左键双击中文文字图层，弹出"图层样式"对话框，选中"投影"复选框，设置"距离"为 3 像素、"扩展"为 7%、"大小"为 5 像素，单击"确定"按钮，为文字添加投影图层样式，用与前面同样的方法，为第二个文字图层添加文字投影图层样式❹，预览制作文字的效果。

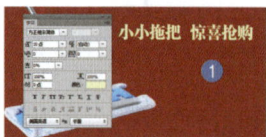

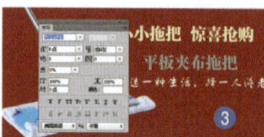
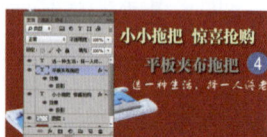

STEP 5 在第 3 个文字"图层"面板中，使用鼠标左键双击中文文字图层，弹出"图层样式"对话框，选中"描边"复选框，设置"大小"为 2 像素，单击"确定"按钮，为文字添加描边图层样式❺，预览文字效果，完成家居类店铺首页的设计。

358 家具网店首页 1——制作天蓝色背景

本案例是为家具网店设计的首页，使用了冷色系的天蓝色作为背景色，并配以大幅的家具展示图，给人以视觉冲击感。下面以家具类为例详细介绍家具网店首页 1——制作首页背景的方法。

STEP 1 单击"文件"|"新建"命令，弹出"新建"对话框，设置"名称"为"358"，"宽度"为 7.20 厘米，"高度"为 3.13 厘米，"颜色模式"为"RGB 颜色"，"背景内容"为"白色"，单击"确定"按钮，新建一个空白图像❶。

STEP 2 单击工具箱底部的前景色色块，弹出"拾色器（前景色）"对话框，设置 RGB 颜色参数值分别为 70、174、225 ❷，单击"确定"按钮。

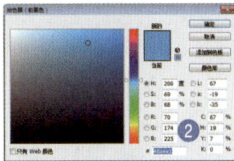

STEP 3 单击"编辑"|"填充"命令，弹出"填充"对话框，设置"使用"为"前景色"，单击"确定"按钮，即可填充颜色 ❸。

359 家具网店首页 2——制作家具画面特效

网店卖家可以使用矩形选框工具在图像中的相应位置绘制一个矩形，以得到最终的效果。下面详细介绍家具网店首页 2——制作家具画面特效的方法。

STEP 1 单击"文件"|"打开"命令，打开一幅素材图像 ❶。

STEP 2 选取工具箱中的矩形选框工具，在图像中的相应位置绘制一个矩形 ❷。

STEP 3 按【Ctrl + J】组合键，复制背景图层，得到"图层 1"图层 ❸。

STEP 4 选取工具箱中的移动工具，将商品素材图像拖曳至"358"编辑窗口中的合适位置 ❹。预览制作的效果。

360 家具网店首页 3——制作广告文字特效

网店卖家可以使用横排文字工具给商品添加文字说明，使买家增强浏览的视觉效果。下面详细介绍家具网店首页 3——制作家具文案特效的方法。

STEP 1 选取工具箱中的直排文字工具，输入文字"客厅潮流"，展开"字符"面板，设置"字体系列"为"华文楷体"，"字体大小"为 15 点，"颜色"为黄色（RGB 参数值分别为 255、240、0），根据需要适当地调整文字的位置 ❶，预览制作的文字效果。

STEP 2 选取工具箱中的直排文字工具，输入文字"精品搭配"，展开"字符"面板，设置"字体系列"为"华文行楷"，"字体大小"为 15 点，"颜色"为白色，根据需要适当地调整文字的位置 ❷，预览制作的文字效果。

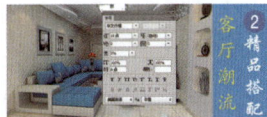

STEP 3 在第一个"图层"面板中，使用鼠标左键双击中文文字图层，弹出"图层样式"对话框，选中"投影"复选框，设置"距离"为 3 像素、"扩展"为 20%、"大小"为 5 像素，单击"确定"按钮，为文字添加投影图层样式 ❸。

STEP 4 在第二个文字"图层"面板中，使用鼠标左键双击中文文字图层，弹出"图层样式"对话框，选中"描边"复选框，设置"大小"为 3 像素，颜色为红色，单击"确定"按钮，为文字添加描边图层样式 ❹，预览制作文字的效果。

361 饰品网店首页 1——新建饰品商品文件

本案例是为饰品网店设计的首页，背景是浅蓝色加上分布合理的小饰品，主体是鲜艳的桃红色，把顾客的目光集中到主体的文字上，让顾客迅速明白活动内容。下面以饰品类为例详细介绍饰品网店首页 1——新建饰品商品文件的方法。

STEP 1 在菜单栏中,单击"文件"|"新建"命令①。

STEP 2 弹出"新建"对话框,设置"名称"为"361","宽度"为1900像素、"高度"为600像素、分辨率为300像素/英寸、"颜色模式"为"RGB颜色","背景内容"为"白色"②。

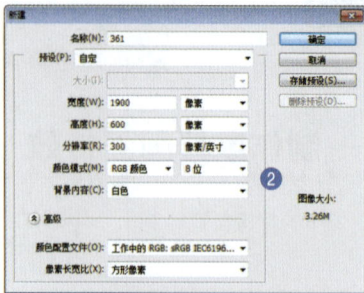

STEP 3 单击"确定"按钮,新建一个空白图像③。

362 饰品网店首页 2——调整商品画面特效

网店卖家可以使用移动工具将素材图像拖曳至合适位置处,并使用"亮度/对比度"命令调整图像。下面详细介绍饰品网店首页 2——制作画面特效的方法。

STEP 1 打开"362.jpg"素材图像,运用工具箱中的移动工具将素材图像拖曳至背景图像编辑窗口中的合适位置①。

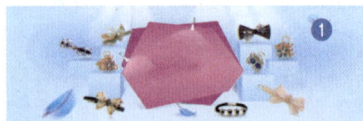

STEP 2 单击"图像"|"调整"|"亮度/对比度"命令,弹出"亮度/对比度"对话框,设置"亮度"为5、"对比度"为5,单击"确定"按钮②。

STEP 3 单击"图像"|"调整"|"自然饱和度"命令,弹出"自然饱和度"对话框,设置"自然饱和度"为10、"饱和度"为10,单击"确定"按钮③。

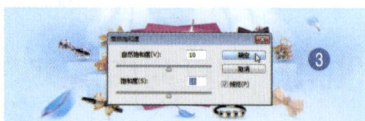

363 饰品网店首页 3——制作新品上市文字

网店卖家可以使用横排文字工具给商品添加文字说明,使买家增强浏览的视觉效果。下面详细介绍家具网店首页 3——制作饰品文案特效的方法。

STEP 1 选取工具箱中的横排文字工具,输入文字"新品上市",展开"字符"面板,设置"字体系列"为"华文行楷","字体大小"为23点、"颜色"为白色,根据需要适当地调整文字的位置①,预览制作的文字效果。

STEP 2 选取工具箱中的横排文字工具,输入文字"2.1上午10：00新品上新",展开"字符"面板,设置"字体系列"为"黑体、字体大小"为10点、"颜色"为白色,根据需要适当地调整文字的位置,用同上的方法,输入文字"NEW"并调整字体属性②,预览制作的文字效果。

STEP 3 新建"图层 2"图层,并移动图层至"图层 1"图层上方③。

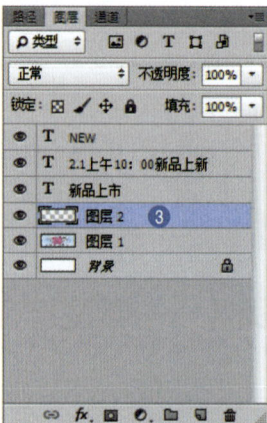

STEP 4 选取工具箱中的矩形选框工具,在图像编辑窗口中创建矩形选区,设置前景色为紫色(RGB参数值分别为180、84、217)④。

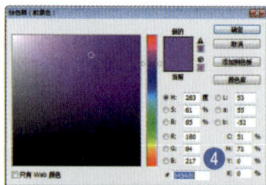

STEP 5 按【Alt＋Delete】组合键填充前景色,按【Ctrl＋D】组合键取消选区⑤。

364 母婴用品网店首页 1——增加商品画面色彩

背景用了活泼的颜色和可爱的图案，文字运用了充满童趣的字体，符合母婴产品的风格。下面以母婴用品为例详细介绍母婴用品网店首页 1——增加母婴商品色彩的方法。

STEP 1 在菜单栏中，单击"文件"|"打开"命令，打开一幅素材图像①。

STEP 2 单击"图像"|"调整"|"亮度 / 对比度"命令，弹出"亮度 / 对比度"对话框，设置"亮度"为 18、"对比度"为 35②，单击"确定"按钮。

STEP 3 执行操作后，预览更改"亮度与对比度"参数后的效果③。

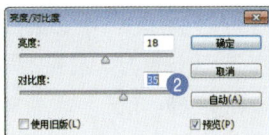

STEP 4 单击"图像"|"调整"|"自然饱和度"命令，弹出"自然饱和度"对话框，设置"自然饱和度"为 100、"饱和度"为 25④，单击"确定"按钮。

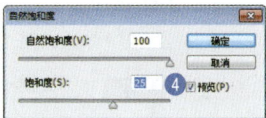

STEP 5 执行操作后，预览更改"自然饱和度"参数后的效果⑤。

365 母婴用品网店首页 2——抠取商品画面效果

网店卖家可以使用磁性套索工具在商品图像上创建不规则选区，以得到最终的效果。下面详细介绍母婴用品网店首页 2——抠取商品画面效果的方法。

STEP 1 打开"365.jpg"素材图像①，运用工具箱中的移动工具将素材图像拖曳至背景图像编辑窗口中的合适位置②。

STEP 2 选取工具箱中的磁性套索工具，设置"频率"为 100，在商品边缘拖曳鼠标③。

STEP 3 至起始位置后单击鼠标左键，创建不规则选区④。

STEP 4 反选选区，并按【Delete】键删除选区内的图像，取消选区⑤。

STEP 5 选取工具箱中自定形状工具，在"形状"下拉列表框中选择"会话 3"形状，并设置填充颜色为玫瑰红色（RGB 参数值分别为 254、120、153）⑥。

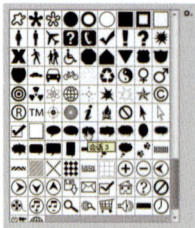

STEP 6 绘制一个"会话 3"形状，并将该图层下移一层⑦。

366 母婴用品网店首页 3——制作描边文案特效

网店卖家可以使用横排文字工具给商品添加文字说明，使买家增强浏览的视觉效果。下面详细介绍母婴用品网店首页 3——制作描边文案特效的方法。

STEP 1 运用横排文字工具在图像上输入相应文字❶，设置"字体系列"为"方正卡通简体"，"字体大小"为 12 点，"颜色"为红色（RGB 参数值分别为 254、120、153），"行距"为 13，激活"仿粗体"图标（隐藏下方形状图层的效果）。

STEP 2 双击文字图层，弹出"图层样式"对话框，选中"描边"复选框，设置"大小"为 5 像素、"颜色"为白色❷，单击"确定"按钮，应用图层样式❸。

STEP 3 打开"366.psd"素材图像，运用工具箱中的移动工具将素材图像拖曳至背景图像编辑窗口中的合适位置❹，完成母婴用品类店铺首页的设计。

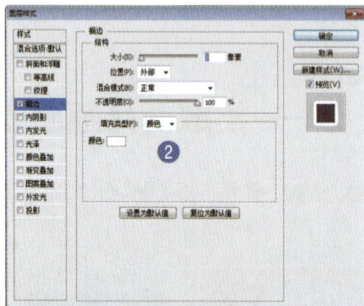

单击"图层"面板中的一个图层即可选择该图层，它会成为当前图层。该方法是最基本的选择方法，还有其他 5 种选择方法。

● 选择多个图层：如果要选择多个相邻的图层，可以单击第一个图层，然后在按住【Shift】键的同时单击最后一个图层；如果要选择多个不相邻的图层，可以在按住【Ctrl】键的同时单击相应图层。

● 选择所有图层：单击"选择"|"所有图层"命令，即可选择"图层"面板中的所有图层。

● 选择相似图层：单击"选择"|"选择相似图层"命令，即可选择类型相似的所有图层。

● 选择链接图层：选择一个链接图层，单击"图层"|"选择链接图层"命令，可以选择与其链接的所有图层。

● 取消选择图层：如果不想选择任何图层，可以在面板中最下面一个图层下方的空白处单击，也可以单击"选择"|"取消选择图层"命令。

PART 03

实战应用篇

15

主图：不同类别的展示图设计

使用橱窗、店铺推荐位可以提高店铺的浏览量，增加店铺的成交量，尤其对于手机网店的卖家而言，橱窗位的商品主图优化更是一种十分重要的营销手段。淘宝网、天猫商城以及微店上的商品种类繁多，通过使用橱窗推荐可以使卖家的商品脱颖而出。本章主要介绍不同类别的展示图设计。

367　收集装修图片素材

店铺装修用到的所有图片都要依靠图片素材完成，因此需要提前收集大量的图片素材。这些素材可以在网络上收集，如在搜狗或者百度中搜索"素材"一词，就会在网页中显示很多素材网站，如右图所示。在不涉及版权的情况下，都可以下载使用。

搜索图片素材

进入百度主页，在搜索框中输入"素材"关键词并按【Enter】键。

打开其中一个提供图片素材的网站，即可看到很多素材图片，如右图所示。找到合适的图片保存在本地计算机中，方便设计店铺主图时使用。此外也可以购买一些素材图库，图库越丰富，素材越全面，设计时就越容易。

图片素材

368　配有清晰的图片

好的商品图片在互联网网络营销中起着重要的作用，不但可以增加在商品搜索列表中被发现的概率，而且直接影响到买家的购买决策。那么什么是好的商品图片呢？

好的商品图片应该反映出商品的类别、款式、颜色和材质等基本信息。在此基础上，要求商品图片拍得清晰、主题突出以及颜色准确等，如右图所示。

好的商品图片

要把一件商品完整地呈现在买家面前，让买家对商品在整体和细节上都有一个深层次的了解，刺激买家的购买欲望，一件商品的主图至少要有整体图和细节图，如下图所示。

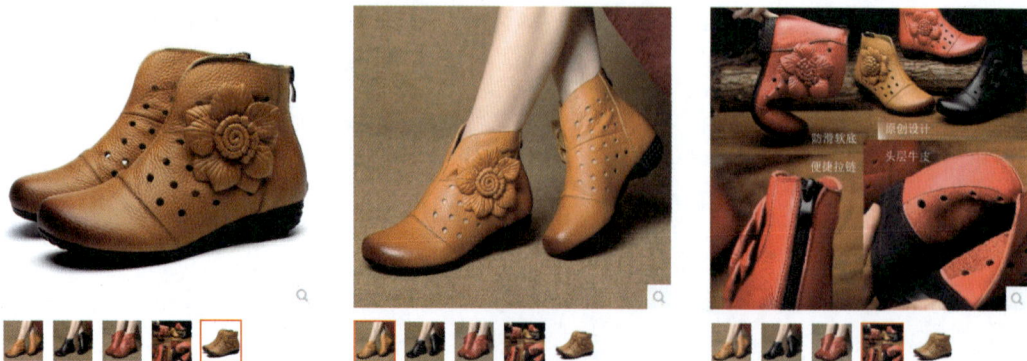

通过不同角度的商品图片进行展示

369 整体图

　　买家可以通过整体图对商品有一个总体的了解。特别是卖服装的卖家，可先用 1～3 张整体效果图来告诉买家，穿上这件衣服的大致效果，包括正面、侧面、背面整体效果。只有从整体上吸引了买家，买家才会产生下一步的行动。如下图所示，为商品的整体效果图。

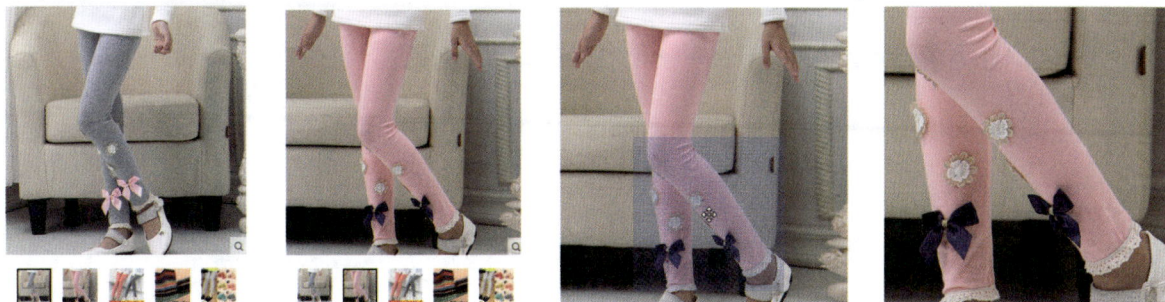

商品整体图

图片的背景要尽可能简单合适，能让买家一眼就看出所销售的是什么商品。

添加了适当背景的商品图片

使用简单的配件修饰衬托商品

TIPS

在拍摄整体商品图片时，应该注意一下几个方面。

● **注意背景问题**：在拍摄商品时，适当加上背景可以更好地展示商品。上面的左图为添加了适当背景的商品图片。

● **商品的配件**：顾名思义，就是搭配一些衬托商品的饰品，饰品不能太大，否则就喧宾夺主了。如上面的右图所示。

● **推荐用真人模特**：以上两点只是给买家一个纯物品的展示，买家无法了解实际使用商品时的效果。如果有真人示范，就是给买家最好的定心丸。如下图所示。

370 细节图

　　因为上面的几点讲到的图片只是整体上的，买家缺乏对细节上的了解，有可能会放弃购买，所以适当加入 1～2 张商品的细节图有助于买家对商品的细节部位有所认识，如下图所示。

利用模特拍摄时，首要计划好到底要拍摄什么效果的照片。如果事先不做任何计划，只按照临时的想法单纯依靠模特来拍摄，不但会拖延拍摄时间，而且也无法达到满意的效果。而且模特的使用时间越长，费用也越高，会增加不必要的成本。

使用真人模特

添加细节图

知识链接

图片要清晰，要做到画面清晰、主次分明。有的图片很模糊，看不清楚，买家当然没有购买的欲望，同时不要喧宾夺主，要突出商品，而不是模特的、表情、动作，或者背景以及其他配件。

图片的清晰度跟图片大小也有关系。在保证一定质量的情况下，图片不要太大，否则会影响买家在浏览时的下载速度。

商品图片不要过分处理和修饰，要保证真实诚信，否则买家收到商品后的心里落差很大，自然也就不满意了。

371　优化电脑网店主图 1——制作主图背景效果

本案例是为某品牌的电脑店铺设计显示器商品主图，在制作的过程中使用充满科技感的背景图片进行修饰，添加"赠品"促销方案，并利用简单的广告词来突出产品优势。下面以电脑类为例详细介绍优化电脑网店主图 1——制作电脑主图背景效果的方法。

STEP 1　单击"文件"|"打开"命令，打开一幅素材图像。

STEP 2　选取工具箱中的裁剪工具，在工具属性栏中的"选择预设长宽比或裁剪尺寸"列表框中选择"1:1（方形）"选项，在图像中显示 1:1 的方形裁剪框。

STEP 3　单击工具属性栏右侧的"提交当前裁剪操作"按钮，即可裁剪图像。

STEP 4　在菜单栏中，单击"图像"|"调整"|"亮度 / 对比度"命令，弹出"亮度 / 对比度"对话框，设置"亮度"为 15、"对比度"为 100，单击"确定"按钮，增强主图背景的对比效果。

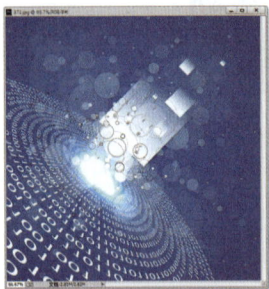

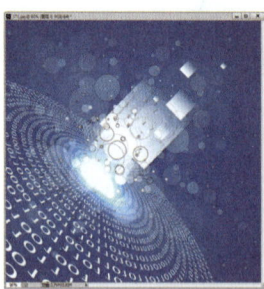

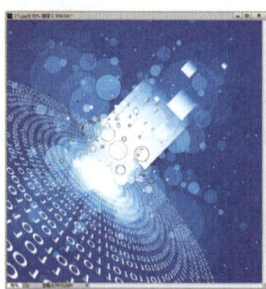

TIPS

淘宝橱窗的图片尺寸要小于 1200 像素 ×1200 像素，700 像素 ×700 像素或 800 像素 ×800 像素是比较合适的。

372　优化电脑网店主图 2——制作主图商品效果

网店卖家可以使用魔棒工具抠取合适的图像并调整，以得到最终的效果。下面详细介绍优化电脑网店主图 2——制作主图商品效果的方法。

STEP 1　单击"文件"|"打开"命令，打开一幅商品素材图像。

STEP 2　运用移动工具将显示器图像拖曳至背景图像编辑窗口中。

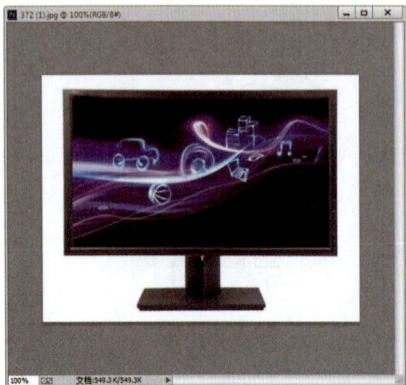

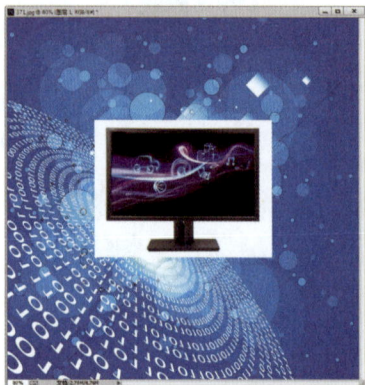

STEP 3 运用魔棒工具，在显示器图像的白色区域创建选区❶，按【Delete】键删除选区内的图形❷，并取消选区❸。

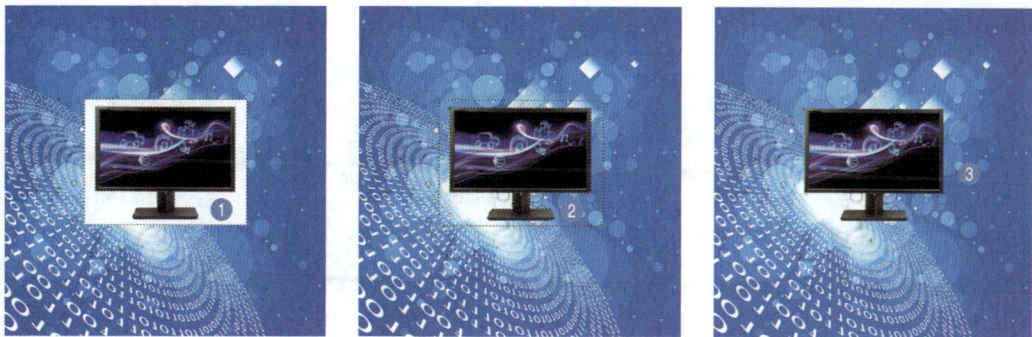

STEP 4 按【Ctrl＋T】组合键调出变换控制框❹，适当调整显示器图像的大小、角度和位置❺，使主体图像更加突出❻。

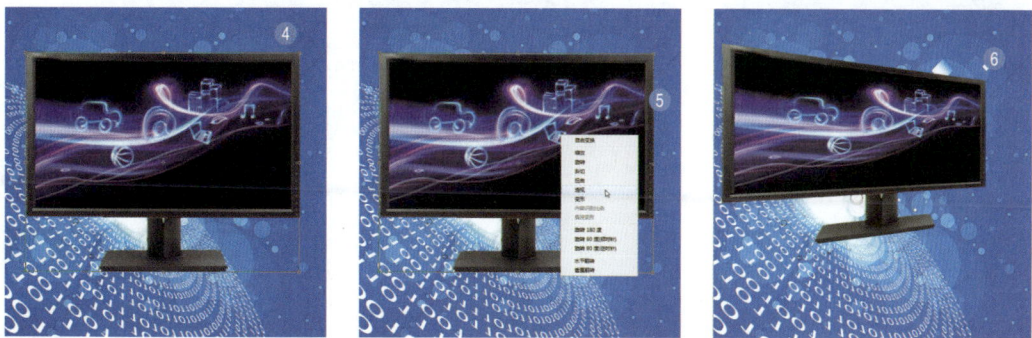

STEP 5 单击"文件"|"打开"命令，打开一幅商品素材图像❼，运用移动工具将其拖曳至背景图像编辑窗口中❽，用与前面❻样的方法进行抠图处理，并调整图像大小和位置❾。

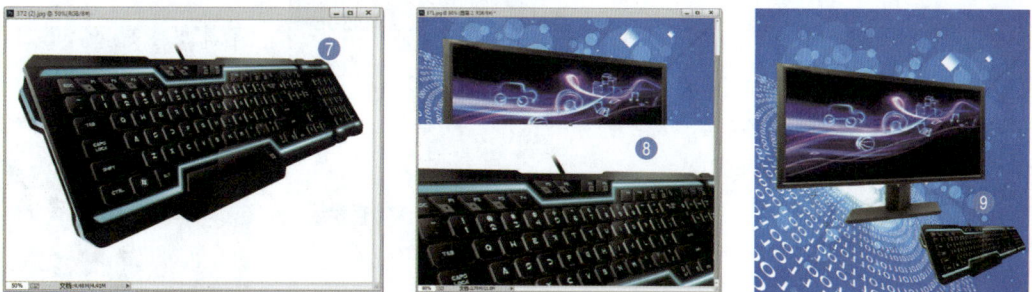

373 优化电脑网店主图 3——制作多彩文字效果

网店卖家可以使用多边形套索工具创建多边形选区，并利用横排文字工具根据需要适当地调整文字的位置和效果。下面详细介绍优化电脑网店主图 2——制作电脑主图文案效果的方法。

STEP 1 新建"图层 3"图层❶，运用多边形套索工具❷，在图像上创建一个多边形选区❸。

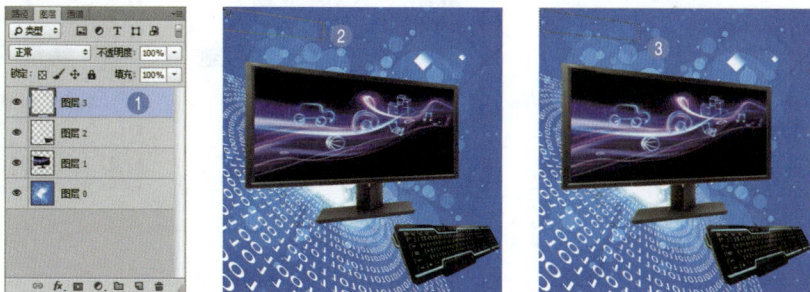

STEP 2 设置前景色为浅蓝色（RGB 参数值分别为 217、251、255）④，为选区填充前景色⑤，并取消选区⑥。

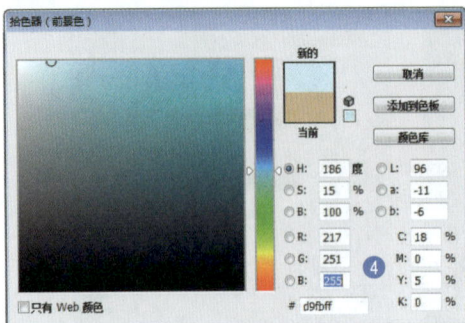

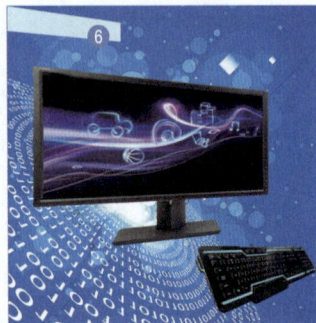

STEP 3 在"图层"面板中设置"图层 3"图层的"不透明度"为 80% ⑦，预览效果⑧。

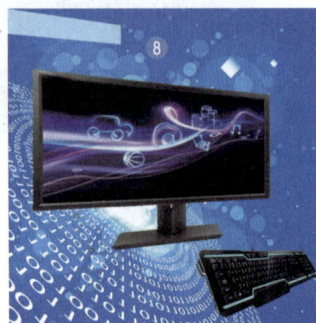

STEP 4 选取工具箱中的横排文字工具，输入文字"21.5 寸 IPS 屏首选"，展开"字符"面板，设置"字体系列"为"方正大黑简体"，"字体大小"为 40 点，"颜色"为黑色，激活"仿粗体"图标⑨，根据需要适当地调整文字的位置，预览效果⑩。

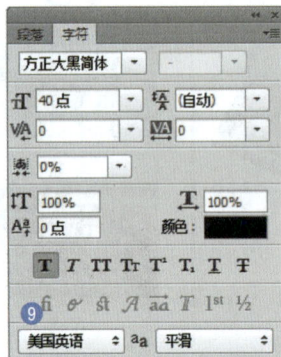

STEP 5 选中"21.5"文字，设置其"字体大小"为 50 点⑪，预览效果⑫。

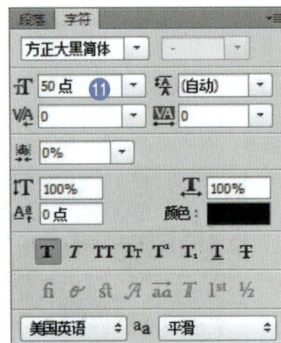

STEP 6 双击文字图层⑬，弹出"图层样式"对话框，选中"渐变叠加"复选框⑭。

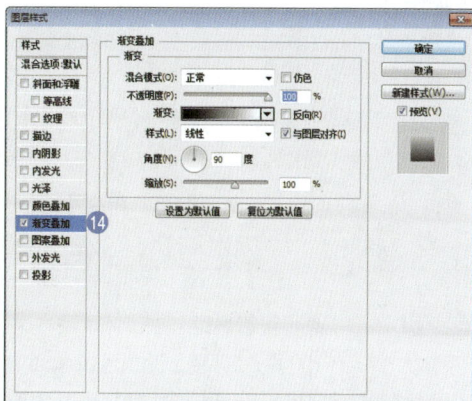

STEP 7 切换至"渐变叠加"参数选项区，单击"点按可编辑渐变"按钮，弹出"渐变编辑器"对话框⑮，设置"渐变"为预设的"橙、黄、橙渐变"⑯，依次单击"确定"按钮，即可为文字添加"渐变叠加"图层样式，预览效果⑰。

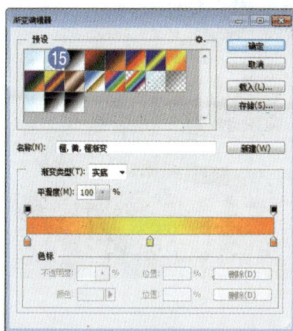

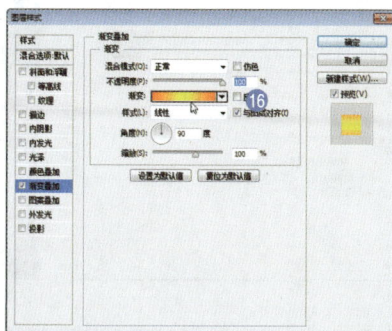

STEP 8 用与前面同样的方法，为文字图层添加"描边"图层样式⑱，预览效果。

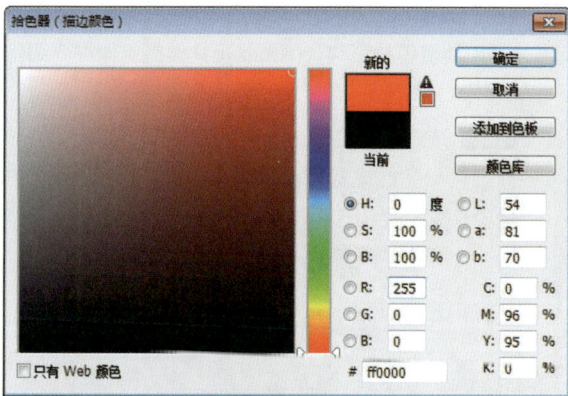

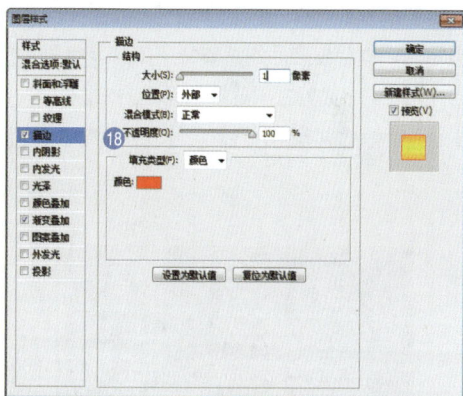

STEP 9 按【Ctrl＋T】组合键调出变换控制框⑲，适当调整文字图像的大小、角度和位置⑳，预览效果㉑。

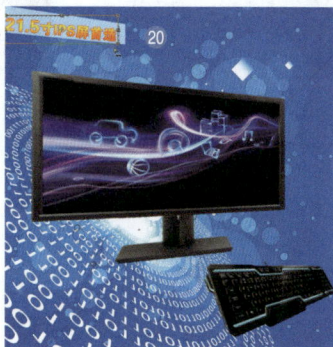

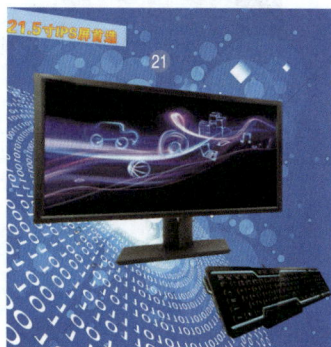

运用 Photoshop CC 处理网店、微店的装修图像时，为了制作出某种图像效果，使图像与整体画面和谐统一，用户可以对图像进行斜切、扭曲、透视和变形等变换操作，将图像变换为用户理想的效果。

其中，"扭曲"与"斜切"命令的区别如下。

● 执行"扭曲"操作时，控制点可以随意拖动，不受调整边框方向的限制。

● 执行"斜切"操作时，控制点受边框的限制，每次只能沿边框的一个方向移动。

● 若在拖曳鼠标的同时按住【Alt】键，并利用"扭曲"命令可以实现对称扭曲效果，而"斜切"则会受到调整边框的限制。

STEP 10 选取工具箱中的横排文字工具，输入文字"赠送"，展开"字符"面板，设置"字体系列"为"方正大黑简体"，"字体大小"为 100 点，"颜色"为白色，激活"仿粗体"图标㉒，根据需要适当地调整文字的位置，并为文字添加默认的"描边"和"投影"图层样式㉓；预览效果㉔，完成电脑网店主图的设计。

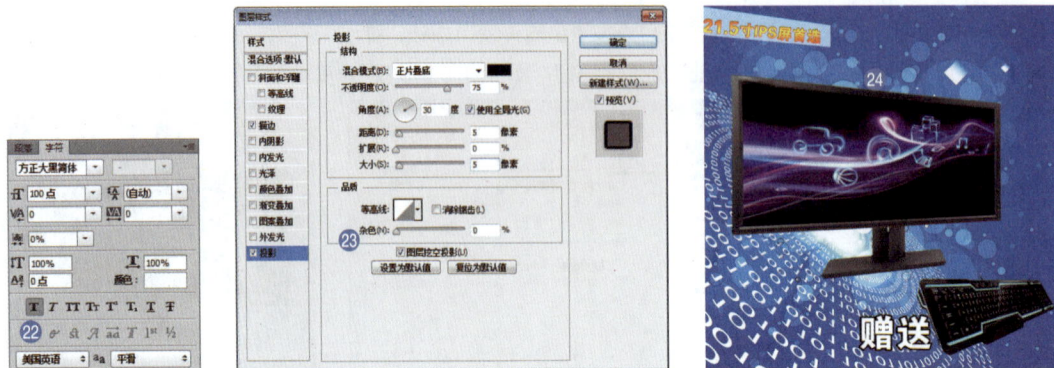

374 优化玩具网店主图 1—— 裁剪主图背景效果

本案例是为某玩具网店设计抱枕商品主图，在制作的过程中首先使用 Photoshop 的抠图功能在主图上添加相应的细节展示图，体现出产品的细节特点，并运用"特价"口号来吸引消费者的眼球。下面以玩具类为例详细介绍优化玩具网店主图 1——裁剪主图背景效果的方法。

STEP 1 单击"文件"|"打开"命令，打开一幅素材图像。

STEP 2 选取工具箱中的裁剪工具，在工具属性栏中的"选择预设长宽比或裁剪尺寸"列表框中选择"1:1（方形）"选项，在图像中显示 1:1 的方形裁剪框。

STEP 3 移动裁剪控制框，确认裁剪范围。

STEP 4 单击工具属性栏右侧的"提交当前裁剪操作"按钮，即可裁剪图像。

375 优化玩具网店主图 2——制作细节图效果

网店卖家可以使用椭圆选框工具，在细节图上创建一个椭圆选区并调整，以得到最后的效果。下面详细介绍优化玩具网店主图 2——制作细节图效果的方法。

STEP 1 单击"文件" | "打开"命令，打开一幅素材图像❶，运用移动工具将其拖曳至背景图像❷编辑窗口中的合适位置❸。

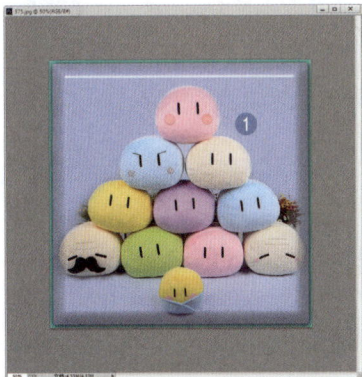

STEP 2 运用椭圆选框工具在细节图上创建一个椭圆选区❹，使用"变换选区"命令适当调整其大小❺，反选选区❻。

STEP 3 按【Delete】键删除选区内的图像❼，取消选区❽，并适当调整细节图像的大小和位置，预览效果❾。

STEP 4 双击"图层 1"图层❿，弹出"图层样式"对话框，选中"外发光"复选框⓫，保持默认设置即可，单击"确定"按钮，应用"外发光"图层样式，预览效果⓬。

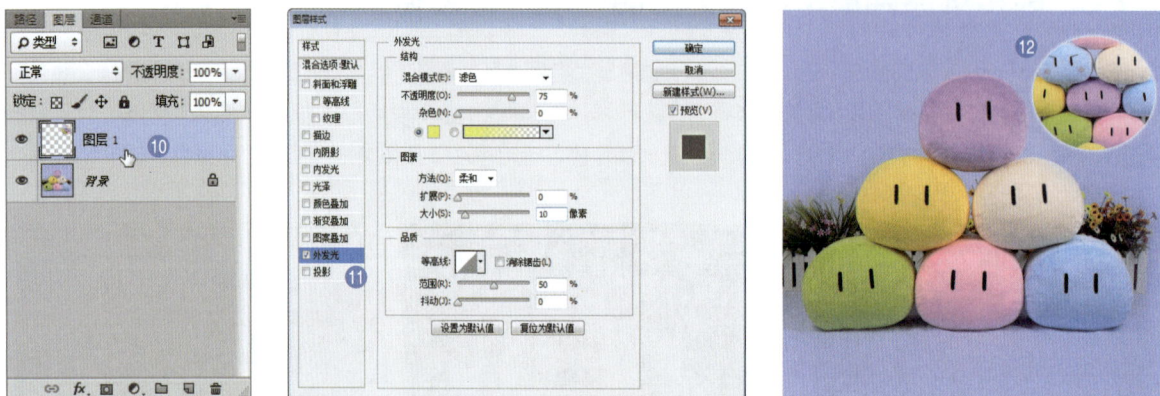

376 优化玩具网店主图 3——制作特价文案效果

网店卖家可以使用自定形状工具在图像合适位置绘制图形，并利用横排文字工具输入相应文字，以得到最终的效果。下面详细介绍优化玩具网店主图 3——制作特价文案效果的方法。

STEP 1 在"图层"面板中，新建"图层 2"图层❶。

STEP 2 选取工具箱中的自定形状工具，在工具属性栏中的"形状"下拉列表框中选择"会话 1"形状样式❷。

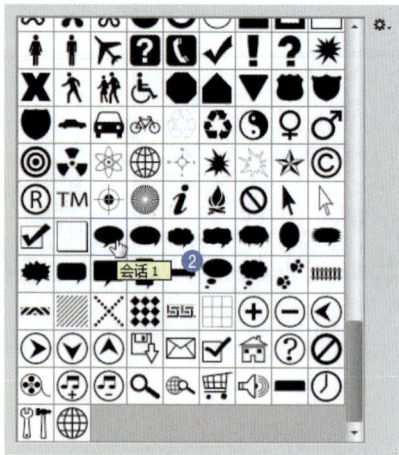

STEP 3 在工具属性栏中的"选择工具模式"列表框中选择"像素"选项❸，设置前景色为洋红色（RGB 参数值分别为 255、125、143）❹，在图像中的合适位置处绘制一个图形❺。

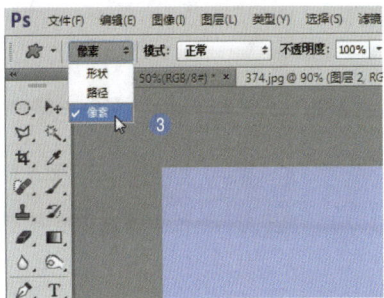

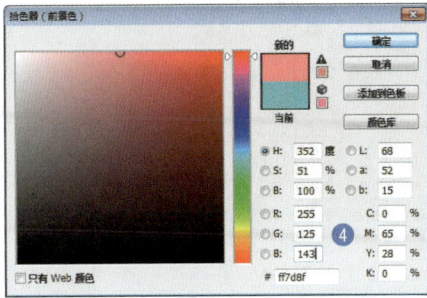

STEP 4 选取工具箱中的横排文字工具，输入文字"特价"，展开"字符"面板，设置"字体系列"为"方正大黑简体"，"字体大小"为 60 点，"颜色"为白色，激活"仿粗体"图标❻，根据需要适当地调整文字的位置，并为文字添加默认的"投影"图层样式❼，预览效果❽，完成玩具网店主图的设计。

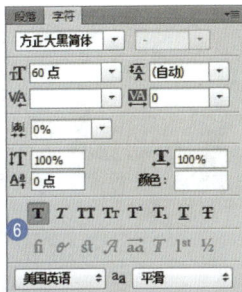

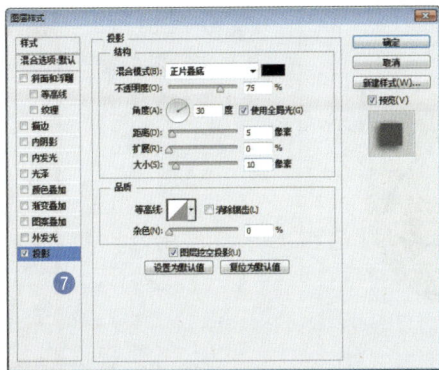

知识链接

在"图层样式"对话框中，主要选项的含义如下。

● **图层样式列表框**：该区域中列出了所有的图层样式，如果要同时应用多个图层样式，只需要选中图层样式相对应的名称复选框，即可在对话框中间的参数控制区域显示其参数。

● **参数控制区**：在选择不同图层样式的情况下，该区域会即时显示与之对应的参数选项。在 Photoshop CC 中，"图层样式"对话框中增加了"设置为默认值"和"复位为默认值"两个按钮，前者可以将当前的参数保存成为默认的数值，以便在后面应用；而后者则可复位到系统或之前保存过的默认参数。

● **预览区**：可以预览当前所设置的所有图层样式叠加在一起时的效果。

377 优化篮球网店主图 1——制作红色背景效果

本案例是为某品牌的篮球店铺设计篮球商品主图，在制作的过程中首页使用 Photoshop 的抠图功能在主图上添加相应的细节展示图，体现出产品的细节特点。下面详细介绍优化篮球网店主图 1——制作红色背景效果的方法。

STEP 1 单击"文件"|"打开"命令，打开一幅素材图像❶。

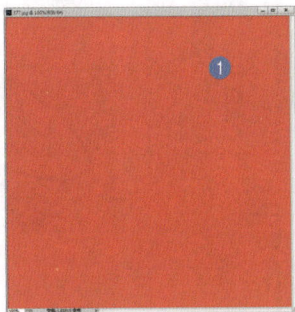

STEP 2 选取工具箱中的裁剪工具，在工具属性栏中的"选择预设长宽比或裁剪尺寸"列表框中选择"1:1（方形）"选项，在图像中显示 1:1 的方形裁剪框❷。

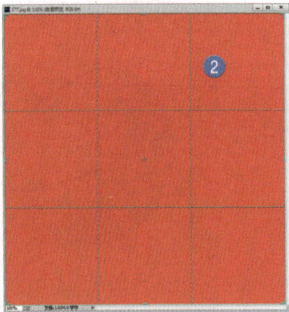

STEP 3 移动裁剪控制框，确认裁剪范围③。

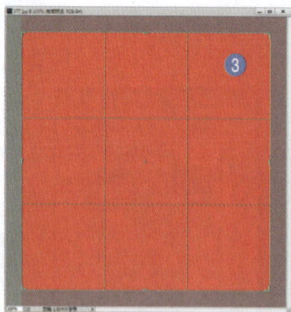

STEP 4 单击工具属性栏右侧的"提交当前裁剪操作"按钮，即可裁剪图像④。

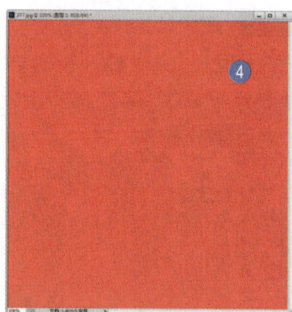

378 优化篮球网店主图 2——抠取主图商品效果

网店卖家可以使用魔棒工具创建合适的选区，然后删除不需要的区域，并调整效果。下面详细介绍优化篮球网店主图 2——抠取主图商品效果的方法。

STEP 1 单击"文件"|"打开"命令，打开一幅商品素材图像①。

STEP 2 运用移动工具将篮球图像拖曳至背景图像编辑窗口中②。

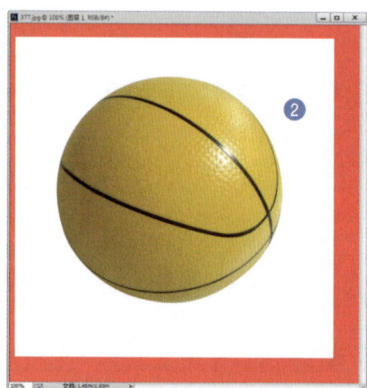

STEP 3 运用魔棒工具，在图像的白色区域创建选区③，按【Delete】键删除选区内的图形④，并取消选区⑤。

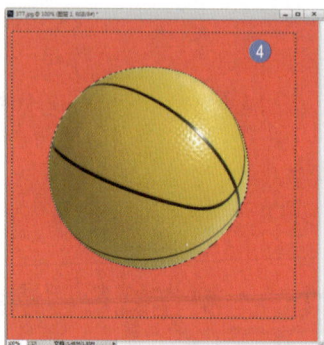

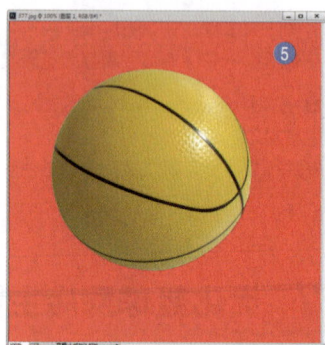

STEP 4 按【Ctrl＋T】组合键调出变换控制框⑥，适当调整图像的大小、角度和位置⑦，使主体图像更加突出⑧。

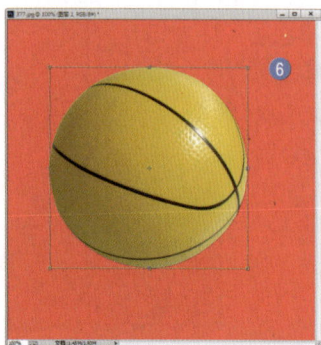

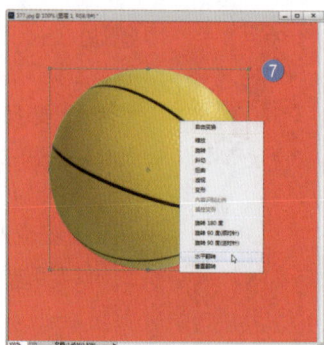

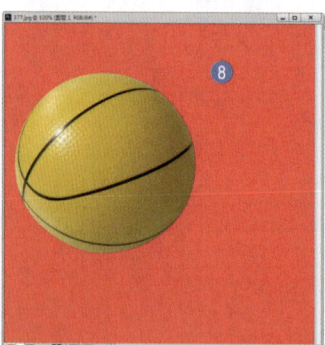

STEP 5 单击"文件"|"打开"命令，打开一幅商品素材图像❾，运用移动工具将其拖曳至背景图像编辑窗口中❿，用

与前面同样的方法进行抠图处理，并调整图像大小和位置⓫。

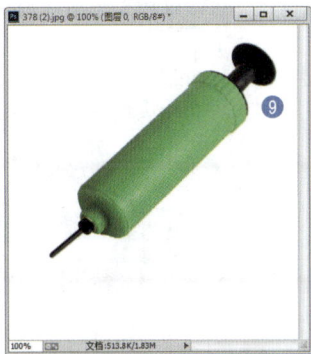

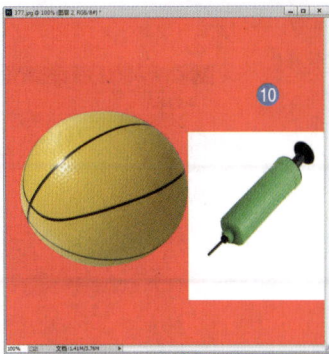

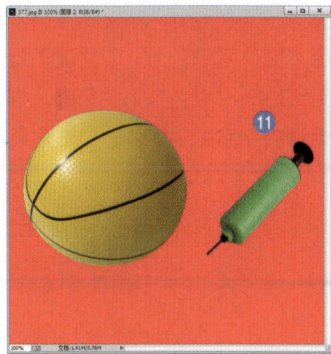

379 优化篮球网店主图 3——制作文字宣传效果

网店卖家可以使用文字工具制作文字宣传来提高买家浏览主图的兴趣。下面详细介绍优化篮球网店主图——制作文字宣传效果的方法。

STEP 1 单击"文件"|"打开"命令，打开一幅商品素材图像❶，运用移动工具将其拖曳至背景图像编辑窗口中，并调整图像大小和位置❷。

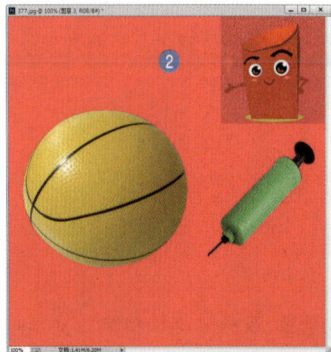

STEP 2 选取工具箱中的横排文字工具，输入文字"抢"，展开"字符"面板，设置"字体系列"为"华文仿宋"，"字体大小"为 100 点，"颜色"为黑色，激活"仿粗体"图标❸，根据需要适当地调整文字的位置❹，预览效果。

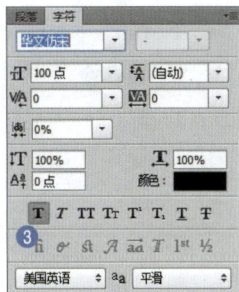

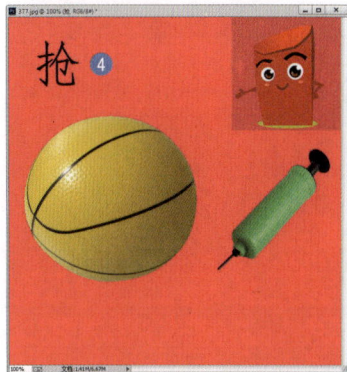

STEP 3 选取工具箱中的横排文字工具，输入文字"提前加入购物车"，展开"字符"面板，设置"字体系列"为"楷体"，"字体大小"为 45 点，"颜色"为黑色，激活"仿粗体"图标❺，根据需要适当地调整文字的位置❻，预览效果。

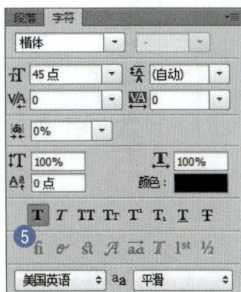

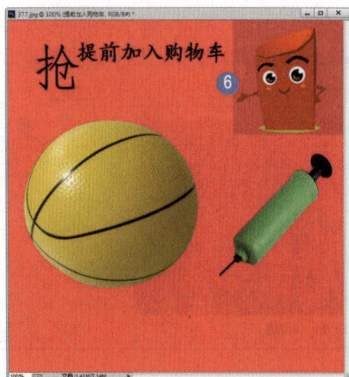

STEP 4 选取工具箱中的横排文字工具，输入文字"年终特惠"，展开"字符"面板，设置"字体系列"为"华文琥珀"，"字体大小"为 73 点，"颜色"为黄色⑦，根据需要适当地调整文字的位置⑧，预览效果。

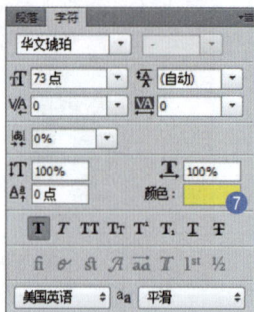

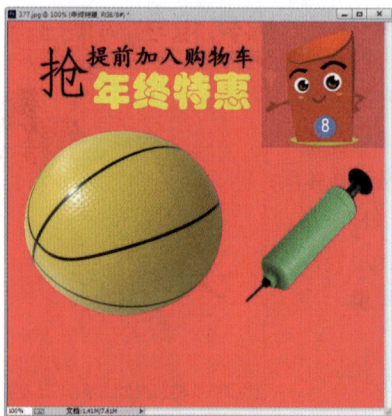

STEP 5 选取工具箱中的横排文字工具，输入文字"¥89"，展开"字符"面板，设置"字体系列"为"文鼎霹雳体"，"字体大小"为 60 点，"颜色"为白色⑨，根据需要适当地调整文字的位置⑩，预览效果。

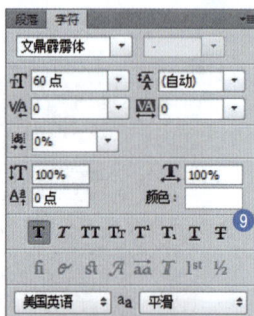

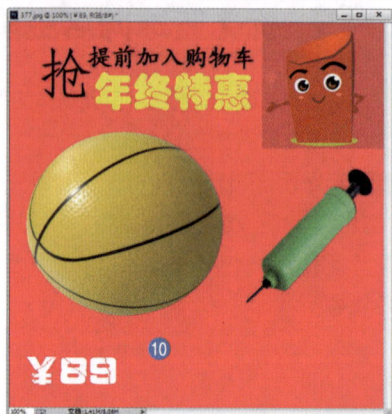

STEP 6 双击"年终特惠"文字图层⑪，弹出"图层样式"对话框，选中"描边"复选框⑫。

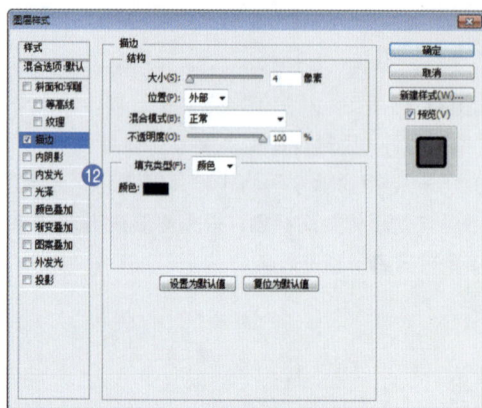

STEP 7 切换至"描边"参数选项区，设置"大小"为 2 像素、"位置"为内部、"颜色"为白色⑬，依次单击"确定"按钮，即可为文字添加"描边"图层样式⑭，预览效果，完成篮球网店主图的设计⑮。

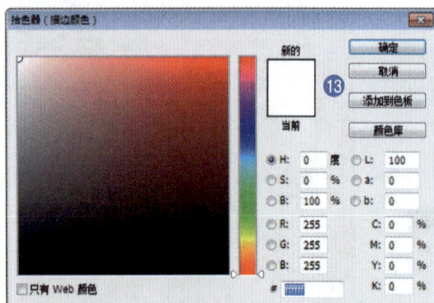

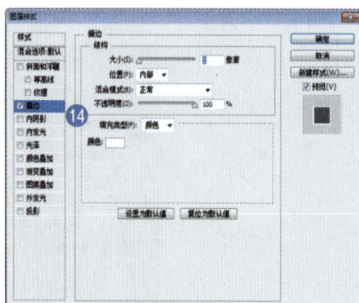

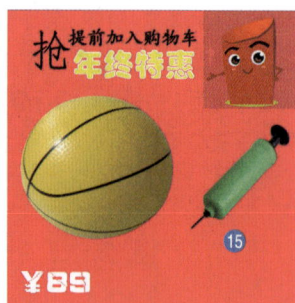

380 优化箱包网店主图 1——制作纯色背景效果

本案例是为某品牌的箱包店铺设计旅行箱商品主图，在制作的过程中使用充满美感的背景图片进行修饰，添加"包邮"促销方案，并利用简单的广告词来突出产品优势。下面以箱包类为例详细介绍优化箱包网店主图 1——制作纯色背景效果的方法。

STEP 1 单击"文件"|"打开"命令，打开一幅素材图像❶。

STEP 2 选取工具箱中的裁剪工具，在工具属性栏中的"选择预设长宽比或裁剪尺寸"列表框中选择"1:1（方形）"选项，在图像中显示1:1的方形裁剪框❷。

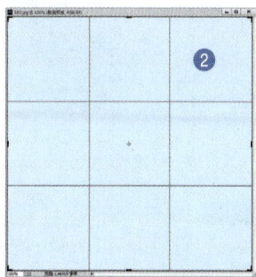

STEP 3 单击工具属性栏右侧的"提交当前裁剪操作"按钮，即可裁剪图像❸。

STEP 4 单击"图像"|"调整"|"亮度/对比度"命令，弹出"亮度/对比度"对话框，设置"亮度"为10，"对比度"为10，单击"确定"按钮❹，增强主图背景的对比效果。

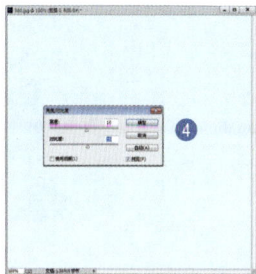

381 优化箱包网店主图 2——抠取两款商品效果

网店卖家可以使用魔棒工具抠取合适的图像并调整，以得到最终的效果。下面详细介绍优化箱包网店主图 2 ——抠取两款商品效果的方法。

STEP 1 单击"文件"|"打开"命令，打开一幅商品素材图像❶。

STEP 2 运用移动工具将图像拖曳至背景图像编辑窗口中❷。

STEP 3 运用魔棒工具，在图像的白色区域创建选区❸，按【Delete】键删除选区内的图形❹，并取消选区❺。

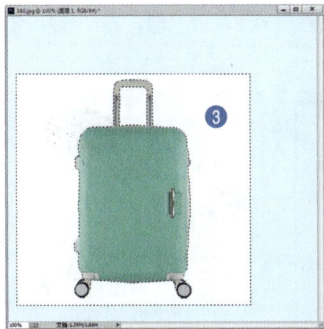

STEP 4 按【Ctrl＋T】组合键调出变换控制框⑥，适当调整显示器图像的大小⑦、角度和位置，使主体图像更加突出⑧。

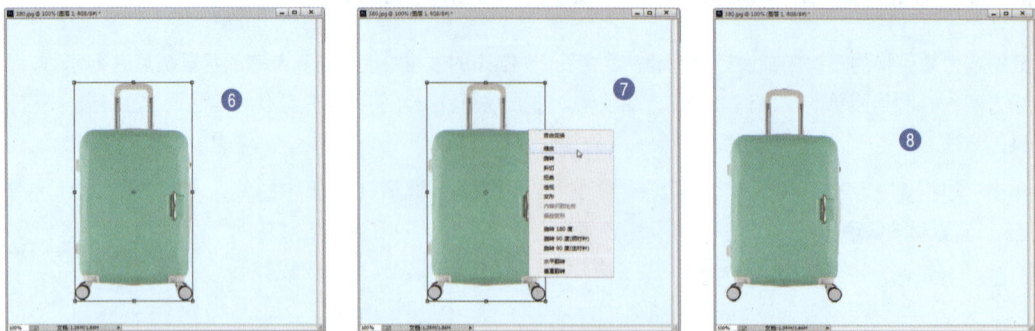

STEP 5 单击"文件"|"打开"命令，打开一幅商品素材图像⑨，运用移动工具将其拖曳至背景图像编辑窗口中⑩，用与前面同样的方法进行抠图处理，并调整图像大小和位置⑪。

382 优化箱包网店主图 3——制作绚丽文字效果

网店卖家可以使用横排文字工具给商品添加文字说明，使买家增强浏览的视觉效果。下面详细介绍优化箱包网店主图——制作箱包主图文案效果的方法。

STEP 1 在"图层"面板中，新建"图层 3"图层①。

STEP 2 选取工具箱中的自定形状工具，在工具属性栏中的"形状"下拉列表框中选择"会话1"形状样式②。

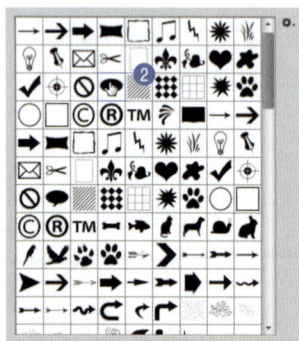

STEP 3 在工具属性栏中的"选择工具模式"列表框中选择"像素"选项③，设置前景色为黑色④，在图像中的合适位置绘制一个图形⑤。

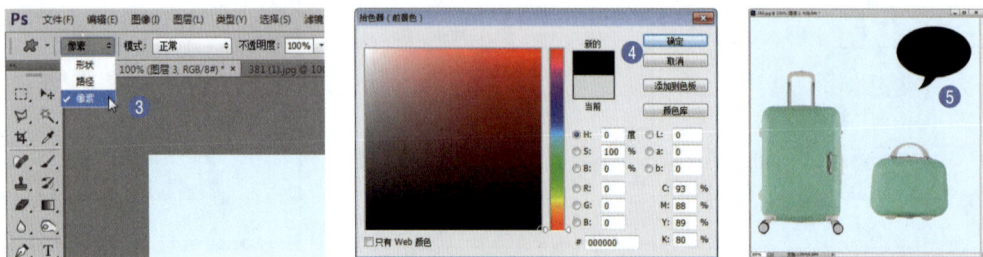

STEP 4 选取工具箱中的横排文字工具，输入文字"包邮"，展开"字符"面板，设置"字体系列"为"方正大黑简体"，"字体大小"为50点，"颜色"为红色，激活"仿粗体"图标⑥，根据需要适当地调整文字的位置，并为文字添加默认的"描边"图层样式⑦，预览效果⑧。

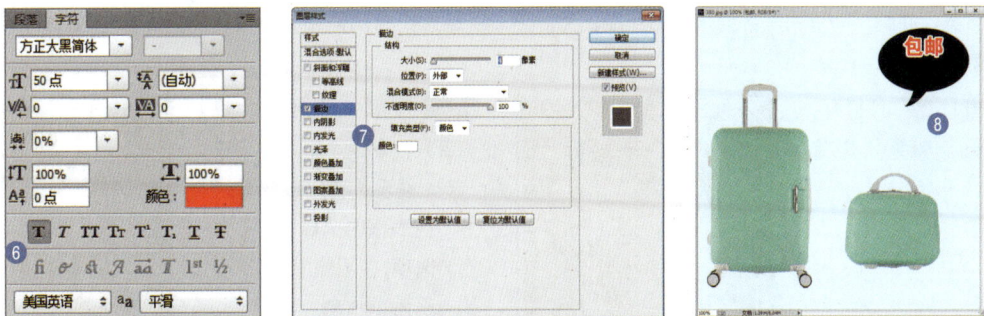

STEP 5 选取工具箱中的横排文字工具，输入文字"买一送十"，展开"字符"面板，设置"字体系列"为"方正大黑简体"，"字体大小"为40点，"颜色"为白色，激活"仿粗体"图标⑨，选择文字"送"并设置颜色为黄色，根据需要适当地调整文字的位置⑩，预览效果⑪。

STEP 6 新建"图层 4"图层⑫，选取工具箱中的矩形选框工具，在图像编辑窗口中创建矩形选区⑬，设置前景色为红色（RGB参数值分别为255、0、0）。按【Alt + Delete】组合键填充前景色，按【Ctrl + D】组合键取消选区⑭。

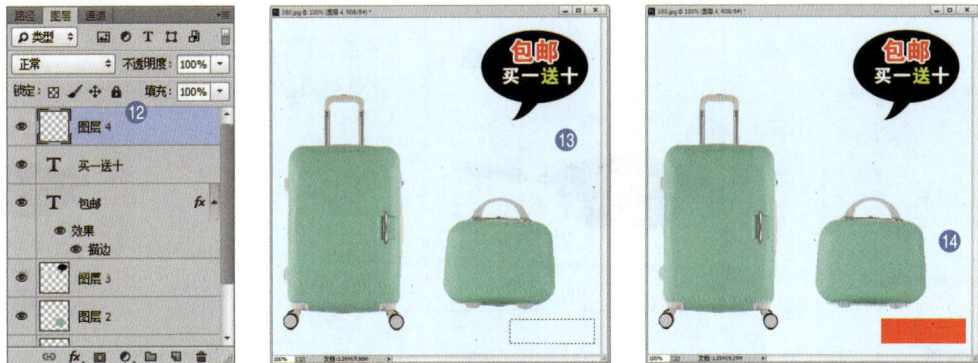

STEP 7 再次选取工具箱中的横排文字工具，输入文字"子母箱系列"，展开"字符"面板，设置"字体系列"为"方正大黑简体"，"字体大小"为30点，"颜色"为白色⑮，根据需要适当地调整文字的位置，预览效果⑯，完成箱包网店主图的设计。

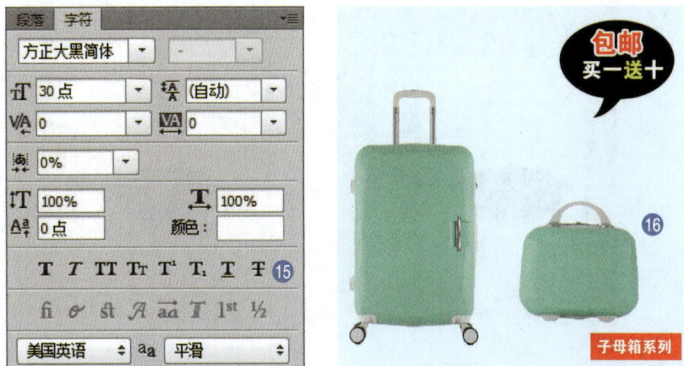

383 优化厨具网店主图 1——制作纯色背景效果

本案例是为某品牌的厨具店铺设计平底锅商品主图，在制作的过程中使用充满鲜艳的背景图片进行修饰，添加"赠品"促销方案，并利用简单的广告词来突出产品优势。下面以厨具类为例详细介绍优化厨具网店主图 1——制作厨具主图背景效果的方法。

STEP 1 单击"文件"|"打开"命令，打开一幅素材图像❶。

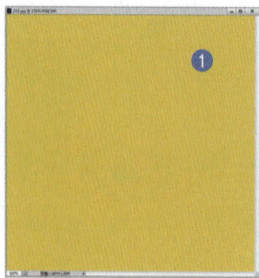

STEP 2 选取工具箱中的裁剪工具，在工具属性栏中的"选择预设长宽比或裁剪尺寸"列表框中选择"1:1（方形）"选项，在图像中显示 1:1 的方形裁剪框❷。

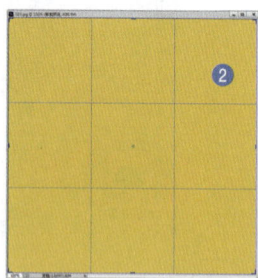

STEP 3 移动裁剪控制框，确认裁剪范围❸。

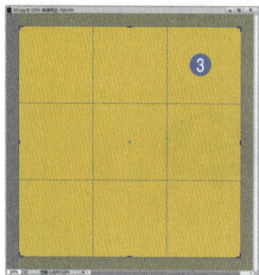

STEP 4 单击工具属性栏右侧的"提交当前裁剪操作"按钮，即可裁剪图像❹。

384 优化厨具网店主图 2——抠取主图商品效果

网店卖家可以使用魔棒工具抠取合适的图像并调整，以得到最终的效果。下面详细介绍优化厨具网店主图 2——调整主图商品效果的方法。

STEP 1 单击"文件"|"打开"命令，打开一幅商品素材图像❶。

STEP 2 运用移动工具将平底锅图像拖曳至背景图像编辑窗口中❷。

STEP 3 运用魔棒工具，在显示器图像的白色区域创建选区❸，按【Delete】键删除选区内的图形❹，并取消选区❺。

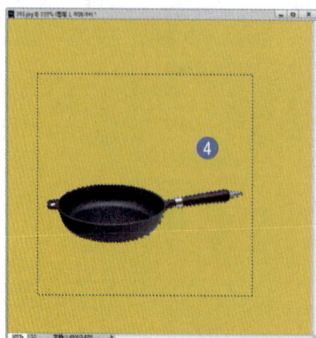

STEP 4 按【Ctrl＋T】组合键调出变换控制框⑥，适当调整显示器图像的大小⑦、角度和位置，使主体图像更加突出⑧。

STEP 5 单击"文件"|"打开"命令，打开一幅商品素材图像⑨，运用移动工具将其拖曳至背景图像编辑窗口中⑩，用与前面同样的方法进行抠图处理，调整图像大小和位置⑪。

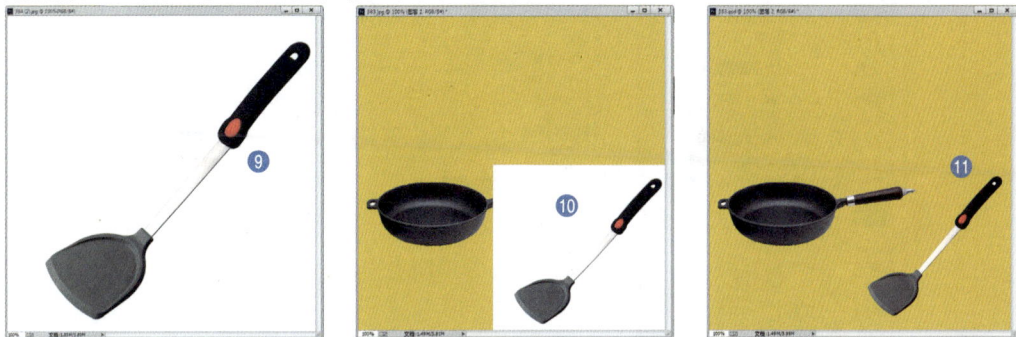

385 优化厨具网店主图 3——制作广告文案效果

网店卖家可以使用横排文字工具给商品添加文字说明，使买家增强浏览的视觉效果。下面详细介绍优化厨具网店主图——制作广告文案效果的方法。

STEP 1 单击"文件"|"打开"命令，打开一幅商品素材图像①，运用移动工具将其拖曳至背景图像编辑窗口中，并调整图像大小和位置②。

STEP 2 选取工具箱中的横排文字工具，输入文字"全国包邮"，展开"字符"面板，设置"字体系列"为"方正大黑简体"，"字体大小"为 80 点，"颜色"为蓝色③，激活"仿粗体"图标，根据需要适当地调整文字的位置④，预览效果。

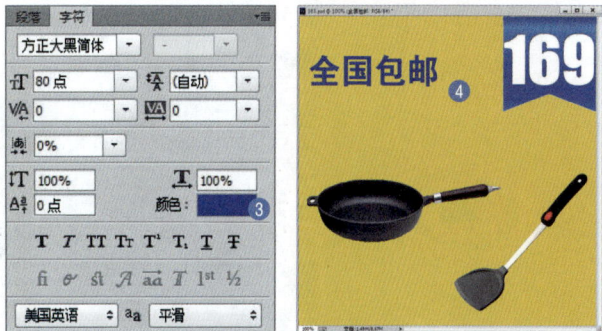

STEP 3 选取工具箱中的横排文字工具，输入文字，展开"字符"面板，设置"字体系列"为"黑体"，"字体大小"为 40 点，"颜色"为浅蓝色⑤，根据需要适当地调整文字的位置⑥，预览效果。

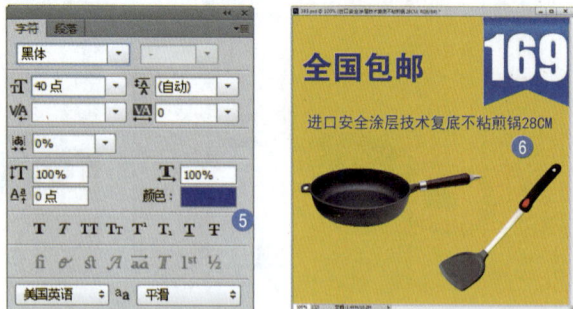

STEP 4 双击"全国包邮"文字图层⑦，弹出"图层样式"对话框，选中"描边"复选框⑧。

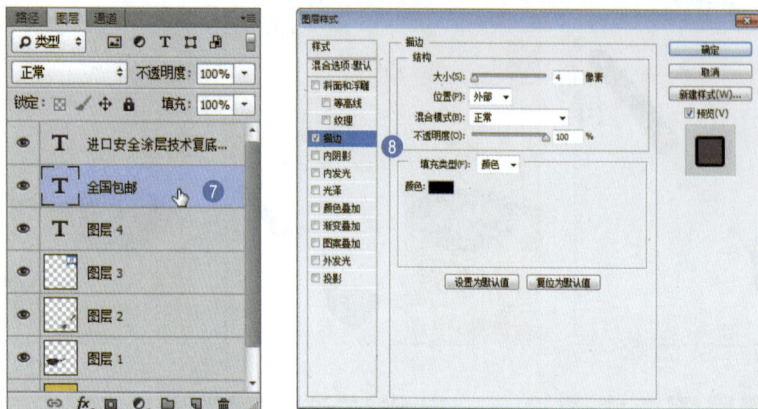

STEP 5 切换至"描边"参数选项区，设置"大小"为 2 像素、"位置"为外部⑨、"颜色"为白色⑩，依次单击"确定"按钮，即可为文字添加"描边"图层样式，预览效果⑪。

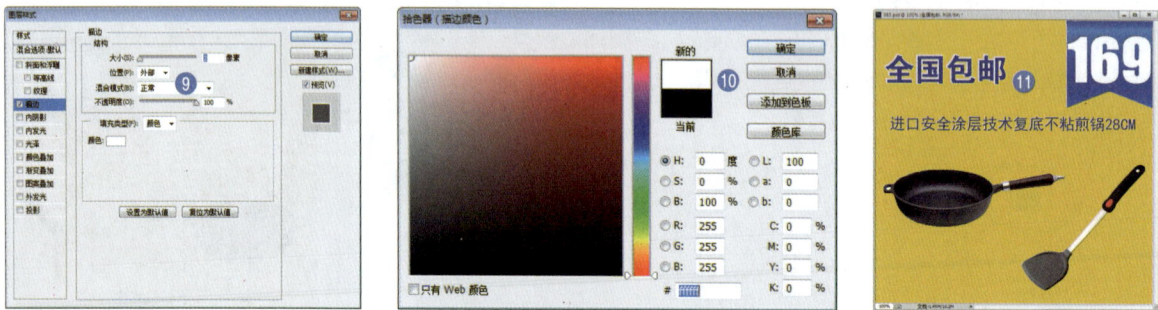

STEP 6 选取工具箱中的横排文字工具，输入文字"赠"，展开"字符"面板，设置"字体系列"为"方正大黑简体"，"字体大小"为 50 点，"颜色"为白色⑫，根据需要适当地调整文字的位置⑬。

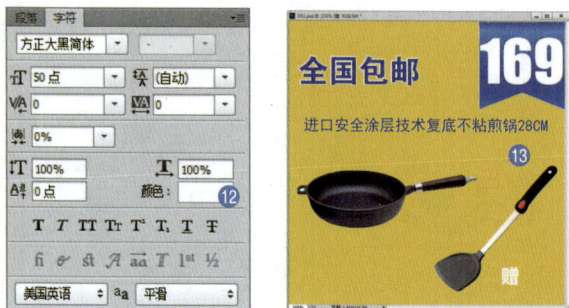

STEP 7 展开"图层"面板，选择"图层 3"图层，单击底部的"创建新图层"按钮，新建"图层 4"图层**⑭**。选取工具箱中的椭圆工具，设置"选择工具模式"为"像素"，设置"前景色"为深红色（RGB 参数值分别为 127、17、26）**⑮**，在文字下方绘制一个合适大小的正圆形**⑯**，完成厨具网店主图的设计。

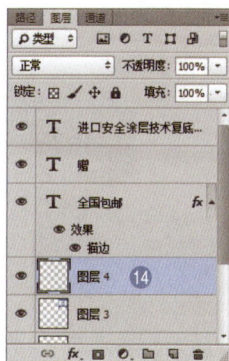

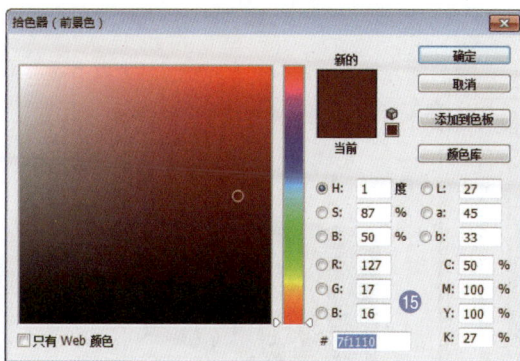

386 优化手包网店主图 1——裁剪纯色背景效果

　　本案例是为某品牌的手包店铺设计手包商品主图，在制作的过程中使用简约的背景图片进行修饰。下面以手包类为例详细介绍优化手包网店主图 1——裁剪纯色背景效果的方法。

STEP 1 单击"文件"|"打开"命令，打开一幅素材图像。

STEP 2 选取工具箱中的裁剪工具，在工具属性栏中的"选择预设长宽比或裁剪尺寸"列表框中选择"1:1（方形）"选项，在图像中显示 1:1 的方形裁剪框。

STEP 3 移动裁剪控制框，确认裁剪范围。

STEP 4 单击工具属性栏右侧的"提交当前裁剪操作"按钮，即可裁剪图像。

387 优化手包网店主图 2——制作外发光效果

网店卖家可以使用椭圆选框工具在细节图上创建一个椭圆选区以删除不需要的区域并进行调整，以得到最终的效果。下面详细介绍优化手包网店主图 2——制作外发光效果的方法。

STEP 1 单击"文件"|"打开"命令，打开一幅素材图像❶，运用移动工具❷将其拖曳至背景图像编辑窗口中❸。

STEP 2 运用椭圆选框工具在细节图上创建一个椭圆选区❹，使用"变换选区"命令适当调整其大小❺，并反选选区❻。

STEP 3 按【Delete】键删除选区内的图像❼，取消选区❽，并适当调整细节图像的大小和位置，预览效果❾。

STEP 4 双击"图层 1"图层⑩，弹出"图层样式"对话框，选中"外发光"复选框⑪，设置相应参数，单击"确定"按钮，应用"描边"图层样式，预览效果⑫。

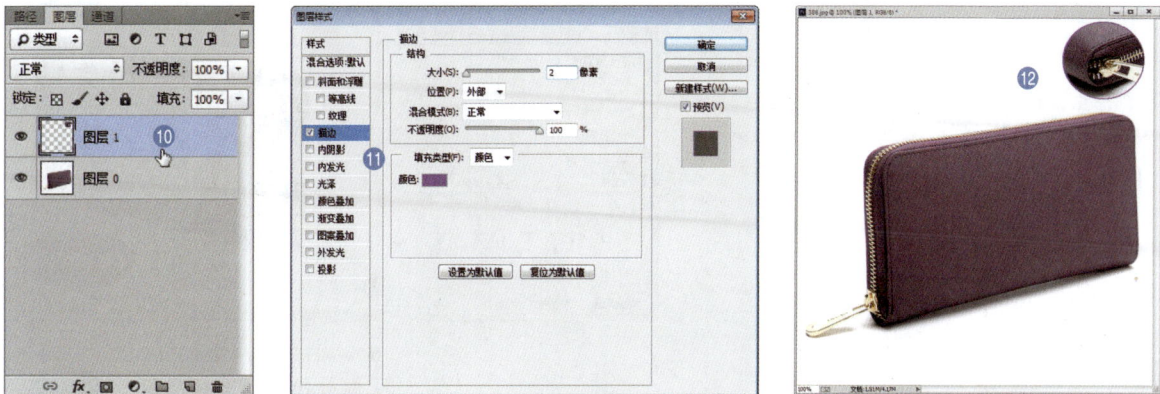

388 优化手包网店主图 3——制作多个文字效果

网店卖家可以使用横排文字工具给商品添加文字说明，使买家增强浏览的视觉效果。下面详细介绍优化手包网店主图 3——制作多个文字效果的方法。

STEP 1 在"图层"面板中，新建"图层 2"图层。

STEP 2 选取工具箱中的自定形状工具，在工具属性栏中的"形状"下拉列表框中选择"会话 1"形状样式。

STEP 3 在工具属性栏中的"选择工具模式"列表框中选择"像素"选项①，设置前景色为相应颜色（RGB 参数值分别为 141、92、124）②，在图像中的合适位置处绘制一个图形③。

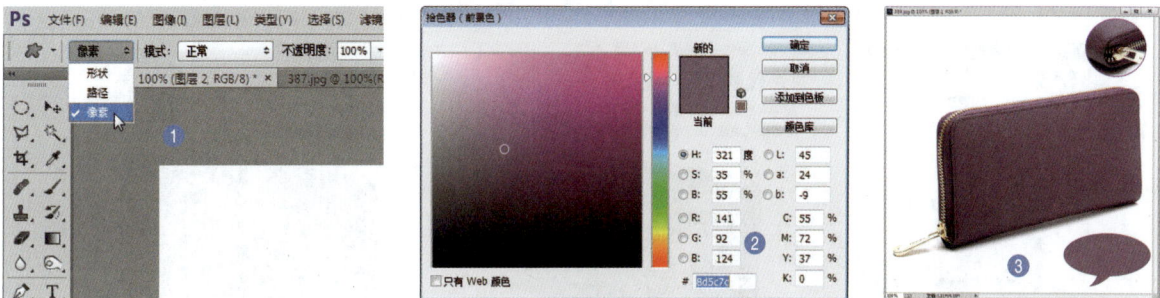

STEP 4 选取工具箱中的横排文字工具，输入文字"手机下单更优惠"，展开"字符"面板，设置"字体系列"为"方正大黑简体"，"字体大小"为 7 点，"颜色"为白色④，根据需要适当地调整文字的位置，并为文字添加默认的"投影"图层样式⑤，预览效果⑥。

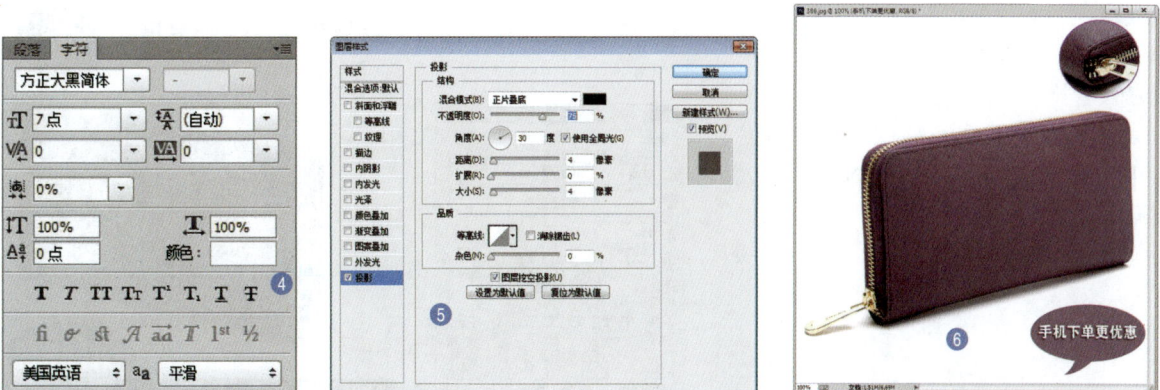

STEP 5 选取工具箱中的横排文字工具，输入文字"海外代购专柜品质"，展开"字符"面板，设置"字体系列"为"方正大黑简体"，"字体大小"为 12 点，"颜色"为玫红色❼，选择文字"海外"和"专柜"并设置颜色为红色，根据需要适当地调整文字的位置，预览效果❽。

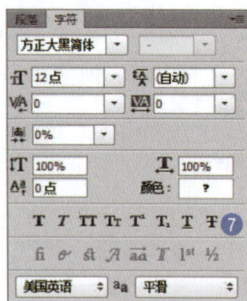

STEP 6 选取工具箱中的横排文字工具，输入文字"配专柜发票／银联小票"和"送专柜礼品盒／礼品袋'／卡包"，展开"字符"面板，设置"字体系列"为"黑体"，"字体大小"为 7 点，"颜色"为玫红色❾，根据需要适当地调整文字的位置，预览效果❿。

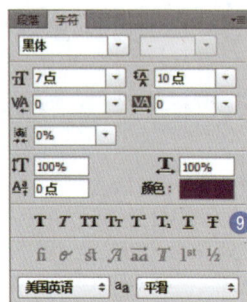

STEP 7 新建"图层 3"图层⓫，选取工具箱中的矩形选框工具，在图像编辑窗口中创建矩形选区⓬，设置前景色为玫红色（RGB 参数值分别为 120、73、105）。按【Alt＋Delete】组合键填充前景色，按【Ctrl＋D】组合键取消选区⓭。

STEP 8 再次选取工具箱中的横排文字工具，输入文字"100% 里外真皮　　全国包邮"，展开"字符"面板，设置"字体系列"为"方正大黑简体"，"字体大小"为 10 点，"颜色"为白色⓮，根据需要适当地调整文字的位置⓯，预览效果，完成手包网店主图的设计。

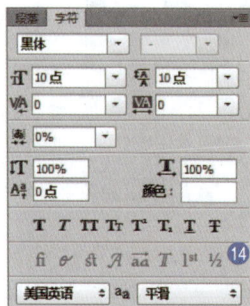

389 优化饰品网店主图 1——制作白色背景效果

本案例是为某品牌店铺设计发夹商品主图，在制作的过程中使用简约的背景图片进行修饰。下面以饰品类为例详细介绍优化饰品网店主图 1——制作白色背景效果的方法。

STEP 1 单击"文件"|"打开"命令，打开一幅素材图像①。

STEP 2 选取工具箱中的裁剪工具，在工具属性栏中的"选择预设长宽比或裁剪尺寸"列表框中选择"1:1（方形）"选项，在图像中显示 1:1 的方形裁剪框②。

STEP 3 移动裁剪控制框，确认裁剪范围③。

STEP 4 单击工具属性栏右侧的"提交当前裁剪操作"按钮，即可裁剪图像④。

390 优化饰品网店主图 2——创建椭圆选区

网店卖家可以使用椭圆选框工具在细节图上创建一个椭圆选区并删除不需要的区域，并调整得到最终的效果。下面详细介绍优化饰品网店主图 2——创建椭圆选区的方法。

STEP 1 单击"文件"|"打开"命令，打开一幅素材图像①，运用移动工具②将其拖曳至背景图像编辑窗口中③。

STEP 2 运用椭圆选框工具在细节图上创建一个椭圆选区④，使用"变换选区"命令适当调整其大小⑤，并反选选区⑥。

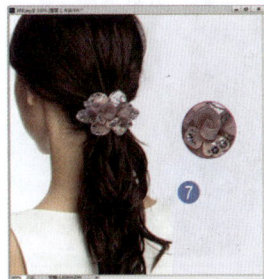

STEP 3 按【Delete】键删除选区内的图像，取消选区，并适当调整细节图像的大小和位置，预览效果⑦。

STEP 4 双击"图层 1"图层❽，弹出"图层样式"对话框，选中"描边"复选框❾，设置相应参数，单击"确定"按钮，应用"描边"图层样式，预览效果❿。

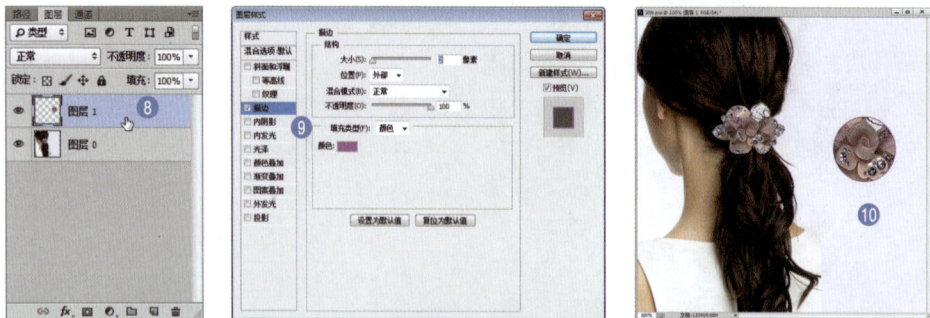

391 优化饰品网店主图 3——制作促销文案效果

网店卖家可以使用横排文字工具给商品添加文字说明，使买家增强浏览的视觉效果。下面详细介绍优化饰品网店主图 3——制作促销文案效果的方法。

STEP 1 选取工具箱中的横排文字工具，输入文字"蕾丝水钻发夹"，展开"字符"面板，设置"字体系列"为"黑体"，

"字体大小"为 50 点，"颜色"为青色❶，根据需要适当地调整文字的位置，并为文字添加默认的"投影"图层样式❷，预览效果❸。

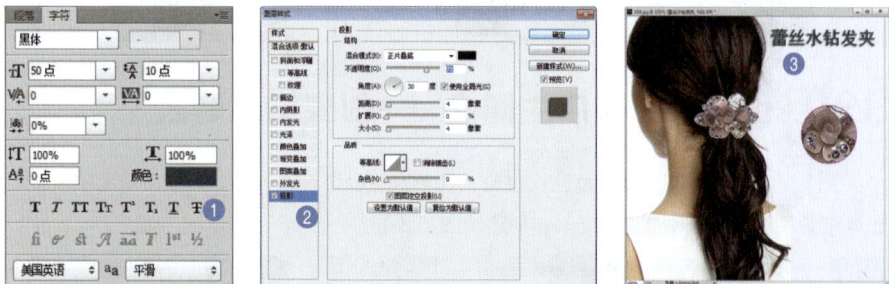

STEP 2 选取工具箱中的横排文字工具，输入文字"原价：98 元"，展开"字符"面板，设置"字体系列"为"楷体"，"字体大小"为 30 点，"颜色"为灰色❹，激活"删除线"图标，根据需要适当地调整文字的位置，预览效果❺。

STEP 3 选取工具箱中的横排文字工具，输入文字"限时特价"，展开"字符"面板，设置"字体系列"为"方正姚体"，"字体大小"为 50 点，"颜色"为黑色❻，根据需要适当地调整文字的位置，预览效果❼。

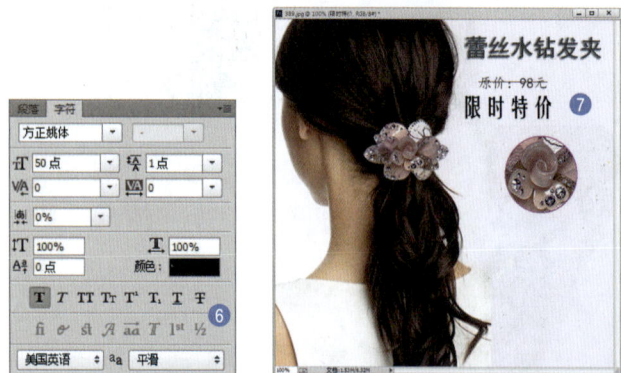

STEP 4 再次选取工具箱中的横排文字工具，输入文字"68元"，展开"字符"面板，设置"字体系列"为"方正姚体"，"字体大小"为65点，"颜色"为红色，激活"仿粗体"图标❽，根据需要适当地调整文字的位置，预览效果❾，完成饰品网店主图的设计。

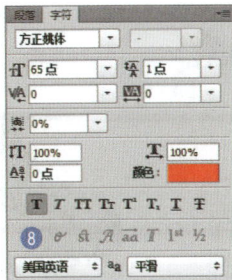

392 优化鞋靴网店主图 1——裁剪纯色画面效果

本案例是为某玩具网店设计抱枕商品主图，在制作的过程中首先使用 Photoshop 的抠图功能在主图上添加相应的细节展示图，体现出产品的细节特点，并运用"特价"口号来吸引消费者注意。下面以鞋靴类为例详细介绍优化鞋靴网店主图 1——裁剪纯色画面效果的方法。

STEP 1 单击"文件"|"打开"命令，打开一幅素材图像❶。

STEP 2 选取工具箱中的裁剪工具，在工具属性栏中的"选择预设长宽比或裁剪尺寸"列表框中选择"1:1(方形)"选项，在图像中显示 1:1 的方形裁剪框❷。

STEP 3 移动裁剪控制框，确认裁剪范围❸。

STEP 4 单击工具属性栏右侧的"提交当前裁剪操作"按钮，即可裁剪图像❹。

393 优化鞋靴网店主图 2——抠取细节画面效果

网店卖家可以使用椭圆选框工具在细节图上创建一个椭圆选区并删除不需要的区域，调整之后得到最终的效果。下面详细介绍优化鞋靴网店主图 2——抠取细节画面效果的方法。

STEP 1 单击"文件"|"打开"命令，打开一幅素材图像①，运用移动工具②将其拖曳至背景图像编辑窗口中③。

STEP 2 运用椭圆选框工具在细节图上创建一个椭圆选区④，使用"变换选区"命令适当调整其大小⑤，并反选选区⑥。

STEP 3 按【Delete】键删除选区内的图像⑦，取消选区⑧，并适当调整细节图像的大小和位置，预览效果⑨。

STEP 4 双击"图层 1"图层⑩，弹出"图层样式"对话框，选中"描边"复选框⑪，保持默认设置即可，单击"确定"按钮，
应用"描边"图层样式，预览效果⑫。

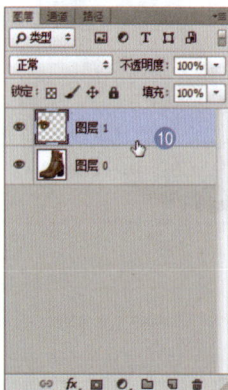

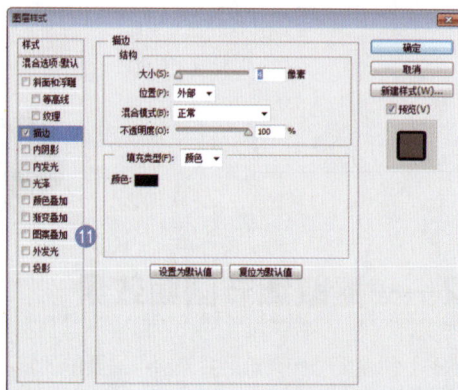

394 优化鞋靴网店主图 3——制作文案活动效果

网店卖家可以使用横排文字工具给商品添加文字说明，给买家增强浏览的视觉效果。下面详细介绍优鞋靴网店主图 3——制作文案活动效果的方法。

STEP 1 在"图层"面板中,新建"图层 2"图层❶。

STEP 2 选取工具箱中的自定形状工具，在工具属性栏中的"形状"下拉列表框中选择"会话1"形状样式❷。

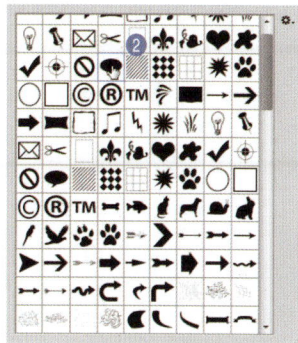

STEP 3 在工具属性栏中的"选择工具模式"列表框中选择"像素"选项❸，设置前景色为洋红色（RGB 参数值分别为255、125、143）❹，在图像中的合适位置绘制一个图形❺。

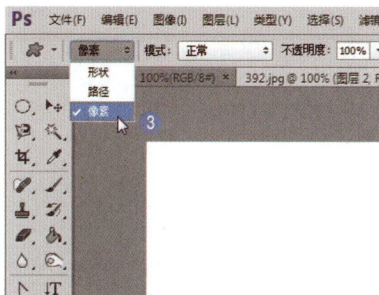

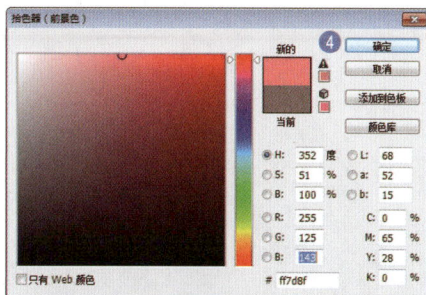

STEP 4 选取工具箱中的横排文字工具，输入文字"特价"，展开"字符"面板，设置"字体系列"为"仿宋"，"字体大小"为 70 点，"颜色"为白色，激活"仿粗体"图标❻，根据需要适当地调整文字的位置，并为文字添加默认的"投影"图层样式❼，预览效果❽，完成鞋靴网店主图的设计。

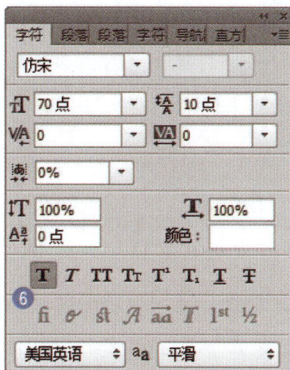

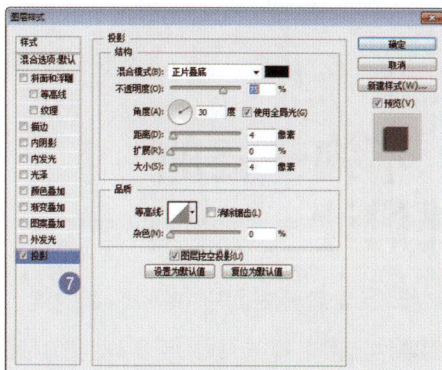

PART 03

实战应用篇

16

详情页：不拘一格的
宝贝描述设计

宝贝描述区域的装修设计，就是对网店中单个商品的细节进行介绍，在设计的过程中需要注意很多规范，以求用最佳的图像和文字来展示出商品的特点。本章主要介绍不拘一格的宝贝描述设计的制作方法。

395　规范设计宝贝详情页

　　宝贝详情页面是对商品的使用方法、材质、尺寸和细节等方面的内容进行展示，有的店家为了拉动店铺内其他商品的销售，或者提升店铺的品牌形象，还会在宝贝详情页面中添加搭配套餐、公司简介等信息，以此来树立和创建商品的形象，提升顾客的购买欲望，如右图所示。

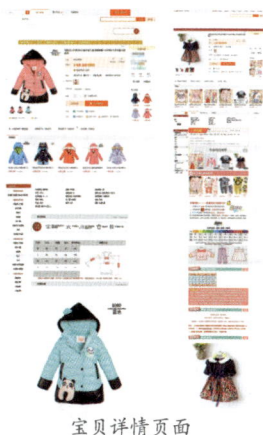

宝贝详情页面

　　通常情况下，产品详情页面的宝贝描述图的宽度是 750 像素，高度不限，产品详情页是直接影响成交转换率的，其中的设计内容要根据商品的具体内容来定义，只有图片处理得合格，才能让店铺看起来比较正规，并且更加专业，这样对顾客才更有吸引力，这也正是装修产品详情页中最基础的要求。

尺码	衣长	胸围	袖长	参考身高	测量方法
M	58	76	42	100	
L	60	78	44	130	
XL	62	80	46	140	
--	--	--	--	--	
--	--	--	--	--	

商品尺寸都是手工测量，由于每个人的测量方法不同和量具不同，误差为2～3cm，请您放心购买！（单位：cm）

尺码信息

396　宝贝详情页的设计要点

　　在网店交易的整个过程中，没有实物和营业员，没有销售话术，顾客没有实体店的购物体验，此时的产品详情页就承担起推销商品的所有工作。在整个推销过程中是静态的，没有交流、没有互动，顾客在浏览商品的时候也没有现场氛围来烘托购物气氛，因此顾客此时会变得相对理性。

　　产品详情页面在细节展示方面只能通过文字、图片和视频等方式，这就要求卖家在整个产品详情页的布局中注意一个关键点，那就是阐述逻辑，下图所示为产品详情页的基本营销思路。在进行产品详情页面设计的过程中，会遇到几个问题，如商品的展示类型、细节展示和产品规格及参数的设计等，这些图片的添加和修饰都是有讲究的。

产品详情　➡　描述商品　➡　展示商品　➡　说服顾客　➡　产生购买

产品详情页的基本营销思路

397 商品图片的展示

顾客购买商品最主要看的就是商品展示的部分，在这里需要让顾客对商品有一个直观的了解。通常这部分内容是以图片的形式来展现的，分为摆拍图和场景图两种类型，具体如下图所示。

宝贝展示

模特展示

摆拍图和场景图

摆拍图能够最直观地表现产品，画面的基本要求就是能够把产品如实地展现出来，倾向于平实无华的展示方法，有时候这种态度也能打动消费者。实拍的图片通常需要突出主体，用纯色背景，讲究干净、简洁、清晰。

场景图能够在展示商品的同时，在一定程度上烘托商品的氛围。通常需要较高的成本和一定的拍摄技巧，这种拍摄手法适合有一定经济实力，有能力把控产品的展现尺度的卖家。因为场景的引入，如果运用得不好，反而会增加图片的无效信息，分散主体的注意力。

总之，不管是通过场景图还是通过摆拍图来展示商品，最终的目的都是想让顾客掌握更多的商品信息，因此在设计图片的时候，首先要注意的就是图片的清晰度，其次是图片色彩的真实度，力求逼真而完美地表现出商品的特性。

398 商品细节的展示

在产品详情页中，通过对商品的细节进行展示，能够让商品在顾客的脑海中形成大致的形象，当顾客想要购买商品的时候，商品细节区域的恰当表现就要开始起作用了。细节是让顾客更加了解这个商品的主要手段，顾客熟悉商品才是对最后的成交起到关键作用的一步，而细节的展示可以通过多种方法来表现，如右图所示。

细节展示

需要注意的是，左细节图中只要抓住买家最需要的展示即可，其他能去掉的就去掉。此外，过多的细节图展示，会让网页中图片显示的内容过多而产生较长的缓冲时间，容易造成顾客的流失。

399 通过视频展示商品

视频广告

视频与互联网的结合，让这种创新营销形式具备了两者的优点：它具有电视短片的种种特征，例如感染力强、形式内容多样、肆意创意等，又具有互联网营销的优势，如成本低廉、目标精准、互动+主动、传播速度快、效果可监测等。

400 商品尺寸和规格设置的重要性

网店产品详情页中的图片是不能反映商品的真实情况的，因为在拍摄的时候是没有参照物的，即便有的商品图片中有参照物作为对比，但是如果没有具体的尺寸说明，就不能让顾客有具体的宽度和高度的概念。

经常有买家买了商品以后要求退货，其中很大一部分原因就是比预期相差太多，而商品的预期印象就是商品照片给予顾客的，所以卖家需要在产品详情页中加入产品规格参数的模块，才能让顾客对商品有正确的预估，如下图所示。

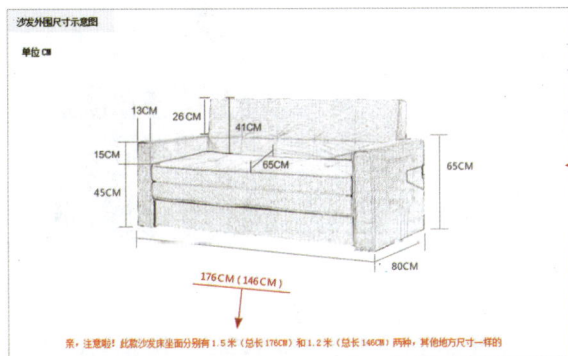

以图解的方式表现沙发的尺寸，让顾客对商品的规格信息掌握更加直观。

详细说明商品的材质、柔软度等信息，全面地展示商品的规格和质感。

商品尺寸和规格

服饰、建材、家居和家电类商品在尺寸上的说明相对于其他的商品而言就显得格外的重要，对于店家来说，在尺寸方面采用接近用户认知的方式所描述、描述的内容越全面，就越容易避免消费者在尺寸方面遇到问题与担忧，同时也减少了由于尺寸问题造成的退换货情况。

401 女包网店详情页 1——制作纯色图像画面

本案例是为时尚女包网店设计的产品详情页，画面中采用纯色作为底色是为了衬托商品的颜色，而不影响顾客对商品本身颜色的判断。色彩之间的差异让商品形象更加凸显，同时搭配相关的文字信息，为顾客呈现出优秀的商品视觉效果。下面以女包为例详细介绍女包网店详情页 1——制作纯色图像画面的方法。

STEP 1 单击"文件"|"新建"命令，弹出"新建"对话框，在其中设置"名称"为"401"，"宽度"为 750 像素，"高度"为 800 像素，"分辨率"为 72 像素/英寸，"颜色模式"为"RGB 颜色"，"背景内容"为"白色"。

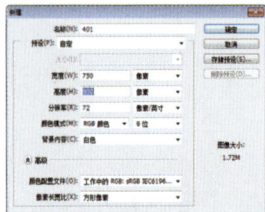

STEP 2 单击"确定"按钮，新建一幅空白图像。

STEP 3 单击工具箱底部的前景色色块，弹出"拾色器（前景色）"对话框，设置 RGB 参数值分别为 146、227、255，单击"确定"按钮。

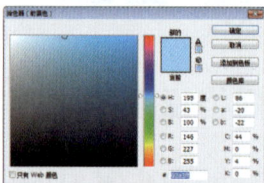

STEP 4 单击"编辑"|"填充"命令，弹出"填充"对话框，设置"使用"为"前景色"，单击"确定"按钮，即可填充颜色。

402 女包网店详情页 2——制作多款女包展示效果

网店卖家可以使用移动工具把商品移动至产品详情页图像中，以得到最终的效果。下面详细介绍女包网店详情页 2——制作多款女包展示效果的方法。

STEP 1 单击"文件"|"打开"命令，打开"402（1）"素材图像❶。

STEP 2 运用移动工具将"401"素材图像拖曳至新建的图像窗口中❷，并适当调整其大小❸和位置❹。

STEP 3 运用同样的方法添加"402（2）"素材图像❺，并适当调整其大小和位置❻预览效果❼。

STEP 4 展开"图层"面板，选择"图层1"图层和"图层2"图层❽，单击"图层"|"对齐"|"顶边"命令❾并适当调整素材图像的位置，预览效果❿。

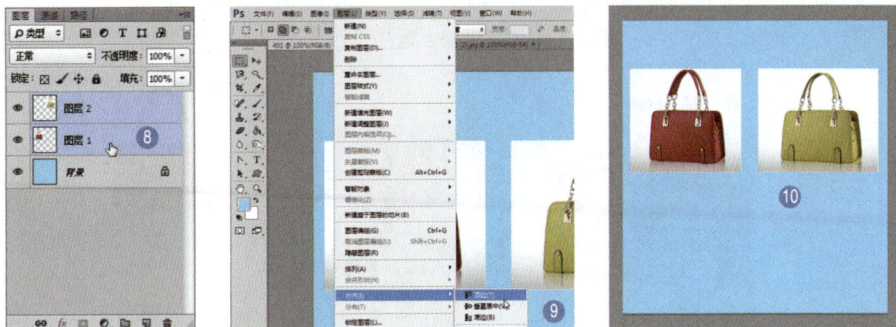

STEP 5 运用与前面同样的方法，在产品详情页图像中添加其他的女包商品素材图像⓫⓬，并适当调整其大小和位置⓭。

TIPS

如果用户要启用对齐功能，首先需要选择"对齐"命令，使该命令处于选中状态，然后在相应子菜单中选择一个对齐项目，带有√标记的命令表示启用了该对齐功能。

403 女包网店详情页 3——制作详情页主题文字效果

网店卖家可以在商品上添加相应的文字，以增强买家对商品的浏览效果。下面详细介绍女包网店详情页 3——制作详情页主题文字效果的方法。

STEP 1 选取工具箱中的直线工具❶，在工具属性栏中的"选择工具模式"列表框中选择"像素"选项❷。

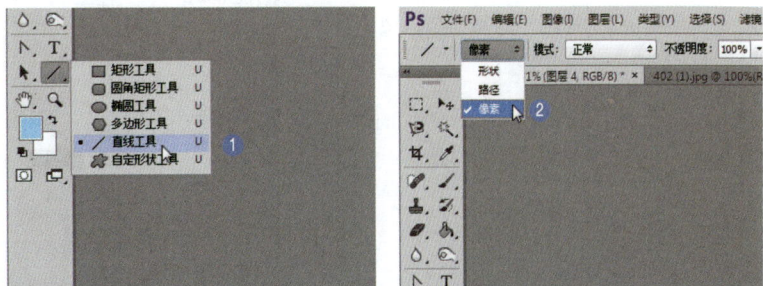

STEP 2 设置前景色为褐色（RGB 参数值分别为 129、63、3）③，新建"图层 5"图层④。

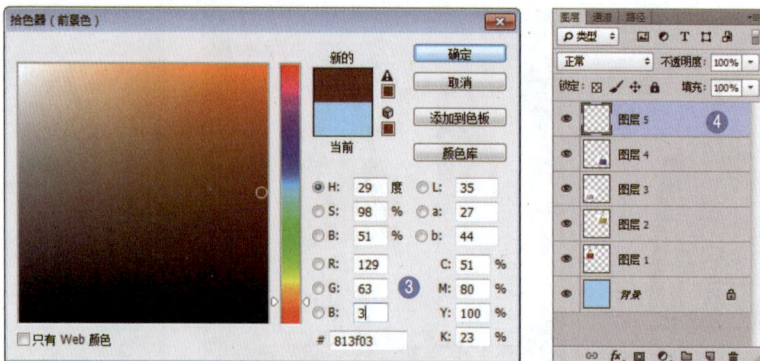

STEP 3 在工具属性栏中设置"粗细"为 2 像素⑤，运用直线工具在商品图像下方绘制一条相应长度的直线⑥。

STEP 4 将所绘制的直线复制 3 条⑦，并调整至合适的位置⑧。

STEP 5 选取工具箱中的横排文字工具，在图像编辑窗口适当位置单击鼠标左键，输入相应文字，设置"字体"为"方正大黑简体"，"字体大小"为 80 点，"颜色"为黑色⑨，按【Ctrl + Enter】组合键确认⑩。

颜色展示 ⑩

STEP 6 运用横排文字工具在图像编辑窗口中的适当位置单击鼠标左键，输入相应文字，设置"字体大小"为 24 点，"字体"为"黑体"，"颜色"为黑色⑪，按【Ctrl + Enter】组合键确认⑫。

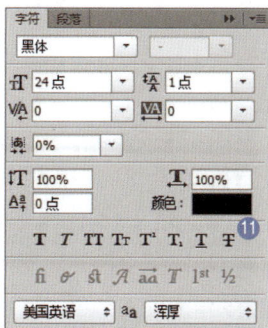

颜色展示

STEP 7 运用与前面同样的方法，输入其他的文字⑬⑭，并调整其位置，预览效果⑮，完成女包网店的设计。

颜色展示

酒红色 ⑬ 果绿色

香芋紫 ⑭

颜色展示

酒红色 果绿色

香芋紫 深蓝色

颜色展示

酒红色 ⑮ 果绿色

香芋紫 深蓝色

404 电动车网店详情页 1——调整图像背景色彩色调

本案例是为电动车网店设计产品详情页，通过对商品进行完整展示并配以文字说明，展示电动车产品的特点和优势。下面以电动车为例详细介绍电动车网店详情页 1——调整图像背景色彩色调的方法。

STEP 1 单击"文件"|"打开"命令，打开一幅素材图像①。

STEP 2 选取工具箱中的裁剪工具，在工具属性栏中设置裁剪框的长宽比为 750 像素 ×600 像素，在图像中显示相应大小的裁剪框②。

STEP 3 移动裁剪控制框，确认裁剪范围③。

STEP 4 单击工具属性栏右侧的"提交当前裁剪操作"按钮，即可裁剪图像④。

STEP 5 单击"滤镜"|"镜头校正"命令,弹出"镜头校正"对话框,切换至"自定"选项卡,在"晕影"选项区中设置"数量"为－100、"中点"为＋15 ⑤。

STEP 6 单击"确定"按钮,即可为图像添加"晕影"滤镜特效 ⑥。

STEP 7 单击"图层"|"新建调整图层"|"照片滤镜"命令,新建"照片滤镜1"调整图层 ⑦。

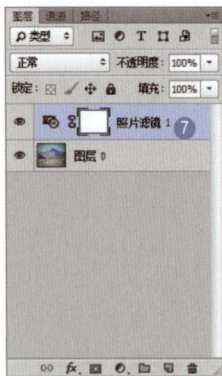

STEP 8 展开"属性"面板,设置"滤镜"为"加温滤镜(81)","浓度"为66%,预览效果 ⑧。

STEP 9 新建"自然饱和度1"调整图层 ⑨,在"属性"面板中设置"自然饱和度"为60 ⑩,加深背景图像的色彩,预览效果 ⑪。

STEP 10 合并可见图层,得到"图层1"图层 ⑫。单击"滤镜"|"模糊"|"动感模糊"命令,弹出"动感模糊"对话框,设置"角度"为－28°、"距离"为108像素 ⑬,单击"确定"按钮应用滤镜。在"图层"面板中设置"图层1"图层的混合模式为"叠加" ⑭,预览效果。

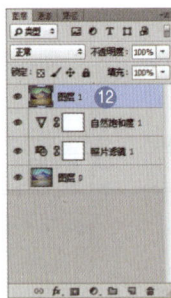

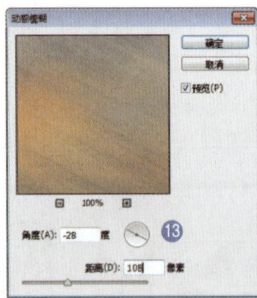

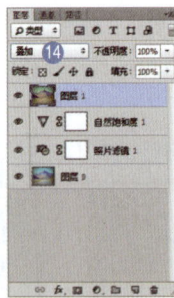

405 电动车网店详情页2——制作商品抠图合成特效

　　网店卖家可以使用移动工具把商品图像移动至产品详情页图像中,以得到最终的效果。下面详情细介绍电动车网店详情页2——制作商品抠图合成特效的方法。

STEP 1 单击"文件"|"打开"命令，打开相应素材图像❶。

STEP 2 运用移动工具将相应素材图像拖曳至背景图像编辑窗口中❷，并适当调整其大小和位置❸。

STEP 3 选择"图层 2"图层❹，单击"编辑"|"变换"|"水平翻转"命令❺，将电动车素材图像进行水平翻转操作❻。

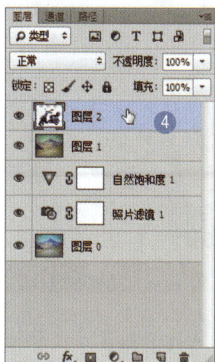

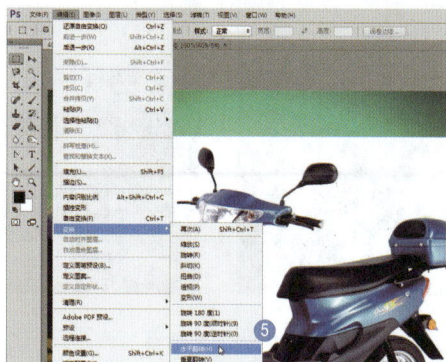

STEP 4 运用魔棒工具，设置"容差"为10，在电动车素材图像中的白色区域单击鼠标左键以创建选区❼。

STEP 5 按【Delete】键删除选区中的图像❽。

STEP 6 按【Ctrl＋D】组合键，取消选区❾。

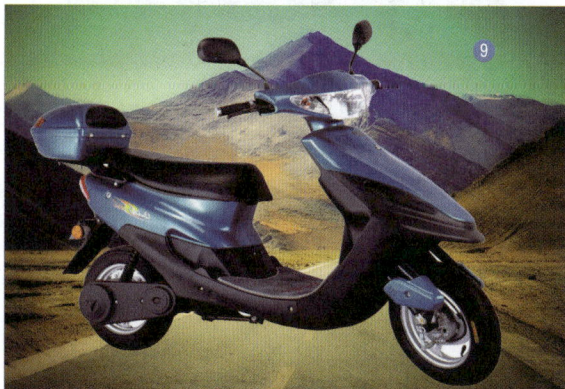

STEP 7 运用移动工具适当调整电动车图像的位置，预览效果❿。

406 电动车网店详情页 3——制作详情页广告文字效果

网店卖家可以在商品上添加相应的文字，以增强买家对商品的浏览效果。下面详细介绍电动车网店详情页 3——制作详页广告文字效果的方法。

STEP 1 新建"图层 3"图层❶。

STEP 2 运用椭圆选框工具在图像上创建一个正圆形选区❷，设置前景色为洋红色（RGB 参数值分别为 255、0、255），按【Alt＋Delete】组合键填充，调整其位置并按【Ctrl＋D】组合键取消选区。

STEP 3 复制"图层 3"图层，并将复制的图像调整至合适位置，预览效果❸。

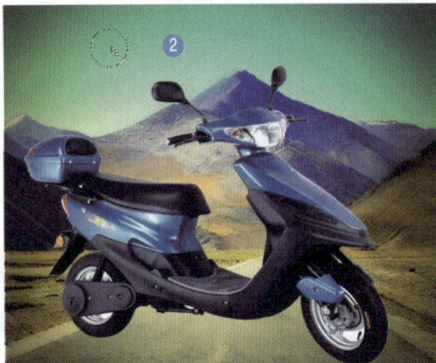

STEP 4 按住【Ctrl】键的同时单击"图层 3 拷贝"图层的缩览图，将图层载入选区❹。

STEP 5 设置前景色为绿色（RGB 参数值分别为 0、255、0），按【Alt＋Delete】组合键填充，并按【Ctrl＋D】组合键取消选区，预览效果❺。

STEP 6 选取工具箱中的横排文字工具，在图像编辑窗口适当位置单击鼠标左键，输入相应文字，设置"字体"为"方正大黑简体"，"字体大小"为 20 点，"颜色"为白色❻，激活"仿粗体"图标，按【Ctrl＋Enter】组合键确认❼。

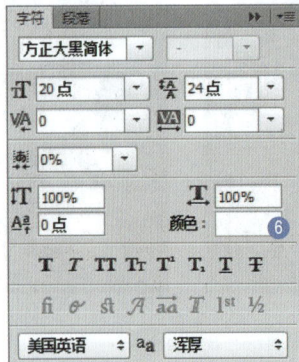

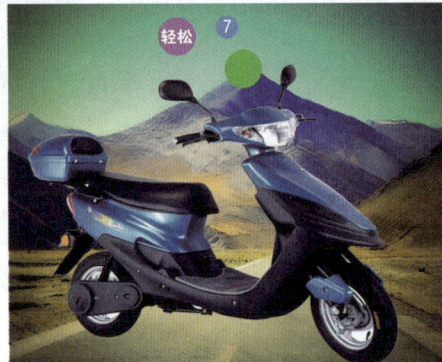

STEP 7 运用横排文字工具在图像编辑窗口适当位置单击鼠标左键，输入相应文字，设置"字体"为"黑体"，"字体大小"为 15 点，"颜色"为白色⑧，按【Ctrl＋Enter】组合键确认⑨。

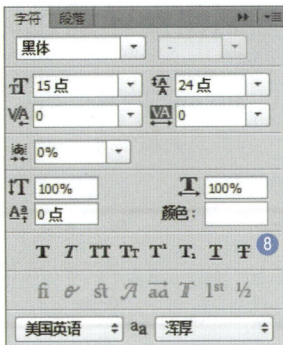

STEP 8 运用与前面同样的方法，输入并设置其他的文字，预览效果⑩。

STEP 9 运用横排文字工具在图像编辑窗口适当位置单击鼠标左键，输入相应文字，设置"字体"为"黑体"，"字体大小"为 36 点，"颜色"为白色⑪，按【Ctrl＋Enter】组合键确认，预览效果⑫。

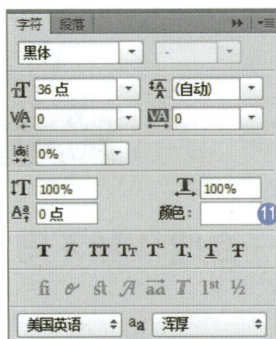

STEP 10 新建"图层 4"图层⑬，运用矩形选框工具创建一个矩形选区⑭。

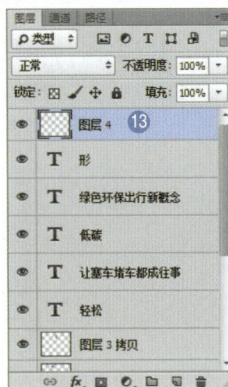

STEP 11 单击"编辑"|"描边"命令，弹出"描边"对话框，设置"宽度"为 2 像素、"颜色"为白色⑮，单击"确定"按钮以添加描边，并取消选区⑯。

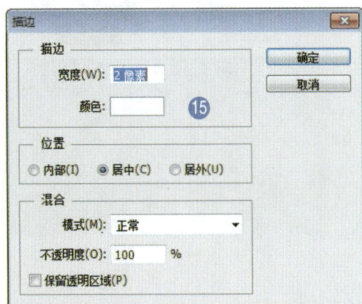

STEP 12 运用横排文字工具，输入并设置其他的文字，预览效果⑰，完成电动车广告的设计。

407 女鞋网店详情页 1——制作女鞋蓝色背景效果

本案例是为时尚女鞋网店设计产品详情页，画面中采用明度较高的浅蓝色作为底色，与主体糖果色的女鞋搭配和谐、自然。下面详细介绍女鞋网店详情页 1——制作女鞋蓝色背景效果的方法。

STEP 1 单击"文件"|"新建"命令，弹出"新建"对话框，在其中设置"名称"为"407"，"宽度"为750 像素，"高度"为 800 像素，"分辨率"为 72 像素/英寸，"颜色模式"为"RGB 颜色"，"背景内容"为"白色"。

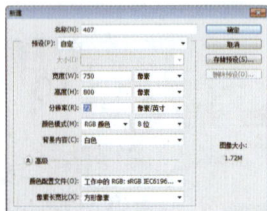

STEP 2 单击"确定"按钮，新建一幅空白图像。

STEP 3 单击工具箱底部的前景色色块，弹出"拾色器（前景色）"对话框，设置 RGB 参数值分别为164、224、224，单击"确定"按钮。

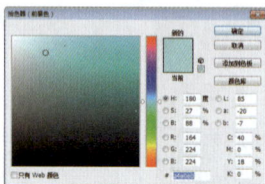

STEP 4 单击"编辑"|"填充"命令，弹出"填充"对话框，设置"使用"为"前景色"，单击"确定"按钮，即可填充颜色。

408 女鞋网店详情页 2——合成 4 款不同女鞋图像

网店卖家可以使用移动工具把商品图像移动至产品详情页图像中，以得到最终的效果。下面详细介绍女鞋网店详情页 2——合成 4 款不同女鞋图像的方法。

STEP 1 单击"文件"|"打开"命令，打开"408（1）"素材图像❶。

STEP 2 运用移动工具将相应素材图像拖曳至新建的图像窗口中❷，并适当调整其大小和位置❸。

STEP 3 运用同样的方法添加"408（2）"素材图像❹，并适当调整其大小和位置❺，预览效果❻。

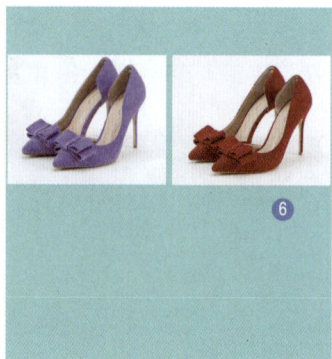

STEP 4 展开"图层"面板，选择"图层 1"图层和"图层 2"图层⑦，单击"图层"|"对齐"|"顶边"命令⑧并适当调整图像的位置，预览效果⑨。

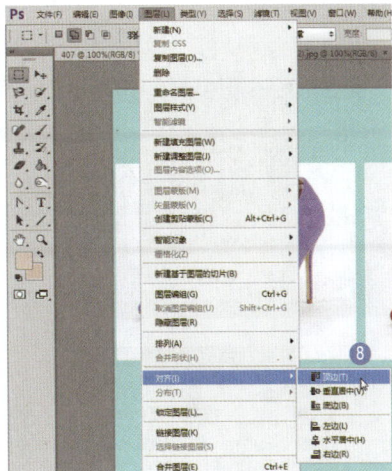

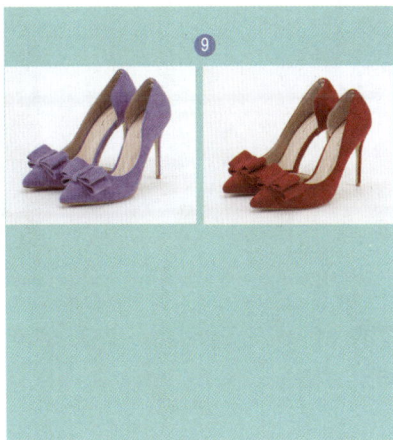

STEP 5 运用与前面同样的方法，在产品详情页图像中添加其他的女鞋商品素材图像⑩⑪，并适当调整其大小和位置⑫。

409 女鞋网店详情页 3——制作女鞋主题与说明文字

网店卖家可以在商品上添加相应的文字，以增强买家对商品的浏览效果。下面详细介绍女鞋网店详情页 3——制作女鞋主题与说明文字的方法。

STEP 1 选取工具箱中的直线工具，在工具属性栏中的"选择工具模式"列表框中选择"像素"选项，设置前景色为褐色（RGB 参数值分别为 129、63、3）❶，新建"图层 5"图层❷。

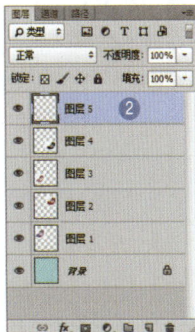

STEP 2 在工具属性栏中设置"粗细"为 3 像素❸，运用直线工具在商品图像下方绘制一条相应长度的直线❹。

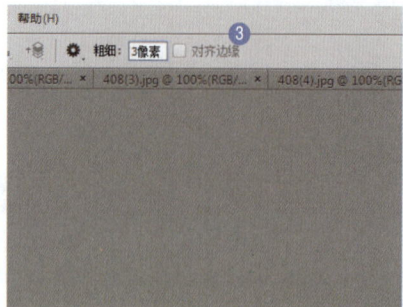

帮助(H)

粗细: 3像素 □ 对齐边缘 ❸

00%(RGB/...×   408(3).jpg @ 100%(RGB/...×   408(4).jpg @ 100%(RG

❹

STEP 3 将所绘制的直线复制 3 条❺，并调整至合适的位置❻。

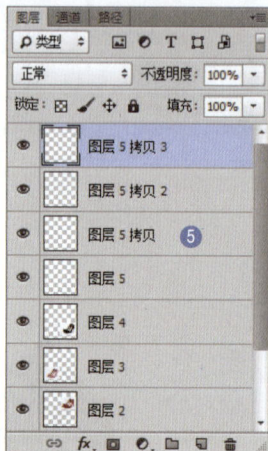

图层   通道   路径

类型

正常   不透明度: 100%

锁定: 图 / ✛ 🔒   填充: 100%

图层 5 拷贝 3

图层 5 拷贝 2

图层 5 拷贝 ❺

图层 5

图层 4

图层 3

图层 2

❻

STEP 4 选取工具箱中的横排文字工具，在图像编辑窗口适当位置单击鼠标左键，输入相应文字，设置"字体"为"方正大黑简体"，"字体大小"为 80 点，"颜色"为黑色❼，按【Ctrl + Enter】组合键确认❽。

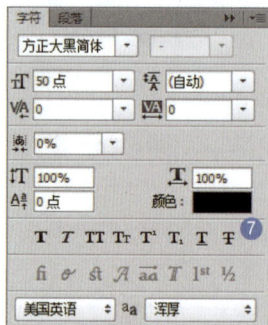

字符   段落

方正大黑简体

T 50 点   (自动)

VA 0   VA 0

0%

IT 100%   T 100%

A 0 点   颜色: ■

T T TT Tr T¹ T, T T
fi ∅ st A aa T 1ˢᵗ ½

美国英语   浑厚

❼

颜色展示 ❽

STEP 5 运用横排文字工具在图像编辑窗口中的适当位置单击鼠标左键，输入相应文字，设置"字体"为"黑体"，"字体大小"为 20 点，"颜色"为黑色❾，按【Ctrl + Enter】组合键确认❿。

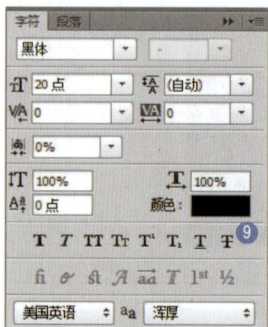

字符   段落

黑体

T 20 点   (自动)

VA 0   VA 0

0%

IT 100%   T 100%

A 0 点   颜色: ■

T T TT Tr T¹ T, T T
fi ∅ st A aa T 1ˢᵗ ½

美国英语   浑厚

❾

颜色展示

淡紫色 ❿

STEP 6 运用与前面同样的方法，输入其他的文字 11 12 ，并调整其位置，预览效果 13 ，完成女鞋网店的设计。

颜色展示

淡紫色　大红色

11

粉红色

12

颜色展示

淡紫色　大红色

粉红色

颜色展示

淡紫色　大红色

粉红色　黑色

13

410 抱枕网店详情页 1——制作背景直线装饰效果

本案例是为抱枕网店设计的产品详情页，通过对商品不同位置的细节展示，让顾客能够全方位、清晰地认识到商品的细节特性。下面详细介绍抱枕网店详情页 1——制作背景直线装饰效果的方法。

STEP 1 单击"文件"|"打开"命令，弹出相应对话框，在其中选择合适的背景素材图像。

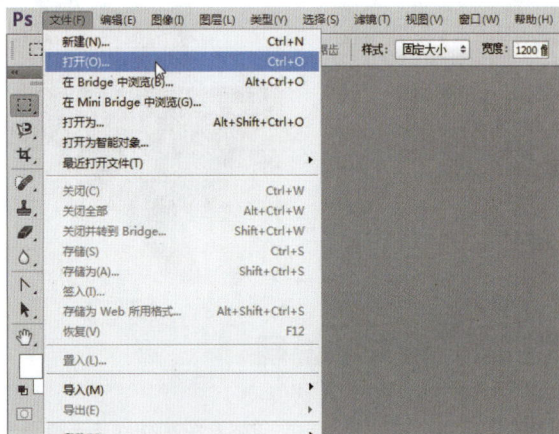

STEP 2 单击"打开"按钮，即可打开素材图像。

STEP 3 单击工具箱底部的前景色色块，弹出"拾色器（前景色）"对话框，设置 RGB 参数值均为 190，单击"确定"按钮。

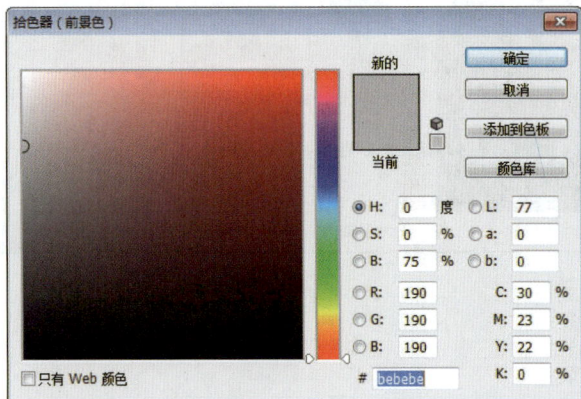

STEP 4 在工具属性栏中设置"粗细"为 3 像素，运用直线工具在商品图像下方绘制一条相应长度的直线。

411 抱枕网店详情页 2——制作抱枕细节展示效果

网店卖家可以使用移动工具把商品图像移动至产品详情页图像中，以得到最终的效果。下面详细介绍抱枕网店详情页 2——制作抱枕细节展示效果的方法。

STEP 1 单击"文件"|"打开"命令，打开"411（1）"素材图像①。

STEP 2 运用移动工具将"410"素材图像拖曳至新建的图像窗口中，并适当调整其大小②和位置③。

STEP 3 运用同样的方法添加"411（2）"素材图像④，并适当调整其大小和位置⑤，预览效果⑥。

412 抱枕网店详情页 3——制作抱枕细节文字说明

网店卖家可以在商品上添加相应的文字，以增强买家对商品的浏览效果。下面详细介绍抱枕网店详情页 3——制作抱枕细节文字说明的方法。

STEP 1 选取工具箱中的直线工具，在工具属性栏中的"选择工具模式"列表框中选择"像素"选项，设置前景色为灰色（RGB 参数值均为 51）①，新建"图层 3"图层②。

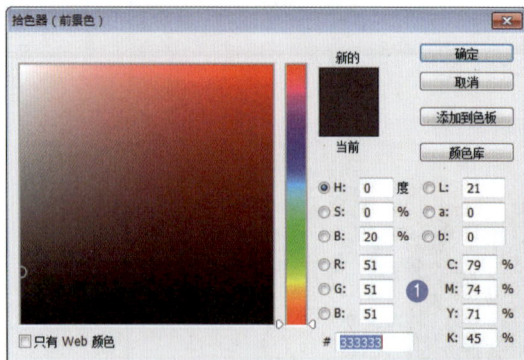

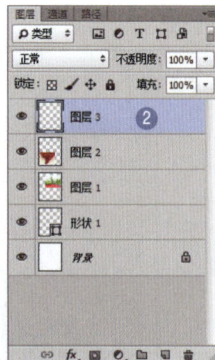

STEP 2 在工具属性栏中设置"粗细"为 25 像素，运用直线工具在商品图像旁绘制一条相应长度的直线③，将所绘制的直线复制一条④，并调整至合适的位置⑤。

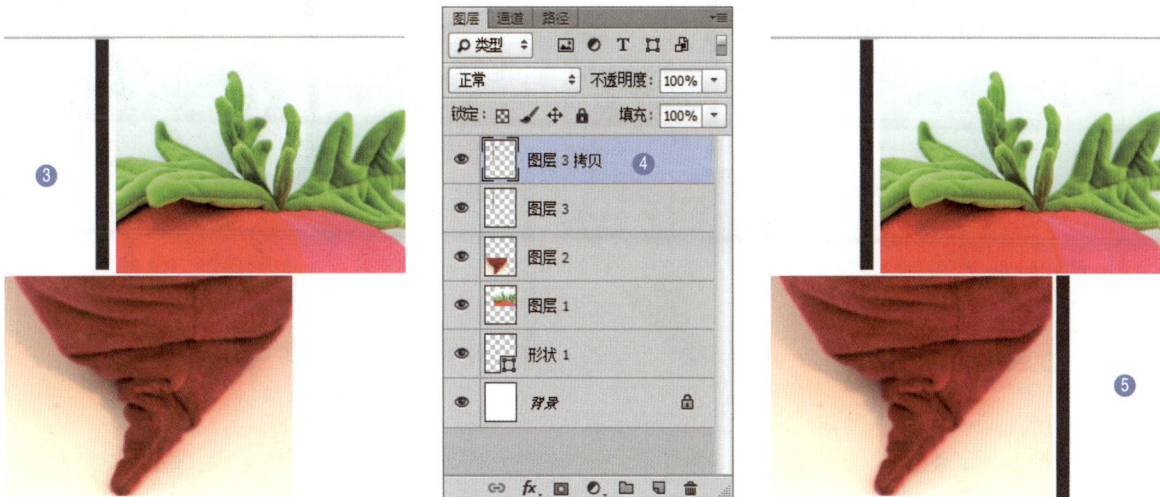

STEP 3 选取工具箱中的横排文字工具，在图像编辑窗口适当位置单击鼠标左键，输入相应文字，设置"字体"为"华文新魏"，"字体大小"为 35 点，"颜色"为粉红色⑥，按【Ctrl＋Enter】组合键确认⑦。

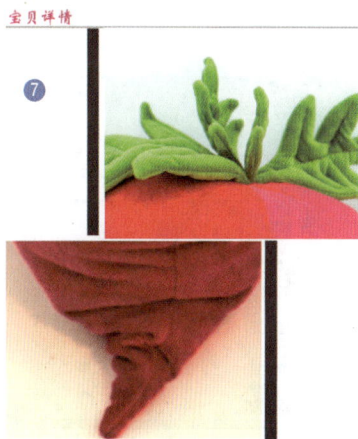

STEP 4 选取工具箱中的横排文字工具，在图像编辑窗口适当位置单击鼠标左键，输入相应文字，设置"字体"为"华文新魏"，"字体大小"为 40 点，"颜色"为粉红色⑧，按【Ctrl＋Enter】组合键确认⑩。

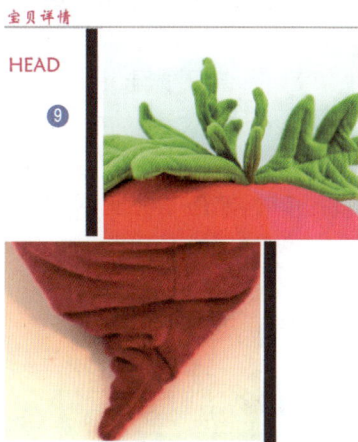

STEP 5 运用横排文字工具在图像编辑窗口适当位置单击鼠标左键，输入相应文字，设置"字体"为"华文新魏"，"字体大小"为 30 点，"颜色"为粉红色⑩，按【Ctrl＋Enter】组合键确认⑪。运用与前面同样的方法，输入其他的文字，并调整其位置，预览效果⑫。

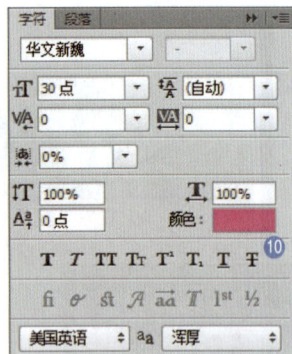

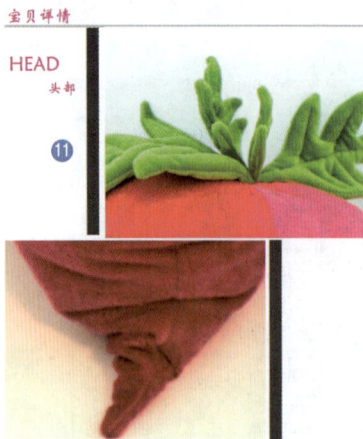

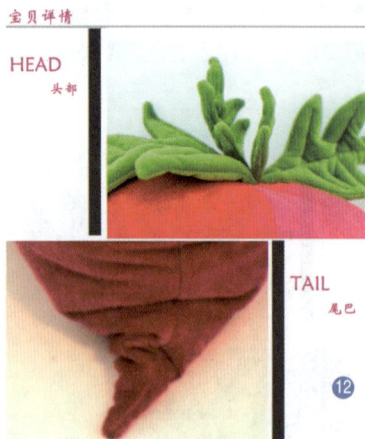

STEP 6 运用横排文字工具在图像编辑窗口适当位置单击鼠标左键，输入相应文字，设置"字体"为"华文中宋"，"字体大小"为 13 点，"颜色"为黑色⑬，按【Ctrl + Enter】组合键确认⑭。用与前面相同的方法，输入其他的文字，并调整其位置，预览效果⑮，完成抱枕网店的设计。

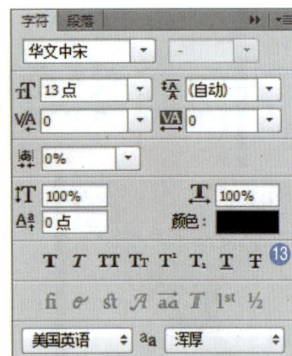

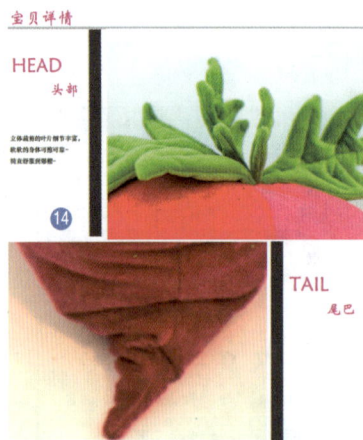

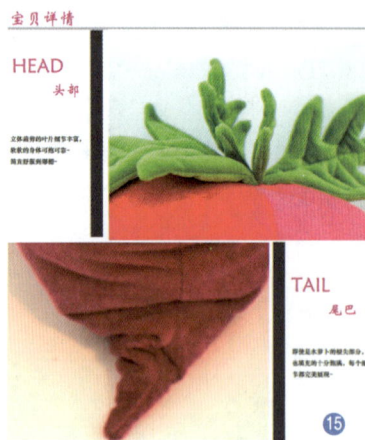

413 旅行箱网店详情页 1——制作图像黑色背景效果

　　本案例是为时尚旅行箱网店设计的产品详情页，画面中采用无色彩的黑色作为底色，更加突出了主体的鲜艳，并搭配适当的文字信息，使画面展示更加完整。下面详细介绍旅行箱网店详情页 1——制作图像黑色背景效果的方法。

STEP 1 单击"文件"|"新建"命令，弹出"新建"对话框，在其中设置"名称"为"413"，"宽度"为 750 像素，"高度"为 800 像素，"分辨率"为 72 像素/英寸，"颜色模式"为"RGB颜色"，"背景内容"为"白色"。

STEP 2 单击"确定"按钮，新建一幅空白图像。

STEP 3 单击工具箱底部的前景色色块，弹出"拾色器（前景色）"对话框，设置 RGB 参数值均为 48，单击"确定"按钮。

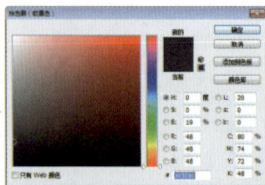

STEP 4 单击"编辑"|"填充"命令，弹出"填充"对话框，设置"使用"为"前景色"，单击"确定"按钮，即可填充颜色。

414 旅行箱网店详情页 2——制作 4 款箱包合成特效

网店卖家可以使用移动工具把商品图像移动至产品详情页图像中，以得到最终的效果。下面详细介绍旅行箱网店详情页 2——制作 4 款箱包合成特效的方法。

STEP 1 单击"文件"|"打开"命令，打开"414（1）"素材图像❶。

STEP 2 运用移动工具将"413"素材图像拖曳至新建的图像窗口中❷，并适当调整其大小❸和位置❹。

STEP 3 运用同样的方法添加"414（2）"素材图像❺，并适当调整其大小❻和位置，预览效果❼。

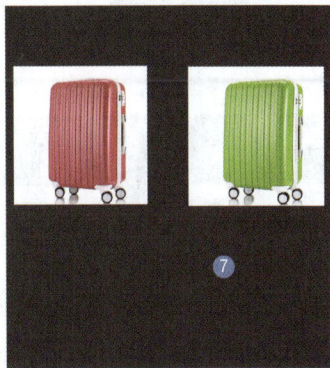

STEP 4 展开"图层"面板，选择"图层 1"图层和"图层 2"图层❽，单击"图层"|"对齐"|"顶边"命令❾并适当调整素材图像的位置，预览效果❿。

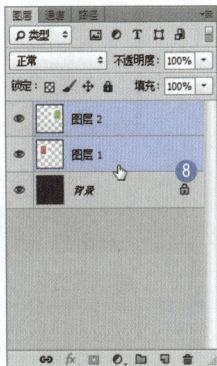

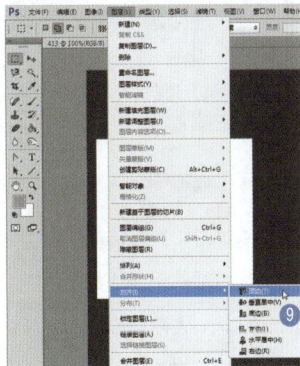

STEP 5 运用与前面同样的方法，在产品详情页图像中添加其他的旅行箱商品素材图像⓫⓬，并适当调整其大小和位置⓭。

415 旅行箱网店详情页 3——制作商品详情页文案效果

网店卖家可以在商品上添加相应的文字，以增强买家对商品的浏览效果。下面详细介绍旅行箱网店详情页 3——制作商品详情页文案效果的方法。

STEP 1 选取工具箱中的自定形状工具❶，新建 "图层 5" 图层❷，在工具属性栏中设置 "填充" 为黑色、"形状" 为 "三角形" ❸。

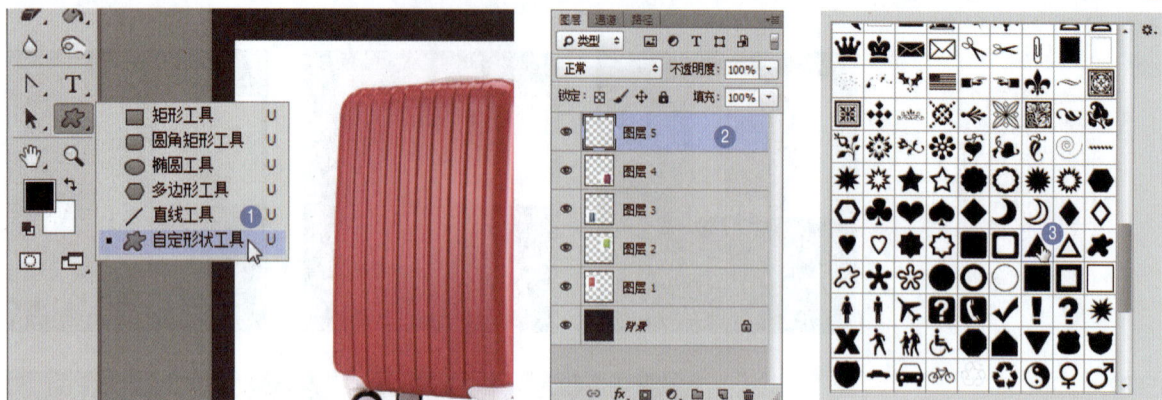

STEP 2 在图像编辑窗口中的合适位置绘制形状❹，单击 "编辑" | "变换" | "旋转 90 度(顺时针) (9)" 命令❺，得到相应的效果❻。

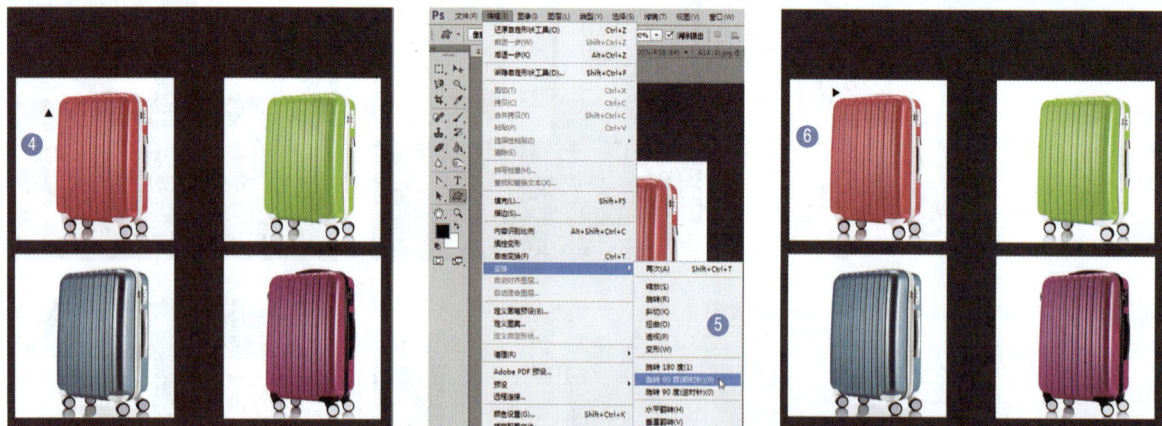

STEP 3 将所绘制的形状复制 3 个❼，并调整至合适的位置❽。

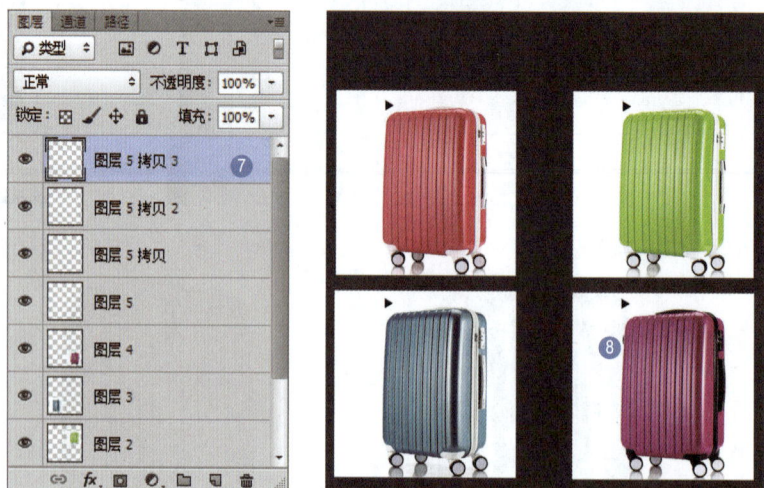

STEP 4 选取工具箱中的横排文字工具，在图像编辑窗口适当位置单击鼠标左键，输入相应文字，设置 "字体" 为 "黑体"，"字体大小" 为 60 点，"颜色" 为白色❾，按【 Ctrl + Enter】组合键确认❿。

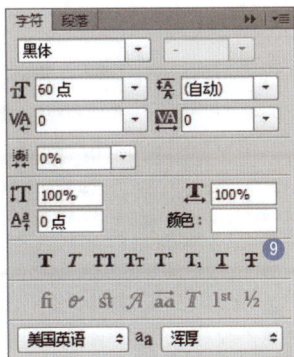

STEP 5 选取工具箱中的横排文字工具，在图像编辑窗口适当位置单击鼠标左键，输入相应文字，设置"字体"为"黑体"，"字体大小"为 15 点，"颜色"为黑色⑪，按【Ctrl＋Enter】组合键确认⑫。

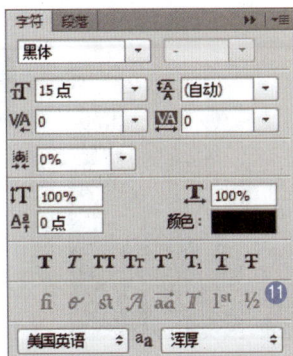

STEP 6 运用与前面同样的方法，输入其他的文字⑬⑭，并调整其位置，预览效果⑮，完成旅行箱网店的设计。

416　饰品网店详情页 1——制作黑色矩形条效果

　　本案例是为饰品网店设计的产品详情页画面主体是一张商品展示图，文字采用左对齐的排列方式，页面中的排列有松有紧，让版面整体具有很强的节奏感。下面以饰品为例详细介绍饰品网店详情页 1——制作黑色矩形条效果的方法。

STEP 1 单击"文件"|"打开"命令，打开一幅背景素材图像❶。

STEP 2 在工具属性栏中，选取矩形选框工具❷。

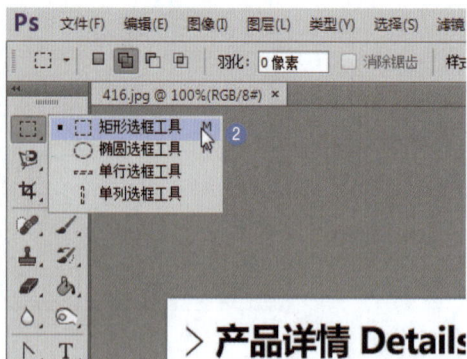

STEP 3 在图像编辑窗口中的合适位置绘制一个矩形选框❸。

STEP 4 单击工具箱底部的前景色色块，弹出"拾色器（前景色）"对话框，设置 RGB 参数值均为 0 ❹，单击"确定"按钮。

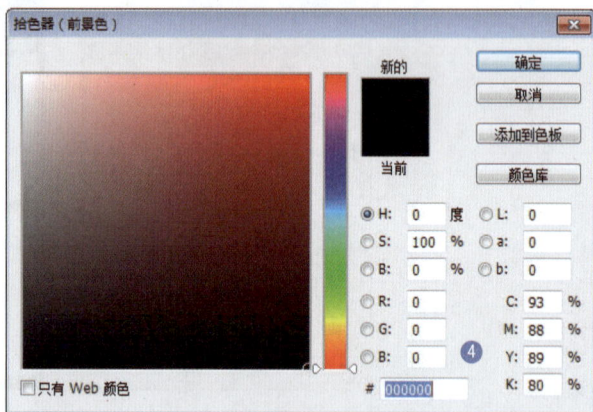

STEP 5 按【Alt + Delete】组合键填充绘制的矩形选框❺。

STEP 6 执行上述操作后，按【Ctrl + D】组合键取消选区，预览效果❻。

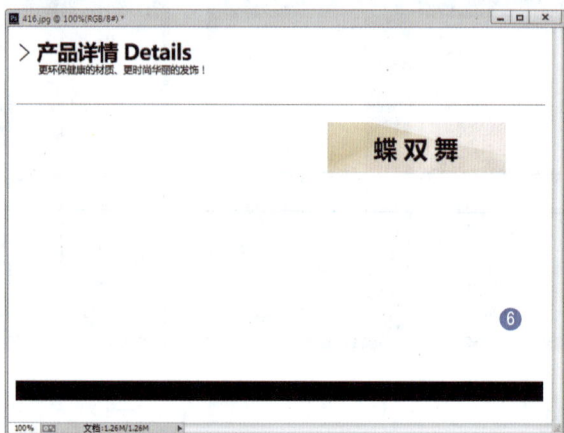

417 饰品网店详情页 2——制作单个商品展示效果

　　网店卖家可以使用移动工具把商品图像移动至产品详情页图像中，以得到最终的效果。下面详细介绍饰品网店详情页 2——制作单个商品展示效果的方法。

STEP 1 单击 "文件" | "打开" 命令，打开一幅素材图像❶。

STEP 2 选取工具箱中的魔棒工具，在图像上的白色区域单击以创建不规则选区，单击 "选择" | "反向" 命令❷，即可反选选区。

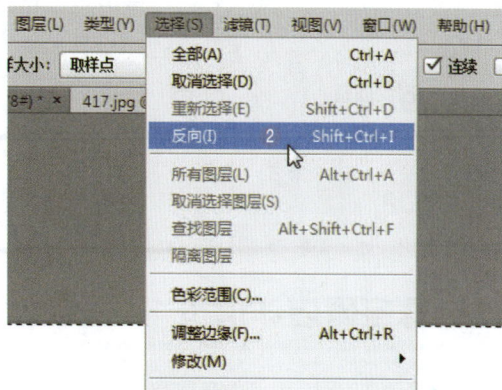

STEP 3 按【Ctrl＋J】组合键，复制选区内的图像，新建一个图层，隐藏 "背景" 图层❸，运用移动工具将 "416" 素材图像拖曳至新建的图像窗口中，并适当调整其大小和位置❹。

418 饰品网店详情页 3——制作商品文字说明效果

网店卖家可以在商品上添加相应的文字，以增强买家对商品的浏览效果。下面详细介绍饰品网店详情页 3——制作商品文字说明效果的方法。

STEP 1 选取工具箱中的横排文字工具，在图像编辑窗口中的适当位置单击鼠标左键，输入相应文字，设置 "字体" 为 "黑体"，"字体大小" 为 15 点，"颜色" 为白色❶，按【Ctrl＋Enter】组合键确认❷。

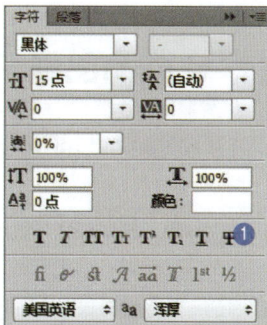

STEP 2 选取工具箱中的横排文字工具，在图像中的适当位置单击鼠标左键，输入相应文字，设置 "字体" 为 "新宋体"，"字体大小" 为 15 点，"颜色" 为黑色❸，按【Ctrl＋Enter】组合键确认❹。

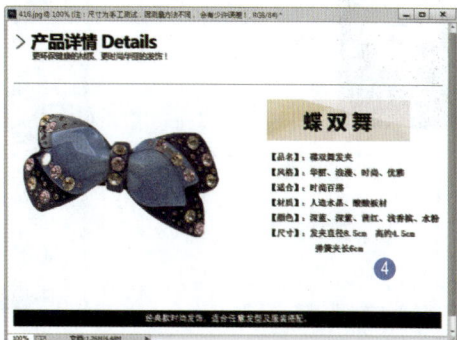

STEP 3 选取工具箱中的横排文字工具，在图像编辑窗口中的适当位置单击鼠标左键，输入相应文字，设置"字体"为"新宋体"，"字体大小"为13点，"颜色"为黑色⑤，按【Ctrl＋Enter】组合键确认⑥，完成饰品网店的设计。

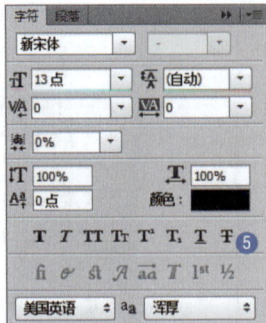

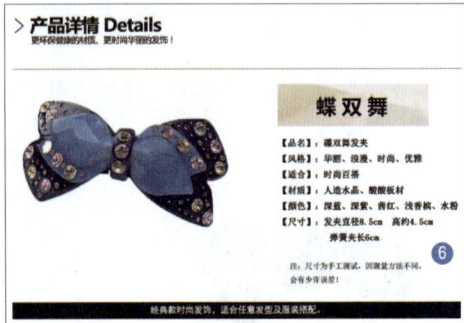

419 珠宝网店详情页 1——制作白色图像画面

本案例是为珠宝网店设计的产品详情页，画面中运用了大量的商品展示图，从多方位展示珠宝，并以黑色作为底色，衬托珠宝的华丽。下面详细介绍珠宝网店详情页 1——制作白色图像画面的方法。

STEP 1 在菜单栏中，单击"文件" | "新建"命令①。

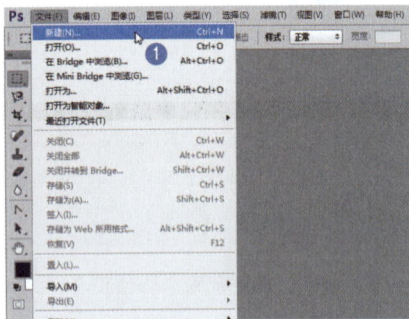

STEP 2 弹出"新建"对话框，在其中设置"名称"为"419"，"宽度"为 750 像素，"高度"为 800 像素，"分辨率"为 72 像素 / 英寸，"颜色模式"为"RGB 颜色"，"背景内容"为"白色"②。

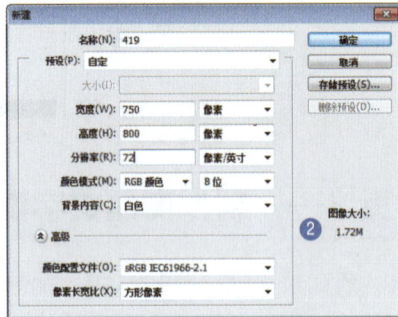

STEP 3 单击"确定"按钮，新建一幅空白图像③。

420 珠宝网店详情页 2——制作 6 款商品展示

网店卖家可以使用移动工具把商品图像移动至产品详情页图像中，以得到最终的效果。下面详细介绍珠宝网店详情页 2——制作 6 款商品展示的方法。

STEP 1 单击"文件" | "打开"命令，打开"420（1）"素材图像①。运用移动工具将相应素材图像拖曳至新建的图像窗口中，并适当调整其大小②和位置③。

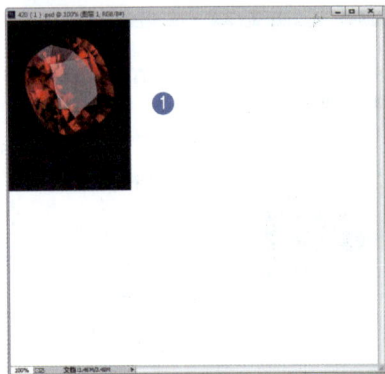

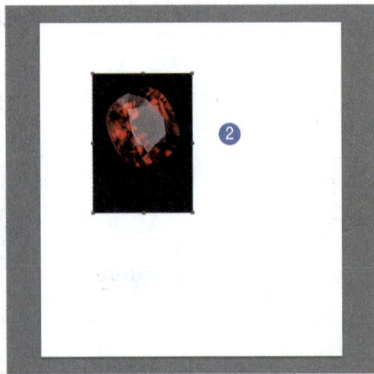

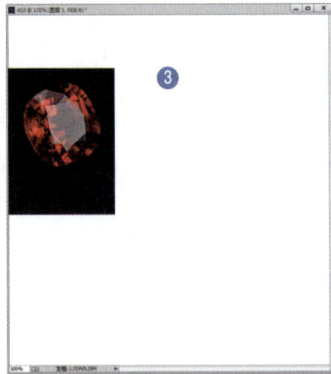

STEP 2 运用同样的方法添加 "420（2）" 素材图像④，并适当调整其大小⑤和位置⑥。

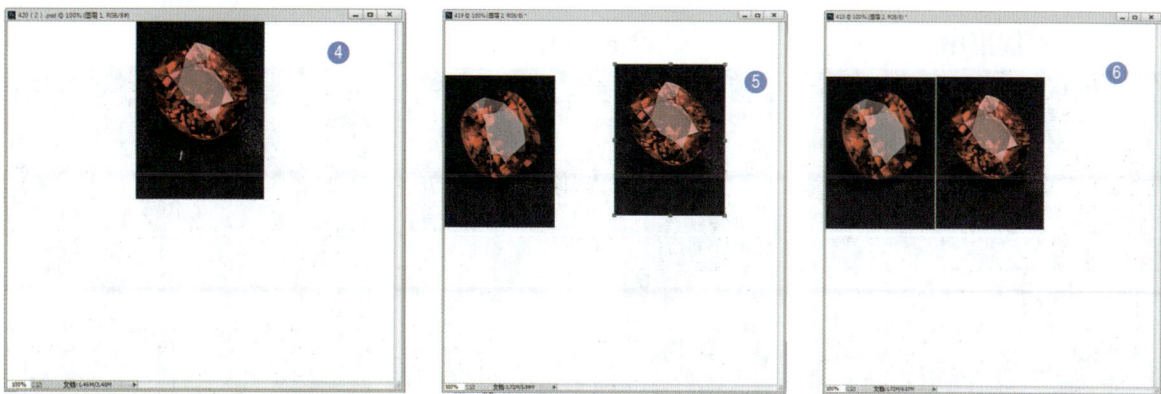

STEP 3 展开 "图层" 面板，选择 "图层 1" 图层和 "图层 2" 图层⑦，单击 "图层" | "对齐" | "顶边" 命令并适当调整素材图像的位置，预览效果⑧。运用同样的方法，在产品详情页图像中添加其他的珠宝商品素材图像，并适当调整其大小和位置⑨。

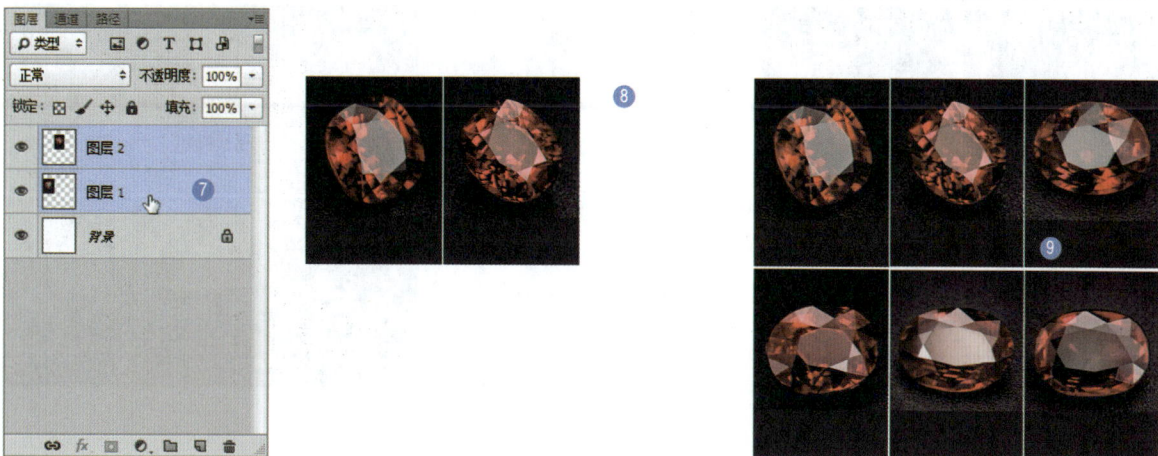

421 珠宝网店详情页 3——制作珠宝文字说明

网店卖家可以在商品上添加相应的文字，以增强买家对商品的浏览效果。下面详细介绍珠宝网店详情页 3——制作珠宝文字说明的方法。

STEP 1 选取工具箱中的横排文字工具，在图像编辑窗口中的适当位置单击鼠标左键，输入相应文字，设置 "字体" 为 "华康雅宋体 W9（P）"，"字体大小" 为 60 点，"颜色" 为黑色①，按【Ctrl＋Enter】组合键确认②。

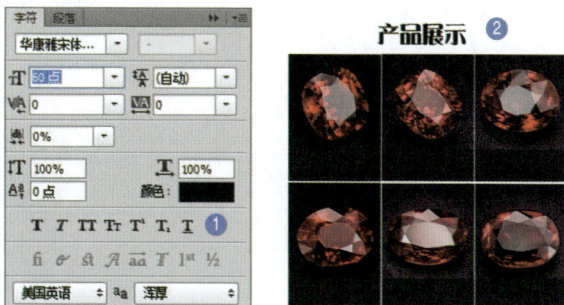

STEP 2 运用横排文字工具在图像编辑窗口适当位置单击鼠标左键，输入相应文字，设置 "字体" 为 "华康雅宋体 W9（P）"，"字体大小" 为 15 点，"颜色" 为白色③，按【Ctrl＋Enter】组合键确认④。

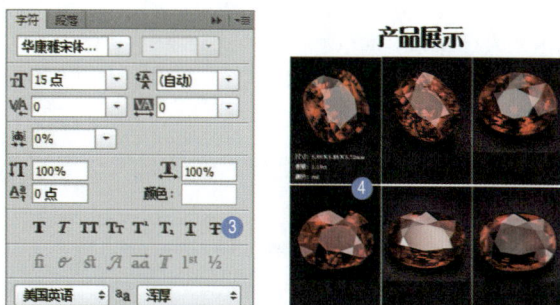

STEP 3 运用与前面同样的方法，输入其他的文字❺❻❼❽❾，并调整其位置，预览效果❿，完成珠宝网店的设计。

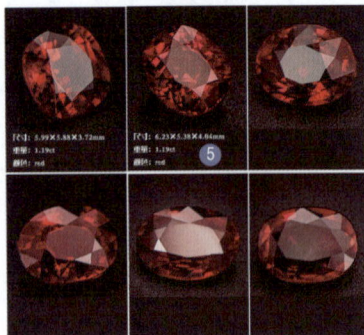

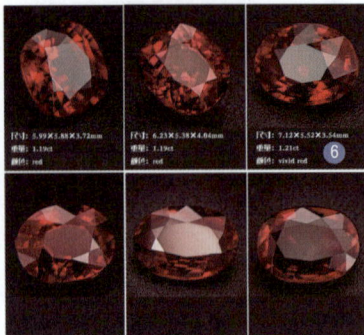

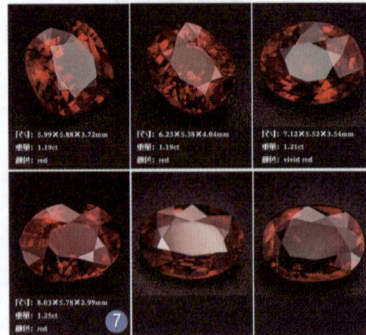

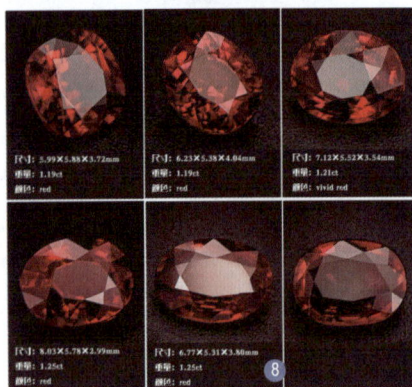

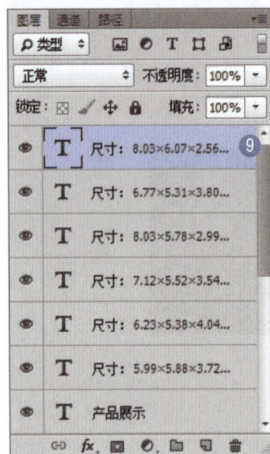

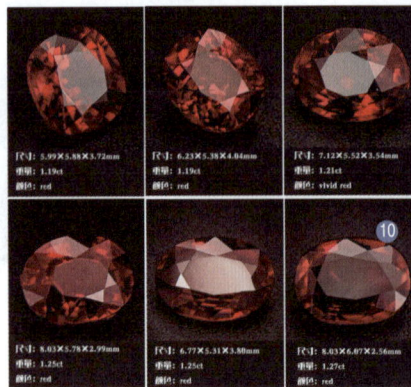

PART 03

实战应用篇

17

促销：吸引顾客的活动设计

在网店设计中随处可见形式多种多样的促销活动海报，网店卖家可以通过 Photoshop 让活动信息图片一目了然，以吸引买家注意。因此，促销活动海报的设计必须有号召力和艺术感染力，海报中的活动信息要简洁鲜明，达到引人注目的视觉效果。本章将详细介绍不同类型促销活动的设计与制作。

422 促销方案的设计分析

商品促销区是旺铺非常重要的特色之一，它的作用是让卖家将一些促销信息或公告信息发布在这个区域上。就像商场的促销一样，如果处理得好，可以最大限度地吸引顾客的注意，让顾客一目了然而知道你的店铺在进行相关活动，从而了解特别推荐或优惠的商品。

423 制作商品促销区的方法

旺铺的商品促销区包括了基本店铺的公告栏功能，但比公告栏功能更加强大实用。卖家可以通过促销区来装点漂亮的促销宝贝，吸引顾客注意。目前，制作商品促销的方法有 3 种。

1. 通过互联网寻找一些免费的宝贝促销模块，然后下载到本地计算机并进行修改，或者直接在线修改，在模板上添加自己店铺的促销宝贝信息和公告信息，最后将修改后的模板代码应用到店铺的促销区即可，如下图所示。

优点：这种方法方便、快捷，而且不用支付费用。

缺点：在设计上有所限制，个性化不足。

互联网的促销模板

2. 自行设计宝贝促销方案。卖家可以先使用图像制作软件设计商品促销版面，然后进行切片处理并将其保存为网页，接着通过网页制作软件（如 Dreamweaver、FrontPage）制作编排和添加网页特效。最后将网页的代码应用到店铺的商品促销区即可，如下图所示。

优点：由于这种方法是自行设计，所以在设计上可以随心所欲，可以按照自己的意向设计出独一无二的商品促销效果。

缺点：对卖家的设计能力要求比较高，需要卖家掌握一定的图像设计和网页制作技能。

自行设计宝贝促销方案

3. 第 3 种方法是最省力的，就是卖家从提供淘宝店铺装修的店铺购买整店装修服务，或者只购买宝贝设计服务。目前，淘宝网上有很多专门提供店铺装修服务和出售店铺装修模板的店铺，卖家可以购买这些装修服务，如下图所示。

通过淘宝网店购买促销模板

优点：就商品促销方案而言，购买一个精美模板的价格通常为几十元。如果卖家不想使用现成的模板，还可以让这些店铺为你设计一个专属的商品促销模板，不过价格比购买现成模板的价格稍贵。这种方法最省心，而且可以定制专属的宝贝促销模板。

缺点：需要花费一定的费用。

424 促销方案的设计要点

电商在进行网店、微店运营时，其中一项必须进行的工作是策划优惠促销方案，看看现在的各大商城网店等，优惠促销活动常常是遍地开花，如下图所示。

各类促销方案

促销，简单来说就是将产品成功销售出去所采取的一切可行手段。

卖家要定期收集同类优秀店铺的活动设计页面、文案，可以对启发策划设计思路起到很好的作用，然后可以按照折扣促销、顾客互动、二次营销进行分类和归档。在收集了一些素材之后，平时的策划活动就会变得游刃有余。

这些活动设计文案只是网店卖家搭建促销活动的基石，但这个基石不是随意堆砌而成的。在策划店铺的整体推广方案的时候，先要明确以下两个理念。

通过广告引入店铺的人流量，若要起到最好的效果，就应考虑到适合各个心理状态客户的情况，并用具有针对性的活动来满足他们的需求。例如，针对有明确购买意图的客户，设计打折促销的限时特惠活动，买后好评晒图并分享的返现，或者赠送店铺优惠券等。总之，促销方案的设计，都是从客户的需求及心理分析出发的，抓住客户的需求就能设计出好的促销方案。

如果要提高客户转化率，就不能不考虑 80% 的普通客户。针对每个客户群设计出适合的产品，是提高客户转化率、带动销售的重要因素。例如，一个高端品牌的化妆品网店的促销方案，针对高端客户有一个 2000 元左右的礼盒套餐，针对精英客户有一个限时 5 折的主打产品促销，针对普通客户有一个 1 元 1 包的试用装，一个 ID 限购 10 条的活动。这样的促销方案设计很全面地照顾到了各类客户，能很好地提高产品转化率。

425 促销活动的过程

促销活动的主要过程如下图所示。在策划促销方案时，卖家必须先确定促销的目标对象，再选择合适的传播方法，比如互联网上的旺旺消息、签名档、宝贝题目、公告、写贴和微信朋友圈等。在线下也可以结合做一些推广，如手机短信、DM 单等，这些都是促销信息传播的有效途径。做好这些准备，就不愁没有客户进店了。

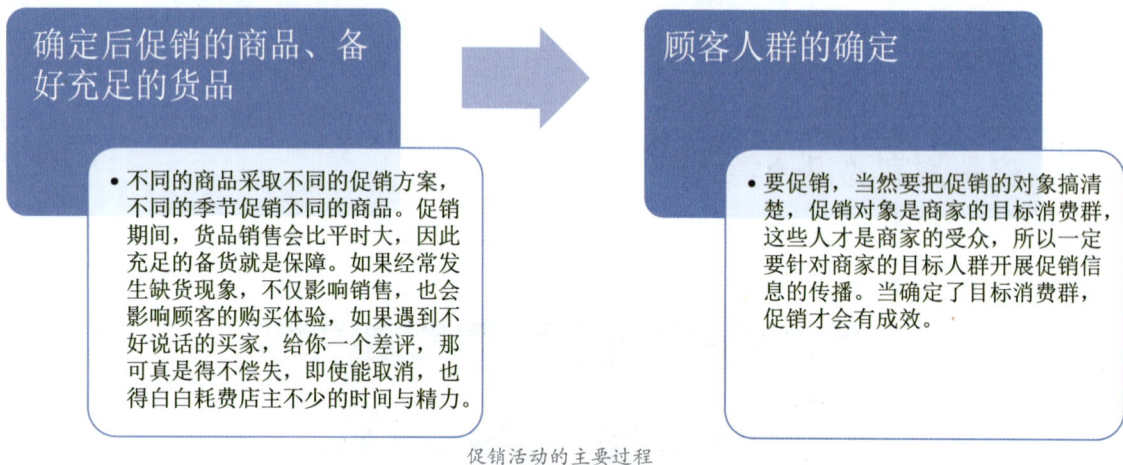

确定后促销的商品、备好充足的货品	顾客人群的确定
• 不同的商品采取不同的促销方案，不同的季节促销不同的商品。促销期间，货品销售会比平时大，因此充足的备货就是保障。如果经常发生缺货现象，不仅影响销售，也会影响顾客的购买体验，如果遇到不好说话的买家，给你一个差评，那可真是得不偿失，即使能取消，也得白白耗费店主不少的时间与精力。	• 要促销，当然要把促销的对象搞清楚，促销对象是商家的目标消费群，这些人才是商家的受众，所以一定要针对商家的目标人群开展促销信息的传播。当确定了目标消费群，促销才会有成效。

促销活动的主要过程

426 促销活动的类型

当确定目标顾客之后，卖家才能选择合适的促销方法。制定促销方案的基本类型如下。

1. 会员、积分促销

会员、积分促销

采用这种促销方式，可吸引客户再次来店购买以及介绍新客户来店购买，不仅可以使客户得到更多的实惠，同时维系老客户关系，拓展新客户，增强了客户对网店、微店的忠诚度。

例如，所有购买某公司产品的顾客，都可以成为某公司的会员，会员不仅可享受购物优惠，同时还可以累计积分，用积分免费兑换商品。

2. 折扣促销

折价亦称打折、折扣，是目前最常用的一种阶段性促销方式，如右图所示。由于折扣促销直接让利与消费者，让客户非常直接地感受到了实惠，因此这种促销方式是比较有效的。

折扣促销

● 直接折扣：找个缘由，进行打折销售

例如，保健品卖家可以在重要的节日（如春节、情人节、三八妇女节、五一劳动节、中秋节、重阳节、母亲节、圣诞节等）进行折扣优惠，因为在这些时候人们往往会选择健康礼品作为表达情意的礼品。商家往往也在公司周年庆等庆典时折进行扣促销。

优点：符合节日需求，会吸引更多的人前来购买，虽然打折后单件利润下降，但销量上去了，总的销售收入不会减少，同时还增加了店内的人气，拥有了更多的客户，对以后的销售也会起到带动作用。

建议：采用这种促销方式的促销效果也要取决于商品的价格敏感度。对于价格敏感度不高的商品，往往徒劳无功。不过，由于互联网营销的特殊性，直接的折扣销售容易引起顾客的怀疑，一般不建议使用。

● 变相折扣

例如，卖家可以在节假日前采取符合节假日特点的打包销售，把几件产品进行组合，形成一个合理的礼品包装，进行有一定折扣的销售。

优点：更加人性化，而且折扣比较隐蔽。

建议：产品的组合有很多讲究，组合得好可以让消费者非常满意，但是如果组合不好那可能会令人怨声载道。

● 赠品促销

其实这也是一种变相的折价促销方式，也是一种常用而且有效的促销方式。

例如，购买旅游产品即赠送浪漫写真。

优点：让顾客觉得以低价购买了更多的产品。

建议：赠品促销应用效果的好坏关键在赠品的选择上，一个贴切、得当的赠品，会对产品销售起到积极的促进作用，而选择不适合的赠品只能是得不偿失——成本上去了，利润减少了，但客户却不领情。

3. 赠送样品促销

这种促销方案比较适合化妆品和保健食品，如右图所示。由于物流成本原因，目前在互联网上的应用不算太多，在新产品推出试用、更新产品、对抗竞争品牌、开辟新市场情况下利用赠品促销可以达到比较好的促销效果。

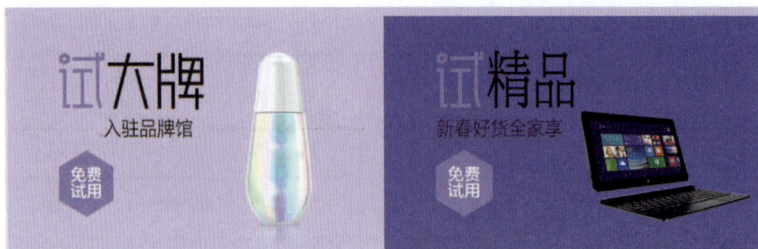

赠送样品促销

优点：让顾客产生对产品的忠实度。

建议：效果过硬的产品才能够用于试用。

4. 抽奖促销

抽奖促销是一种有博彩性质的促销方式，也是应用较为广泛的促销方式。由于奖品大多有诱惑力，因此可以吸引消费者来店，以促进产品销售。如右图所示。

抽奖促销活动应注意以下事项。

1. 奖品要有诱惑力，可考虑大额超值的产品吸引人们参加。

2. 要简化活动参加方式，太过复杂和难度太大的活动较难吸客户参与。

3. 抽奖结果的公正公平性，由于互联网的虚拟性和参加者的广泛地域性，对抽奖结果的真实性要有一定的保证，并及时通过电子邮件、公告等形式向参加者通告活动进度和结果。

抽奖促销

5. 红包促销

红包是淘宝网上专用的一种促销道具，卖家可以根据各自店铺的不同情况灵活制订红包的赠送规则和使用规则，如右图所示。

红包促销

优点：可增强店内的人气，由于红包有使用时限，因此可促进客户在短期内再次购买，有效形成客户的忠诚度。

6. 拍卖促销

拍卖是互联网上吸引人气最为有效的方法之一，由于"一元拍"和"荷兰拍"在淘宝网首页都有专门的展示区，因此进入该区的商品可获得更多的被展示机会，淘宝买家也会因为拍卖的物品而进入卖家店内浏览更多商品，可大大提升商品成交机会，如右图所示。

拍卖促销

7. 积极参与淘宝网主办的各种促销活动

淘宝网不定期会在不同版块组织不同的活动，参与活动的卖家会得到更多的推荐机会，这也是提升店铺人气和促进销售的一个好方法。要想让更多的人关注到你的店铺，那么一定要抓住这个机会，所以卖家别忘了经常到淘宝网的首页、支付页面、公告栏等处关注淘宝网举行的活动，并积极参与。

很多店铺在做促销时，店外宣传做得很不错，可顾客进店一看就要离开。当顾客究其原因，那就是店内氛围没到位，促销时和没促销时一个样，冷冷清清的，店铺公告里没有促销信息，留言里也没有促销信息，当顾客进入店内时感受不到一点人气和促销氛围。因此，促销要"有声有色"，冷冷清清很难留住顾客。

最后，卖家还需要对促销效果进行评估并对促销方案进行修正。任何一项促销活动都不可能事先就知道一定是切实可行的，在促销活动执行到一定时间后，卖家就需要对活动效果进行评估。如果评估的促销效果与预期目标有所偏离，这就需要查找原因，看是哪部分出了问题，并根据出现的问题制订新的促销策略，以进行修正与完善。

要从横向与纵向这两方面进行比较，这样得到的才是真实有效的促销效果评估，具体如下。

1．用本店铺当前的浏览量、成交量与历史同期的浏览量、成交量相比较。

2．用相行业竞争对手当前的浏览量、成交量与本店铺当前的相应数据来比较。

> **TIPS**
>
> 网店、微店的推广不能盲目进行，需要进行效果跟踪和控制。在网店、微店推广评价方法中，最为重要的一项指标是网店、微店的访问量，访问量的变化情况基本上反映了网店、微店推广的成效，因此网店、微店访问统计分析报告对店铺推广的成功具有至关重要的作用。
>
> 当然，人的创意是无穷的，好的促销方案也是层出不穷的，以上都是一些最常用而比较有效的促销方式，大家可以集思广益，根据各自店铺的不同情况将一些基本的促销方式加以变化和升华，注意可操作性，加强趣味性、新奇性，这样你的店铺就会越来越好。

427 新店开业促销设计 1——制作主题文字效果

在新店开业时，在没有品牌知名度和良好信誉度的情况下，可利用促销活动吸引买家注意，并为店铺做宣传。下面详细介绍新店开业促销设计 1——制作主题文字效果的方法。

STEP 1 按【Ctrl＋O】组合键，打开一幅素材图像❶。

STEP 2 选取工具箱中的横排文字工具，在"字符"面板中设置"字体"为"方正大黑简体"，"字体大小"为130点，"设置消除锯齿的方法"为"浑厚"，"颜色"为白色❷。

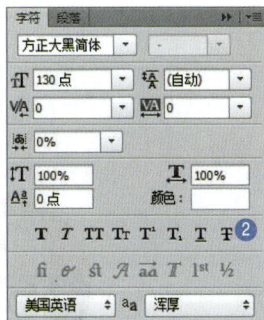

STEP 3 将鼠标指针移动至图像编辑窗口中并单击鼠标左键，输入文字，按【Ctrl＋Enter】组合键确认输入，并调整文字的位置❸。

428 新店开业促销设计 2——调整文字促销效果

网店卖家可以使用"渐变叠加"命令调整商品图像的渐变效果。下面详细介绍新店开业促销设计 2——调整文字促销效果的方法。

STEP 1 选中"开"文字，在"字符"面板中设置"字体大小"为 170 点❶。

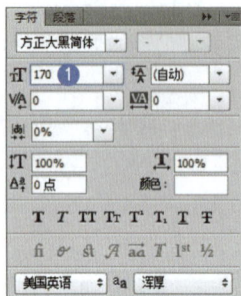

STEP 2 按【Ctrl + Enter】组合键确认输入。按【Ctrl + T】组合键，旋转文字并将其移动至合适位置❷。

STEP 3 在菜单栏中单击"图层"|"图层样式"|"渐变叠加"命令，即可弹出"图层样式"对话框，设置"角度"为 80 度❸。

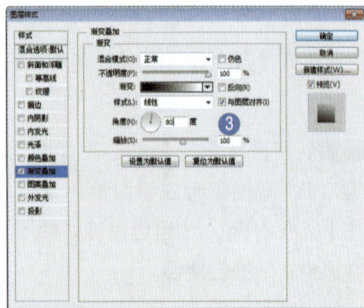

STEP 4 单击"渐变"色块，即可弹出"渐变编辑器"对话框，设置渐变颜色 0% 位置为浅黄色（RGB 参数值分别为 253、238、180）、50% 位置为黄色（RGB 参数值分别为 255、198、0）、100% 位置为浅黄色（RGB 参数值分别为 253、238、180）❹。

STEP 5 单击"确定"按钮即可返回"图层样式"对话框，单击"确定"按钮，即可制作渐变效果❺。

429 新店开业促销设计 3——添加商品促销效果

网店卖家可以使用移动工具添加所需的商品图像，以得到最终的效果。下面详细介绍新店开业促销设计 3——添加商品促销效果的方法。

STEP 1 按【Ctrl + O】组合键，打开两幅素材图像❶。

STEP 2 在工具箱中，选取移动工具❷。

STEP 3 将素材图像移动至"427"图像编辑窗口中的合适位置，预览效果❸，完成新店开业设计。

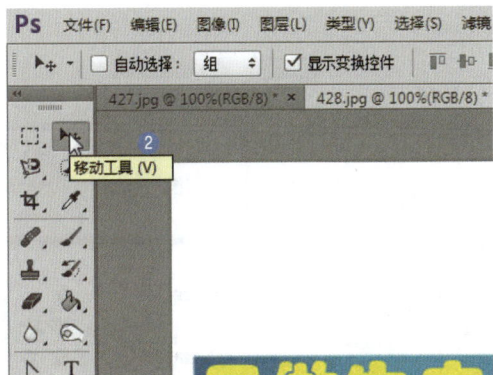

430 "买就送"促销设计1——制作鞋子主题效果

为了吸引消费者购买其产品，网店卖家可适当推出促销活动。下面详细介绍"买就送"促销设计1——制作鞋子主题效果的方法。

STEP 1 按【Ctrl + O】组合键，打开一幅素材图像❶。

STEP 2 选取工具箱中的横排文字工具，在"字符"面板中设置"字体"为"方正超粗黑简体"，"字体大小"为90点，"设置消除锯齿的方法"为"浑厚"，"颜色"为红色（RGB参数值分别为255、0、0）❷。

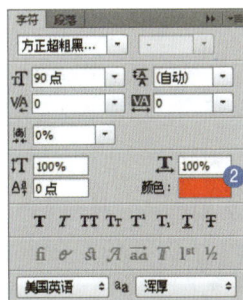

STEP 3 将鼠标指针移动至图像编辑窗口中并单击鼠标左键，输入文字，并按【Space】键隔开文字，按【Ctrl + Enter】组合键确认输入，选取工具箱中的移动工具，将文字移动至合适位置❸。

STEP 4 选取工具箱中的横排文字工具，在工具属性栏中设置"字体大小"为190点❹。

STEP 5 在图像编辑窗口中单击鼠标左键并输入文字，按【Ctrl + Enter】组合键确认输入，选取工具箱中的移动工具，将文字移动至合适位置❺。

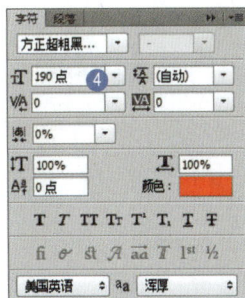

431 "买就送"促销设计 2——绘制自定形状效果

网店卖家可以使用自定形状工具绘制合适的形状，以得到最终的效果。下面详细介绍"买就送"促销设计 2——绘制自定形状效果的方法。

STEP 1 新建"图层 1"图层，选取工具箱中的矩形选框工具，在图像编辑窗口中创建矩形选区 ❶。

STEP 2 设置前景色为红色（RGB 参数值分别为 255、0、0）。按【Alt ＋ Delete】组合键填充前景色，按【Ctrl ＋ D】组合键取消选区 ❷。

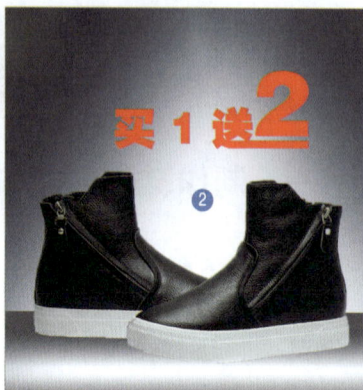

STEP 3 选取工具箱中的自定形状工具，在工具属性栏中设置"形状"为"窄边圆形边框" ❸，在图像编辑窗口中单击鼠标左键，即可弹出"创建自定形状"对话框。

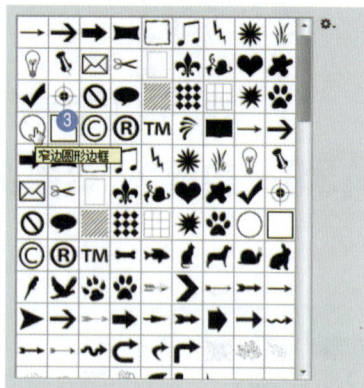

STEP 4 设置"宽度"为 95 像素、"高度"为 95 像素 ❹，单击"确定"按钮，即可创建自定形状。

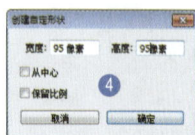

STEP 5 选取工具箱中的移动工具，将形状移动至合适位置 ❺。

432 "买就送"促销设计 3——添加主题文字说明

网店卖家可以使用移动工具将图像移至合适位置。下面详细介绍"买就送"促销设计 3——添加主题文字说明的方法。

STEP 1 按【Ctrl ＋ O】组合键，打开"432"素材图像 ❶

STEP 2 选取工具箱中的移动工具，将素材图像移动至"430"图像编辑窗口中的合适位置，预览效果 ❷，完成"买就送"促销的设计。

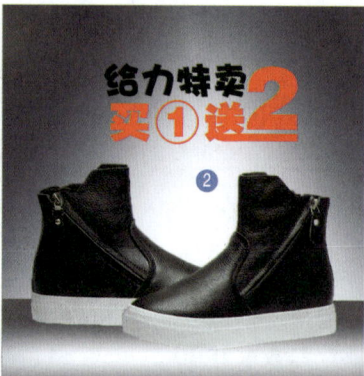

433 "秒杀"促销设计 1——制作文字广告效果

在网店中使用"秒杀"促销手段，可以极大地调动消费者的购买热情。下面详细介绍"秒杀"促销设计 1——制作文字广告效果的方法。

STEP 1 按【Ctrl＋O】组合键，打开一幅素材图像❶。

STEP 2 选取工具箱中的横排文字工具，在"字符"面板中设置"字体"为"方正卡通简体"，"字体大小"为 35 点，"设置消除锯齿的方法"为"浑厚"，"颜色"为黑色❷。

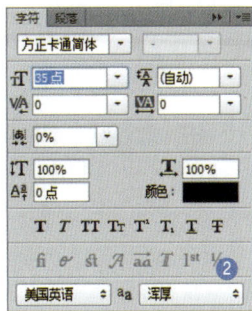

STEP 3 将鼠标指针移动至图像编辑窗口中并单击鼠标左键，输入文字，按【Ctrl＋Enter】组合键确认输入，选取工具箱中的移动工具，将文字移动至合适位置❸。

STEP 4 选中"1"文字，在"字符"面板中设置"字体"为"方正超粗黑简体"，"字体大小"为 60 点，"颜色"为红色（RGB 参数值分别为 255、0、0）。

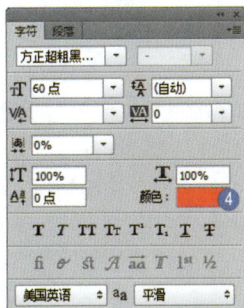

STEP 5 按【Ctrl＋Enter】组合键确认输入，即可预览效果❺。

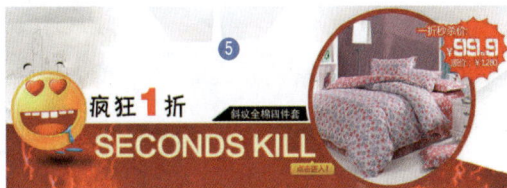

434 "秒杀"促销设计 2——制作文字投影效果

网店卖家可以使用"投影"命令制作所需要的效果。下面详细介绍"秒杀"促销设计 2——制作文字投影效果的方法。

STEP 1 按【Ctrl＋O】组合键，打开"434"素材图像❶。

STEP 2 选取工具箱中的移动工具，将素材图像移动至"433"图像编辑窗口中的合适位置，预览效果❷。

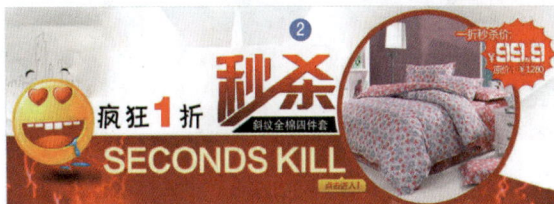

STEP 3 在菜单栏中单击"图层"|"图层样式"|"投影"命令,即可弹出"图层样式"对话框,设置"角度"为45度、"距离"为4像素、"大小"为3像素,单击"确定"按钮❸。

STEP 4 执行上述操作后,即可制作投影效果❹。

435 "秒杀"促销设计 3——添加图像促销效果

网店卖家可以使用移动工具添加图像。下面详细介绍"秒杀"促销设计 3——添加图像促销效果的方法。

STEP 1 按【Ctrl + O】组合键,打开"435"素材图像❶。

❶

秒杀天天有,一折更刺激

STEP 2 选取工具箱中的移动工具,将素材图像移动至"433"图像编辑窗口中的合适位置,预览效果❷,完成"秒杀"促销设计。

436 年中促销设计 1——制作文字宣传效果

网店促销是一种竞争手段,它可以改变一些消费者的消费习惯及品牌忠诚度。下面详细介绍年中促销设计 1——制作文字宣传效果的方法。

STEP 1 按【Ctrl + O】组合键,打开一幅素材图像❶。

STEP 2 选取工具箱中的横排文字工具,在"字符"面板中设置"字体"为"方正超粗黑简体","字体大小"为 50 点,"设置消除锯齿的方法"为"浑厚","颜色"为白色❷。

STEP 3 将鼠标指针移动至图像编辑窗口中单击鼠标左键,输入文字,按【Ctrl + Enter】组合键确认输入,选取工具箱中的移动工具,将文字移动至合适位置,预览效果❸。

437 年中促销设计 2——调整主题文字效果

网店卖家可以使用文字工具输入相应文字并设置相应属性。下面详细介绍年中促销设计 2——调整主题文字效果的方法。

STEP 1 选取工具箱中的横排文字工具，在"字符"面板中设置"字体"为"方正粗倩简体"，"字体大小"为 100 点，"设置消除锯齿的方法"为"浑厚"，"颜色"为黄色（RGB 参数值分别为 245、252、0）❶。

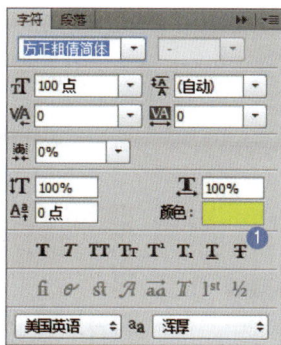

STEP 2 将鼠标指针移动至图像编辑窗口中并单击鼠标左键，输入文字，按【Ctrl＋Enter】组合键确认输入，选取工具箱中的移动工具，将文字移动至合适位置，预览效果❷。

STEP 3 在菜单栏中单击"图层"|"图层样式"|"投影"命令，即可弹出"图层样式"对话框，设置"角度"为 50 度、"距离"为 5 像素、"大小"为 5 像素，单击"确定"按钮❸。

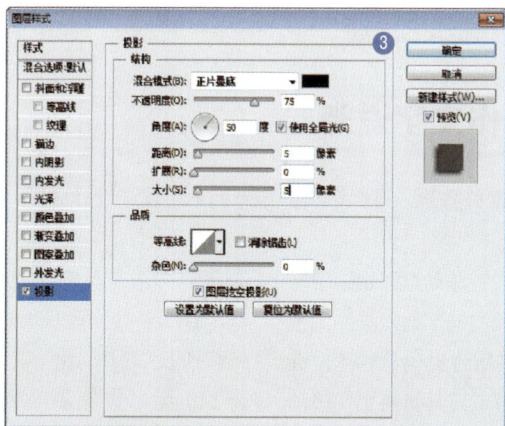

STEP 4 执行上述操作后，即可制作投影效果❹。

438 年中促销设计 3——添加文字说明

网店卖家可以使用移动工具添加图像。下面详细介绍年中促销设计 3——添加文字说明的方法。

STEP 1 按【Ctrl＋O】组合键，打开"438"素材图像❶。

STEP 2 选取工具箱中的移动工具，将素材图像移动至"436"图像编辑窗口中的合适位置，预览效果❷，完成年终促销设计。

439 新品上市促销设计 1——制作戒指文字

网店的促销活动可以让消费者降低初次消费成本，从而使消费者更容易去接受新产品。下面详细介绍新品上市促销设计 1——制作戒指文字的方法。

STEP 1 按【Ctrl ＋ O】组合键，打开一幅素材图像❶。

STEP 2 选取工具箱中的横排文字工具，在"字符"面板中设置"字体"为"微软雅黑"，"字体大小"为 120 点，"设置消除锯齿的方法"为"浑厚"，"颜色"为橙色（RGB 参数值分别为 255、65、0）❷。

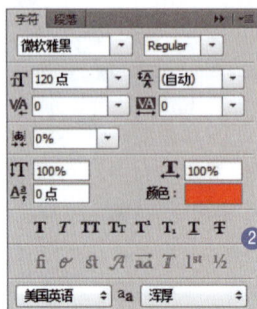

STEP 3 将鼠标指针移动至图像编辑窗口中并单击鼠标左键，输入文字，按【Ctrl ＋ Enter】组合键确认输入。选取工具箱中的移动工具，将文字移动至合适位置，预览效果❸。

440 新品上市促销设计 2——制作文字说明

网店卖家可以使用文字工具设置相应属性，以得到最终效果。下面详细介绍新品上市促销设计 2——制作文字说明的方法。

STEP 1 选取工具箱中的横排文字工具，在"字符"面板中设置"字体"为"Adobe 黑体 Std"，"字体大小"为 100 点，"设置消除锯齿的方法"为"浑厚"，"颜色"为黑色❶。

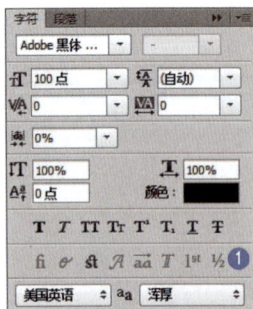

STEP 2 将鼠标指针移动至图像编辑窗口中并单击鼠标左键，输入文字，按【Ctrl ＋ Enter】组合键确认输入，选取工具箱中的移动工具，将文字移动至合适位置，预览效果❷。

STEP 3 选取工具箱中的横排文字工具，在"字符"面板中设置"字体"为"Adobe 黑体 Std"，"字体大小"为 140 点，"设置消除锯齿的方法"为"浑厚"，"颜色"为黑色❸。

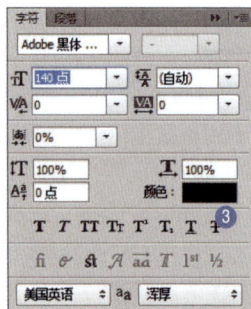

STEP 4 将鼠标指针移动至图像编辑窗口中并单击鼠标左键，输入文字，按【Ctrl＋Enter】组合键确认输入，选取工具箱中的移动工具，将文字移动至合适位置，预览效果❹。

STEP 5 在菜单栏中单击"图层"|"图层样式"|"投影"命令，即可弹出"图层样式"对话框，设置"角度"为30°、"距离"为 5 像素、"大小"为5 像素，单击"确定"按钮❺。

STEP 6 执行上述操作后，即可制作投影效果❻。

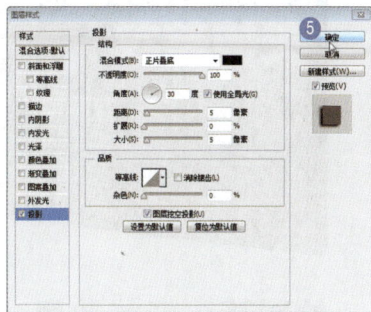

441 新品上市促销设计 3——添加主题文案

网店卖家可以使用移动工具添加主题文字，以得到最终的效果。下面详细介绍新品上市促销设计 3——添加主题文案的方法。

STEP 1 按【Ctrl＋O】组合键，打开一幅素材图像❶。

STEP 2 选取工具箱中的移动工具，将素材图像移动至"439"图像编辑窗口中的合适位置，预览效果❷，完成新品上市促销设计。

442 店庆促销设计 1——制作店铺名称特效

在推广店铺时，卖家可以利用促销活动使广大消费者提高对其店铺产品的关注。下面详细介绍店庆促销设计 1——制作店铺名称特效的方法。

STEP 1 按【Ctrl＋O】组合键，打开一幅素材图像❶。

STEP 2 选取工具箱中的横排文字工具，在"字符"面板中设置"字体"为"方正超粗黑简体"，"字体大小"为 48 点，"设置消除锯齿的方法"为"平滑"，"颜色"为白色 ❷。

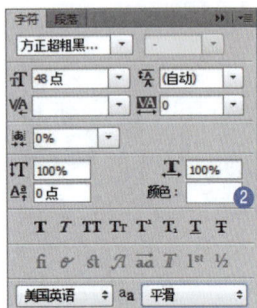

STEP 3 将鼠标指针移动至图像编辑窗口中并单击鼠标左键，输入文字，按【Ctrl＋Enter】组合键确认输入 ❸。

443 店庆促销设计 2——绘制箭头形状效果

网店卖家可以使用自定形状工具创建合适的形状并调整，以得到最终的效果。下面详细介绍店庆促销设计 2——绘制箭头形状效果的方法。

STEP 1 设置前景色为黄色（RGB 参数值分别为 255、242、0）。选取工具箱中的自定形状工具，在工具属性栏中设置"形状"为"箭头 9"，在图像编辑窗口中单击鼠标左键，即可弹出"创建自定形状"对话框，设置"宽度"为 280 像素、"高度"为 160 像素，单击"确定"按钮，即可创建自定形状，预览效果 ❶。

STEP 2 在"图层"面板中，选择"形状 1"图层并移动至文字图层下方。选取工具箱中的移动工具，将形状移动至合适位置。按住【Shift】键并选择文字和形状图层，单击鼠标右键，在弹出的快捷菜单中选择"链接图层"选项。按【Ctrl＋T】组合键，在工具属性栏中设置"旋转"为 9°，并移动至合适位置，按【Enter】键确认操作，预览效果 ❷。

STEP 3 选取工具箱中的横排文字工具，在"字符"面板中设置"字体大小"为 72 点。将鼠标指针移动至图像编辑窗口中并单击鼠标左键，输入文字，按【Ctrl＋Enter】组合键确认输入。在"图层"面板设置"不透明度"为 20%。按【Ctrl＋T】组合键，在工具属性栏中设置"旋转"为 9°，并移动至合适位置，按【Enter】键确认操作，预览效果 ❸。

444 店庆促销设计 3——添加衣服促销效果

网店卖家可以使用移动工具移至图像合适位置，以得到最终的效果。下面详细介绍店庆促销设计 3——添加衣服促销效果的方法。

STEP 1 按【Ctrl＋O】组合键，打开一幅素材图像 ❶。

STEP 2 选取工具箱中的移动工具，将素材图像移动至 "442" 图像编辑窗口，按【Ctrl＋T】组合键调整图像大小和位置，按【Enter】键确认操作，预览效果❷，完成店庆促销设计。

445 元旦促销设计 1——制作节日文字特效

网店里的节假日促销广告可以使顾客产生更为强烈、迅速的反应，从而快速提高销售业绩。下面详细介绍元旦促销设计 1——制作节日文字特效的方法。

STEP 1 按【Ctrl＋O】组合键，打开一幅素材图像❶。

STEP 2 选取工具箱中的横排文字工具，在 "字符" 面板中设置 "字体" 为 "方正综艺简体"，"字体大小" 为 60 点，"设置消除锯齿的方法" 为 "锐利" ❷。

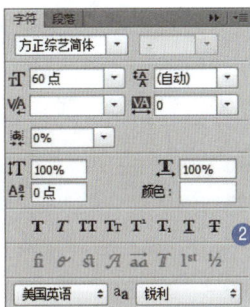

STEP 3 将鼠标指针移动至图像编辑窗口中并单击鼠标左键，输入文字，按【Ctrl＋Enter】组合键确认输入。选取工具箱中的移动工具，将文字移动至合适位置，预览效果❸。

446 元旦促销设计 2——制作渐变叠加效果

网店卖家可以使用渐变叠加命令制作图像，以得到最终的效果。下面详细介绍元旦促销设计 2——制作渐变叠加效果的方法。

STEP 1 在菜单栏中单击 "图层" | "图层样式" | "渐变叠加" 命令❶。

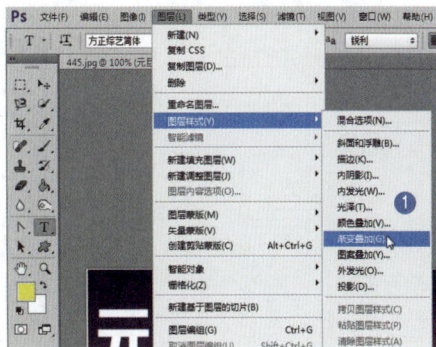

STEP 2 弹出"图层样式"对话框，设置"角度"为90度，单击"渐变"色块，即可弹出"渐变编辑器"对话框，设置渐变颜色0%位置为深紫色（RGB参数值分别为65、0、70）、100%位置为紫色（RGB参数值分别为205、15、117）②。

STEP 3 单击"确定"按钮即可返回"图层样式"对话框，单击"确定"按钮，即可制作渐变效果③。

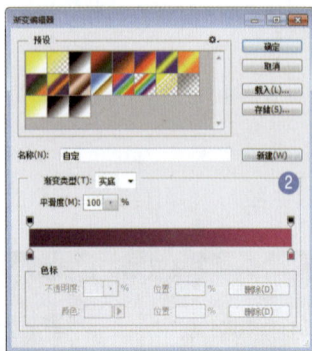

447 元旦促销设计 3——制作描边促销效果

网店卖家可以使用描边命令制作图像，以得到最终的效果。下面详细介绍元旦促销设计 3——制作描边促销效果的方法。

STEP 1 在菜单栏中单击"图层"|"图层样式"|"描边"命令①。

STEP 2 弹出"图层样式"对话框，设置"大小"为8像素、"颜色"为白色②。

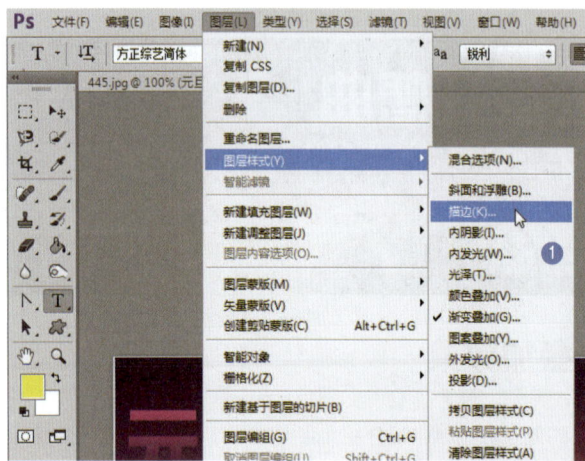

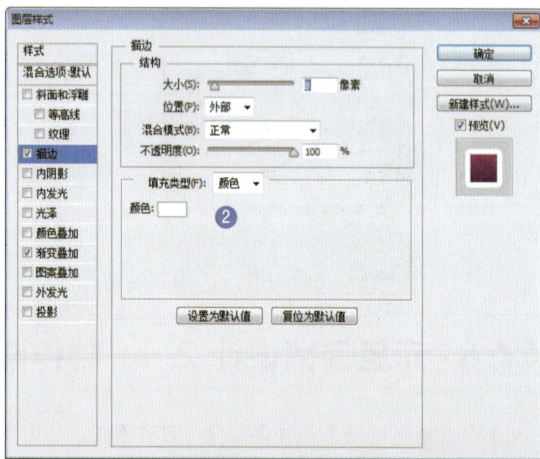

STEP 3 单击"确定"按钮，即可制作"描边"效果③，完成元旦促销设计。

448 春节促销设计 1——制作纯色文案效果

每年从春节之前就开始进入消费者购买年货的高峰时期，此时网店卖家一定要抓住机会，推出吸引人的促销广告。下面详细介绍春节促销设计 1——制作纯色文案效果的方法。

STEP 1 按【Ctrl＋O】组合键，打开一幅素材图像。

STEP 2 选取工具箱中的横排文字工具，在"字符"面板中设置"字体"为"方正粗圆简体"，"字体大小"为 40 点，"设置消除锯齿的方法"为"平滑"，"颜色"为橙色（RGB 参数值分别为 255、210、2）。

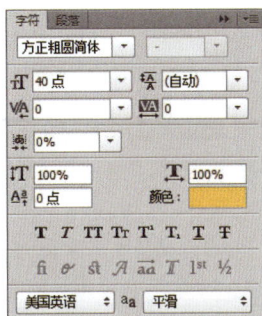

STEP 3 将鼠标指针移动至图像编辑窗口中并单击鼠标左键，输入文字，按【Ctrl＋Enter】组合键确认输入，预览效果。

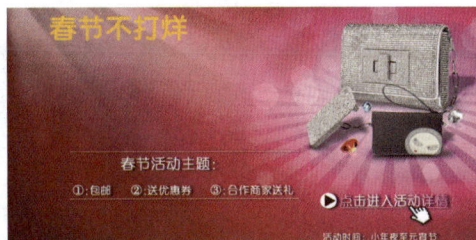

449 春节促销设计 2——调整春节文案描边

网店卖家可以使用"描边"命令调整文案，以得到最终的效果。下面详细介绍春节促销设计 2——调整春节文案描边的方法。

STEP 1 在菜单栏中单击"图层"|"图层样式"|"描边"命令，即可弹出"图层样式"对话框。

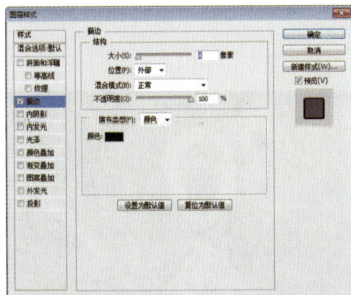

STEP 2 设置"大小"为 3 像素、"颜色"为白色，单击"确定"按钮，即可完成制作"描边"效果的操作。

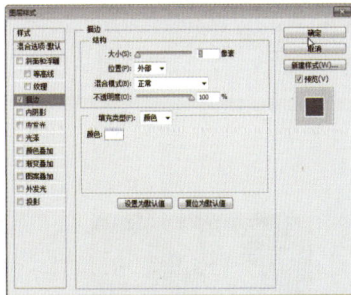

STEP 3 选取工具箱中的移动工具，将文字移动至合适位置。

450 春节促销设计 3——添加春节广告文字

网店卖家可以使用移动工具来添加图像。下面详细介绍春节促销设计 3——添加广告文字效果的方法。

STEP 1 按【Ctrl＋O】组合键，打开一幅素材图像。

STEP 2 选取工具箱中的移动工具，将素材图像移动至"448"图像编辑窗口中，按【Ctrl＋T】组合键调整图像大小和位置，按【Enter】键确认操作，预览效果。

STEP 3 选取工具箱中的横排文字工具，在"字符"面板中设置"字体"为"方正粗圆简体"，"字体大小"为20点，"设置消除锯齿的方法"为"平滑"，"颜色"为白色。

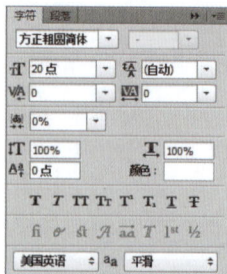

STEP 4 将鼠标指针移动至图像编辑窗口中并单击鼠标左键，输入文字，按【Ctrl＋Enter】组合键确认输入，预览效果，完成春节促销设计。

451 三八妇女节促销设计 1——制作项链文字宣传

在节庆期间，网店的促销活动可以促使店铺产品销售，通过节日气氛调动人气。下面详细介绍三八妇女节促销设计 1——制作项链文字宣传的方法。

STEP 1 按【Ctrl＋O】组合键，打开一幅素材图像。

STEP 2 选取工具箱中的横排文字工具，在"字符"面板中设置"字体"为"长城行楷体"，"字体大小"为80点，"设置消除锯齿的方法"为"平滑"，"颜色为白色"为白色。

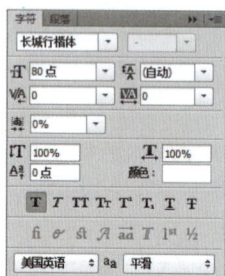

STEP 3 将鼠标指针移动至图像编辑窗口中并单击鼠标左键，输入文字，按【Ctrl＋Enter】组合键确认输入，预览效果。

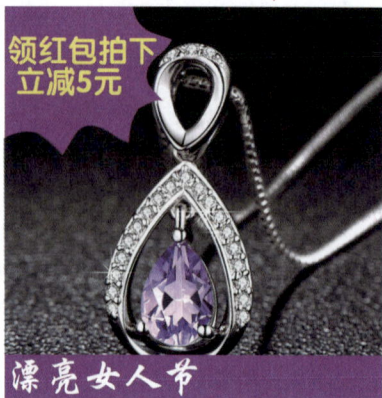

STEP 4 选取工具箱中的横排文字工具，在"字符"面板中设置"字体"为"长城行楷体"，"字体大小"为40点，"设置消除锯齿的方法"为"平滑"，"颜色"为黑色。

STEP 5 将鼠标指针移动至图像编辑窗口中并单击鼠标左键，输入文字，按【Ctrl＋Enter】组合键确认输入，预览效果。

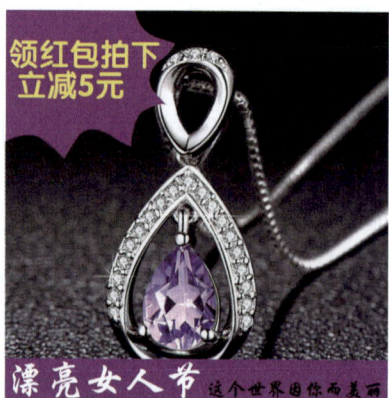

452 三八妇女节促销设计 2——调整文字描边效果

网店卖家可以使用图层样式制作描边，以得到最终的效果。下面详细介绍三八妇女节促销设计 2——调整文案描边效果的方法。

STEP 1 在"图层"面板中，双击"漂亮女人节"文字图层，即可弹出"图层样式"对话框。

STEP 2 在对话框中选中"描边"复选框，在其中设置"大小"为 4 像素，双击"颜色"选项。

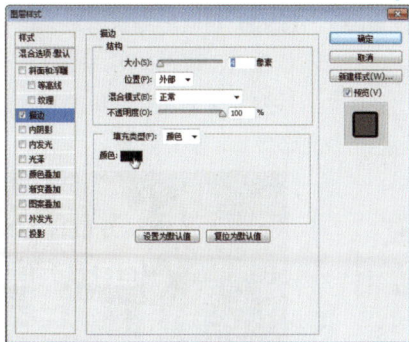

STEP 3 弹出拾色器（描边颜色）对话框，设置颜色为红色（RGB 参数值分别为 255、0、0）。

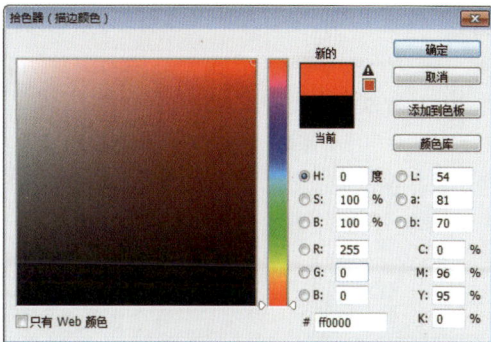

STEP 4 单击"确定"按钮，完成制作"描边"效果的操作。

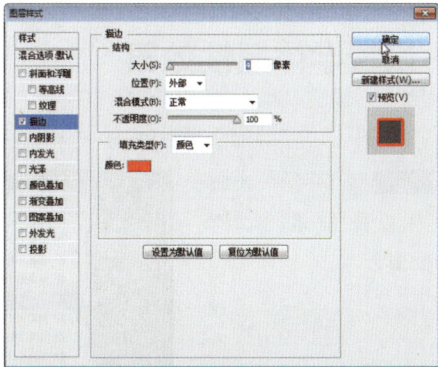

STEP 5 制行操作后，即可预览效果。

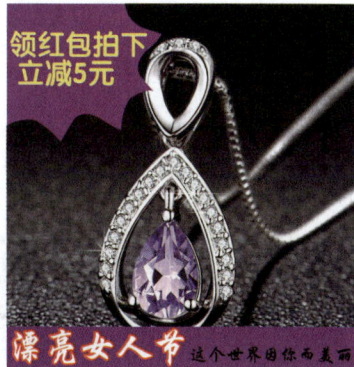

453 三八妇女节促销设计 3——移动项链商品图像

网店卖家可以使用移动工具调整素材图像，以得到最终的效果。下面详细介绍三八妇女节促销设计 3——移动项链商品图像的方法。

STEP 1 按【Ctrl + O】组合键，打开一幅素材图像。

STEP 2 选取工具箱中的移动工具，将素材图像移动至"451"图像编辑窗口中的合适位置，预览效果，完成三八妇女节促销设计。

454 五一劳动节促销设计 1——制作文案效果

在网店营销中，好的促销广告是店铺提高业绩的得力手段。下面详细介绍五一劳动节促销设计 1——制作文案效果的方法。

STEP 1 按【Ctrl＋O】组合键，打开一幅素材图像。

STEP 2 选取工具箱中的横排文字工具，在"字符"面板中设置"字体"为"方正综艺简体"，"字体大小"为 30 点，"设置消除锯齿的方法"为"浑厚"，"颜色"为白色。

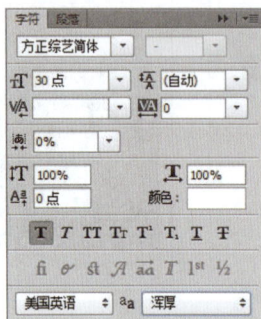

STEP 3 将鼠标指针移动至图像编辑窗口中并单击鼠标左键，输入文字，按【Ctrl＋Enter】组合键确认输入。选取工具箱中的移动工具，将文字移动至合适位置，预览效果。

455 五一劳动节促销设计 2——设置字体属性效果

网店卖家设置字体属性，以得到相应的效果。下面详细介绍五一劳动节促销设计 2——设置字体属性效果的方法。

STEP 1 在图像编辑窗口中，选中"包邮"文字。

STEP 2 在"字符"面板中，设置"字体"为"华文彩云"。

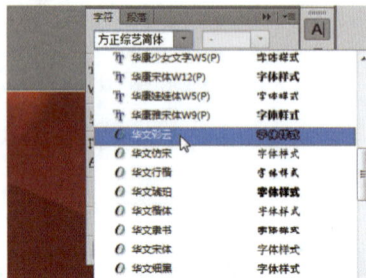

STEP 3 再设置"颜色"为黄色（RGB 参数值分别为 255、246、9）。

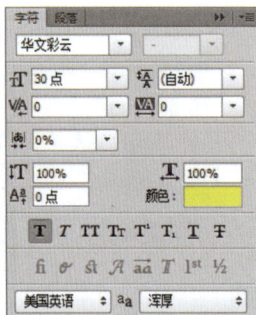

STEP 4 按【Ctrl＋Enter】组合键确认输入，预览效果。

456 五一劳动节促销设计 3——添加模特图像效果

网店卖家可以使用移动工具添加图像。下面详细介绍五一劳动节促销设计 3——添加模特图像效果的方法。

STEP 1 按【Ctrl＋O】组合键，打开一幅素材图像。

STEP 2 选取工具箱中的移动工具，将素材图像移动至"454"图像编辑窗口中，按【Ctrl＋T】组合键调整图像大小和位置，按【Enter】键确认操作，预览效果，完成五一劳动节促销设计。

457 六一儿童节促销设计 1——制作文案效果

网店的促销广告能够集中吸引消费群，刺激人们的购买欲望，在短期内消化掉积压商品。下面详细介绍六一儿童节促销设计 1——制作文案效果的方法。

STEP 1 按【Ctrl＋O】组合键，打开一幅素材图像❶。

STEP 2 选取工具箱中的直排文字工具，在"字符"面板中设置"字体"为"方正粗倩简体"、"字体大小"为 60 点，"设置消除锯齿的方法"为"浑厚"，"颜色"为白色❷。将鼠标指针移动至图像编辑窗口中并单击鼠标左键，输入文字，按【Ctrl＋Enter】组合键确认输入。选取工具箱中的移动工具，将文字移动至合适位置，预览效果❸。

458 六一儿童节促销设计 2——更改单个文字颜色

网店卖家可以设置相应文字的颜色，以得到最终的效果。下面详细介绍六一儿童节促销设计 2——更改单个文字颜色的方法。

STEP 1 在图像编辑窗口中，选中"惠"文字。

STEP 2 在字体属性栏中，单击颜色右边的选项。

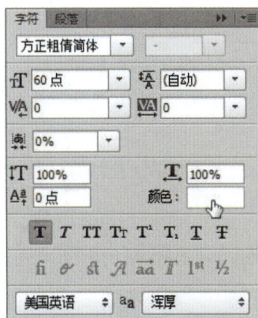

STEP 3 设置"颜色"为黄色（RGB 参数值分别为 255、255、12）。

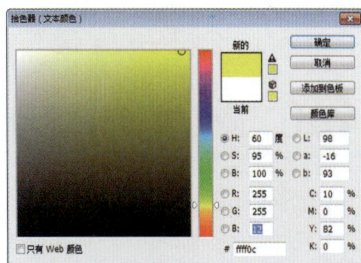

STEP 4 按【Ctrl＋Enter】组合键确认输入。预览效果。

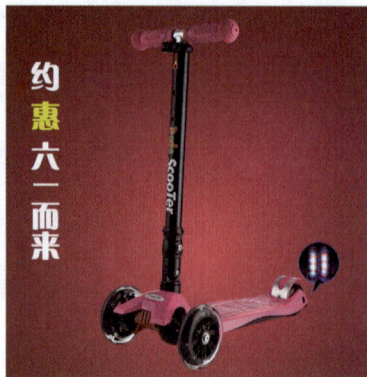

459 六一儿童节促销设计 3——添加圆形图案效果

网店卖家可以使用移动工具添加合适的图案，以得到最终的效果。下面详细介绍六一儿童节促销设计 3——添加圆形图案效果的方法。

STEP 1 按【Ctrl＋O】组合键，打开一幅素材图像。

STEP 2 选取工具箱中的移动工具，将素材图像移动至"457"图像编辑窗口中，按【Ctrl＋T】组合键调整图像大小和位置，按【Enter】键确认操作，预览效果。

STEP 3 按【Ctrl＋O】组合键，再次打开一幅素材图像。

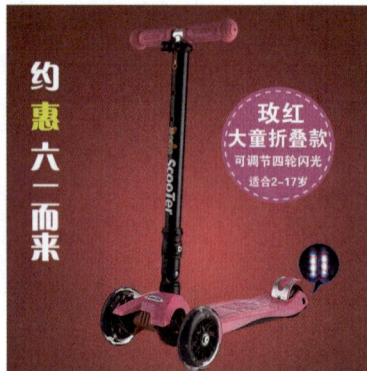

STEP 4 选取工具箱中的移动工具，将素材图像移动至"457"图像编辑窗口中，按【Ctrl＋T】组合键调整图像大小和位置，按【Enter】键确认操作，预览效果，完成六一儿童节促销设计。

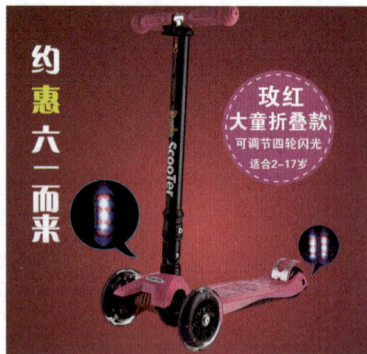

460 情人节促销设计 1——制作广告文字效果

通常情况下，网店里的促销广告是刺激顾客消费的一种强有力手段。下面详细介绍情人节促销设计 1——制作广告文字效果的方法。

STEP 1 按【Ctrl＋O】组合键，打开一幅素材图像①。

STEP 2 选取工具箱中的横排文字工具，在"字符"面板中设置"字体"为"方正粗倩简体"，"字体大小"为15点，"设置消除锯齿的方法"为"锐利"，"颜色"为粉红色（RGB 参数值分别为 223、9、131）②。

STEP 3 将鼠标指针移动至图像编辑窗口中单击鼠标左键，输入文字，按【Ctrl＋Enter】组合键确认输入。选取工具箱中的移动工具，将文字移动至合适位置，预览效果③。

461 情人节促销设计 2——调整文字投影效果

网店卖家可以使用"图层样式"命令调整图像，以得到相应效果。下面详细介绍情人节促销设计 2——调整文字投影效果的方法。

STEP 1 在菜单栏中单击"图层"|"图层样式"|"投影"命令，即可弹出"图层样式"对话框，设置"角度"为45°、"距离"为8像素、"大小"为2像素①。

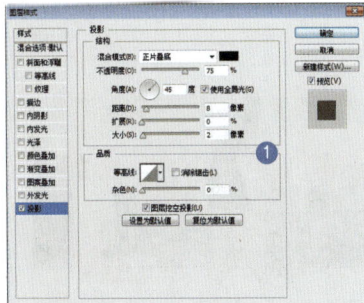

STEP 2 单击"确定"按钮，即可制作投影效果②。

462 情人节促销设计 3——添加心形商品效果

网店卖家可以使用移动工具添加图像，以得到最终效果。下面详细介绍情人节促销设计 3——添加心形商品效果的方法。

STEP 1 按【Ctrl + O】组合键，打开一幅素材图像❶。

STEP 2 选取工具箱中的移动工具，将素材图像移动至"460"图像编辑窗口中，按【Ctrl + T】组合键调整图像大小和位置，按【Enter】键确认操作，预览效果，完成情人节促销设计❷。

463 庆中秋迎国庆促销活动设计 1——制作文案促销效果

在国庆和中秋双节期间，网店促销广告可以迅速地引起消费者注意，引导消费者进行购买。下面详细介绍庆中秋迎国庆促销设计 1——制作文案促销效果的方法。

STEP 1 按【Ctrl + O】组合键，打开一幅素材图像。

STEP 2 选取工具箱中的横排文字工具，在"字符"面板中设置"字体"为"方正大黑简体"，"字体大小"为 35 点，"设置消除锯齿的方法"为"犀利"，"颜色"为红色（RGB 参数值分别为 221、0、177）。将鼠标指针移动至图像编辑窗口中并单击鼠标左键，输入文字。

STEP 3 按【Ctrl + Enter】组合键确认输入。选取工具箱中的移动工具，将文字移动至合适位置，预览效果。

464 庆中秋迎国庆促销活动设计 2——制作斜面和浮雕效果

网店卖家可以使用"斜面和浮雕"命令处理图像。下面详细介绍庆中秋迎国庆促销设计 2——制作斜面和浮雕效果的方法。

STEP 1 在菜单栏中单击"图层"|"图层样式"|"斜面和浮雕"命令。

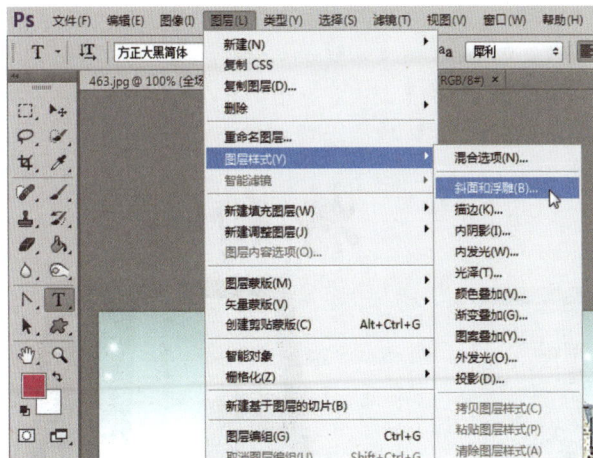

STEP 2 弹出"图层样式"对话框，设置"样式"为"外斜面"，"大小"为 6 像素，"高光模式"的"不透明度"为 100%，"阴影模式"的"不透明度"为 100%。

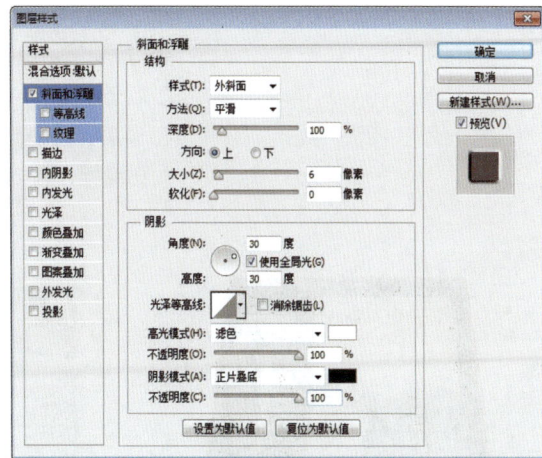

STEP 3 单击"确定"按钮，即可制作斜面和浮雕效果。

465 庆中秋迎国庆促销活动设计 3——添加主题文案效果

网店卖家可以使用移动工具来添加图像。下面详细介绍庆中秋迎国庆促销设计 3——添加主题文案效果的方法。

STEP 1 按【Ctrl + O】组合键，打开一幅素材图像，选取工具箱中的移动工具，将素材图像移动至"463"图像编辑窗口中的合适位置，预览效果❶。

STEP 2 按【Ctrl + O】组合键，再打开一幅素材图像，选取工具箱中的移动工具，将素材图像移动至"463"图像编辑窗口中的合适位置，预览效果❷，完成庆中秋迎国庆促销设计。

466 感恩节促销活动设计 1——制作文字效果

在网店设计中，各种节假日促销广告其实都是通过让利和赠送的方法为消费者带来实惠，从而达到促进消费、扩大品牌知名度的目的。下面详细介绍感恩节促销设计 1——制作文字效果的方法。

STEP 1 按【Ctrl + O】组合键，打开一幅素材图像。

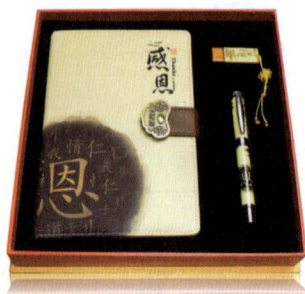

STEP 2 选取工具箱中的横排文字工具，在"字符"面板中设置"字体"为"华文新魏"，"字体大小"为150 点，"设置消除锯齿的方法"为"犀利"，"颜色"为玫红色（RGB 参数值分别为 166、70、134）。将鼠标指针移动至图像编辑窗口中并单击鼠标左键，输入文字。

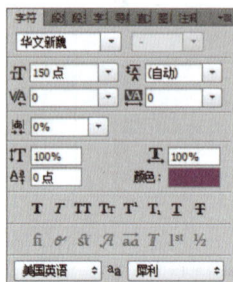

STEP 3 按【Ctrl + Enter】组合键确认输入。选取工具箱中的移动工具，将文字移动至合适位置，预览效果。

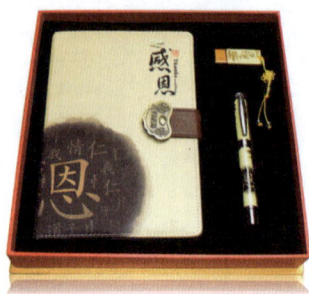

467 感恩节促销活动设计 2——调整文字投影效果

网店卖家可以使用"图层样式"命令来制作效果。下面详细介绍感恩节促销设计 2——调整文字投影效果的方法。

STEP 1 在菜单栏中单击"图层"|"图层样式"|"投影"命令，弹出"图层样式"对话框。

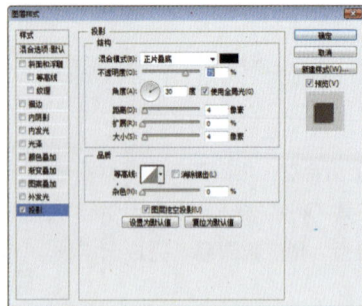

STEP 2 设置"角度"为 45°、"距离"为 15 像素、"大小"为 2 像素。

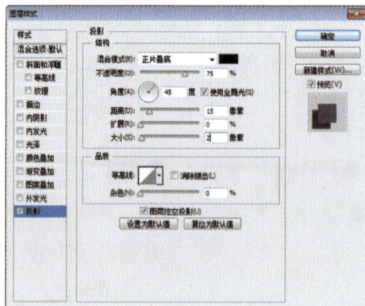

STEP 3 单击"确定"按钮，返回图层面板可以看到添加了投影效果。

STEP 4 执行上述操作后，即可预览效果。

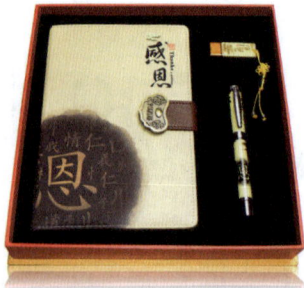

468 感恩节促销活动设计 3——添加主题文案效果

网店卖家可以使用快捷键打开素材并移动素材图像。下面详细介绍感恩节促销设计 3——添加文案促销效果的方法。

STEP 1 按【Ctrl＋O】组合键，打开一幅素材图像。

STEP 2 选取工具箱中的移动工具，将素材图像移动至"466"图像编辑窗口中的合适位置，预览效果。

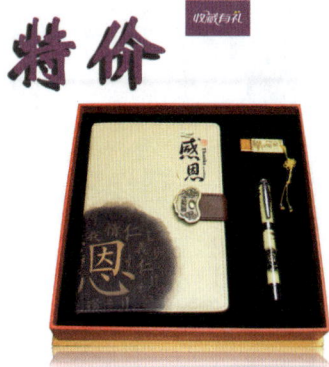

STEP 3 按【Ctrl＋O】组合键，再次打开一幅素材图像。

STEP 4 选取工具箱中的移动工具，将素材图像移动至"466"图像编辑窗口中的合适位置，预览效果，完成感恩节促销设计。

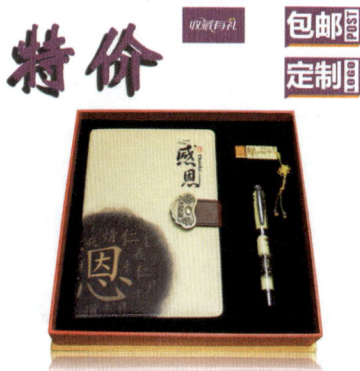

469 "双十二"促销活动设计 1——绘制形状

网店招揽顾客的妙招除了推广以外就是在店内发布活动信息。下面详细介绍"双十二"促销活动设计 1——绘制形状的方法。

STEP 1 按【Ctrl＋O】组合键，打开一幅素材图像❶。

STEP 2 选取工具箱中的自定形状工具，在工具属性栏中设置"填充"为咖啡色（RGB 参数值分别为 61、23、0）、"形状"为"会话 12"❷。

STEP 3 在图像编辑窗口中单击鼠标左键，即可弹出"创建自定形状"对话框，设置"宽度"为 420 像素、"高度"为 130 像素❸。

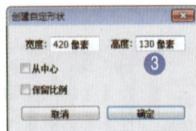

STEP 4 单击"确定"按钮，即可创建自定形状❹。

470 "双十二"促销活动设计 2——制作主题文字宣传

网店卖家可以使用"垂直翻转"命令调整形状，再运用文字工具输入相应文字。下面详细介绍"双十二"促销活动设计 2——制作主题文字宣传的方法。

STEP 1 在菜单栏中单击"编辑"|"变换路径"|"垂直翻转"命令❶。

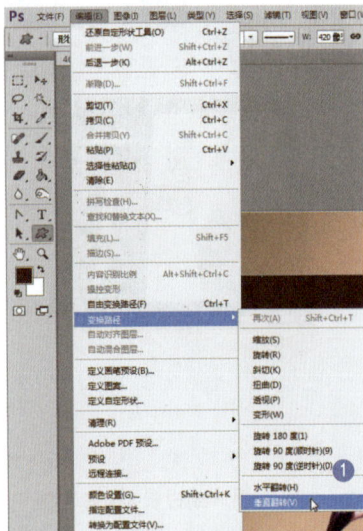

STEP 2 选取工具箱中的移动工具，将形状移动至合适位置❷。

STEP 3 在菜单栏中，单击"窗口"|"字符"命令❸。

STEP 4 展开"字符"面板，设置"字体"为"黑体"，"设置字体大小"为30 点，"设置行距"为 30 点，"设置所选字符的字距调整"为 0，"颜色"为白色，单击"仿粗体"按钮❹。

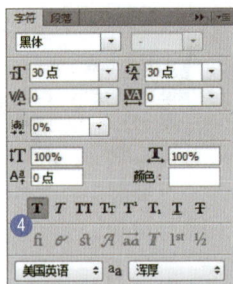

STEP 5 选取工具箱中的横排文字工具，在工具属性栏中设置"设置消除锯齿的方法"为"浑厚" **5**。

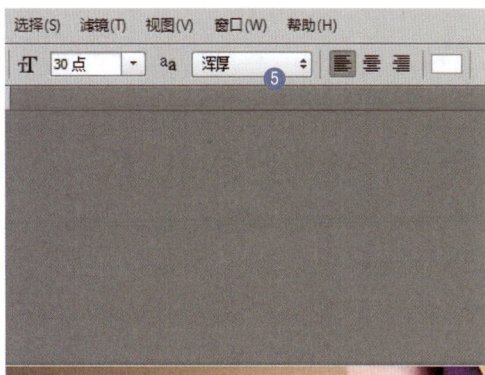

STEP 6 将鼠标指针移动至图像编辑窗口中并单击鼠标左键，输入文字，按【Ctrl + Enter】组合键确认输入。选取工具箱中的移动工具，将文字移动至合适位置**6**。

471 "双十二"促销活动设计 3——添加主题宣传效果

网店卖家可以使用快捷键打开图像，并选取移动工具将其移至合适位置。下面详细介绍"双十二"促销活动设计3——添加主题宣传效果的方法。

STEP 1 按【Ctrl + O】组合键，打开一幅素材图像**1**。

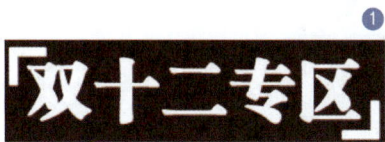

STEP 2 选取工具箱中的移动工具，将素材图像移动至"469"图像编辑窗口中的合适位置，预览效果**2**。

STEP 3 按【Ctrl + O】组合键，再次打开一幅素材图像**3**。

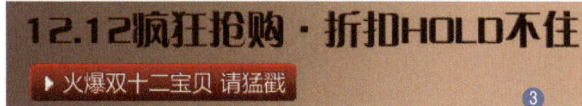

STEP 4 选取工具箱中的移动工具，将素材图像移动至"469"图像编辑窗口中合适位置，预览效果**4**，完成"双十二"促销活动设计。

PART 03

18

评价：设计消费者购买的依据

淘宝网会员每完成一笔交易后，双方都有权利对对方做一个评价，这个评价称之为信用评价，淘宝店铺的销量与信用评价和口碑有极大关系，若店铺评价太差，会使顾客望而生怯，影响店铺的销量。这主要是因为商家过分的宣传商品，导致顾客产生不信任感，认为买家的评价会比较真实。

472 关于淘宝评价

淘宝评价的作用，要上升到一个关乎淘宝店铺生死存亡的高度。对于一个月都不出几单的小店铺来说，一个差评足以致命。

因此，当卖家查看转化率数据后发现有下跌时，要在第一时间检查宝贝的评价是否出现了问题，那么这个问题应该如何解决呢？

淘宝评价最重要的无非是三点：第一是好评，会吸引更多买家的关注；第二是中差评，应考虑如何给差评做出解释；第三是某个宝贝有中差评是否会影响到其他宝贝。

要分析为什么顾客给宝贝中差评，是因为哪里没做好吗？首先，可能是宝贝本身的原因或客服务令顾客不太满意，所以使其给出了中差评。其次，买家有归企图，期望通过给中差评得到好处和利益。而大部分的中差评出自第一种原因，中差评对于卖家来说不一定是坏事，有时也是有一些正面作用的。比如当店主看到自己的中差评后，会改进店铺的服务或完善宝贝的不足之处，从而更利于网店发展。

473 花店商品的评价页 1——制作白色背景效果

考察一个网店的口碑如何，从顾客评价就可以看出来。下面详细介绍花店商品的评价 1——制作白色背景效果的方法。

STEP 1 单击"文件"|"新建"命令，弹出"新建"对话框，在其中设置"名称"为"473"，"宽度"为 800 像素，"高度"为 800 像素，"分辨率"为 72 像素 / 英寸，"颜色模式"为"RGB 颜色"，"背景内容"为"白色"。

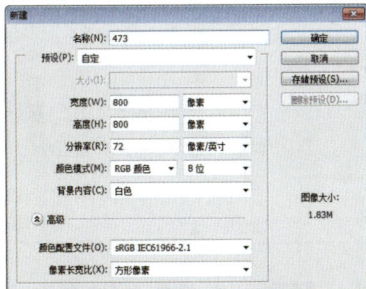

STEP 2 单击"确定"按钮，新建一幅空白图像。

474 花店商品的评价页 2——绘制红色矩形效果

网店卖家可以通过全选图像将素材图像移至合适位置。下面详细介绍花店商品的评价 2——绘制红色矩形效果的方法。

STEP 1 按【Ctrl + 0】组合键，打开一幅素材图像。

STEP 2 在工具箱中，选取工具箱中的移动工具，全选图像。

STEP 3 将素材图像移动至"473"图像编辑窗口中的合适位置。

475 花店商品的评价页 3——制作文字评价效果

下面详细介绍花店商品的评价 3——制作文字评价效果的方法。

STEP 1 在工具箱中，选取工具箱中的矩形工具。

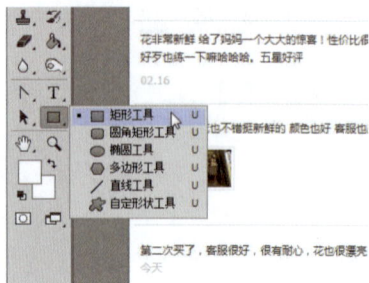

STEP 2 在工具属性栏中，设置"填充"为"无"，"描边"为红色（RGB 参数值分别为 255、0、0）。

STEP 3 在图像编辑窗口中的合适位置单击鼠标左键，以绘制一个自定形状，即可弹出属性面板。

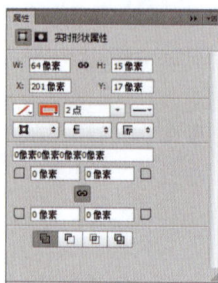

STEP 4 执行操作后，即可在图像编辑窗口中预览效果。

STEP 5 用与前面同样的方法，在合适位置绘制多个自定形状。

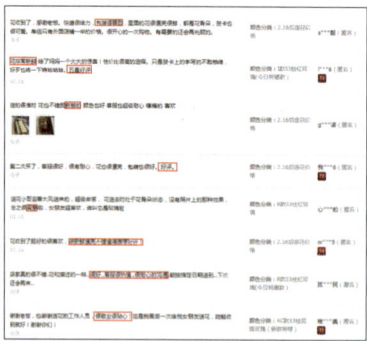

STEP 6 选取工具箱中的横排文字工具，在"字符"面板中设置"字体"为"黑体"，"字体大小"为 25 点，"设置消除锯齿的方法"为"犀利"，"颜色"为红色（RGB 参数值分别为 255、0、0）。

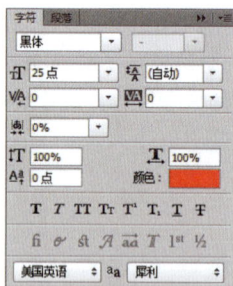

STEP 7 在图像编辑窗口中单击鼠标左键并输入文字，按【Ctrl + Enter】组合键确认输入，选取工具箱中的移动工具，将文字移动至合适位置，预览效果。

STEP 8 用与前面同样的方法，输入相应文字，预览效果。

476 淘宝商品评价页 1——绘制红色条效果

　　网店卖家可以使用 Photoshop 软件的多项工具来制作淘宝商品评价页的效果。下面详细介绍淘宝商品评价页 1——绘制红色条效果的方法。

STEP 1 在菜单栏中，单击"文件"|"新建"命令。

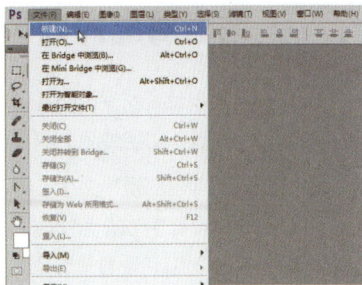

STEP 2 弹出"新建"对话框，在其中设置"名称"为"476"，"宽度"为
26.46 厘米，"高度"为 10.97 厘米，"分辨率"为 72 像素 / 英寸，"颜色模式"
为"RGB 颜色"，"背景内容"为"白色"。

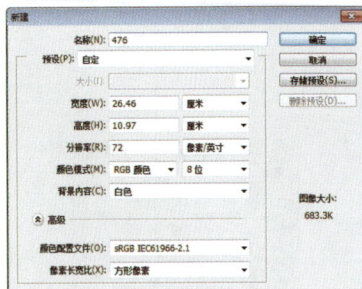

STEP 3 单击"确定"按钮，新建一幅空白图像。

STEP 4 选取工具箱中的矩形选框工
具，在图像编辑窗口中绘制一个矩
形选框图像。

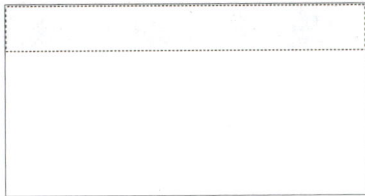

STEP 5 单击工具箱底部的前景色色块，
弹出"拾色器（前景色）"对话框，设置
RGB 参数值分别为 203、1、1，单击"确
定"按钮。

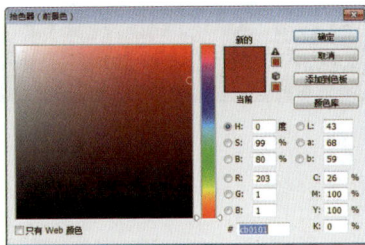

STEP 6 在菜单栏中，单击"编辑"|"填
充"命令。

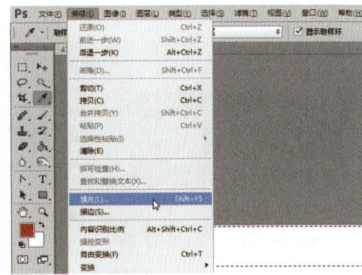

STEP 7 弹出"填充"对话框，设置"使用"
为"前景色"，单击"确定"按钮⑦。

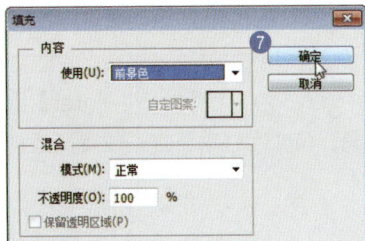

STEP 8 执行上述操作，即可填充颜色预览效果⑧。

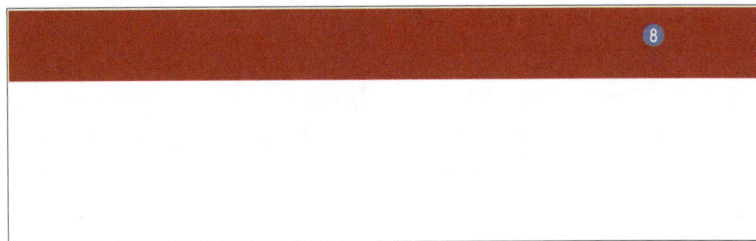

477 淘宝商品评价页 2——制作文字和背景渐变效果

网店卖家可以使用文字工具输入相应文字，并利用渐变工具在图像合适位置处填充渐变色。下面详细介绍淘宝商品评价页 2——制作文字特效和背景渐变效果的方法。

STEP 1 选取工具箱中的横排文字工具，在"字符"面板中设置"字体"为"黑体"，"字体大小"为 40 点，"设置消除锯齿的方法"为"犀利"，"颜色"为白色❶。

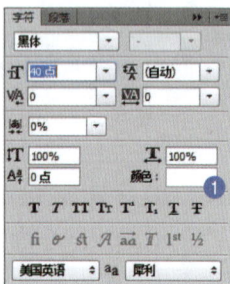

STEP 2 在图像编辑窗口中单击鼠标左键并输入文字，按【Ctrl + Enter】组合键确认输入，选取工具箱中的移动工具，将文字移动至合适位置，预览效果❷。

STEP 3 设置前景色为褐色（RGB 参数值分别为 255、206、174），选取工具箱中的渐变工具，在工具属性栏中单击"点按可编辑渐变"色块，即可弹出"渐变编辑器"对话框，设置"预设"为"前景色到背景色渐变"❸。

STEP 4 设置完成后，单击"确定"按钮，在图像编辑窗口中制作渐变效果❹。

STEP 5 选取工具箱中的横排文字工具，在"字符"面板中设置"字体"为"黑体"，"字体大小"为 20 点，"设置消除锯齿的方法"为"犀利"，"颜色"为黑色，激活"仿粗体"❺。

STEP 6 在图像编辑窗口中单击鼠标左键并输入文字，按【Ctrl + Enter】组合键确认输入，选取工具箱中的移动工具，将文字移动至合适位置，预览效果❻。

满意请打5分哦！

如果你不满意，请与我们联系，
我们将服务到你满意为止！
如果你满意我们的宝贝，
请记得打5分哦，
作为给我们的奖励。 **6**

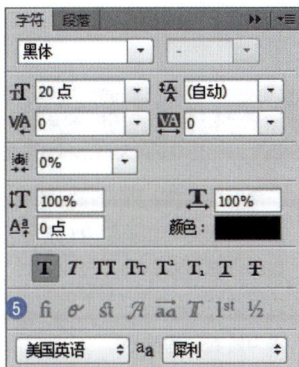

STEP 7 选取工具箱中的横排文字工具，在"字符"面板中设置"字体"为"黑体"，"字体大小"为18点，"设置消除锯齿的方法"为"犀利"，"颜色"为红色（RGB参数值分别为201、2、2），激活"仿粗体" **7**。

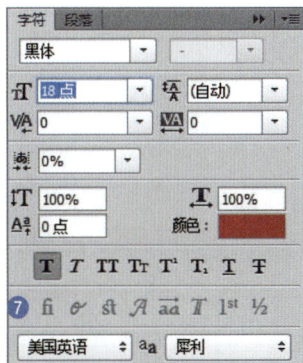

STEP 8 在图像编辑窗口中单击鼠标左键并输入文字，按【Ctrl＋Enter】组合键确认输入，选取工具箱中的移动工具，将文字移动至合适位置，预览效果 **8**。

满意请打5分哦！

如果你不满意，请与我们联系，
我们将服务到你满意为止！
如果你满意我们的宝贝，
请记得打5分哦，
作为给我们的奖励。 **8**
不接受差评哦，介意的请慎拍！

478 淘宝商品评价页 3——添加图像评价效果

网店卖家可以使用快捷键打开素材，并运用移动工具将其移至合适位置。下面详细介绍淘宝商品评价页 3——添加图像评价效果的方法。

STEP 1 按【Ctrl＋O】组合键，打开一幅素材图像。

STEP 2 选取工具箱中的移动工具，将素材图像移至"476"图像编辑窗口中的合适位置，预览效果 **2**。

宝贝与描述相符 ★★★★★ 5分 **1**
卖家的服务态度 ★★★★★ 5分
卖家的发货速度 ★★★★★ 5分

满意请打5分哦！

宝贝与描述相符 ★★★★★ 5分 **2**
卖家的服务态度 ★★★★★ 5分
卖家的发货速度 ★★★★★ 5分

如果你不满意，请与我们联系，
我们将服务到你满意为止！
如果你满意我们的宝贝，
请记得打5分哦，
作为给我们的奖励。
不接受差评哦，介意的请慎拍！

STEP 3 按【Ctrl + O】组合键,打开一幅素材图像❸。

STEP 4 选取工具箱中的移动工具,将素材图像移至"476"图像编辑窗口中的合适位置,预览效果❹。

479 "商品评价送礼啦"1——制作纯色背景效果

网店卖家可以运用"评价送礼啦"宣传来赢得回头客,下面详细介绍"商品评价送礼啦"1——制作背景图像效果的方法。

STEP 1 在菜单栏中,单击"文件"|"新建"命令,弹出"新建"对话框,在其中设置"名称"为"479","宽度"为26.46厘米,"高度"为10.97厘米,"分辨率"为72像素/英寸,"颜色模式"为"RGB颜色","背景内容"为"白色"❶。

STEP 2 单击"确定"按钮,新建一幅空白图像❷。

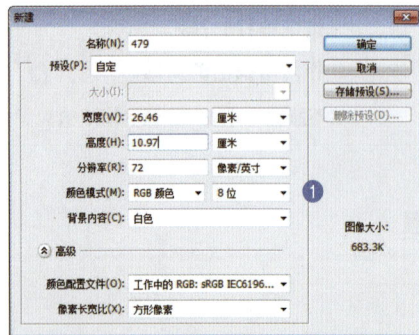

STEP 3 选取工具箱中的矩形工具,在图像编辑窗口中绘制一个矩形图像❸。

STEP 4 在图层面板中,双击"矩形1"图层❹。

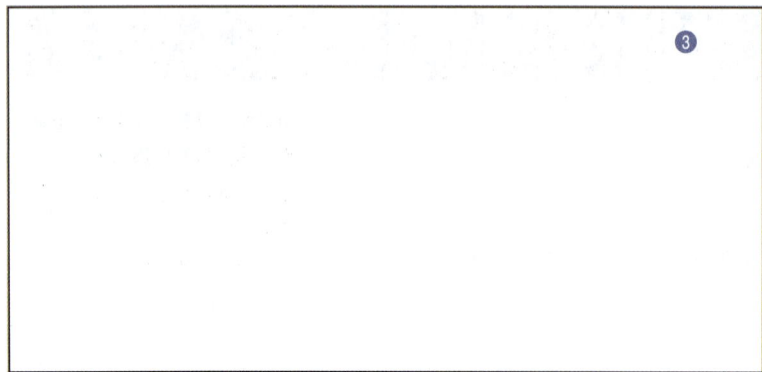

STEP 5 弹出"图层样式"对话框,选中"投影"复选框,设置"角度"为120°、"距离"为4像素、"大小"为4像素**⑤**。

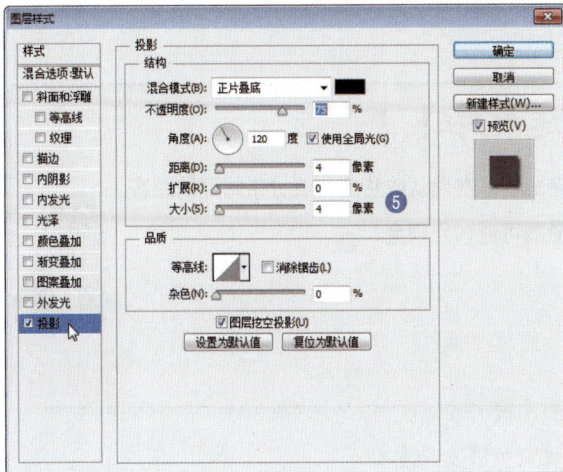

STEP 6 单击"确定"按钮**⑥**,制作投影效果。

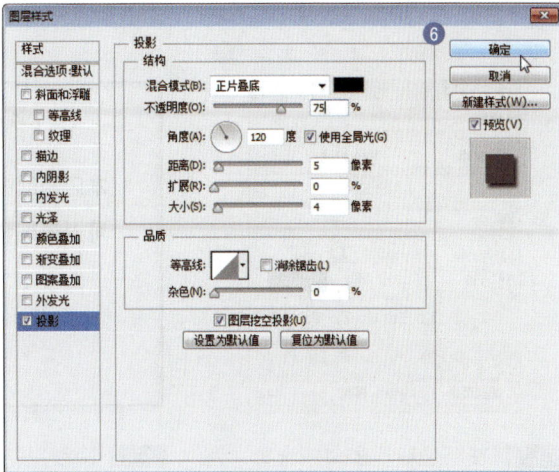

STEP 7 执行上述操作后,即可预览效果**⑦**。

STEP 8 按【Ctrl＋O】组合键,打开一幅素材图像,选取工具箱中的移动工具,将素材图像移动至"476"图像编辑窗口中的合适位置,预览效果**⑧**。

480 "商品评价送礼啦"2——制作有趣文字效果

　　网店卖家可以使用文字工具输入相应文字,以得到最终的效果。下面详细介绍"商品评价送礼啦"2——制作有趣文字效果的方法。

STEP 1 选取工具箱中的横排文字工具,在"字符"面板中设置"字体"为"楷体","字体大小"为40点,"设置消除锯齿的方法"为"犀利","颜色"为红色（RGB 参数值分别为 193、0、0）,激活"仿粗体"图标**①**。

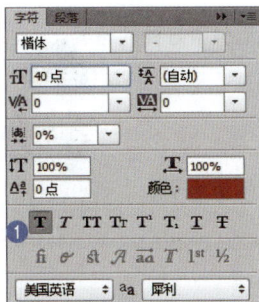

STEP 2 在图像编辑窗口中单击鼠标左键并输入文字,按【Ctrl＋Enter】组合键确认输入,选取工具箱中的移动工具,将文字移动至合适位置,预览效果**②**。

STEP 3 选取工具箱中的横排文字工具，在"字符"面板中设置"字体"为"黑体"，"字体大小"为 22 点，"设置消除锯齿的方法"为"犀利"，"颜色"为黑色❸。

STEP 4 在图像编辑窗口中单击鼠标左键并输入文字，按【Ctrl＋Enter】组合键确认输入，选取工具箱中的移动工具，将文字移动至合适位置，预览效果❹。

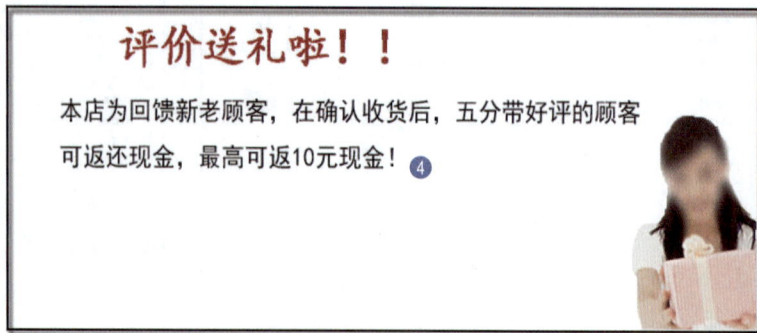

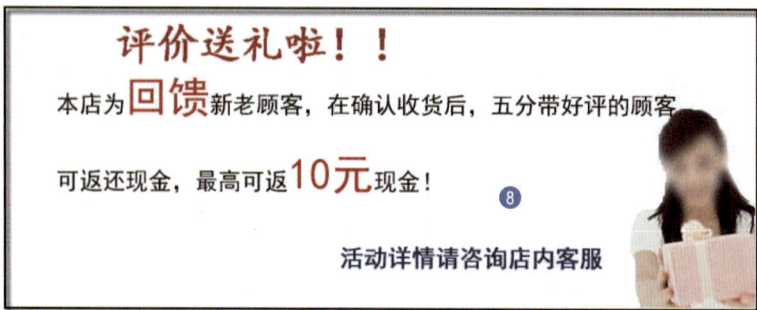

字符　段落

黑体

T 22 点　　🅐 (自动)
V/A 0　　　V/A 0
🆎 0%
IT 100%　　T 100%
A 0 点　　颜色：❸
T T TT Tr T¹ T, T T̲
fi σ st A aa T 1ˢᵗ ½
美国英语　aa 犀利

评价送礼啦！！

本店为回馈新老顾客，在确认收货后，五分带好评的顾客
可返还现金，最高可返10元现金！ ❹

STEP 5 在图像编辑窗口中选择"回馈""10元"文字，在"字符"面板中设置"字体"为"黑体"，"字体大小"为 40 点，"设置消除锯齿的方法"为"犀利"，"颜色"为红色（RGB参数值分别为 193、0、0）❺。

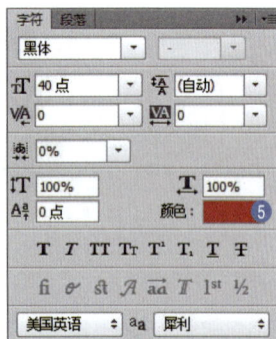

STEP 6 设置完成后，即可预览效果❻。

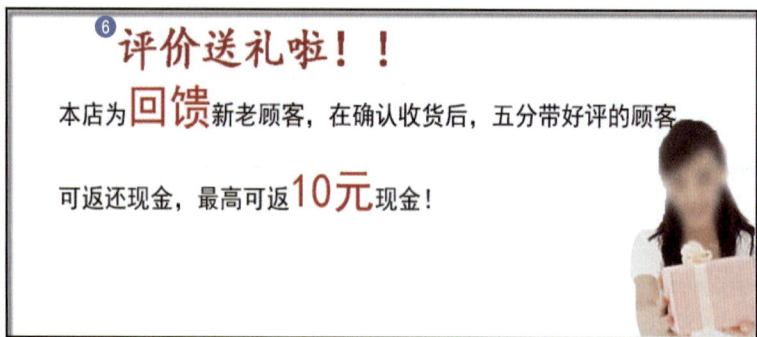

字符　段落

黑体　　　　-

T 40 点　　🅐 (自动)
V/A 0　　　V/A 0
🆎 0%
IT 100%　　T 100%
A 0 点　　颜色：❺
T T TT Tr T¹ T, T T̲
fi σ st A aa T 1ˢᵗ ½
美国英语　aa 犀利

❻ 评价送礼啦！！

本店为回馈新老顾客，在确认收货后，五分带好评的顾客

可返还现金，最高可返10元现金！

STEP 7 选取工具箱中的横排文字工具，在"字符"面板中设置"字体"为"黑体"，"字体大小"为 22 点，"设置消除锯齿的方法"为"犀利"，"颜色"为墨绿色（RGB 参数值分别为 3、60、113）❼。

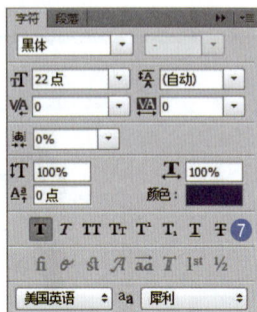

STEP 8 在图像编辑窗口中单击鼠标左键并输入文字，按【Ctrl＋Enter】组合键确认输入，选取工具箱中的移动工具，将文字移动至合适位置，预览效果❽。

字符　段落

黑体　　　　-

T 22 点　　🅐 (自动)
V/A 0　　　V/A 0
🆎 0%
IT 100%　　T 100%
A 0 点　　颜色：
T T TT Tr T¹ T, T T̲ ❼
fi σ st A aa T 1ˢᵗ ½
美国英语　aa 犀利

评价送礼啦！！

本店为回馈新老顾客，在确认收货后，五分带好评的顾客

可返还现金，最高可返10元现金！ ❽

活动详情请咨询店内客服

481 "商品评价送礼啦" 3——添加商品图像效果

网店卖家可以使用移动工具将图像移至编辑窗口中，下面详细介绍 "商品评价送礼啦" 3——添加商品图像效果的方法。

STEP 1 按【Ctrl＋O】组合键，打开一幅素材图像❶。

STEP 2 选取工具箱中的移动工具，将素材图像移动至 "479" 图像编辑窗口中合适位置，预览效果❷。

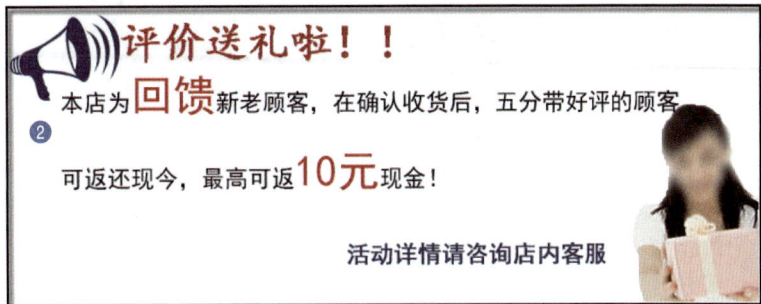

482 "满意请打 5 分哦" 1——制作蓝色背景效果

网店卖家在发货的时候可以在商品包装里面放上一个评价条，让顾客为自己的宝贝打分。下面详细介绍 "满意请打 5 分哦" 1——制作蓝色背景效果的方法。

STEP 1 按【Ctrl＋O】组合键，打开一幅素材图像❶。

STEP 2 选取工具箱中的矩形工具，在图像编辑窗口中绘制一个矩形图像❷。

STEP 3 选取工具箱中的圆角矩形工具，在图像编辑窗口中绘制一个圆角矩形图像❸。

483 "满意请打 5 分哦" 2——制作文字描边效果

网店卖家可以使用文字工具输入相应文字，并调整文字描边效果。下面详细介绍 "满意请打 5 分哦" 2——制作文字描边效果的方法。

STEP 1 选取工具箱中的横排文字工具，在 "字符" 面板中设置 "字体" 为 "黑体"，"字体大小" 为 60 点，"设置消除锯齿的方法" 为 "犀利"，"颜色" 为白色，激活 "仿粗体" 图标。

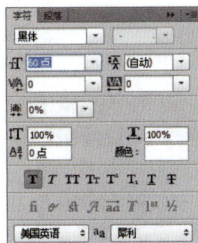

STEP 2 在图像编辑窗口中单击鼠标左键并输入文字，按【Ctrl＋Enter】组合键确认输入，选取工具箱中的移动工具，将文字移动至合适位置，预览效果。

STEP 3 在图像编辑窗口中选择 "5" 文字，在 "字符" 面板中设置 "字体" 为 "华文新魏"，"字体大小" 为 60 点，"设置消除锯齿的方法" 为 "犀利"，"颜色" 为黄色（RGB 参数值分别为 251、237、79）。

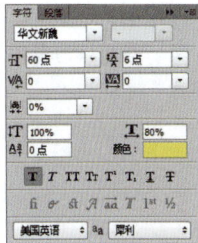

STEP 4 执行上述操作后，即可预览效果。

STEP 5 在图层面板中，双击"满意请打 5 分哦！"图层。

STEP 6 弹出"图层样式"对话框，选中"描边"复选框，设置"大小"为4 像素。

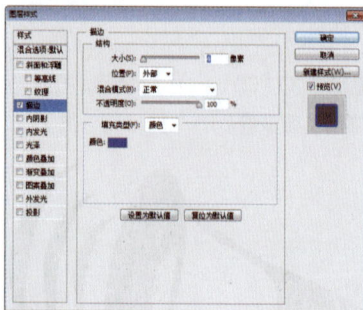

STEP 7 在"图层样式"对话框，选中"投影"复选框，设置"大小"为4 像素。

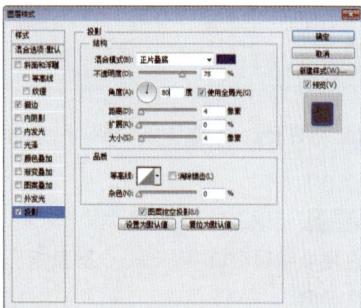

STEP 8 设置完成后，单击"确定"按钮，返回图像编辑窗口中，预览效果。

STEP 9 选取工具箱中的横排文字工具，在"字符"面板中设置"字体"为"新宋体"，"字体大小"为 16 点，"设置消除锯齿的方法"为"犀利"，"颜色"为白色，激活"仿粗体"图标。

STEP 10 在图像编辑窗口中单击鼠标左键并输入文字，按【Ctrl＋Enter】组合键确认输入，选取工具箱中的移动工具，将文字移动至合适位置，预览效果。

STEP 11 选取工具箱中的横排文字工具，在"字符"面板中设置"字体"为"新宋体"，"字体大小"为 25 点，"设置消除锯齿的方法"为"犀利"，"颜色"为白色，激活"仿粗体"图标。

STEP 12 在图像编辑窗口中单击鼠标左键并输入文字，按【Ctrl＋Enter】组合键确认输入，选取工具箱中的移动工具，将文字移动至合适位置，预览效果。

STEP 13 选取工具箱中的横排文字工具，在"字符"面板中设置"字体"为"长城行楷体"，"字体大小"为 40 点，"设置消除锯齿的方法"为"犀利"，"颜色"为白色，激活"仿粗体"图标。

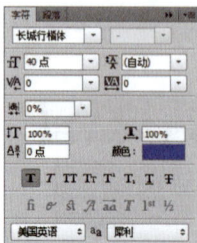

STEP 14 在图像编辑窗口中单击鼠标左键并输入文字，按【Ctrl＋Enter】组合键确认输入，选取工具箱中的移动工具，将文字移动至合适位置，预览效果。

484 "满意请打 5 分哦" 3——添加五颗星效果

网店卖家可以使用快捷键打开素材并将其移动至合适位置处。下面详细介绍"满意请打 5 分哦" 3——添加图像评价效果的方法。

STEP 1 按【Ctrl＋O】组合键，打开一幅素材图像，选取工具箱中的移动工具，将素材图像移至图像编辑窗口中的合适位置，预览效果❶。

STEP 2 按【Ctrl＋O】组合键，打开一幅素材图像，选取工具箱中的移动工具，将素材图像移至图像编辑窗口中的合适位置，预览效果❷。

485 "打 5 分送 5 元" 1——制作颜色渐变效果

网店卖家可以使用渐变工具给图像添加渐变效果,并利用"打 5 分送 5 元" 宣传来吸引新老顾客。下面详细介绍"打 5 分送 5 元" 1——制作颜色效果的方法。

STEP 1 在菜单栏中，单击"文件" | "新建"命令,弹出"新建"对话框，在其中设置"名称"为"485","宽度" 为 4.27 厘米，"高度"为 9.42 厘米,"分辨率"为 300 像素 / 英寸,"颜色模式"为"RGB 颜色"，"背景内容"为"白色" ❶。

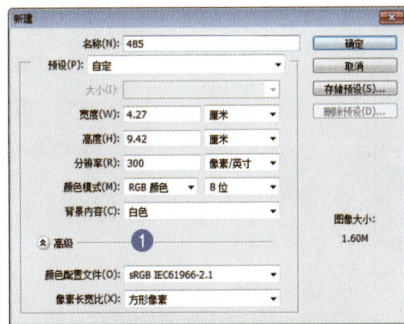

STEP 2 单击"确定" 按钮，新建一幅空白图像❷。

STEP 3 设置前景色 RGB 参数值分别为 250、226、207，选取工具箱中的渐变工具，在工具属性栏中单击"点按可编辑渐变" 色块，弹出"渐变编辑器" 对话框，设置"预设"为"前景色到背景色渐变" ❸。

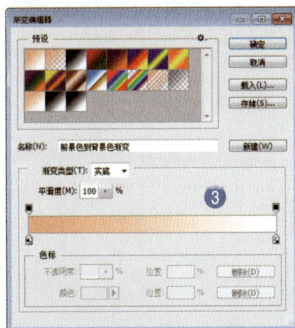

STEP 4 设置完成后，单击"确定" 按钮，在图像编辑窗口中制作渐变效果❹。

STEP 5 按【Ctrl＋O】组合键，打开一幅素材图像,选取工具箱中的移动工具，将素材图像移动至"485" 图像编辑窗口中的合适位置，选取工具箱中的矩形工具，在图像编辑窗口中绘制一个矩形图像。查看图层面板中的效果❺。

STEP 6 执行上述操作后，预览效果❻。

486 "打5分送5元"2——制作广告文字效果

网店卖家可以使用文字工具输入相应文字。下面详细介绍"打5分送5元"2——制作广告文字效果的方法。

STEP 1 选取工具箱中的横排文字工具，在"字符"面板中设置"字体"为"黑体"，"字体大小"为45点，"设置消除锯齿的方法"为"犀利"，"颜色"为深红色（RGB参数值分别为172、42、40），激活"仿粗体"图标❶。

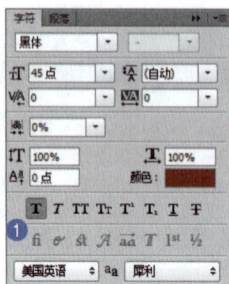

STEP 2 在图像编辑窗口中单击鼠标左键并输入文字，按【Ctrl + Enter】组合键确认输入，选取工具箱中的移动工具，将文字移动至合适位置，预览效果❷。

STEP 3 选取工具箱中的横排文字工具，在"字符"面板中设置"字体"为"黑体"，"字体大小"为45点，"设置消除锯齿的方法"为"犀利"，"颜色"为天蓝色（RGB参数值分别为0、148、221），激活"仿粗体"图标❸。

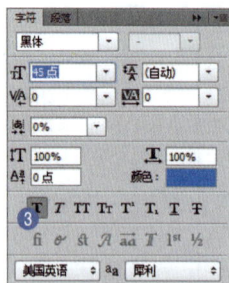

STEP 4 在图像编辑窗口中单击鼠标左键并输入文字，按【Ctrl + Enter】组合键确认输入，选取工具箱中的移动工具，将文字移动至合适位置，预览效果❹。

STEP 5 选取工具箱中的横排文字工具，在"字符"面板中设置"字体"为"黑体"，"字体大小"为15点，"设置消除锯齿的方法"为"犀利"，"颜色"为黑色❺。

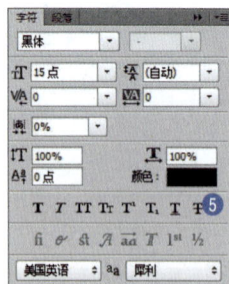

STEP 6 在图像编辑窗口中单击鼠标左键并输入文字，按【Ctrl + Enter】组合键确认输入，选取工具箱中的移动工具，将文字移动至合适位置，预览效果❻。

简单 方便 实用

487 "打5分送5元"3——添加纯色文字效果

网店卖家可以使用快捷键打开素材并移动素材图像，再运用文字工具添加相应文字。下面详细介绍"打5分送5元"3——添加纯色文字效果的方法。

STEP 1 按【Ctrl+O】组合键，打开一幅素材图像❶。

STEP 2 将该素材图像移至图像编辑窗口中，并调整其大小和位置❷。

宝贝与描述相符：★★★★★ 5分 ❶

卖家的服务态度：★★★★★ 5分

卖家发货的速度：★★★★★ 5分

★
打5分

送5元 ❸

简单 方便 实用

488 商品五分好评 1——制作纯色图像效果

网店卖家可以利用五分好评来让顾客对商品及服务进行评价。下面详细介绍商品五分好评 1——制作纯色图像效果的方法。

STEP 1 在菜单栏中，单击"文件"|"新建"命令，弹出"新建"对话框，在其中设置"名称"为"488"，"宽度"为 26.46 厘米，"高度"为 10.97 厘米，"分辨率"为 72 像素/英寸，"颜色模式"为"RGB 颜色"，"背景内容"为"白色"❶。

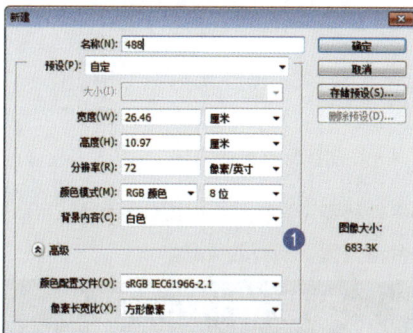

STEP 2 单击"确定"按钮，新建一幅空白图像❷。

STEP 3 按【Ctrl＋O】组合键，打开一幅素材图像，选取工具箱中的移动工具，将素材图像移动至"488"图像编辑窗口中的合适位置，预览效果❸。

489 商品五分好评 2——制作文案效果

网店卖家可以使用文字工具添加相应文字。下面详细介绍商品五分好评 2——制作文案效果的方法。

STEP 1 选取工具箱中的横排文字工具，在"字符"面板中设置"字体"为"黑体"，"字体大小"为 50 点，"设置消除锯齿的方法"为"犀利"，"颜色"为白色❶。

STEP 2 在图像编辑窗口中单击鼠标左键并输入文字，按【Ctrl＋Enter】组合键确认输入，选取工具箱中的移动工具，将文字移动至合适位置，预览效果❷。

满意请打5分哦！

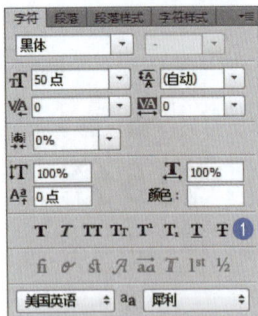

STEP 3 选取工具箱中的横排文字工具，在"字符"面板中设置"字体"为"黑体"，"字体大小"为15点，"设置消除锯齿的方法"为"犀利"，"颜色"为灰色（RGB 参数值均为132）③。

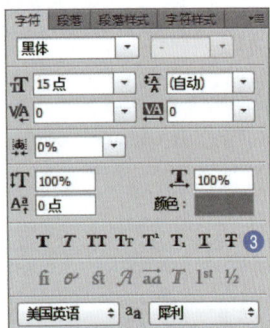

STEP 4 在图像编辑窗口中单击鼠标左键并输入文字，按【Ctrl + Enter】组合键确认输入，选取工具箱中的移动工具，将文字移动至合适位置，预览效果④。

满意请打5分哦！

如果您不满意请联系我们，我们将服务到您满意为止！
如果您满意我们的宝贝，请记得打5分哦，作为给我们的奖励！

490 商品五分好评 3——添加图像效果

网店卖家可以使用快捷键添加素材图像。下面详细介绍商品五分好评 3——添加图像效果的方法。

STEP 1 按【Ctrl + O】组合键，打开一幅素材图像①。

STEP 2 选取工具箱中的移动工具，将素材图像移动至"488"图像编辑窗口中的合适位置，预览效果②。

满意请打5分哦！

如果您不满意请联系我们，我们将服务到您满意为止！
如果您满意我们的宝贝，请记得打5分哦，作为给我们的奖励！

STEP 3 按【Ctrl + O】组合键，打开一幅素材图像③。

宝贝与描述相符	★★★★★	5分
卖家的服务态度	★★★★★	5分
卖家的发货速度	★★★★★	5分

STEP 4 选取工具箱中的移动工具，将素材图像移动至"488"图像编辑窗口中的合适位置，预览效果④。

满意请打5分哦！

宝贝与描述相符	★★★★★	5分
卖家的服务态度	★★★★★	5分
卖家的发货速度	★★★★★	5分

如果您不满意请联系我们，我们将服务到您满意为止！
如果您满意我们的宝贝，请记得打5分哦，作为给我们的奖励！

PART 03

实战应用篇

19

客服：设计帮助顾客解答的区域

众所周知，在现今竞争激烈的互联网销售市场里，卖家除了要提供优质的产品外，更应该提高服务的质量，争取更多的回头客，这样才能使经营更长久。网店、微店的客服与实体店中的服务员职能是一样的，都是为顾客答疑解惑，不同的是网店、微店的客户是通过聊天软件与顾客进行交流的，如阿里旺旺、微信等。那么如何设计网店中的客服区才能提升顾客咨询的兴趣呢？本节将对网店客服区的设计规范进行讲解。

491 客服区的设计分析

为了提示品牌竞争优势，商家必须重点突出"服务"战略，利用各种客服工具不断完善对客户的服务质量。客服是网店、微店的一种服务形式，利用互联网和聊天软件，给顾客提供解答和售后等服务。

例如，淘宝网给淘宝店掌柜提供在线客户服务系统，旨在让淘宝店掌柜更高效地管理网店并及时把握商机消息，从容应对繁忙的生意。如下图所示，为网店中的客服区的设计效果。

网店客服区

网店中的客服区会存在于网店首页的多个区域，如下图所示。另外，很多电商平台都会在网店首页的最顶端统一放置客服的图标。

客服区可以位于多个区域

将客服区与质保、服务信息组合在一起，凸显店铺服务品质。

TIPS

需要注意的是，网店的客服区对于聊天软件的图标尺寸是有具体要求的。以淘宝网中的旺旺头像为例，使用单个旺旺的图标作为客服的链接，那么旺旺图标的尺寸为 16 像素 ×16 像素；如果使用添加了"和我联系"或者"手机在线"字样的旺旺图标，图标的尺寸则为 77 像素 ×19 像素。在制作过程中一定要以规范的尺寸来进行创作。

492 奶粉店铺客服区设计 1——制作客服文字效果

本案例是为某品牌的婴幼儿奶粉店铺设计客服区，在设计中将商品图片与店铺客服区组合在一起。下面详细介绍奶粉店铺客服区设计 1——制作客服文字效果的方法。

STEP 1 单击"文件"|"打开"命令，打开一幅素材图像❶。

STEP 2 运用横排文字工具输入相应文字，设置"字体系列"为"微软雅黑"，"字体大小"为 4 点，"颜色"为黑色❷，根据需要适当地调整文字的位置，预览效果。

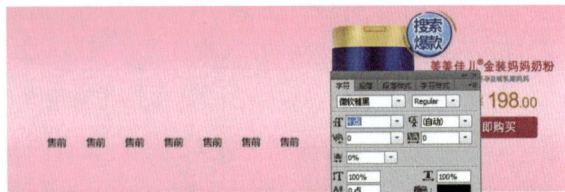

493 奶粉店铺客服区设计 2——绘制形状效果

下面详细介绍奶粉店铺客服区设计 2——制作多种形状效果的方法。

STEP 1 选取工具箱中的直线工具，在工具属性栏中设置"填充"为黑色、"粗细"为 1 像素，在图像编辑窗口中绘制一条直线形状，预览效果❶。

STEP 2 单击"文件"|"打开"命令，打开"493"素材图像，运用移动工具将其拖曳至背景图像编辑窗口中的合适位置，预览效果❷。

STEP 3 复制出多个素材图像，并适当调整其位置，预览效果❸。

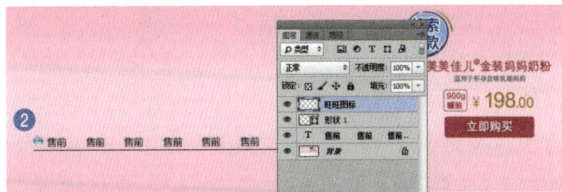

STEP 4 在工具箱中，选取圆角矩形工具，在工具属性栏中设置"填充"为无，"描边"为"黑色"，"设置形状描边宽度"为 0.3 点，"半径"为 5 像素，在图像编辑窗口中绘制出黑色的圆角矩形边框，预览效果❹。

494 奶粉店铺客服区设计 3——制作客服图像效果

下面详细介绍奶粉店铺客服区设计 3——制作客服图像效果的方法。

STEP 1 复制多个圆角矩形边框，并适当调整其位置，预览效果❶。

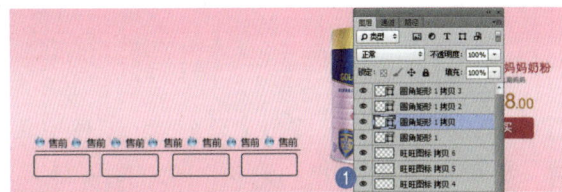

STEP 2 运用横排文字工具输入相应文字,设置"字体系列"为"微软雅黑"，"字体大小"为 5 点，"颜色"为黑色，根据需要适当地调整文字的位置，预览效果❷。

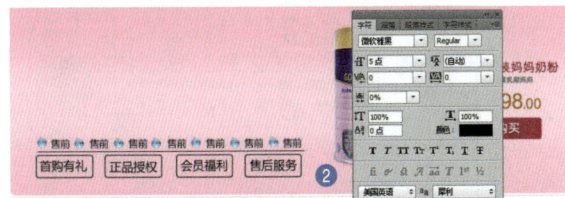

STEP 3 单击"文件"|"打开"命令，打开"494"素材图像，运用移动工具将其拖曳至背景图像编辑窗口中的合适位置，预览效果❸。

495 售前售后客服区设计 1——制作背景描边效果

本案例是为某店铺设计客服区，在设计中将售前服务与售后服务组合在一起。下面详细介绍售前售后客服区设计1——制作背景描边效果的方法。

STEP 1 在菜单栏中，单击"文件"|"新建"命令，弹出"新建"对话框，在其中设置"名称"为"495"，"宽度"为 33.51 厘米，"高度"为 3.11 厘米，"分辨率"为 72 像素 / 英寸，"颜色模式"为"RGB 颜色"，"背景内容"为"白色" ❶。

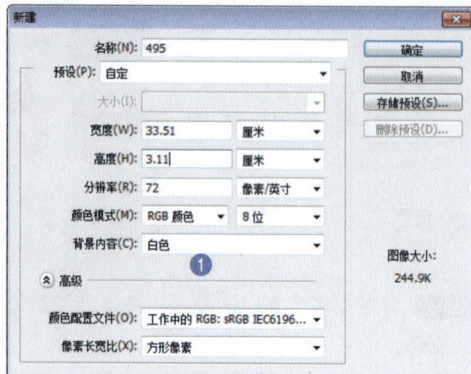

STEP 2 单击"确定"按钮，新建一幅空白图像❷。

STEP 3 在工具箱中，选取矩形选框工具，按【Ctrl + A】组合键，全选图像❸。

STEP 4 在工具箱中，设置前景色为米黄色（RGB 参数值均为 244）❹。

STEP 5 在菜单栏中，单击"编辑"|"填充"命令。弹出"填充"对话框，设置"使用"为"前景色"，单击"确定"按钮，执行操作后，即可填充颜色并预览效果❺。

STEP 6 在工具箱中，选择圆角矩形工具，在图像编辑窗口中绘制一个圆角矩形图像❻。

STEP 7 在图层面板中，双击"圆角矩形 1"图层。弹出"图层样式"对话框，选中"描边"复选框，"大小"为 10 像素、"位置"为居中、"颜色"为紫色（RGB 参数值分别为 155、0、81）❼。

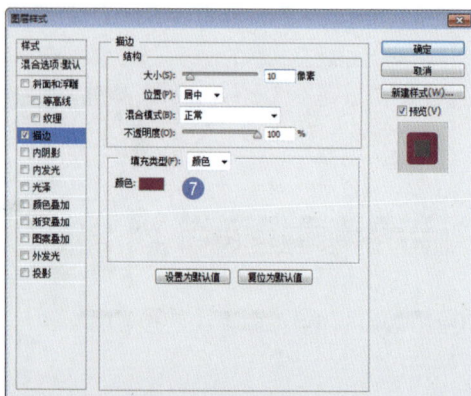

STEP 8 单击"确定"按钮，即可预览效果❽。

496 售前售后客服区设计 2——制作主题文字效果

网店卖家可以使用文字工具输入相应文字。下面详细介绍售前售后客服区设计 2——制作主题文字效果的方法。

STEP 1 选取工具箱中的横排文字工具，在"字符"面板中设置"字体"为"微软雅黑"，"字体大小"为 20 点，"设置消除锯齿的方法"为"犀利"，"颜色"为黑色❶。

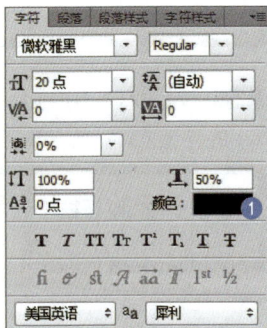

STEP 2 在图像编辑窗口中单击鼠标左键并输入文字，按【Ctrl + Enter】组合键确认输入，选取工具箱中的移动工具，将文字移动至合适位置，预览效果❷。

STEP 3 选取工具箱中的横排文字工具，在"字符"面板中设置"字体"为"微软雅黑"，"字体大小"为 13 点，"设置消除锯齿的方法"为"犀利"，"颜色"为灰色（RGB 参数值均为 155）❸。

STEP 4 在图像编辑窗口中单击鼠标左键并输入文字，按【Ctrl + Enter】组合键确认输入，选取工具箱中的移动工具，将文字移动至合适位置，预览效果❹。

497 售前售后客服区设计 3——制作客服合成效果

网店卖家可以使用快捷键打开素材图像并将其移动至合适位置。下面详细介绍售前售后客服区设计 3——制作客服图像效果的方法。

STEP 1 按【Ctrl＋O】组合键，打开一幅素材图像，选取工具箱中的移动工具，将素材图像移动至"495"图像编辑窗口中的合适位置，预览效果❶。

STEP 2 按【Ctrl＋O】组合键，打开一幅素材图像，选取工具箱中的移动工具，将素材图像移动至"495"图像编辑窗口中的合适位置，预览效果❷。

STEP 3 按【Ctrl＋O】组合键，打开一幅素材图像，选取工具箱中的移动工具，将素材图像移动至"495"图像编辑窗口中的合适位置，预览效果❸。

498 简约风格客服区设计 1——制作单色背景效果

本案例是为某店铺设计客服区，在设计中使用单色背景与文字、图片之间的完美组合营造出一种工整、专业的氛围。下面详细介绍简约风格客服区设计 1——制作单色背景效果的方法。

STEP 1 在菜单栏中，单击"文件"|"新建"命令，弹出"新建"对话框，在其中设置"名称"为"498"，"宽度"为 26.46 厘米，"高度"为 10.80 厘米，"分辨率"为 72 像素／英寸，"颜色模式"为"RGB 颜色"，"背景内容"为"白色"❶。

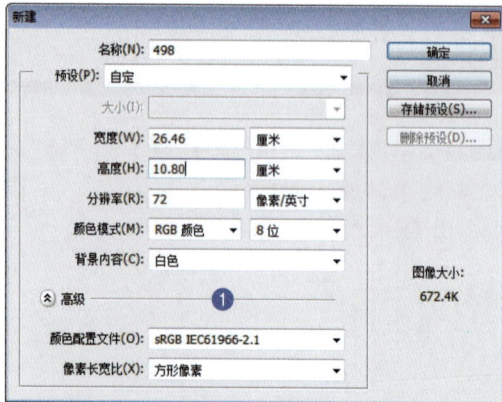

STEP 2 单击"确定"按钮，新建一幅空白图像。

STEP 3 在工具箱中，选取矩形选框工具，在图像编辑窗口中的合适位置绘制一个矩形图像❷。

STEP 4 在工具箱中，设置前景色为浅灰色（RGB 参数值均为 231），在菜单栏中，单击"编辑"|"填充"命令。弹出"填充"对话框，设置"使用"为"前景色"，单击"确定"按钮，执行操作后，即可填充颜色并预览效果❸。

STEP 5 再用与前面同样的方法，在图像编辑窗口中的合适位置绘制一个矩形图像，设置前景色为黑色并填充。执行操作后，预览效果④。

④

STEP 6 按【Ctrl + O】组合键，打开一幅素材图像，选取工具箱中的移动工具，将素材图像移动至"498"图像编辑窗口中的合适位置，预览效果⑤。

⑤

499 简约风格客服区设计 2——制作数字文案效果

网店卖家可以使用文字工具在图像编辑窗口中输入相应文字。下面详细介绍简约风格客服区设计 2——制作客服文案效果的方法。

STEP 1 选取工具箱中的横排文字工具，在"字符"面板中设置"字体"为"微软雅黑"，"字体大小"为 50 点，"设置消除锯齿的方法"为"犀利"，"颜色"为红色（RGB 参数值分别为 238、0、3）①。在图像编辑窗口中单击鼠标左键并输入文字，按【Ctrl + Enter】组合键确认输入，选取工具箱中的移动工具，将文字移动至合适位置，预览效果。

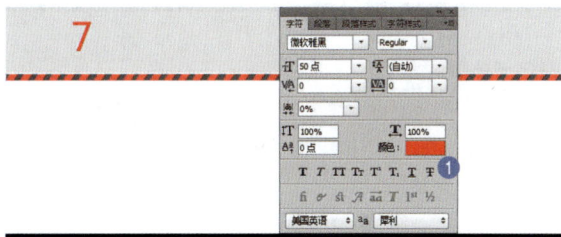

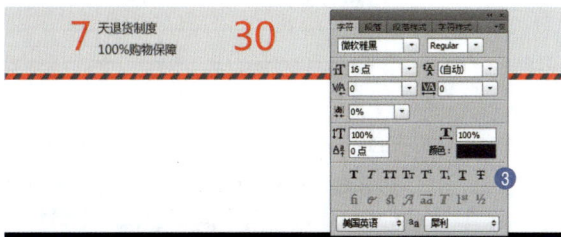

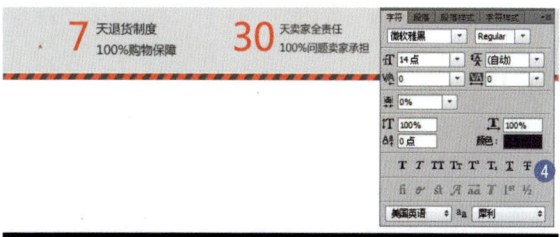

STEP 2 用与前面同样的方法，在图像编辑窗口中的合适位置处输入多个文字，完成后，即可预览效果②。

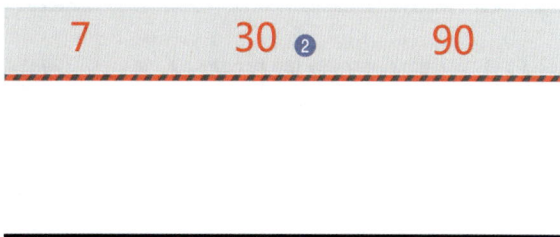

STEP 3 选取工具箱中的横排文字工具，在"字符"面板中设置"字体"为"微软雅黑"，"字体大小"为 16 点，"设置消除锯齿的方法"为"犀利"，"颜色"为深灰色（RGB 参数值均为 67）③。在图像编辑窗口中单击鼠标左键并输入文字，按【Ctrl + Enter】组合键确认输入，选取工具箱中的移动工具，将文字移动至合适位置，预览效果。

STEP 4 选取工具箱中的横排文字工具，在"字符"面板中设置"字体"为"微软雅黑"，"字体大小"为 14 点，"设置消除锯齿的方法"为"犀利"，"颜色"为深灰色（RGB 参数值均为 67）④。在图像编辑窗口中单击鼠标左键并输入文字，按【Ctrl + Enter】组合键确认输入，选取工具箱中的移动工具，将文字移动至合适位置，预览效果。

STEP 5 用与前面同样的方法，在图像编辑窗口中的合适位置处输入多个文字，完成后即可预览效果⑤。

STEP 6 设置前景色为深灰色（RGB 参数值均为 67）。选取工具箱中的直线工具，在工具属性栏中设置"粗细"为 1 像素，移动鼠标指针至图像编辑窗口中的合适位置，按住【Shift】键，绘制多条直线⑥。

500 简约风格客服区设计 3——添加多种颜色文字

网店卖家可以使用移动工具将素材图像移动至合适位置。下面详细介绍简约风格客服区设计 3——添加多种颜色文字的方法。

STEP 1 按【Ctrl + O】组合键，打开一幅素材图像。选取工具箱中的移动工具，将素材图像移动至 "498" 图像编辑窗口中的合适位置，预览效果❶。

STEP 2 按【Ctrl + O】组合键，打开一幅素材图像，选取工具箱中的移动工具，将素材图像移动至 "498" 图像编辑窗口中的合适位置，预览效果❷。

501 侧边栏客服区设计 1——制作黑色背景效果

本案例是为某店铺设计客服区，鉴于侧边栏的尺寸在设计的时候会有很多的限制，因此在这里只能通过简单的修饰来完创作。下面详细介绍侧边栏客服区设计 1——制作黑色背景效果的方法。

STEP 1 在菜单栏中，单击 "文件" | "新建" 命令，弹出 "新建" 对话框，在其中设置 "名称" 为 "501"，"宽度" 为 36.12 厘米，"高度" 为 19.90 厘米，"分辨率" 为 72 像素 / 英寸，"颜色模式" 为 "RGB 颜色"，"背景内容" 为 "白色" ❶。

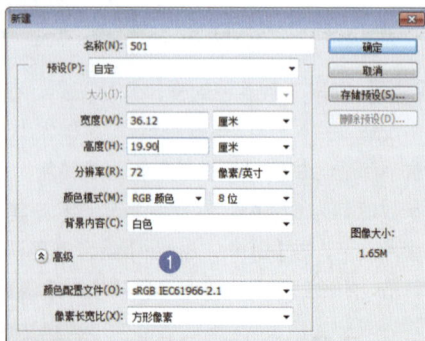

STEP 2 单击 "确定" 按钮，新建一幅空白图像。

STEP 3 在工具箱中选取矩形选框工具，按【Ctrl + A】组合键，全选图像，在工具箱中设置前景色为黑色❷。

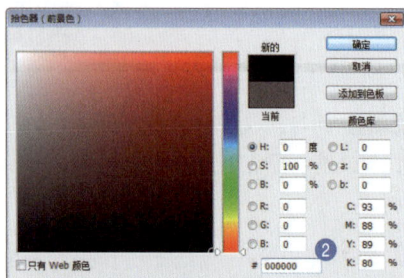

STEP 4 按【Alt + Delete】组合键，填充前景色，并取消选区❸。

502 侧边栏客服区设计 2——制作主题文字效果

网店卖家可以使用横排文字输入多个文字，以得到最终的效果。下面详细介绍侧边栏客服区设计 2——制作主题文字效果的方法。

STEP 1 按【Ctrl + O】组合键，打开一幅素材图像，选取工具箱中的移动工具，将素材图像移动至相应图像编辑窗口中的合适位置，预览效果❶。

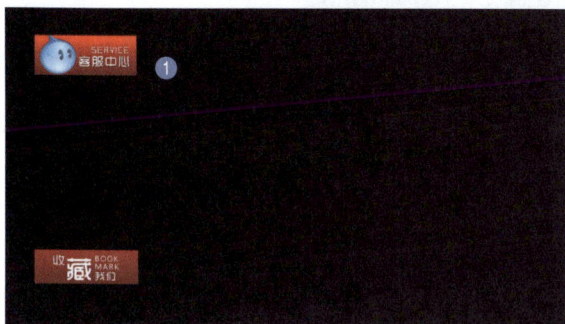

STEP 2 在工具箱中，选取矩形选框工具，在图像编辑窗口中的合适位置绘制一个矩形图像。设置前景色为白色，按【Alt + Delete】组合键，填充前景色❷。

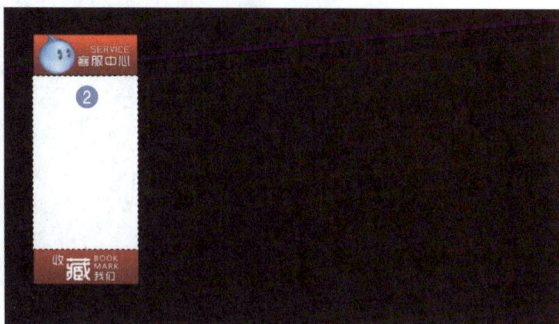

STEP 3 在执行上述操作后，按【Ctrl + D】组合键，取消选区❸。

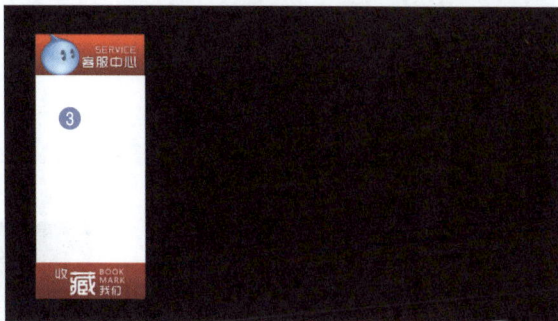

STEP 4 取工具箱中的横排文字工具，在"字符"面板中设置"字体"为"微软雅黑"，"字体大小"为 20 点，"设置消除锯齿的方法"为"犀利"，"颜色"为灰色（RGB 参数值均为 231）❹。

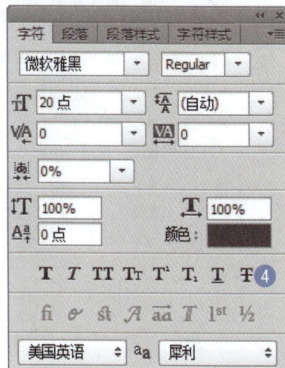

STEP 5 在图像编辑窗口中单击鼠标左键并输入文字，按【Ctrl＋Enter】组合键确认输入，选取工具箱中的移动工具，将文字移动至合适位置，预览效果 5 。

STEP 6 用与前面同样的方法，在图像编辑窗口中的合适位置输入多个文字，完成后即可预览效果 6 。

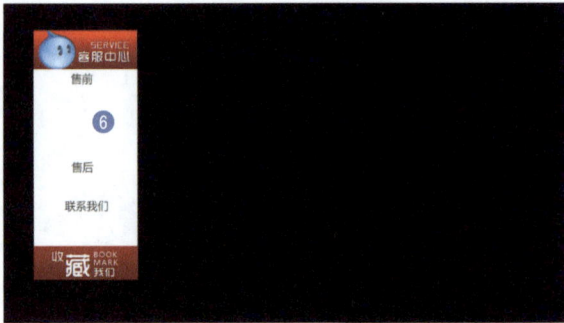

STEP 7 按【Ctrl＋O】组合键，打开一幅素材图像，选取工具箱中的移动工具，将素材图像移动至图像编辑窗口中的合适位置，预览效果 7 。

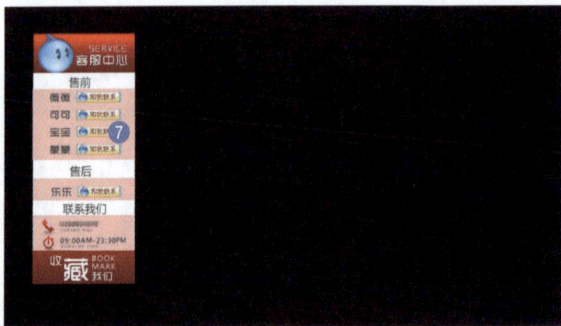

503 侧边栏客服区设计 3——复制并调整图像效果

网店卖家使用"合并图层"将图层合并然后将其移动至合适位置。下面详细介绍侧边栏客服区设计 3——复制并调整图像效果的方法。

STEP 1 在"图层"面板中，选择所有图层 1 。

STEP 2 单击鼠标右键，在弹出的快捷菜单中选择"合并图层" 2 。

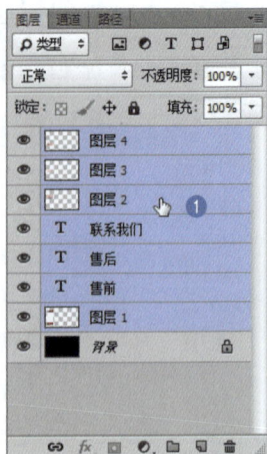

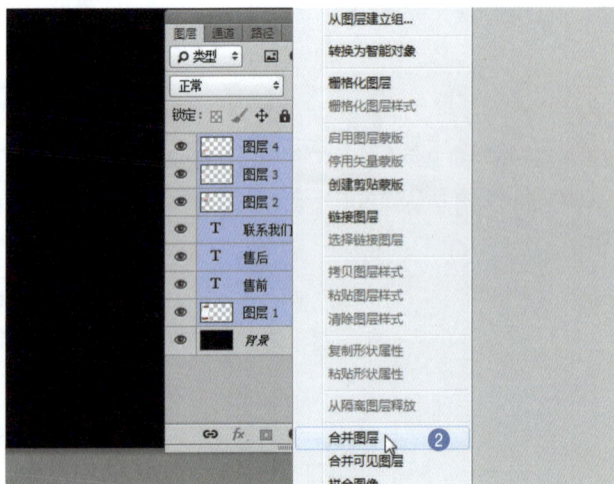

STEP 3 执行上述操作后，即可得到"图层 4"图层 ❸。

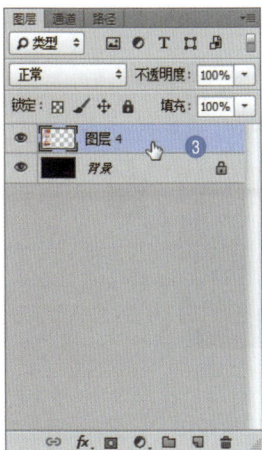

STEP 4 在"图层"面板中，双击"图层 4"图层的名称，将其更改为"图层 1"图层 ❹。

STEP 5 在"图层"面板中，按【Ctrl＋J】组合键，复制出多个图层 ❺。

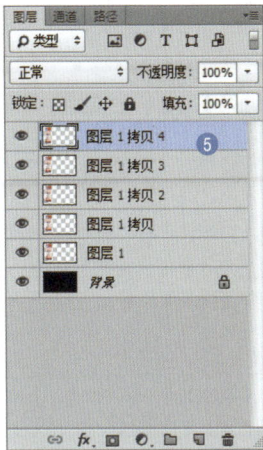

STEP 6 在"图层"面板中，选择"图层 1 拷贝"图层 ❻。

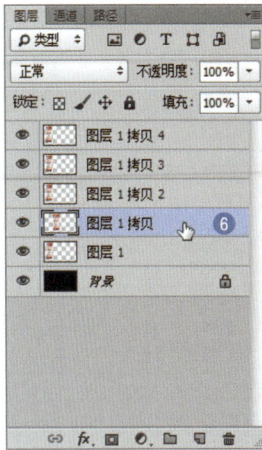

STEP 7 运用移动工具将"501"素材图像拖曳至新建的图像窗口中，并适当调整其大小和位置 ❼。

STEP 8 在"图层"面板中，选择"图层 1 拷贝 2"图层，运用移动工具将"501"素材图像拖曳至新建的图像窗口中，并适当调整其大小和位置 ❽。

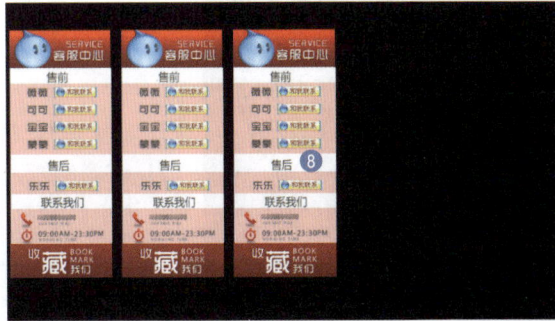

STEP 9 在"图层"面板中，选择"图层 1 拷贝 3"图层，运用移动工具将"501"素材图像拖曳至新建的图像窗口中，并适当调整其大小和位置 ❾。

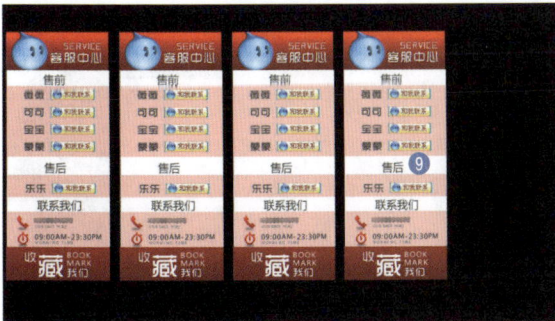

STEP 10 在"图层"面板中，选择"图层 1 拷贝 4"图层，运用移动工具将"501"素材图像拖曳至新建的图像窗口中，并适当调整其大小和位置 ❿。

504 清爽风格客服区设计 1——制作单色图像效果

　　本案例是为某店铺设计客服区，在设计中使用单色作为画面主要色调，并利用大量的修饰图案来美化文字，以加深顾客的记忆，同时给人专业的品质感。下面详细介绍清爽风格客服区设计 1——制作单色图像效果的方法。

STEP 1 在菜单栏中，单击"文件"|"新建"命令，弹出"新建"对话框，在其中设置"名称"为"504"，"宽度"为 36.12 厘米，"高度"为 58.49 厘米，"分辨率"为 72 像素/英寸，"颜色模式"为"RGB 颜色"，"背景内容"为"白色"。

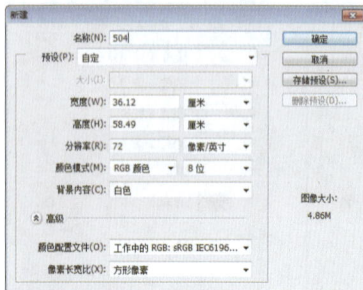

STEP 2 单击"确定"按钮，新建一幅空白图像。

STEP 3 在工具箱中，选取矩形选框工具，按【Ctrl + A】组合键，全选图像，设置前景色为黑色。

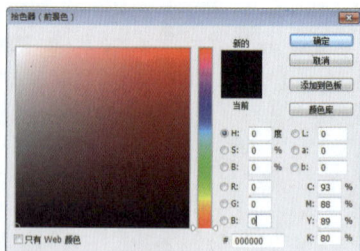

STEP 4 按【Alt + Delete】组合键，填充前景色，并取消选区。

STEP 5 选取工具箱中的矩形选框工具，在菜单栏中设置"样式"为固定比例、"宽度"为 14.89、"高度"为 54.68，绘制一个矩形图像。

STEP 6 在工具箱中，设置前景色为白色。

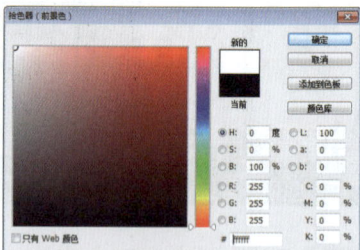

STEP 7 按【Alt + Delete】组合键，填充前景色，并取消选区。

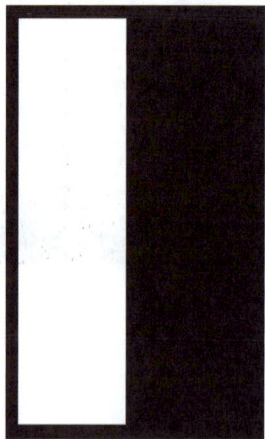

STEP 8 选取工具箱中的横排文字工具，在"字符"面板中设置"字体"为"微软雅黑"，"字体大小"为 60 点，"设置消除锯齿的方法"为"浑厚"，"颜色"为灰色（RGB 参数值均为 89）。

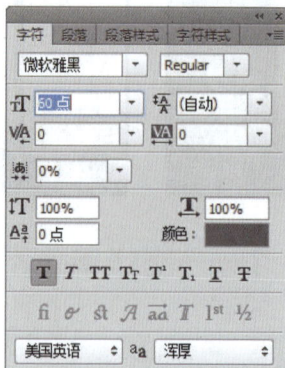

STEP 9 在图像编辑窗口中单击鼠标左键并输入文字，按【Ctrl + Enter】组合键确认输入，选取工具箱中的移动工具，将文字移动至合适位置，预览效果。

客服中心

STEP 10 按【Ctrl＋O】组合键，打开一幅素材图像，选取工具箱中的移动工具，将素材图像移动至"504"图像编辑窗口中的合适位置，预览效果。

STEP 11 按【Ctrl＋O】组合键，打开一幅素材图像，选取工具箱中的移动工具，将素材图像移动至"504"图像编辑窗口中的合适位置，预览效果。

STEP 12 按【Ctrl＋O】组合键，打开一幅素材图像，选取工具箱中的移动工具，将素材图像移动至"504"图像编辑窗口中的合适位置，预览效果。

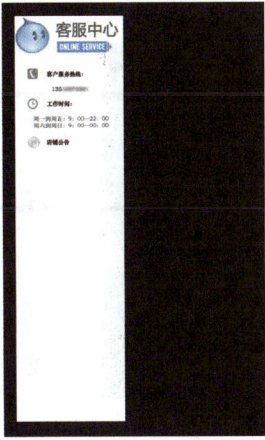

STEP 13 选取工具箱中的横排文字工具，在"字符"面板中设置"字体"为"微软雅黑"，"字体大小"为30点，"设置消除锯齿的方法"为"浑厚"，"颜色"为红色（RGB参数值分别为255、0、0）。

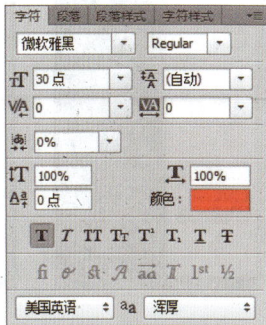

STEP 14 在图像编辑窗口中单击鼠标左键并输入文字，按【Ctrl＋Enter】组合键确认输入，选取工具箱中的移动工具，将文字移动至合适位置，预览效果。

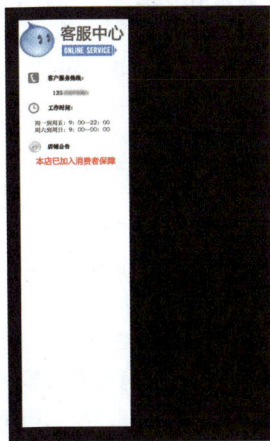

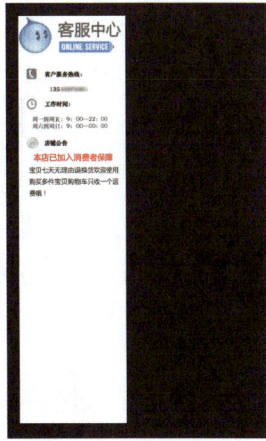

STEP 15 选取工具箱中的横排文字工具，在"字符"面板中设置"字体"为"微软雅黑"，"字体大小"为25点，"设置消除锯齿的方法"为"浑厚"，"颜色"为黑色。

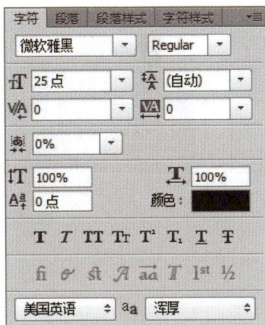

STEP 16 在图像编辑窗口中单击鼠标左键并输入文字，按【Ctrl＋Enter】组合键确认输入，选取工具箱中的移动工具，将文字移动至合适位置，预览效果。

505　清爽风格客服区设计 2——制作并复制图像效果

　　网店卖家可以复制图层并将其移动至合适位置。下面详细介绍侧边栏客服区设计 2——制作并复制图像效果的方法。

STEP 1 按【Ctrl + O】组合键，打开一幅素材图像，选取工具箱中的移动工具，将素材图像移动至"504"图像编辑窗口中的合适位置，预览效果❶。

STEP 2 按【Ctrl + O】组合键，打开一幅素材图像，选取工具箱中的移动工具，将素材图像移动至"504"图像编辑窗口中的合适位置，预览效果❷。

STEP 3 在"图层"面板中，依次单击图层，选择所有图层❸。

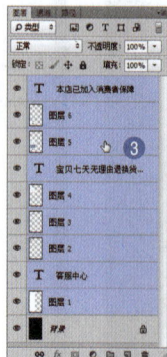

STEP 4 单击鼠标右键，在弹出的快捷菜单中选择"合并图层"❹。

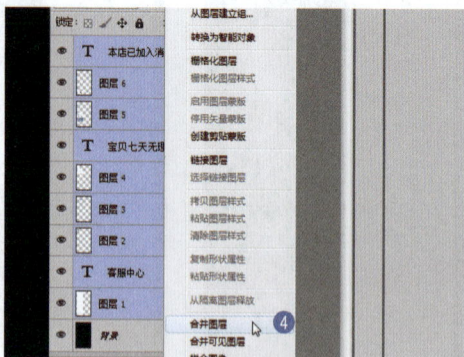

STEP 5 执行上述操作后，即可得到相应图层❺。

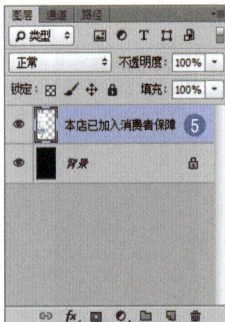

STEP 6 在"图层"面板中，双击相应图层的名称，将其更改为"图层1"图层❻。

STEP 7 在"图层"面板中，按【Ctrl + J】组合键，复制出一个图层，即可得到"图层1拷贝"图层❼。

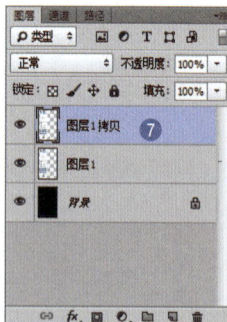

STEP 8 在"图层"面板中，选择"图层1拷贝"图层，运用移动工具将相应素材图像拖曳至新建的图像编辑窗口中，并适当调整其大小和位置❽。